KB242518

자연사박물관이 세계를 구하는 법

자연사박물관이 세계를 구하는 법

자연사박물관이 세계를 구하는 법

1판 1쇄 인쇄 2026. 4. 6.
1판 1쇄 발행 2026. 4. 20.

지은이 잭 애슈비
옮긴이 제효영

발행인 박강휘
편집 정경윤 디자인 이경희 마케팅 이유리 홍보 이아연
발행처 김영사
등록 1979년 5월 17일 (제406-2003-036호)
주소 경기도 파주시 문발로 197(문발동) 우편번호 10881
전화 마케팅부 031)955-3100, 편집부 031)955-3200 팩스 031)955-3111

값은 뒤표지에 있습니다.
ISBN 979-11-7332-531-1 03400

홈페이지 www.gimmyoung.com   블로그 blog.naver.com/gybook
인스타그램 instagram.com/gimmyoung 이메일 bestbook@gimmyoung.com

좋은 독자가 좋은 책을 만듭니다.
김영사는 독자 여러분의 의견에 항상 귀 기울이고 있습니다.

자연사박물관이 세계를 구하는 법

대멸종의 시대, 자연의 기억보관소가 들려주는 전시실 너머의 이야기

잭 애슈비 지음 | 제효영 옮김

Nature's Memory

김영사

왜 어떤 자연은 기억되고
어떤 자연은 잊히는가

이정모(전 서대문자연사박물관장)

자연사박물관에서 일해본 사람이라면 안다. 그곳의 하루는 관람객이 떠난 뒤에야 비로소 시작된다는 사실을. 조명이 꺼진 전시장, 발소리가 사라진 복도 뒤편에서 연구자와 큐레이터는 다시 표본을 꺼내고 기록을 확인하며 아직 이름 붙지 못한 자연의 조각들과 마주한다. 관람객에게 박물관은 '보는 공간'이지만 내부에서 박물관은 '기억을 다루는 공간'이다.

'자연사박물관이 세계를 구하는 법'이라는 제목은 다소 도발적으로 들린다. 자연사박물관이 정말로 세계를 구할 수 있는지에 대해 선뜻 고개를 끄덕이기는 쉽지 않다. 행동을 약속하는 이 선언은 곧장 변화로 이어질 듯 보이지만, 자연사박물관이 실제로 작동하는 방식은 훨씬 느리고 조용하다. 그곳에서 이루어지는 일은 위기를 해결하는 즉각적 처방이 아니라 자연을 이해하기 위한 기억을 남기는 일에 가깝다.

이 책이 주목하는 것도 바로 그 지점이다. 이 책은 전시실에 있는 공룡 골격이나 거대한 고래 표본 같은 '앞면'의 기록뿐 아니라 관람객이 들어갈 수 없는 수장고와 기록실 곳곳에 쌓인 '뒷면'의 기록을 들춘다. 이를 통해 자연사박물관이 무엇을 보여주는가가 아니라 무엇을 남기고 무엇을 빠뜨려왔는지 묻는다.

이 질문은 단순히 박물관 내부를 향한 것이 아니다. 어떤 자연이 기록할 가치가 있는 것으로 '선택'되는지, 자연은 어떤 방식으로 '이해'되는지에 관해 우리에게 던지는 질문이기도 하다. 이 책의 원제 '자연의 기억Nature's Memory'은 이러한 질문의 핵심을 가장 정확하게 짚어준다.

'전시'가 아닌 '컬렉션'의 이야기

《자연사박물관이 세계를 구하는 법》을 흔한 박물관 교양서로 읽으면 절반도 읽지 못한 셈이 된다. 이 책은 자연사박물관의 화려한 전시 기법이나 관람 동선 혹은 최신 전시 기술을 설명하는 대신 진짜 핵심이라 할 수 있는 '컬렉션', 즉 표본과 기록 그리고 이 둘을 가능하게 한 제도와 사람에 초점을 맞춘다. 전시장에 놓인 '결과물'이 아니라 그 결과물을 가능하게 한 '축적의 과정'을 주인공으로 등장시킨다.

저자 잭 애슈비가 말하는 '기억memory'은 단순한 비유가 아니다. 자연사박물관의 컬렉션은 말 그대로 자연의 기억 장치다. 특정 시점과 특정 장소에 살았던 생명체의 존재를 물질적으로 고정해두는 장치인 동시에, 아직 오지 않은 질문에 답하고자 남겨

둔 과거다. 오늘날 기후변화와 생물다양성 감소를 연구하는 데 100년 전 표본이 결정적 자료가 되는 이유도 여기에 있다. 당시에는 의미를 알 수 없던 기록이, 미래에 전혀 다른 질문을 받게 되었을 때 다시 말을 걸어오기 때문이다.

이 점에서 자연사박물관의 컬렉션은 '완결된 지식'이 아니라 '열려 있는 질문의 저장소'에 가깝다. 애슈비는 표본 하나하나가 그 자체로 완성된 답이 아니라, 미래의 과학자가 다시 호출할 수 있는 잠재적 가능성이라고 말한다. 이 관점은 자연사박물관이 단순히 과거를 보존하는 장소라고 오해해온 시선을 근본적으로 뒤집는다.

동시에 그는 이 기억이 결코 중립적이지 않다는 점을 집요하게 지적한다. 어떤 종이 수집되었는가, 어떤 지역이 과대 표집되었는가, 어떤 성별의 개체가 표본으로 남았는가 하는 문제는 전부 과학의 문제가 아니라 선택의 문제였다. 접근 가능성, 연구자의 관심, 정치적·경제적 조건, 기술의 한계가 수집의 방향을 결정했다. 자연사박물관은 자연을 있는 그대로 보존한 장소가 아니라, 인간 사회의 시선과 권력, 기술과 제약 속에서 자연을 선별해 저장해온 장소다.

이 책이 탁월한 점은 이러한 사실을 폭로하듯 제시하지 않는 데 있다. 애슈비는 컬렉션의 편향을 '잘못'이라기보다 '역사'로 다룬다. 그리고 그 역사성을 인식하는 것이야말로 오늘날 자연사박물관이 더 나은 컬렉션을 만들기 위한 출발점임을 강조한다. 이 책은 전시가 아니라 컬렉션을 통해 자연사박물관의 정체성을 다시 정의하려는 시도다.

수장고의 냄새와 표본의 무게를 안다는 것

이 책이 설득력을 지니게 된 가장 큰 이유는 저자가 자연사박물관 내부의 논리를 정확히 이해한다는 점에 있다. 애슈비는 박물관을 외부에서 비판하는 저널리스트가 아니라 그 안에서 일해 온 연구자이자 큐레이터다. 그는 수장고의 냄새와 표본의 무게를 알고 있으며, 기록 하나에 필요한 시간과 노동 그리고 그 과정에서 발생하는 수많은 타협을 알고 있다.

그래서 이 책의 비판은 공격적이기보다는 구조를 보여주는 방식으로 이루어진다. 예컨대 식민지 시대의 표본 수집을 다룰 때도 그는 도덕적 판단을 앞세우지 않는다. 그보다는 시스템이 어떻게 작동했는지를 차분히 해부한다. 누가 어떤 권한으로 채집했는지, 그 표본이 어떤 경로로 박물관에 들어왔는지, 그 결과로 어떤 지역의 자연이 과도하게 기록되었고 어떤 지역이 공백으로 남았는지를 설명한다.

이 방식은 독자가 문제점을 불편하게 느끼도록 만들면서도 방어적인 태도를 불러일으키지 않는다. 애슈비는 과거의 선택을 오늘의 기준으로 재단하지 않는다. 그 대신 과거의 선택들이 오늘날의 연구와 전시에 어떤 왜곡을 남겼는지 보여주며, 현재의 박물관이 어떤 책임을 지고 있는지 묻는다. 이는 내부를 아는 사람만이 취할 수 있는 균형 잡힌 태도다.

특히 주목할 점은 박물관에서 일하는 사람들의 노동을 투명하게 드러낸다는 점이다. 표본은 저절로 수집되지 않는다. 누군가는 채집해야 하고, 누군가는 분류해야 하며, 누군가는 기록하고 관리해야 한다. 이 책은 자연사박물관을 추상적인 제도가 아니라 수많은 개인의 전문성과 판단 위에 성립한 조직으로 그린다. 그 결과, 비판은 곧 개선의 가능성으로 이어진다. 이 점은 박물관 현장에서 일하는 독자에게 특별한 공명을 일으킨다.

이 책은 자연사박물관을 이상화하지도, 냉소적으로 해체하지도 않는다. 오히려 박물관의 한계를 인정한 상태에서, 그럼에도 불구하고 왜 이 제도가 여전히 필요하며 어떻게 더 나아질 수 있는지 귀 기울이게 한다. 이는 외부자의 비판으로는 도달하기 어려운 깊이다.

과거가 아니라 미래를 보존하는 곳

자연사박물관은 흔히 과거의 장소로 오해된다. 오래전에 살았던 동물, 사라진 식물, 이미 끝난 시대를 보여주는 공간이라는 인식 때문이다. 그러나 실제로 자연사박물관은 과거를 보존하기 위해 존재하는 기관이 아니다. 미래를 위해 과거를 기록하는 곳이다.

오늘의 자연을 기록하지 않으면 미래 세대는 과거를 이해할 수 없다. 그리고 그 기록은 단순한 회상이 아니다. 앞으로 어떤 선택을 할 수 있는지 결정하는 근거가 된다. 기후변화, 생물다양성 감소, 생태계 붕괴라는 문제 앞에서 자연사박물관의 표본과 기록은 단순한 자료를 넘어 사회의 판단을 지탱하는 증거가 된다.

단순하지만 자주 잊히는 이 사실을 《자연사박물관이 세계를 구하는 법》은 집요하게 되짚는다. 자연사박물관이 무엇을 기억해왔는지 그리고 무엇을 기억하지 못했는지를 돌아보는 일은 과거에 대한 반성이 아니라 미래를 준비하는 과정이라는 점을 이 책은 분명히 한다. 어떤 기억을 남길 것인가 그리고 어떤 기억을 남기지 못했는가를 성찰할 때 자연사박물관은 비로소 다음 단계로 나아갈 수 있다.

자연사박물관의 역할은 점점 더 무거워지고 있다. 기록되지 않은 자연은 보호할 수 없고, 이해되지 않은 변화는 대응할 수 없다. 지구가 맞닥뜨린 여러 문제 앞에서 자연사박물관의 표본과 기록은 단순한 자료가 아니다. 그것은 사회가 어떤 판단을 할 수 있고, 또 할 수 없는지 가르는 기준이 된다. 자연사박물관은 전시를 잘 만드는 기관이 아니라 자연에 대해 성급한 결론을 내리지 않도록 사회를 붙들어두는 기관이다.

우리가 이 지구에서 어떤 미래를 선택할 수 있을지는 자연사박물관이 무엇을 기억할지에 달려 있다. 이 책은 자연사박물관이 기억을 포기하지 않음으로써, 그리고 그 기억을 제도로 만들어 책임짐으로써 세계를 구하는 일에 관한 이야기다. 이 책이 지금 읽혀야 하는 이유는 바로 여기에 있다.

우리의 수장고에는 어떤 자연이 기록되어 있는가

이 책을 읽으며 한국의 자연사박물관을 떠올리지 않기란 어렵다. 한국의 자연사박물관은 비교적 짧은 역사 속에서 빠르게 성장해왔다. 전시는 꾸준히 확장되었고 관람 환경과 교육 프로그램 역시 눈에 띄게 발전했다. 그러나 컬렉션과 수장 시스템, 장기적인 표본 관리에 대한 사회적 합의는 아직 충분히 형성되지 못했다.

이는 개별 기관이나 종사자의 문제라기보다 구조의 문제에 가깝다. 전시는 가시적인 성과로 드러나지만 수장고와 기록은 그렇지 않다. 예산과 공간, 인력이 한정된 상황에서 무엇을 우선으로 할지는 늘 어려운 선택이었다. 그 결과, '보여줄 수 있는 것'이 '남겨야 할 것'을 앞서는 경우도 적지 않았다.

《자연사박물관이 세계를 구하는 법》은 바로 이 지점을 정면으로 건드린다. 우리의 수장고에는 어떤 자연이 기록되어 있는가? 어떤 종이 세심하게 남겨졌고, 어떤 종은 애초에 기록의 대상이 되지 못했는가? 지역 생물다양성에 대한 장기적 기록은 충분한가, 아니면 특정 연구 주제나 단기 프로젝트 중심으로 파편화되어 있는가?

현장에서 일하는 사람에게 이 질문은 익숙하면서도 불편하다. 개인의 성실함이나 열정만으로 해결할 수 없다는 사실을 모두가 알고 있기 때문이다. 표본 수집과 관리는 시간의 문제이자 제도의 문제이며, 결국은 사회가 자연사박물관에 어떤 역할을 기대하는지에 대한 합의의 문제다.

이 책은 자연사박물관이 문화시설의 범주 안에서만 논의될 때 발생하는 한계를 분명히 드러낸다. 보이지 않는 공간과 보이지 않는 노동에 대한 투자가 없다면, 박물관은 점점 더 '현재를 설명하지 못하는 장소'가 될 수밖에 없다. 한국의 자연사박물관이 앞으로 무엇을 기억으로 남길 것인지에 대한 질문은 바로 지금 던져져야 한다.

기록하지 않은 변화는 영원히 사라진다

이 책은 자연사박물관 정책 책임자에게도 중요한 메시지를 던진다. 자연사박물관은 단기간의 성과로 평가하기 어려운 기관이다. 관람객 수나 전시 회전율, 행사 실적만으로는 그 가치를 설명할 수 없다. 수십 년 또는 수백 년 뒤를 내다보는 접근, 기록의 축적이라는 관점이 필요하다.

애슈비는 자연사박물관이 국가의 생물학적 기억 장치라는 사실을 반복해 상기시킨다. 오늘 채집하지 않은 표본은 내일 연구할 수 없고, 오늘 기록하지 않은 변화는 영원히 사라진다. 이 단순한 사실은 자연사박물관의 운영을 '현재의 만족'이 아니라 '미래의 선택지'라는 관점에서 바라보게 만든다.

정책의 언어로 옮기면 이는 곧 인프라의 문제다. 표본은 전시 소품이 아니라 데이터이며, 수장고는 단순한 저장 공간이 아니라 연구와 예측을 가능하게 하는 기반시설이다. 이 책은 자연사박물관에 대한 투자가 왜 단기적 효율의 논리로 설명될 수 없는지를 차분히 보여준다.

특히 중요한 점은 이 투자가 한 번의 결정으로 끝나지 않는다는 사실이다. 자연사박물관의 기억은 축적될수록 가치가 커진다. 그러나 그 축적은 중단되는 순간 급격히 의미를 잃는다. 인력의 단절, 공간의 부족, 기록의 공백은 시간이 흐를수록 되돌리기 어려운 손실로 남는다.

이 책을 통해 정책 담당자는 자연사박물관을 '유지해야 할 비용'이 아니라 '계속 작동해야 할 시스템'으로 인식하게 될 것이다. 그리고 이 인식의 전환이야말로 자연사박물관이 미래 세대에게 의미 있는 기관으로 남기 위한 첫걸음일 테다.

이 책을 읽는 방법

《자연사박물관이 세계를 구하는 법》은 처음부터 끝까지 같은 속도로 읽어야 하는 책이 아니다. 오히려 이 책은 독자의 위치에 따라 서로 다른 방식으로 읽히도록 구성되어 있다. 각 장은 독립적인 문제의식을 담고 있으며, 독자는 자신의 현실과 가장 강력하게 맞닿는 지점부터 읽어도 무방하다.

자연사박물관에서 일하는 독자라면 이 책을 일종의 '거울'처럼 읽게 될 것이다. 애슈비가 제시하는 사례는 특정 국가나 특정 박물관의 이야기에 머물지 않는다. 표본의 편향, 기록의 공백이라는 문제는 대부분의 자연사박물관이 공유하는 구조적 과제다.

박물관에서 일하는 독자는 이 책을 읽으며 자신의 수장고를 떠올리고, 자신이 관리하는 컬렉션의 성격을 돌아보게 될 것이다.

한편 행정과 정책에 몸담은 독자에게는 이 책이 전혀 다른 의미로 다가갈 것이다. 이 책은 자연사박물관을 '운영해야 할 시설'이 아니라 '유지해야 할 시스템'으로 보게 만든다. 표본 하나를 수집하고 관리하는 데 필요한 시간·공간·인력의 문제를 이해하게 되면 정책 결정의 기준 역시 달라질 수밖에 없다. 이 책은 단기 성과 중심의 평가가 왜 자연사박물관에 어울리지 않는지를 차분히 설명한다.

일반 독자에게 이 책은 자연사박물관을 완전히 다른 눈으로 보게 만드는 계기가 된다. 전시실 너머에 존재하는 방대한 수장고, 그리고 그 공간을 지탱하는 사람들의 노동을 인식하는 순간, 자연사박물관은 더 이상 '구경하는 장소'가 아니다. 사회가 자연을 이해·기억하는 방식이 응축된 지식 인프라로 받아들이게 된다.

이 책을 읽는 가장 좋은 방법은 모든 내용을 이해하려 애쓰기보다는 각 장이 던지는 질문을 자신의 자리에서 다시 묻는 것이다. 자연사박물관은 무엇을 기억해야 하는가? 그리고 우리는 어떤 기억을, 어떤 이유로 남기지 못했는가? 이에 대한 답은 독자의 위치마다 다를 수밖에 없다.《자연사박물관이 세계를 구하는 법》은 바로 그 다양한 답을 가능하게 하는 책이다.

차례

1부　만들어진 자연

박물관은 왜 비슷비슷할까

내가 생각하기에, 공상과학이나 판타지 소설 속 어떤 존재나 이야기도 지구의 생물이 일상적으로 하는 일만큼 놀랍고 경이로우며 흥미진진하지는 않다. 자연에서 생물이 얼마나 놀라운 적응을 해냈는지는 직접 봐야만 제대로 이해하고 믿게 된다. 대부분의 현대인에게 진짜 코끼리, 진짜 대왕오징어, 공룡을 경험할 수 있는 곳은 자연사박물관이 유일하다.

오늘날 자연사박물관은 전 세계 수많은 지역의 사람들이 자연과 관계를 맺고 자연을 이해하는 과정에서 핵심적인 기능을 맡고 있다. 그 첫 번째 기능은 공공 전시의 방식으로 모든 연령대의 관람객에게 동물, 식물, 균류가 우리와 함께 살아간다는 사실을 보여주는 멋진 경로가 된다는 것이다. 사람들은 자연사박물관에서 놀라운 자극을 얻고, 환경을 더 열심히 보살피려는 의지를 갖게 된다. 자연사박물관은 자연을 대변할 사람들을 길러낸다.

자연사박물관의 두 번째 핵심적인 기능은 오랜 세월 방대한 표본을 수집하는 것이다. 그 표본들은 오늘날 우리가 직면한 전 지구적 위기를 파악하기 위한 세계 최대 규모의 물리적 데이터로 활용된다. 자연사박물관의 표본을 이용한 과학 탐구는 과거 어느 때보다 중요한 의미가 있다. 우리는 자연 없이 생존할 수 없고, 지구 곳곳의 자연사박물관들이 소장한 표본은 우리가 자연에서 가르침을 얻는 최상의 방법을 알려준다.

자연사 표본의 가장 큰 강점은 규모다. 각각의 표본은 기본적으로 특정 생물이 특정한 시점에 특정 장소에 살았음을 보여주는 증거다. 수많은 박물관에서 그 정보를 전부 수집해 종합한다면 그 생물의 서식범위가 인간의 활동 등에 영향을 받아 어떻게 변화했는지 추적하고, 오늘날 환경에서 생존할 수 있는 곳은 어디인지 지침을 얻을 수 있다. 그러므로 전 세계 모든 자연사박물관이 소장한 모든 표본은 시간과 공간을 뛰어넘어 지구의 모든 생물을 대표한다. 이 표본들을 보살피는 큐레이터, 과학자, 관리자는 이것을 지구 전체가 공유하는 자원으로 여긴다.

하지만 나는 자연사 표본이 제공하는 정보의 중요성을 그것 하나로 축소하고 싶지는 않다. 표본 하나하나의 기능은 그보다 훨씬 많기 때문이다. 자연사 표본에서 중요한 데이터를 얻어 지구의 생물 보호에 활용하려는 혁신적인 과학기술은 지금도 계속 개발 중이다. 마지막 장에서 그 내용을 확인할 수 있다.

자연사박물관은 이처럼 대중과 자연의 관계에서나 과학이 자연을 이해하는 방식에서 모두 중요한 역할을 한다. 따라서 이런 기관이 어떻게 설립되었고 그러한 기능을 어떻게 수행하게 되었는지 심층적으로 살펴볼 만한 가치가 있다. 나는 이 책에서 총 세 부분에 걸쳐 그 이야기를 하고자 한다.

책의 첫 번째 부분에서는 자연사박물관에 가면 볼 수 있는 것들을 소개한다. 전시실만이 아니라 공개되지 않은 공간도 슬쩍 들여다보고, 일반적으로 자연사박물관을 구성하는 다양한 요소를 속속들이(비유가 아니라 정말 속까지) 들여다본다. 사람들이 자연을 이해하는 방식 가운데 자연사박물관의 역할이 있다는 관점에서, 박물관이 보여주는 자연이 얼마나 정확한지도 따져본다.

두 번째 부분에서는 자연사박물관이 들려주는 사람들의 이야기가 사실에 얼마나 충실한지 살펴본다. 이를 위해 모든 소장품은 다 어디에서 왔고 어떻게 한 장소에 다 모이게 되었는지, 그 과정에 누가 관여했는지 추적한다.

마지막 부분에서는 자연사박물관과 이곳에 잠든 비밀이 대대적인 기후변화와 생물다양성의 소실로부터 지구를 구하는 데 어떤 도움을 줄 수 있는지 설명한다. 이 세 가지 주제를 모두 읽고 나면 우리 사회와 자연사박물관은 서로를 만들고 형성하는 상호 관계이며, 이런 관계가 앞으로도 이어질 것임을 알게 된다.

자연사박물관이 보유한 생물은 각양각색이고 박물관의 터전이 된 전 세계의 문화와 사회 역시 다양하다. 그런데도 자연사박물관은 어딜 가나 비슷비슷한 경향이 있다. 한국은 자연사박물관의 역사가 몇십 년에 불과할 정도로 매우 짧은 만큼, 이런 특징을 탐구하기에 아주 좋은 곳이라고 생각한다.

한국 최초의 자연사박물관으로 소개되는 이화여자대학교의 자연사박물관은 1969년에 설립되었고, 해양 생물과 더불어 바다의 영향을 받은 인간의 문화를 중점적으로 다루는 부산해양자연사박물관은 1994년에 개관했다. 한국 최초의 공립 자연사박물관인 서대문자연사박물관이 문을 연 때는 예술, 인류사, 고고학 전시에 주력하는 역사적 전신기관인 국립중앙박물관이 발족한 때보다 거의 100년이 늦은 2003년이었다.

나는 한국의 자연사박물관이 이처럼 뒤늦게 문을 열었다는 사실이 매우 흥미롭다. 그 첫 번째 이유는 더 오랜 역사를 지나온 전 세계 다른 지역의 자연사박물관들과 달리, 환경보전이 자연사박물관의 중심 주제로 자리를 잡은 후에 설립되었다는 점 때문이다. 다른 지역의 자연사박물관들은 전시 주제가 계속 변했고, 그에 따라 전시실도 계속 재편되었다(그리고 과거의 흔적이 고스란히 남아 있다). 이런 변화가 상당 부분 일어난 다음에 문을 연 한국의 박물관은 어떤 모습일까?

한국의 자연사박물관이 흥미로운 두 번째 이유도 첫 번째 이유와 관련이 있다. 설립된 지 얼마 안 된 박물관은 전 세계 다른 지역의 박물관들이 짊어진 역사의 무게로부터 자유로울 것이다. 가령 19세기 초 설립된 자연사박물관에 가 보면 표본을 수집한 사람들과 표본을 관리하는 큐레이터들이 수십 년에 걸쳐 구축한 전시 내용과 방식에, 시시각각 변하는 사회관습과 정치가 덧칠

된 결과물을 경험하게 된다.

이제 막 시작된 것이나 다름없는, 빈 석판과 같은 한국의 자연사박물관들은 자연을 보여주는 창문으로서의 역할도 다른 방식으로 수행하고 있을까? 아니면 전 세계 자연사박물관들에 확립된 '늘 하던 방식'이 너무나 뿌리 깊고 강력해서, 한국의 새로운 박물관들도 그 영향을 피하지 못했을까? 정말 궁금하다. 이 책을 읽는 한국의 독자들이 그 답을 찾는 과정에서 모쪼록 도움이 될 만한 것을 발견할 수 있길 바란다.

2026년 3월
잭 애슈비

경이의 방으로 초대합니다

자연사박물관에 있는 표본은 하나하나가 전부 특별하다. 전 세계 자연사박물관에 있는 그런 특별한 표본들은 모두 합쳐 10억 점이 훌쩍 넘는다. 그와 달리 자연사박물관들은 대부분 아주 많이 닮았다. 비슷한 목표와 규칙에 따라 운영되고 소장품의 종류가 비슷하며, 사람들에게 특정한 표본으로 특정한 이야기를 들려주는 구성도 비슷하다. 얼마나 비슷하냐면, 자연사박물관의 소장품과 전시는 물론이고 드러나지 않는 이야기와 몇 가지 비밀에 관한 공통 안내서를 만들 수 있을 정도다. 이 책은 바로 그런 안내서다.

나는 지금부터 여러분을 이끌고 전형적인 자연사박물관을 함께 둘러볼 작정이다. 지구에 등장한 생물의 경이로움을 사람들에게 알리는 일이 주 기능인 모든 자연사박물관 어디에서든 아주 높은 확률로 보게 될 전시물을 소개하고, 놀라운 뒷이야기까지 들려줄 생각이다. 이 책을 다 읽고 나면 자연사박물관과 그곳의 표본들을 이전과는 조금은 다른 시각으로 보고, 드러나지 않는 박물관의 이야기도 더 깊이 이해하게 되기를 바란다.

자연사박물관에서는 보편적인 특징을 토대로 이렇게 독자들과 가상의 투어를 할 수 있지만, 미술관에서는 불가능하다. 미술관마다 소장품이 다양하고 소장품이 전하는 이야기가 천차만별이기 때문이다. 소장품 규모로는 자연사박물관이 훨씬 방대하고 전시에서 끝없이 다양한 주제와 엄청나게 긴 역사를 다루는데도, 보편적인 관람 코스를 짤 수 있다. 특히 서구 지역의 자연사박물관은 서로 더더욱 비슷하다. 박물관에 따라 그 지역의 생태계를 중점적으로 다루기도 하고 세계 곳곳에서 수집된 동식물을 전시하기도 하지만, 스톡홀름의 어느 자연사박물관에 전시된 코알라와 시드니의 어느 자연사박물관에 전시된 코알라는 엄청나게 닮았고 전시 설명판에 적힌 정보도 비슷하다.

미술관은 기관의 사명을 하나로 통일하기 힘들다. 미술관마다 제각기 중요한 특성이 있어서, 보편적인 사명으로는 각각의 가치를 구체적으로 담을 수가 없다. 그러나 자연사박물관의 사명은 전부 같은 내용으로 통일할 수 있다. 관람객이 자연과 더 가까워지는 것, 지구에 함께 사는 생물의 다양성에 더욱 관심을 기울이고 지구와 그 모든 생물에게 유대감을 느끼게끔 돕는 것이 모든 자연사박물관의 공통 목표다. 관람객들에게 놀라움과 흥미로움을 선사하는 것, 익숙한 생물들과 만나고 낯선 생물을 처음 접할 기회를 제공함으로써 모든 생물을 보호하도록 장려하는 것 또한 모든 자연사박물관의 목표다. 나는 자연사박물관들이 이 가치 있는 목표를 지금까지 매우 성공적으로 달성해왔다고 생각한다.

동식물은 종류가 무수하고 자연사박물관이 선택해서 소장할 수 있는 종류 또한 무궁무진할 텐데, 전 세계 어느 박물관을 가든 높은 확률로 보게 될 전시물이 정해져 있다는 점이 의아할 수도 있다. 내 오랜 친구이자 동료인 마크 카널Mark Carnall의 말을 빌리자면, 거의 모든 자연사박물관에서 볼 수 있는 공통의 표본들로 일종의 '자연사박물관 빙고 게임'도 만들 수 있다. 전시실의 생물들이 놀랍도록 비슷하다는 사실을 알고 나면, 그런 공통적인 전시물이 어느 박물관을 가든 눈에 속속 들어온다.[1] 그 빙고 판에는 큰뿔사슴과 코끼리, 일본거미게, 도도새, 반쪽짜리 앵무조개, 새파란 모르포나비, 박제된 오리너구리가 반드시 포함될 것이다.

전시실에 있는 생물 종류뿐만 아니라 그 생물들을 전시하는 방식과 전시를 통해 사람들에게 전하는 이야기에도 공통점이 있다. 자연사박물관의 표본들은 하나하나 특별하고 저마다 고유한 역사가 있지만 비슷한 점도 정말 많다. 특히 그 모든 표본이 한데 모여 그렇게 전시된 배경을 살펴보면, 그 과정에도 공통점이 있음을 알게 된다.

자연사박물관은 사람들이 자연과 가까워지게끔 안내하는 본연의 기능을 어떻게 수행해야 할까? 그것이 내 관심사이자 이 책에서 다룰 주제이기도 하다. 영국 케임브리지대학교 동물학박물관University Museum of Zoology의 부관장으로서, 지구 곳곳에서 수집된 약 200만 점의 동물 표본을 관리하는 직원들과 우리 박물관에 찾아오는 관람객들을 챙기는 한편 사람들이 우리 박물관의 표본에서 영감과 즐거움, 놀라움, 두려움을 느끼고 배울 거리를 얻게 하는 것이 내 일이다. 자연사박물관은 사람들에게 자연을 보여주는 창문과도 같은 곳이지만, 나는 지금까지 박물관에서 20년을 일하면서 이 창문이 그리 선명하지도 투명하지도 않다는 사실을 알게 되었다.

박물관은 중립적이지 않으며, 자연과 닮지도 않았다. 자연사박물관을 통해서 보는 자연은 변형되지 않은 확장된 자연의 모습이 아니다. 자연사박물관이 소장한 표본과 그 표본을 통해 전하는 이야기는 모두 인위적으로 다듬어진 결과물이기 때문이다. 박물관을 만드는 건 사람인데, 사람은 편향적이고 정치적이며 대체로 그리 과학적이지 않다. 관람객들이 눈치채든 눈치채지 못하든, 박물관이 해석한 자연에는 편향과 정치가 녹아 있다.

우리의 자연사박물관 투어는 중앙 홀에서 시작한다. 무엇이 있을지 아마 다들 짐작할 수 있을 것이다.

공룡의 거대한 골격표본은 자연사박물관을 대표하는 상징으로 여겨지곤 한다. 자연사박물관마다 거의 예외 없이, 입구와 붙어 있는 홀 중앙에 이 표본이 떡하니 자리 잡고 모든 이의 시선을 사로잡으니 그렇게 생각할 만도 하다. 그런 박물관을 대강 몇 군데만 꼽아도 베를린, 버밍엄, 브뤼셀, 시카고, 프랑크푸르트, 뉴욕, 상하이, 싱가포르의 자연사박물관이 떠오른다. 최근까지는 런던에 있는 영국 국립자연사박물관Natural History Museum London에서도 거대한 공룡 뼈가 방문객을 맞이했다.[2]

이런 공통점이 생긴 데는 그럴 만한 이유가 있다. 정말 많은 사람들이 어린 시절 과학의 세계에 처음 마음을 빼앗긴 계기로 공룡을 이야기한다. 그러니 자연사박물관에 공룡은 고마운 동물일 수밖에 없고, 비유적으로든 말 그대로든 떠받들 만한 존재다. 실제로 공룡에 푹 빠진 아이의 성화에 온 가족이 자연사박물관을 찾는 경우가 아주 많은데, 이 또한 어느 자연사박물관을 가든 공룡을 볼 수 있는 중요한 이유다. 하지만 박물관 입구의 드넓은 홀을 공룡이 단골로 독차지할 수밖에 없는 또 다른 이유가 있다. 공룡의 골격표본 같은 대형 전시물을 둘 만한 넓은 장소가 박물관 건물을 통틀어 그곳뿐인 경우가 많기 때문이다. 공룡 다음으로 중앙 홀을 가장 많이 차지하는 표본이 고래인 것도 같은 이유에서다.

공룡은 지구를 걸어 다닌 모든 동물 중에 몸집이 가장 크게 발달했다. 약 1억 년 전, 축구공만 한 알에서 태어난 새끼 공룡들은 다 자라면 몸무게가 약 50톤에 이르렀다. 인류가 경탄하며 관심을 쏟을 만한 특징이다. 1854년에 런던 남부의 크리스털팰리스

Crystal Palace(수정궁) 공원은 공룡을 포함해 멸종된 대형 동물들을 실물 크기로 제작한 모형을 전시해서 큰 화제가 되었다. 그중에는 길이가 10미터에 이르는 모형도 있었다. 당시 신문들은 환상 속에나 나올 법한 이 모형들이 지구에 실제로 존재했던 동물들이며, 상상력으로 꾸며낸 게 아니라고 열심히 설명했다.[3] 네발로 걷는 초식 공룡 디플로도쿠스*Diplodocus*와 브라키오사우루스 *Brachiosaurus* 같은 용각류龍脚類 공룡은 그중에서도 가장 거대한 축에 속했다. 현대의 동물 중에는 엄청나게 긴 목과 꼬리, 거대한 기둥 같은 다리에 상대적으로 머리는 아주 작은 이 용각류에 견줄 만한 동물이 없다.

자연사박물관을 찾아오는 사람들이 **무조건 봐야 하는** 전시물로 공룡을 꼽는 여러 이유 중 하나는 이 거대함에 있다. 그런 전시물인 만큼 우리 투어의 출발점도 공룡으로 정했다. 하지만 우리가 자연사박물관에서 보는 공룡의 골격표본은 진짜일까?

우선, 자연사박물관에 전시된 공룡의 골격은 대부분 진짜 뼈가 아니라 복제품이다. 게다가 한 마리가 아니라 여러 공룡에서 나온 뼈를 조합한 골격을 본뜬 복제모형이다. 대형 공룡의 뼈는 희귀하며, 공룡 한 마리의 전체 골격이 다 발견된 적은 한 번도 없었다고 추정된다. 그간 공룡 화석 발굴과 연구에 무수한 시간과 노력을 쏟아부었지만, 우리는 이 거대한 동물의 뼈가 정확히 몇 개인지조차 모른다. 그래서 발견된 뼈들을 조합해도 몸 어디에 뼈가 몇 개나 빠졌는지조차 알지 못한다.

대략 500개의 조각을 다 맞춰야 완성되는 퍼즐이 있다고 하자. 그런데 어떻게 맞추느냐에 따라 여러 그림이 나올 수 있는 이런 퍼즐이 총 10세트 있는데, 세트마다 잃어버린 조각이 있는 데다 정확히 몇 개를 잃어버렸는지 모른다면? 퍼즐을 완성하면 나오는 그림의 견본도 없고, 완성된 퍼즐이 정사각형인지 직사각형인지 다른 모양인지도 모른다면? 똑같은 퍼즐이 10세트나 있으므로 세트마다 빠진 조각을 다른 세트에서 가져다 채우면 퍼즐 한 판을 완성할 수 있으리라고 생각할 수도 있다. 그러나 이런 조건에서는 빠진 조각이 더 있는지, 다 채워졌는지 알 길이 없다.

따로따로 발견된 공룡 화석 여러 개를 모아서 한 마리의 모습으로 조합하는 일은 이런 퍼즐을 맞추는 것과 비슷하다. 예를 들어 공룡의 목 척추뼈 20점이 이곳저곳에서 발굴되었고 얼추 하나로 **이어지는** 형태처럼 보이더라도, 21번째 뼈가 더 있는 건 아닌지 아무도 확신할 수 없다. 게다가 뼈 20점이 전부 같은 종류의 공룡에서 나왔는지도 100퍼센트 보장되지 않는다는 사실이 문제를 더 복잡하게 만든다. 공룡 한 마리의 골격이 빠짐없이 완전하게 나온 적도 없으며, 따라서 공룡의 종류를 전체 골격을 기준으로 구분할 수도 없으므로, 여러 개의 공룡 화석을 모아 한 마리로 조합한 골격표본에는 종이 서로 다른 공룡들의 뼈가 섞였을 가능성이 있다.

공룡 화석은 유한한 자원인 데다 여러 곳에서 출토된 뼈들을 합쳐야 공룡 한 마리의 골격표본을 완성하는 데 필요한 뼈를 충분히 확보할 수 있다. 그런 방식으로 조합한 공룡 모형이 완성되면, 박물관 전시물 담당자들이 그 모형을 본떠서(최근에는 스캔해서 3D 프린터로 제작하기도 한다) 전 세계 박물관에 제공한다.

전 세계 모든 자연사박물관에 전시된 공룡 중에 가장 유명한 것이 디플로도쿠스의 모형인 '디피Dippy'다. 1905년부터 지금까지 런던, 파리, 모스크바, 마드리드, 라플라타, 베를린, 볼로냐, 멕시코시티, 빈 등에서 수억 명 또는 수십억 명이 디피와 만났다. 이 수많은 도시에 전시된 디피는 전부 같은 골격모형을 본뜬 복제품이다.[4] 박물관 표본에 각별한 애정이 있는 사람들에게 실망을 안기고 싶지는 않지만, 실제로 많은 관람객들이 자연사박물관에 전시된 디피를 '오직 그곳에만 있는' 특별한 공룡으로 여기는 듯하다. 디피의 복제모형들은 세계 각지에서 사람들에게 그런 감상을 불러일으키고 있다.

디플로도쿠스의 진짜 화석은 미국 피츠버그의 카네기자연사박물관Carnegie Museum of Natural History에 있다. 그러나 그 표본도 최소 여섯 마리의 공룡에서 나온 뼈를 조합한 것이고, 심지어 다리와 발의 뼈 일부는 디플로도쿠스와 그리 가깝지도 않은 카마라사우루스Camarasaurus의 뼈다. 그뿐만이 아니다. 2015년에 세계 여러 박물관의 디플로도쿠스 화석을 대대적으로 조사한 결과, 이 공룡의 대표적 모형인 디피의 머리뼈도 디플로도쿠스가 아니라 갈레아모푸스Galeamopus라는, 종이 밝혀진 지 얼마 안 된 다른 공룡의 것으로 드러났다. 게다가 이 연구에서는 지금까지 발견

미국 피츠버그 카네기자연사박물관의 디플로도쿠스 화석. 전 세계 수많은 박물관에 전시된 복제품 '디피'의 원본으로, 표본을 구성하는 뼈 대부분이 1899~1900년에 발굴되었다.

된 공룡의 머리뼈 가운데 디플로도쿠스의 것이라고 확신할 만한 게 없다는 결론이 나왔다.[5] 세상에서 가장 유명한 공룡의 머리뼈가 정확히 어떤 형태인지 여전히 모른다는 뜻이다. 자연사박물관들이 사람들을 일부러 속이려 하지는 않겠지만, 복제품이나 여러 동물의 뼈를 조합해 제작한 모형은 이름표에 적힌 생물과 100퍼센트 일치하지 않을 수 있다. 그러니 항상 자세히 살펴보는 게 좋다.

자연사박물관이 공룡 한 마리의 전체 골격을 어느 정도 완전하게 만들 수 있을 만큼 뼈 화석을 충분히 확보한다고 해도, 기술적·건축학적·기계적 문제에 전시가 가로막힐 확률이 다분하다. 화석은 전부 돌이고 공룡은 대부분 몸집이 엄청나게 거대하다. 진짜 뼈로 이루어진 모형의 무게는 비계를 설치해서 뼈의 형태를 유지하거나 받침대에 세워 감당할 수 있는 수준이 아니다. 수백만 달러의 가치가 있는 공룡 화석을 수년간 애쓴 끝에 겨우겨우 전시했는데 모형이 무너져서 관람객을 덮치거나, 전시실 바닥이 무너져 몽땅 지하까지 추락하는 상황은 어느 누구도 바라지 않을 것이다.[6]

자연사박물관은 표본과 관람객, 전시 시설을 위험에 빠뜨리지 않고 이런 문제를 해결할 수 있는 현실적 타협점을 찾는다. 티라노사우루스 렉스*Tyrannosaurus rex*의 골격표본 중에 '세계에서 가장 유명한 공룡 화석' 순위에서 디피 못지않은 인기를 누리는 것이 있다. 1990년 미국 사우스다코타에서 화석을 처음 발견한 수 핸드릭슨Sue Hendrickson의 이름을 따서 '수SUE'라고 불리는 이 표본은 전체 골격의 90퍼센트가 발견되어, 지구 육지에 살았던 가장 거대한 육식동물의 가장 완전한 화석으로 여겨진다.

이 공룡의 진짜 골격표본은 시카고 필드자연사박물관Field Museum of Natural History 전시물 담당자들의 뛰어난 솜씨 덕분에 뼈만 있는 전시물이 아니라 마치 살아 있는 공룡처럼 역동적이고 강렬한 인상을 준다. 특히 수 주변에 설치된 극적인 조명은 관람객이 눈앞에 있는 공룡에 더 깊이 몰입하게 만든다. 내가 본 자연

티라노사우루스 렉스의 진짜 골격으로 제작된 '수'는 지금껏 발견된 공룡 화석 중 형태가 가장 완전한 표본으로, 현재 미국 시카고의 필드자연사박물관에 전시되어 있다.

사박물관의 모든 전시를 통틀어 효과가 가장 뛰어난 전시로 꼽을 정도다. 전시 담당자들은 이 골격표본을 전시실에 설치할 때 수의 진짜 머리뼈가 너무 무거워서 목뼈 끝에 고정할 수 없다는 문제에 부닥쳤는데, 진짜 머리뼈 화석은 따로 전시하고 골격표본에는 더 가벼운 머리뼈 모형을 연결하는 것으로 해결했다. 덕분에 수많은 과학자가 수의 머리뼈를 연구하기가 더 수월해졌다는 이점이 생겼다.

내가 동물학자로서 주로 연구하는 대상은 호주의 포유동물이다. 자연사 연구자들은 하나같이 자기 전문 분야가 모든 사람들의 관심을 받아야 한다고 주장하며 강한 애정을 드러내는데, 나

역시 마찬가지다. (그래서 이 책에는 호주의 포유동물이 유독 자주 언급된다. 자연사박물관 전시실에서 드러나는 편향성을 주제로 책을 쓰는 사람이 자연계의 하고많은 동물 중 호주 포유동물만 속속 골라 예시로 선택한다는 것을 여러분도 알게 될 텐데, 내 편향된 선택이 분명하다고 인정한다.) 말이 나온 김에 고백할 게 하나 있다. 사실 나는 공룡에 별로 관심이 없다.

이렇게 말하면 고생물학계 동료들은 직업적인 질투심이라고 할 수도 있지만, 내가 공룡에 흥미를 느끼지 못하는 주된 이유는 공룡에 쏠리는 관심이 과도하다고 생각하기 때문이다. 공룡과 관련된 소식은 자연계에서 일어난 어떤 일보다 언론에 보도될 가능성이 크다. 나는 사람들이 뉴스에서 다른 생물들의 소식도 듣고 관심을 기울일 기회가 더 많아지기를 바란다. 공룡이 워낙 보장된 뉴스거리가 된 바람에, 공룡과 아무 관련이 **없는** 내용마저 마치 그런 것처럼 기사화할 때가 많다.

2022년에 영국 중앙부의 러틀랜드 저수지Rutland Waters에서 거대한 어룡ichthyosaur이 발견되었을 때도 그랬다. 어룡은 포식성 해양 파충류이며, 비조류 공룡과 같은 시대에 살았지만 생물학적으로 전혀 가깝지 않다. 그런데도 당시 BBC 뉴스는 그 소식을 전하면서 이런 자극적인 제목을 붙였다. "러틀랜드에서 영국 역사상 가장 거대한 바다의 용 공룡 돌고래 화석 발견." (분명히 말하지만, 어룡은 공룡도 아니고 돌고래도 아니며 용도 아니다.)

사실 공룡 이외의 다른 동물을 아무거나 골라도 과학적으로 더 가치 있는 소식이 분명히 있을 텐데, 다 외면하고 거의 매주 빠짐없이 새로운 공룡 소식을 뉴스로 전하는 현실이 기가 막힐 노릇이다. 그러나 한편으로는 공룡이 왜 이렇게까지 뉴스의 단골 소재가 되는지 이해가 간다. 공룡만큼 세상의 이목과 투자가 쏠리는 동물 표본은 없기 때문이다.

2020년 뉴욕에서는 티라노사우루스 렉스의 또 다른 골격(스탠Stan이라고 불린다)이 경매로 나와 익명의 구매자가 무려 3200만 달러에 육박하는 금액으로 낙찰했다(2024년에 스테고사우루스stegosaur 화석이 4460만 달러라는 어마어마한 금액에 팔리기 전까지 스탠은 가장 비싼 값에 팔린 화석이었다). 스탠은 이 경매 이후 대중의 시야에서 사라졌고, 고생물학계는 70퍼센트 이상의 골격이 발견되어 과학적으로 정말 귀중한 공룡 화석을 연구할 기회가 영영 사라진 건 아닌지 두려워하며 1년 6개월을 보냈다. 그리고 2025년 아부다비에서 개관할 예정인 새로운 자연사박물관에서 스탠을 볼 수 있다는 소식이 전해졌다.*

언론뿐 아니라 박물관도 공룡이 돈 되는 화젯거리임을 잘 알고 있다. 앞서 소개한 티라노사우루스 렉스 '수'의 골격도 1997년 경매에 나왔을 때 필드자연사박물관이 디즈니Disney의 지원을 받아 760만 달러에 낙찰받았다. 미국 플로리다의 디즈니 테마파크

---

* 아랍에미리트의 아부다비 사디야트 문화지구에 완공된 아부다비 자연사박물관은 2025년 11월에 개관했다. 중동 최대 규모의 자연사박물관이며 11.7미터 크기의 스탠 골격표본도 공개되었다.

겸 리조트인 애니멀 킹덤Animal Kingdom에서 수의 복제모형을 볼 수 있는 이유다. 수의 골격을 본뜬 복제모형이 미국 전역을 돌며 전시될 때마다 맥도널드McDonalds 로고가 전시장 곳곳에 붙어 있는 것도 비슷한 이유다.

자연사박물관에 공룡을 **전시하면 안 된다**는 건 아니지만, 공룡만 부각하느라 자연계의 다른 모든 생물이 구석으로 밀려나는 현실이 안타깝다. 공룡 표본은 관람객들이 경탄하고 경이로움을 느끼는 전시물이 분명하므로, 자연사박물관이 너도나도 공룡 표본을 전시하려 애쓰는 건 당연한 일이라고 생각한다.

그러나 런던에 있는 영국 국립자연사박물관이 중앙 홀의 디피 복제모형을 치우고 그 자리에 대왕고래의 진짜 골격표본을 전시하기로 했을 때 두 손 들어 환영한 사람들이 있었으며, 나도 그중 하나였다. 대왕고래와 같은 세상에 살고 있다는 것만으로 우리는 정말 행운아이며,[7] 이 동물을 전시한다는 것은 아주 큰 의미가 있다. 지금까지 지구에 등장한 모든 생물 중 가장 거대한 생물인 대왕고래는 인간의 탐욕 탓에 거의 절멸할 위기에 빠진 동물인 동시에 가장 성공적인 생물 보존의 주인공이다. 자연사박물관에서 공룡 전시관 앞에 줄이 길고 포유동물 전시관에는 곧장 들어갈 수 있다면, 나는 1초도 고민하지 않고 오리너구리를 볼 수 있는 곳으로 향한다.

보이는 것에 관하여

거대한 공룡이 꼭 있다는 공통점에도 불구하고, 자연사박물관이 대중에게 드러내는 얼굴은 대부분 그 이면의 얼굴과 영 딴판이다. 자연사박물관의 전시실은 어떤 곳일까?

지구에 한 번이라도 살았던 적이 있는 생물은 셀 수 없을 만큼 많다. 그래서 모든 생물의 이야기를 모조리 다룰 수 있는 자연사박물관은 없다. 인간은 지구의 모든 생물 중 한 종일 뿐이지만 인류의 역사나 예술을 다루는 어떤 박물관도 인간의 활동과 창작의 결과물을 전부 포괄적으로 다룰 수 없는 것과 같다. 자연사박물관의 소장품은 규모가 방대할 뿐만 아니라 대부분 전시하기에 적합하지 않다. 사람들은 전시실에 있는 표본이 전체 소장품의 채 1퍼센트도 안 된다는 사실을 알면 보통 깜짝 놀라지만, 알고 보면 그리 놀랄 일이 아니다. 자연사박물관이 처음부터 전시를 목적으로 표본을 수집하는 일은 드물기 때문이다.

관람객들이 전시실에서 보는 소장품 대부분은 박물관이 보유한 나머지 소장품과 전혀 다른 모습이다. 수장고에 있는 표본은 관람객들의 기대에 부응하기보다는 연구에 더 적합하도록 처리되고 보관된다. 솔직히 말해서, 박물관 소장품을 몽땅 보여준다고 해도 수백만 점에 이르는 표본을 한꺼번에 다 보려는 사람은 없을 것이다. 너무 방대해서 다 볼 수도 없으며, 그렇게 봐서는 어떤 의미가 있는지 헤아리지도 못한다. 그러므로 자연사박물관은 그 많은 표본 중에 사람들에게 무엇을 보여줄지 선택해야 한다. 그 결정은 어떻게 내려질까?

지난 몇 세기 동안 박물관 큐레이터들이 표본을 선택한 과정을 살펴보면, 자연사박물관이 자연을 대표한다고 보기는 어렵다는 사실을 알게 된다. 비난하려는 말이 아니다. 나는 여러분이 이 책을 계기로, 다음에 자연사박물관에 갔을 때 눈앞에 있는 전시물의 정체에 더 적극적으로 의문을 던지기를 바란다. 수많은 표본 중에 왜 이것을 선택해 전시했을까? 전시실에 특정 종류의 동물이나 특정 지역의 표본이 다른 동물이나 다른 지역의 표본에 견주어 유독 큰 비중을 차지한다면, 그 이유는 무엇일까? 전시실의 표본들을 실제로 수집한 사람은 누구이며, 그들의 이야기는 어떻게 전해지는가? 이 표본들은 어떤 과정을 거쳐 이곳에 오게 되었을까? 전시된 표본이 그 생물 전체를 대표한다고 할 수 있는가? 은연중에 특정한 정치적 메시지가 깔려 있지는 않은가? 왜 전시실의 동물은 죄다 수컷일까? 암컷은 다 어디 있을까?

이쯤에서 한 가지 인정할 것이 있다. 자연사박물관이 세상의 모든 생물을 다 담을 수 없듯, 이 책도 자연계의 모든 이야기를 담을 수는 없다. 그러려고 덤볐다가는 실패할 게 뻔하다. 생물은 너무나도 다양하고 전시할 수 있는 공간은 너무나 협소하므로, 박물관은 결국 환한 조명 아래 전시할 소장품을 선정해야만 한다. 그 과정에서 불가피하게 편향이 끼어드는데, 이 책도 마찬가지다. 내가 바라는 건 박물관의 그러한 편향성을 일부나마 탐구함으로써 부당한 점들이 조금은 해소되는 것이다.

그 맥락에서 또 한 가지 밝혀둘 점은, 이 책에서는 전 세계 모든 대륙을 다루지만 그중 서양의 비중이 꽤 크다는 것이다. 서구의 자연사박물관은 자연을 바라보는 서구인의 관점과 밀접하게 연관되어 있으며, 박물관의 역사에는 식민지 시대의 이상이 완전히 분리될 수 없을 만큼 깊이 얽혀 있다. 과거 유럽의 제국에 속하지 않았던 지역에도 당연히 중요한 자연사박물관들이 있고, 동아시아와 서아시아를 중심으로 최근 새로 건립되거나 재탄생한 박물관도 많다. 또한 과거 식민지 개척에 나선 국가들이 식민지에 세운 박물관도 많다. 이렇게 다양한 박물관이 있지만, 내 경험은 대부분 서구 지역 박물관들에서 쌓은 것임을 인정할 필요가 있다고 생각한다.

그래서 이 책에서도 서구 지역 박물관들을 중심으로 자연사박물관의 역사와 관행에 관한 내용을 설명하며, 세부적으로는 지난 몇 세기 동안 서구 사회에 등장한 자연사박물관의 역사와 동향을 살펴볼 것이다. 나의 이런 한계점에 미리 양해를 구한다. 앞서 이 책을 모든 자연사박물관의 '보편적인' 안내서라고 소개했지만, 그 보편성의 의미는 서구 지역으로 한정된다. 이 책에는 자연사박물관들의 관점이 고르지 않다는 점을 강하게 꼬집는 내용도 나오는데, 내 한계점이 결국은 같은 결함임을 나도 인지하고 있다. 대신, 이 책을 통해 서구 지역의 자연사박물관들이 사람들에게 자연을 선보이는 공통적인 방식과 역사를 두루 알게 될 것이다.

∞

오늘날 자연사박물관의 '기능'을 이해하려면, 먼저 역사적인 뿌리부터 찾아볼 필요가 있다. 사람들은 **아주 오래전**부터 자연사가 담긴 것들을 수집했다. 세계에서 가장 오래된 예술의 상당수는 동물이 재료로 쓰였거나, 동물의 모습을 나타냈거나, 둘 다에 해당한다. 인간의 모습을 표현한 가장 역사 깊은 조각품 〈홀레 펠스의 비너스The Venus of Hohle Fels〉와 동물 형상을 한 가장 오래된 조각품으로 여겨지는 독일의 〈홀렌슈타인-슈타델 동굴의 사자 인간Lion Man of Hohlenstein-Stadel〉(사자 머리에 인간의 몸이 합쳐진 모습이다)은 모두 3만 5000~4만 년 전에 매머드의 상아로 만들어졌다. 그래서 문화사적 가치는 물론 자연사적 가치도 있다.

현대 자연사박물관의 뿌리(사실상 모든 박물관의 기원)를 더 분명하게 찾을 수 있는 곳은 르네상스 시대 유럽에 등장한 '분더카머Wunderkammer'다(분더카머는 '경이의 방'이라는 뜻으로, 오늘날의 자연사박물관 전시실에도 잘 어울리는 표현이다). 분더카머는 종교적 유물과 왕실의 보물을 수집하는 곳으로 처음 생겨났고 초창기에는 그게 주된 용도였지만, 그때도 세상을 깊이 이해하려는 학문적인 탐구가 조금이나마 수집 원칙에 반영되었다. 분더카머의 핵심은 호기심(그리고 물질적인 부를 축적하는 것)이었으므로 '호기심의 방'이라 불리기도 했다. 정교한 가구 하나에 수집품을 보관한 정도에 그친 분더카머도 있었지만, 건물 한 채를 다 채울 정도로 수집품의 규모가 엄청난 곳도 많았다. 열성적인 수집가들은 흡사 세상의 축소판 같은 이러한 공간에 친한 지인들을 불러 구경시켰다. 그런 수집품이 자연사, 의학, 연금술, 문화사, 공학의 중요한 발견으로 이어지기도 했지만, 분더카머는 어디까지나 공적 시설이 아닌 엘리트 집단의 전용 공간이었다.

시간이 흘러 계몽주의가 확산하자, 직접 관찰할 수 있는 현실을 중심에 둔 물질적 진실과 이성적 논쟁이 새롭게 강조되면서 표본 수집이 크게 중시되기 시작했다. 자연사와 자연사 표본은 과학과 과학적인 증거로서 나란히 함께 발전했다. 자연은 어디에나 있으므로 자연사 표본도 누구나 찾아낼 수 있었기에, 표본은 이제 상류층만의 소유물이 아니었다. 자연사는 그렇게 아마추어들의 손에서 기틀이 마련됐으며 그들 없이는 존재할 수 없었으리라는 점에서 다른 과학 분야보다 비교적 평등한 편이다. 오늘날에도 자연사 분야에서는 어느 과학 분야들과 달리 비전문가나 시민 과학자가 이례적으로 큰 역할을 한다.

19세기가 시작된 즈음부터 공공 박물관이 늘어났다. 지방정부나 중앙정부, 대학교, 과학계 단체들이 설립하기도 하고, 사유재산이던 분더카머가 국가기관의 소유로 전환되어 박물관으로 발전하기도 했다.

영국 최초의 공공 박물관으로 여겨지는 옥스퍼드대학교 애시몰리언박물관Ashmolean Museum은 일라이어스 애시몰Elias Ashmole이 1677~1682년에 자신의 소장품을 여러 차례에 걸쳐 기부한 뒤, 이듬해인 1683년에 문을 열었다. 애시몰의 소장품은 똑같이 존 트레이드스캔트John Tradescant라고 불린 어느 부자父子가 만든 '호기심의 방'에서 획득했다고 전해진다(그 과정이 불법적이었다는 의견도 있다). 덴마크의 의사 올레 보름Ole Worm이 만든 '호기심의 방'도 당시 가장 유명한 분더카머 중 하나였다. 그의 방대한 소장품 중에는 오늘날 전 세계 거의 모든 자연사박물관의 대표적인 전시물로 꼽히는 악어, 톱상어 이빨, 외뿔고래의 커다란 엄니 등 진귀하고 놀라운 표본도 있었다. 보름의 소장품 일부는 현재 코펜하겐의 덴마크자연사박물관Natural History Museum of Denmark에 있다.

자연사박물관은 시민들을 위한 과학기관이자 공공 교육기관으로 점차 진화했다. 거대한 저택에 트로피처럼 가득 쟁인 개인 수집품과, 자연사박물관에 대중을 위해 전시된 박제표본은 사람들에게 확연히 다른 인상을 준다. 정확히 집어내기는 힘들지만 대중을 위한 전시는 그 목적이 분명하게 느껴지고, 그 차이는 전시된 표본을 다른 시선으로 보게 한다. 그와 달리 사냥의 전리품으로 만든 사적인 소장품에서는 과학이나 배움과 거리가 먼 허영심이 느껴질 뿐이다. 사설 박물관인 파리사냥·자연박물관Paris's Museum of Hunting and Nature에서 목제 패널이 덮인 전시실을 둘러볼 때와, 센강 바로 반대편의 프랑스 국립자연사박물관Muséum national d'histoire naturelle 전시실을 구경할 때 완전히 다른 경험을 하게 되는 이유는 바로 그런 차이에 있다. 저명한 고생물학자 리

덴마크 의사 올레 보름이 1650년대 코펜하겐에 세운 보름박물관은 당시 유명했던 여러 분더카머 중 한 곳이다. 르네상스 시대 유럽에 처음 등장해 '호기심의 방'으로도 불린 분더카머는 사실상 현대 자연사박물관의 뿌리다.

처드 포티Richard Fortey는 런던에 있는 영국 국립자연사박물관의 주된 기능이자 가장 중요한 역할은 "시간이 생물에게 한 일들을 기념하는 것"이라는 글을 남겼다.[8] 나는 사냥 트로피처럼 축적한 개인 소장품들을 볼 때면 포티가 말한 것과 정반대로 생물의 죽음을 찬미한다는 인상을 받는다.

자연사박물관에도 과거에 사냥 트로피로 제작된 전통적인 벽걸이용 동물 머리 장식품이나 박제동물이 있다. 이런 전시물은 사설 전시장에 있든 공공 박물관에 있든, 박제사나 상업적인 목적으로 표본을 수집한 사람들이 만들었다는 점은 같다. 그러나 박물관에 전시되면 특유의 분위기 때문인지 다른 시선으로 보게 된다.

자연사박물관은 자연보전의 필요성을 일깨우는 역할을 해야 한다는 인식이 커지면서 벽걸이 장식으로 제작된 동물 머리는 대부분 수장고로 옮겨졌다. 머리만 걸려 있는 동물을 보면 재미 삼아 동물을 죽이는 사람들이 자동으로 떠오르기 때문이다. 주요 자연사박물관의 포유동물 표본 수장고마다 사냥 트로피처럼 제작된 이런 동물들의 머리가 선반에 가득하다. 한때 전시실을 차지했지만 눈에 잘 띄지 않는 수장고로 옮겨졌다는 것은 박물관도 이런 소장품을 수치스러운 전시물로 여긴다는 것을 뜻한다. 전시실에 계속 둔 채로 공공장소에 그런 전시물을 둔 점에 사과한다는 안내문을 내건 박물관들도 있다.

자연사박물관의 이러한 태도 변화는 전시실에 놓인 다른 표본을 바라보는 시선에도 비슷한 영향을 준다. 예컨대 조지 5세 George V가 '수집한' 박제 호랑이를 보유한 영국의 자연사박물관들은 불과 몇십 년 전만 해도 유명인이 소유했던 것이라며 자랑스레 전시했다. 조지 5세는 1911년에 인도를 방문해 총 서른아홉 마리의 호랑이를 사냥했다. 그때 잡힌 호랑이 표본은 현재 런던, 브리스틀, 엑서터를 비롯한 영국 곳곳의 자연사박물관에 전시되어 있다. 그러나 환경보호와 식민주의를 바라보는 대중의 인식이 달라지면서, 이런 표본을 보는 눈도 달라졌다. 이런 표본은 사냥 솜씨를 뽐내는 트로피와 자연사 표본의 경계를 흐린다.

굳이 그런 예를 들지 않더라도, 자연사박물관이 예부터 항상 과학을 증진하는 곳이었다고 주장하기는 힘들다. 자연사박물관에도 사냥 트로피처럼 동물을 수집하던 사람들 못지않은 허영심의 역사가 있으며, 2부에서 설명하겠지만 제국주의의 약탈품 저장고라고 해도 과언이 아닐 정도다. 17~20세기의 과학적인 '탐사'(이 표현만 보면 지극히 순수한 일처럼 느껴지지만)는 곧 제국의 권력을 활용해 새로운 식민지에서 착취할 만한 자원을 조사하는 일을 의미했다. 그 자원에는 동물, 광물, 식물뿐 아니라 사람까지 포함되었다. 이런 탐사에서 획득한 자원은 자연사박물관 설립의 기초가 됐으며, 식민지에서 가져온 자산을 자랑스레 보여주는 것이 그렇게 세워진 자연사박물관의 주요 기능이었다. 때로는 소장품을 확보하는 과정에서 노골적이고 의도적인 폭력 행위마저 일어났다.

1865~1909년에 벨기에를 통치한 레오폴드 2세Leopold II의 거대한 흉상은 내가 지금까지 박물관에서 본 모든 것을 통틀어 가장 기괴하다고 느낀 전시물이다. 기괴하다는 수식어는 이 흉상의 주인공에게도 어울리지만, 상아 무역을 광고할 목적으로 코끼리 여러 마리를 희생시켜 얻은 상아로 제작했다는 점에서 그 흉상에도 걸맞은 표현이다. 레오폴드 2세는 1885년 당시 콩고 독립국의 유일한 '주인'이자 통치자가 되었는데, 중앙아프리카에 흥미를 느끼고 자신을 도울 사람으로 채용한 영국인 탐험가 헨

리 모턴 스탠리Henry Morton Stanley가 그 과정에 큰 몫을 했다고 전해진다. 그때 레오폴드 2세의 신하 중 한 사람은 스탠리에게 이렇게 말했다고 한다.

중요한 건 벨기에의 식민지를 만드는 게 아닙니다. 새로운 나라를 최대한 거대하게 세워서 통치하는 것이 핵심입니다. 이 일에서 분명히 할 점은, 흑인들이 정치적 권력을 실낱만큼도 갖지 못하게 해야 한다는 겁니다. 그건 터무니없는 일이니까요. 모든 권력은 식민지 기지를 운영할 백인들이 쥐어야 합니다.[9]

레오폴드 2세는 벨기에에 머무르며 강제노동과 폭력적이고 잔혹한 방식으로 콩고 독립국의 천연자원에서 이윤을 내는 사업을 총감독했다. 레오폴드 2세와 그가 벌인 사업이 사람들에게 남긴 고통은 최근 몇 세기를 통틀어 가장 혐오스러운 수준이다(레오폴드 2세가 유럽인들의 눈을 피해 이런 극악 행위를 이어가려고 벌인 정치적 선전에도 어마어마한 자원이 투입되었다).[10] 그토록 잔인한 짓을 저지른 목적은 콩고의 고무와 상아를 벨기에로 가져와 경제적 이득을 얻는 것이었다. 1889~1908년에 코끼리 9만 4000여 마리에게서 나온 4700톤 분량의 상아가 안트베르펜 항구로 들어왔다.

이런 업적을 기념하려고 제작된 레오폴드 2세의 흉상은, 그가 브뤼셀 외곽에 지은 웅장한 콩고박물관의 정중앙에 설치되었다. 콩고의 자연사, 경제적 수출품, 그들의 생활과 문화를 알 수 있는 물건, 예술품을 영구 전시하기 위해 세운 이 박물관의 야외 공간에는 심지어 살아 있는 콩고 사람들을 전시한 '인간 동물원'까지 있었다. 콩고박물관은 레오폴드 2세가 콩고에서 벌이는 착취 산업에 필요한 투자를 독려하고 벨기에 국민의 지지를 얻기 위해 설립한 노골적인 선전기관이었다. 자신의 성취를 스스로 찬미하며 상아로 제작한 흉상에는 이 박물관 건립의 바탕이 된 무참한 자의식과 탐욕, 더 넓게는 식민주의까지 모두 집약되어 있다.

이 흉상은 처음 설치된 위치에서 몇 미터 떨어진 박물관 중앙홀 한가운데에 지금껏 그대로 남아 있지만, 주변의 박물관 건물은 레오폴드 2세 시절과 많이 달라졌다(박물관 명칭도 바뀌었다). 벨기에 왕립중앙아프리카박물관Royal Museum for Central Africa(간단히 '아프리카박물관')으로 탈바꿈한 이곳은 옛날에 다른 나라 자산의 찬탈로 건립된 여느 박물관과는 사뭇 다른 행보를 택했다. 식민지 시대에 선전기관으로 쓰였던 역사를 인정하고, 레오폴드 2세의 흉상을 포함한 관련 소장품을 그러한 맥락으로 전시한 것이다. 박물관의 공식 사명도 아프리카의 현재와 과거를 모두 다루면서 "식민지 시대를 기억하고 서로 다른 문화와 세대 간에 교류와 대화가 활발히 이루어지는 토대가 되는 것"으로 정했다.[11]

박물관은 이야기를 들려주는 곳이다. 사람들이 박물관을 공공 영역에서 가장 신뢰하는 정보원으로 여긴다는 여론 조사 결과만 보더라도, 오늘날 박물관이 공공기관으로서 짊어진 막중한 책임의 무게를 짐작할 수 있다.

　그러나 이런 큰 신뢰 앞에 부끄럽지 않은 기관이라고 하기 힘든 시절이 있었다. 모든 이야기는 누가 한 이야기인지, 또한 누구를 위한 이야기인지를 잘 살펴야 하는데, 박물관이 들려주는 이야기는 아주 오랫동안 특정 사람들을 대상으로 한 특정 이야기에 한정되었다. 그런 이야기는 박물관의 여러 특성 가운데 일부는 중요하게 부각하고 다른 일부는 흐릿하게 만들며, 박물관이 표본을 수집한 역사에 착취·고통·폭력이 큰 비중을 차지한다는 사실은 잘 다루지 않는다. 또한 과학의 역사에는 특정 집단, 특히 여성·유색인종의 기여와 그들의 전문지식, 노동, 엄청난 희생이 지워진 경우가 허다하다.

　그런 문제가 불분명한 경우라도(자연사박물관 전시실만 봐서는 그런 문제가 있었는지조차 분명하게 알 수 없다), 우리가 이 세상과 우리 위치를 더 깊이 이해하게끔 이끌어준 중요한 발견이 전적으로 부유한 백인 남성들의 업적일 리가 없다는 건 분명한 사실이다. 그럼에도 그 외 다른 사람들의 업적이 박물관 이야기에 빠져 있기 일쑤라는 것은 그 이야기가 진실하지 않다는 뜻이며, 이는 박물관의 존재 이유인 사회 구성원 대부분과의 접점이 제대로 형성되지 않았음을 의미한다. 2부에서는 바로 이 문제를 주제로, 박물관의 소장품은 다 어디에서 왔고 어떤 경로로 한자리에 모였으며 그 일에 누가 관여했는지 살펴보면서, 자연사박물관이 모든 이를 대표하는 기관으로서의 역할을 얼마나 잘하고 있는지 짚어본다.

보이지 않는 것에 관하여

자연사박물관 소장품에는 과학적으로 엄청난 잠재력이 있는데도 그런 사실이 제대로 알려지지 않은 현실을 아는 것 역시 자연사박물관의 껄끄러운 역사를 탐구하는 것만큼 중요하다. 자연사박물관은 여태껏 그런 잠재력을 세상에 분명하게 알린 적이 거의 없다. 그래서 대다수는 박물관이 교육기관이기도 하다는 사실은 웬만큼 인지해도 과학 연구에서 핵심 역할을 한다는 사실은 잘 알지 못한다. 이것이 3부의 주제다.

관람객의 시선을 사로잡는 멋진 전시물 덕분인지, 설문조사에서는 미술관이나 사회사박물관, 고고학박물관보다 자연사박물관을 더 좋아한다는 응답 결과가 거듭 나왔다. 그러나 자연사박물관이 최고인 이유는 인기가 좋아서가 아니다. 아직은 모르는 사람이 태반이지만, 사람과 자연을 잇는 가교를 넘어 세상을 구할 수 있는 유일한 박물관이기 때문이다. 자연사박물관이 관리하는 동물, 식물, 균류를 비롯한 생물 표본은 현재 우리 지구가 맞닥뜨린 심각한 문제를 연구하고 해결하는 귀중한 근거 자료다.

기후위기, 생물다양성의 소실, 동물에게서 시작되어 사람에게로 퍼진 질병, 작물 관리와 식량 생산의 실태와 영향 등 자연사박물관은 세상을 변화시키는 탐구가 이루어지는 곳이다. 아울러 이러한 표본은 분류학의 보고이기도 하다. 자연사박물관이 없었다면 우리는 지구에 얼마나 많은 종류의 생물이 존재하고 존재했는지 충분히 이해하지 못했을 것이며, 앞으로도 그럴 것이다. 그 지식 없이는 환경을 보전하는 알맞은 방법도 떠올릴 수 없다.

이 책에서 살펴볼 다양한 표본 중에서도, 내가 일하는 케임브리지대학교 동물학박물관의 특별한 어류 컬렉션이 그런 사실을 뒷받침하는 좋은 예인 듯하다. 바로 찰스 다윈Charles Darwin이 비글호를 타고 떠난 탐사에서 가져온 어류들인데, 그중에는 이전까지 과학계에 한 번도 알려진 적이 없는 종류가 많았다. 그래서 케임브리지대학교에서는 다윈이 가져온 이 새로운 어류를 '기준표본type specimens'으로 지정했다. 기준표본은 새로운 생물종을 과학계에 처음 기술할 때 근거가 된 표본을 말한다. 종을 기술한다는 것은 그 생물의 물리적 특성을 정의한다는 뜻이다. 다윈은 수집한 표본마다 그 생물에 관한 기록을 남겼다. 우리는 그의 기록을 통해 1830년대에 각 표본이 지구의 특정 장소에 실제로 살아 있던 생물임을 알 수 있다.

이런 과거 기록을 토대로, 지금도 지구에 살고 있는 생물의 개체군 규모와 서식범위, 서식지의 변화를 시간의 흐름에 따라 추적할 수 있다. 케임브리지대학교 동물학박물관이 소장한 200만 개의 표본 하나하나를 그런 식으로 분석할 수 있고, 동일한 방식으로 전 세계 모든 박물관의 표본 수십억 점에서 수십억 건의 데이터를 얻을 수 있다. 게다가 해마다 자연사박물관의 소장품은 꾸준히 대거 늘어나고 있다. 표본과 데이터를 보존하는 새로운 기술이 계속 발달할수록 표본은 물론이고 과학계가 미래에 활용

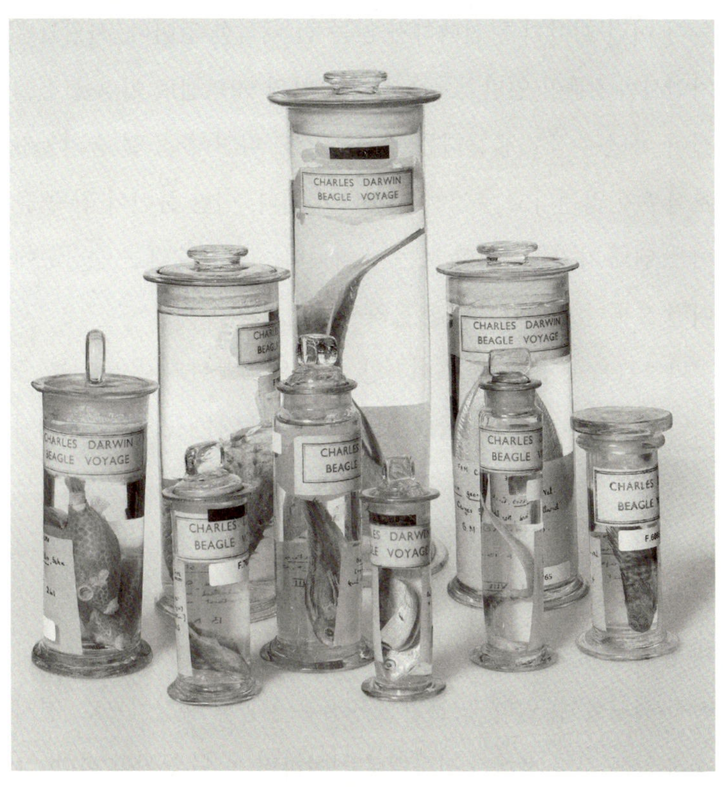

1830년대에 찰스 다윈이 HMS 비글호를 타고 전 세계를 여행하면서 수집한 어류 표본의 일부가 케임브리지대학교 동물학박물관에 소장되어 있다. 이 표본들은 다윈이 진화론의 틀을 잡는 토대가 되었고, 오늘날에는 200여 년 전의 생물분포를 파악하는 자료로 활용된다.

할 수 있는 새로운 종류의 정보도 추가될 것이며, 그만큼 미래에는 자연에 관한 더 많은 의문이 해소될 것이다.

자연사박물관이 관람객들에게 들려주는 이야기에 이런 내용은 없다. 전시를 통해 대중에게 전달할 정보를 정하는 큐레이터들이 이런 이야기를 선택하지 않는 건 애석한 일이다. 사람들은 자연사박물관이 일반적으로 소장 표본의 99퍼센트 이상을 전시실이 아닌 수장고에 둔다는 사실을 알고 나면 좋은 걸 숨겨놓고 보여주지 않는다고 추정하는 경향이 있다. 귀한 물건이 잔뜩 들어올 텐데 자기들끼리만 보는 것 아니냐는 이런 오해는 수장고에 어떤 표본이 보관되는지 잘 몰라서 하는 말이다.

박물관은 분명 **공공장소**이지만, 그것은 박물관의 여러 기능 중 하나일 뿐이다. 앞서 언급했듯이 눈에 띄지 않는 곳, 즉 **무대 뒤**에 보관된 소장품은 대부분 전시에 적합하지 않다. 무대 공연은 보통 공연자와 관객의 교류보다는 관객이 객석에서 구경한다는 전제 아래 체계적으로 구성된다. 자연사박물관의 전시는 이런 무대 공연과 비슷한 반면, 수장고의 표본들은 (이론적으로는) 누구나 직접 연구할 수 있다. 박물관 소장품은 공공의 자산이므로, 전시장에 없는 것도 정해진 절차대로 신청하면 볼 수 있어야 한다. 그와 같이 사람들에게 지식을 공유하고 영감을 주는 것은 박물관의 핵심 기능이지만, 지구 생물에 관한 최상의 기록, 가장 확실한 자료를 잘 관리하는 것 또한 박물관의 핵심 기능이다.

나를 비롯해 자연사박물관에서 일하는 사람들은 소장품을 관리·연구·공유하는 기존의 일상적인 업무와 더불어 이제 기후위기, 생물다양성의 소실, 식민지 시대의 흔적과 맞서는 일도 **함께** 맡고 있다. 큰 책임이 따르는 일이지만, 현재 박물관에서 일하는 사람들은 더 많이 배우고 배운 것을 더 많이 공유할 기회는 물론,

자신이 관리하는 중요한 소장품을 지구가 맞닥뜨린 시급한 문제를 해결하는 데 적절히 활용할 기회를 최대한 탐색한다. 자연사박물관이 현대의 이 중대한 과제와 열심히 씨름하는 지금이야말로 박물관에서 일하기도, 박물관을 찾아와 관람하기도 흥미진진한 때다. 표본을 통해 환경 변화의 대응 방식에 영향을 주는 것, 인류의 문화를 보여주는 공공기관으로서 모든 사회 구성원을 대표할 수 있게 노력하고 표본 수집의 역사를 솔직하게 전달하는 것, 이 두 가지 모두 자연사박물관이 더 나은 세상을 만드는 길이 될 수 있다.

대다수가 불과 몇십 년 전보다 자연과 더욱 단절되어 살아가는 시대이지만, 자연에 관한 정보는 과거 어느 때보다 풍성하다. 우리는 인터넷으로 궁금증을 해소하는 수준을 넘어 광고, 만화, 다큐멘터리 등 곳곳에서 자연에 관한 정보를 얻는다. 그리고 이런 정보를 토대로 자연을 이해한다. 어디에나 정보가 넘치는 지금 같은 시대에도 박물관은 사람들이 자연과 관계를 맺는 중요한 접촉 창구로 남아 있다. 표본을 안전하게 보존하는 일, 표본에 담긴 정보를 최대한 많은 사람이 이용할 수 있게 만들고 자연의 소중함을 알리는 일까지, 자연사박물관의 역할은 그 어느 때보다 막중하다. 이러한 모든 이유로 자연사박물관은 현대사회에서 없어서는 안 될 한 부분이며, 그만큼 우리는 자연사박물관을 더 자세히 알아야 할 필요가 있다.

Are natural history museums unnatural?

만들어진 자연

1

1

이게 진짜라고?

박물관의 규모는 소장품의 특성에 따라 천차만별이다. "세계에서 가장 많은 회화 작품을 보유한 곳"이라는 소개문을 내건 런던의 내셔널갤러리National Gallary 소장품은 2300점이고,[1] 같은 런던에 있는 자연사박물관이 소장한 표본은 8000만 점이다. 심지어 이것도 추정치일 뿐, 정확한 수는 아무도 모른다. 워싱턴에 있는 미국 국립자연사박물관National Museum of Natural History의 소장품 규모는 그 두 배에 육박한다.

이 두 곳을 비롯해 세계에서 규모가 가장 큰 자연사박물관 열 곳이 소장한 표본을 모두 합하면 무려 5억 9400만 점에 이른다.[2] 세계 최대 미술관으로 꼽히는 뉴욕의 메트로폴리탄미술관 Metropolitan Museum of Art과 러시아 상트페테르부르크의 국립에르미타주박물관State Hermitage Museum은 소장품 규모가 각각 '겨우' 200만 점,[3] 300만 점[4]이다. 대영박물관British Museum의 문화, 인류학, 고고학 예술품과 인공물은 다 합쳐봐야 약 800만 점이다.

박물관의 종류별로 나타나는 또 한 가지 아주 일반적인 차이점은, 미술관은 소장한 작품이 곧 **연구 대상**인 반면 자연사박물관의 표본은 **연구에 활용**된다는 것이다. 예술사 연구자들은 작품에서 결론을 도출하려 하지만, 자연사 연구자들은 표본 하나에서 결론을 내리려고 하는 경우가 거의 없다. 자연사의 탐구 주제는 대부분 수많은 표본에서 얻은 수많은 데이터를 모아야 해결되는 경향이 있다.

그런데 표본은 정확히 무엇일까? 예술품 또는 인공물과는 뭐가 다를까? 표본과 예술품 또는 인공물이라는 표현은 각각 전혀 다른 의미로 쓰인다. 나는 대학 강의에서도 이 질문을 자주 던지는데, 학생들에게서 가장 먼저 나오는 대답은 보통 예술품과 인공물은 모두 사람이 만든 것이므로(인공물을 뜻하는 영어 단어 'artefact'는 '기술을 사용해서 만든 것'을 뜻하는 라틴어에서 유래했다) 사람을 중심에 두는 사회사박물관이나 미술관에 전시된다는 것이다. 자연사박물관의 표본은 그와 달리 **자연적**이라고 말한다.

또한 학생들은 표본이 더 광범위한 것의 **예시**가 될 수 있다고 이야기한다. 그러나 실제로는 무엇을 연구하느냐에 따라 표본 하나가 동시에 여러 가지의 예시가 될 수도 있다. 즉 죽은 동물이나 그 밖의 생물이 자연사박물관으로 오면 여러 까다로운 과제를 푸는 데 활용될 수 있다.

첫 번째 기능은 생물의 존재를 입증하는 것이다. 한때 살아 있

　　　　　　　　　　　　　　　　　　　　　1부 만들어진 자연

던 고유한 존재임을 증명하고, 몸에서 툭 튀어나온 부분이나 푹 들어간 부분, 흉터와 화학물질의 흔적은 생전에 무슨 경험을 했고 어떤 삶을 살았는지 알려준다. 두 번째 기능은 그 생물이 속한 성별, 연령대, 시대, 개체군, 지역을 대표하는 것이다. 종이 같은 여러 개체를 나란히 놓고 비교하면, 그 생물이 시간과 공간에 따라 어떻게 달라졌고 왜 달라졌는지 알 수 있다.

생물 표본의 세 번째 기능은 죽은 생물이 속한 종 전체를 대표하는 것이다. 실제로 개별 표본이 그 동물의 분류군 전체, 심지어 지구상의 특정 지역에 존재한 생물 전체를 대표하는 일종의 특사가 된 사례가 많다. 예컨대 박물관에 전시된 붉은캥거루 표본이 붉은캥거루 전체를 대표할 수도 있지만 모든 캥거루, 또는 유대류 전체를 대표할 수도 있다. 나아가 포유동물 전체, 호주의 동물상 전체를 대표하는 전시물이 되기도 한다. 폴짝폴짝 뛰어다니는 동물, 몸이 붉은색인 동물, 초식동물, 국가 공식 표장에 들어가는 동물 등 분류 기준을 어떻게 정하느냐에 따라 그 밖에도 수많은 집단을 대표할 수 있다. 그 범위는 실로 방대하다.

이렇듯 다양한 기능을 하는 동물 표본 하나가 완성되기까지는 많은 수고가 따른다. 박물관 관장인 새뮤얼 알베르티Samuel Alberti는 그 과정을 이렇게 표현했다. "표본은 살아 숨 쉬던 짐승의 생물학적 죽음과 함께 탄생한다."[5] 자연사박물관은 자연을 보여주기 위해 자연의 순리를 거스른다. 죽음은 자연 현상이지만, 죽은 동물의 표본은 자연과 거리가 멀다.

자연사박물관의 전시물을 제작하는 사람들은 생물의 부패를 중단시켜 표본을 영원히 보존하는 무수한 방법을 찾아냈는데, 그중에는 몹시 위험한 방법도 많다. 그렇게 만들어진 표본의 수명이 얼마나 될지는 정확히 알 수 없지만, 지금까지는 성과가 꽤 훌륭하다. 자연사박물관의 표본은 지금까지 수백 년 동안 무사히 남아 전해졌으며,[6] 기술은 꾸준히 개선되고 있으니 앞으로도 아주 오랫동안 남아 있을 것이다.

죽고 나면 썩기 시작하는 동물의 사체가 어떻게 썩지 않는 표본이 될 수 있을까? 숲에서 자라던 식물이 어떻게 식물표본실의 서랍 속에 고이 남을 수 있을까? 그러려면 우선 선택을 해야 한다. 예를 들어 내가 일하는 박물관에는 대형 냉동고 여러 대가 설치된 공간이 있는데, 각 냉동고 안에는 자그마한 벌새부터 길이가 7미터에 이르는 비단뱀까지 수백 점의 동물 사체가 들어 있다. 그중에는 수십 년째 냉동 상태인 것도 있다.

죽은 동물이 박물관으로 왔을 때, 그 표본을 어떻게 활용할지 결정할 기회는 단 한 번이다. 그 중대한 결정에 따라 죽은 동물의 미래는 영원히 바뀐다. 예를 들어 죽은 비버 한 마리가 발견되었다고 하자. 전체를 박제해 모형으로 제작해야 할까, 가죽만 분리해서 보관해야 할까? 뼈대만 남겨 골격표본을 만들어야 할까, 뼈를 그냥 상자에 모아서 보관해야 할까? 내장까지 전부 온전하게 보존할 수도 있을까? 동결건조하거나 보존액에 담가서? DNA를 보존할 수 있을까? 위장 속 내용물은? 몸에서 나온 기생충은?

내가 강의에서 학생들에게 이런 과정이 각각 어떻게 진행되는지 설명하고 박물관이 표본을 어떻게 활용할지에 따라 각기 다른 결정이 내려진다는 사실을 알려주면, 학생들은 동물 표본이 분명 진짜 동물에게서 시작되지만 결국 사람 손으로 **만들어지는** 것임을 깨닫고 깜짝 놀란다. 앞서 언급한 여러 종류의 표본은 대부분 엄청나게 수고스러운 과정을 거쳐 완성되며, 그렇게 만들어지는 생물 표본은 사실상 인공물에 가깝다.

그렇다면 표본은 종류마다 '진짜' 동물에 얼마나 가까울까? 인간의 행위에는 인간의 판단이 반영되므로, 인간이 만든 표본에는 겉으로 드러나지 않는 더 많은 것이 담겨 있다고 봐야 할까? 1부 전반에 걸쳐 우리는 자연사박물관이 자연을 얼마나 객관적으로 보여주는지 살펴볼 것이다. 표본은 자연사박물관의 가장 기본적인 구성 요소이므로, 지금부터는 표본 종류별로 진짜 생물이 얼마나 그대로 반영되는지 자세히 알아보자.

가죽 안의 세계

박제동물과 골격표본, 보존액에 담긴 액침표본 중에 생물을 가장 있는 그대로 나타내는 건 무엇일까? 이것도 내가 강의할 때 학생들에게 꼭 물어보는 질문이다. 그 동물의 특성이 가장 고스란히 남아 있는 것, 즉 **진짜**와 가장 비슷한 것은 어떤 표본일까? 학생들은 대부분 박제동물이라고 말한다. 살아 숨 쉬는 동물처럼 보인다는 이유에서다. 골격표본이라고 말하는 학생들도 있는데, 이들은 이 표본이 동물의 뼈를 그대로 남긴 것이므로 부정확할 여지가 없다고 주장한다. 액침표본이 진짜 동물과 가장 가깝다고 말하는 학생은 거의 없다. 일단 동물이 병에 담긴 모습부터가 너무 기괴해서 그 생물을 제대로 나타낸다고는 생각하기 힘든 듯하다. 정답은 무엇일까?

박제동물부터 살펴보자. 박제동물은 보는 사람이 진짜 살아 있는 동물로 확신하도록 실감 나게 만드는 것이 핵심이다. 심지어 진짜보다 더 진짜 같은 역설적인 생생함이 우리의 관심을 잡아끌기도 한다. 당장 움직일 듯한 생동감이 있고 시선을 사로잡는 모습이지만 아무 움직임이 없는 동물은 다소 섬뜩하게 느껴지기도 한다.

"이거 **진짜**예요?" 박물관에서 일하는 사람들은 박제동물이 전시된 곳 근처에서 날마다 이런 질문을 받는다. 관람객들이 박제된 동물을 보며 어디까지가 진짜인지 혼란스러워한다는 사실을 잘 보여주는 질문이다. 죽은 동물이 저렇게 전시실 선반에 가만히 앉아 있거나 벽에 걸려 있을 리가 없을 텐데? 사람들이 느끼는 이런 혼란은 박제동물이 흠잡을 데 없이 잘 만들어졌을 때 발생하는데, 그 정도로 완성도 있게 제작하기는 **정말 힘든** 일이다. 이미 죽은 동물이라는 사실을 깜박 잊을 만큼 실감 나게 만들려면, 우리가 생각지도 못하는 부분까지 구석구석 박제사의 손길이 닿아야만 한다.

박제동물을 제작하려면 먼저 죽은 동물의 가죽을 벗겨 특수 처리를 한다. 그런 다음 안정적인 뼈대에 인공 재료로 살을 입힌 '마네킹'을 만든다. 몸의 근육과 울룩불룩한 형태를 전부 새로 만드는 것이다. 지금은 큰 덩어리로 된 재료를 조각해서 만들거나 블록 형태의 재료를 성형해 만들기도 하지만(일반적으로 많이 박제되는 동물의 경우에는 사전 제작된 마네킹이 판매되기도 한다), 전통적인 방식에서는 동물의 몸집에 따라 금속이나 나무, 철사로 뼈대부터 만든다. 그리고 실처럼 가늘게 깎은 나뭇조각을 뭉친 목모木毛나 섬유, 성형한 점토나 수지 같은 말랑말랑한 재료를 이런 뼈대 주변에 덧붙여 동물의 근육과 골격을 표현한다.

최대한 있는 그대로 살리는 방식을 선호하는 박제사라면 죽은 동물의 얼굴과 몸의 각 부위에 회반죽을 바르고 떼어내는 식으로 본을 떠 활용하기도 한다. 몸집이 거대한 포유동물의 경우, 일부 유명한 박제사들은 특정 자세의 동물 모형을 점토로 만든 다음 복제모형을 뜨고, 종잇조각을 여러 겹 덧붙이는 파피에 마셰 papier-mâché 기법으로 형태를 잡는 기술을 개발했다.

동물의 마네킹이 완성되면 그 위에 보존 처리한 가죽을 씌우고 가짜 눈과 가짜 잇몸, 가짜 이빨을 붙인다(동물의 머리뼈를 그대로 쓰지 않는 경우). 그리고 피부가 훤히 드러나는 부분에는 색을 입힌다. 이런 제작 과정을 거치는 내내 박제사는 사후에 새로운 삶을 얻게 될 이 박제동물이 '무엇을 하고 있어야' 하는지, 즉 어떤 자세를 취하게 만들지 고심한다. 극히 세세한 부분까지 신경 쓰고 관심을 기울여야 개성 있고 심지어 영혼까지 다시 불어넣어진 듯한 박제동물 표본이 된다. 박제동물 제작은 엄청난 수준의 예술적 비전과 기술, 해부학적 지식을 요하는 일이며 결과적으로 돈도 많이 든다.

예술성이 아주 큰 비중을 차지한다는 사실은, 박제사나 제작을 의뢰한 고객의 취향이 박제동물의 자세나 몸 각 부분의 비율, 형태, 표본의 색으로 나타난다는 점에서 알 수 있다. 따라서 박제동물이 반드시 실제 동물을 정확하게 드러낸다고는 할 수 없다. 박제는 동물을 가장 생생하게 보존하는 기술처럼 **보이지만**, 실제로는 진짜 동물과 가장 거리가 멀다. 박제된 표본이 실제 동물과 별로 비슷하지 않아도, 애초에 그 동물이 생소한 사람들에게는 진짜처럼 느껴질 수 있다. 바로 이런 점 때문에 박제동물은 과학적인 연구 표본으로는 가장 효용성이 떨어진다. 실제 동물을 충실히 반영하지 않은 것을 과학 탐구에 쓸 수는 없기 때문이다.

∞

생물 표본을 보존하고 전시하는 기술이 한창 발전하던 19세기 초에 박제동물의 생동감을 더욱 강화하는 새로운 방법이 등장했다. 메리 앤 안드레이Mary Anne Andrei가 미국 박제술의 역사를 정리한 책에 "미국 최초의 박물관 박제사"로 소개한 찰스 윌슨 필Charles Wilson Peale이 개발한 이 방법[7]은 그가 1786년에 설립한 필라델피아박물관Philadelphia Museum에 처음 적용되었다. 이전에 풍경화 화가로 활동할 때의 솜씨를 발휘해, 새를 비롯한 여러 동물이 놓인 진열장의 배경에 그 동물들의 자연 서식지 풍경을 배경으로 그려넣은 것이다. 또한 동물 표본을 선반에 그냥 가만히 올려두지 않고 둥지에 앉아 있거나, 부리로 먹이를 쪼아먹거나, 발톱으로 먹이를 꽉 붙드는 등, 살아 있는 동물이 무언가를 하는 중인 듯한 모습으로 연출했다.

비슷한 시기에 리버풀에서 시작해 런던에도 방대한 규모의 민간 박물관을 설립한 수집가이자 행사 기획자 윌리엄 불럭William Bullock은 필의 아이디어를 한 단계 더 발전시켰다. 당시 불럭의 전시는 200년도 더 지난 오늘날 런던에서 열리는 어떤 전시와 견주어도 손색이 없을 만큼 놀라웠다.

자연사박물관이 제국주의 권력을 드러내는 수단이었다는 사실을 솔직하게 인정하는 분위기가 최근에야 시작되었다는 사실은, 당시 불럭이 자신의 전시를 설명한 글에서도 명확히 드러난다. 1812년에 제작된 그의 박물관 안내서는 이런 주장으로 시작된다.

사람이 살 수 있는 땅에 우리의 식민지를 넓혀가는 것은 이 나라에 득이 되는 일이다. 필자가 앞으로도 지금처럼 대중의 응원을 받는다면, 조만간 지금까지의 모든 자연사 컬렉션을 뛰어넘는 훌륭한 컬렉션을 만들 수 있으리라 확신한다.[8]

'미국 최초의 박물관 박제사' 찰스 윌슨 필은 새로운 전시 방식을 선도했다. 그는 박제된 새를 전시하면서 배경에 풍경을 그려넣었고, 살아 있는 동물처럼 무언가를 하는 모습으로 연출했다.

이 글을 쓴 시점까지 불럭은 20년 동안 3만 파운드가 넘는 돈을 들여 1만 5000종의 동물 표본을 모았다. 현재의 화폐가치로 170만 파운드*에 달하는 금액이다. 대중에게 선보일 자연사 전시에 한 사람이 이토록 어마어마한 투자를 한 것이다.

*   우리 돈으로 약 32억 원.

                                          1부 만들어진 자연

월리엄 불럭의 전시는 관람객들에게 그야말로 압도적인 경험을 제공했다. 그의 박물관에 꾸려진 주요 자연사 전시실 '판테리언Pantherion'에는 헤브리디스제도 스타파섬의 거대한 핑걸 동굴Fingal's Cave 모형이 설치되었는데, 현무암 육각 주상절리 기둥까지 그대로 재현했다. 전설에 따르면 먼 옛날 스코틀랜드와 아일랜드를 연결하는 다리가 있었고, 그것이 끊어지면서 스코틀랜드 쪽에 남은 흔적이 이 동굴이며 북아일랜드의 자이언트 코즈웨이Giant's Causeway가 그쪽에 남은 다리의 끄트머리라고 한다(스타파섬에서 이 동굴을 실제로 보면, 기막힌 장관에 숨 쉬는 것마저 잊게 된다).[9] 이 동굴 모형을 지나면 열대 숲이 나타났다.

그곳에 전시된 네발 동물은 대부분 자연학자 또는 그 분야 최고의 전문가들이 밝힌 자연 속 모습 그대로다. 무더운 열대기후의 나무들과 다양한 식물들, 주렁주렁 풍성하게 열린 아름다운 열매들, 잎사귀 하나하나까지 놀랍도록 생생하다. 여기에 원근감을 적절히 활용한 파노라마 효과까지 더해져서, 인파로 붐비는 대도시에 있다가 갑자기 곳곳에 온갖 맹수가 도사린 인도의 어느 숲속에 온 듯한 강렬한 착각을 일으킨다.[10]

더할 나위 없이 야심 찬 전시였다. 그때까지 알려진 포유동물이 불럭의 박물관에 거의 다 전시되어 있었다고 한다면 과장처럼 들릴 수 있지만, 실제로 그랬던 것으로 보인다. 천장 높이가

12미터 이상이던 전시실에는 오늘날 어느 자연사박물관에서도 볼 수 없는 광경이 가득했다. 나무 한 그루에 60여 종의 원숭이가 매달려 있었고(아직 과학계에 정식으로 알려지지 않아서 안내서에 이름을 밝히지 못한 종류도 있었다), 지표에 드러난 암석에는 '고양잇과 동물들'이 무리 지은 모습을 정교하게 재현했으며, 크고 작은 동굴에는 표범과 재규어, 여러 마리의 사자가 들어가 있었고, 어디선가 슬그머니 다가오는 치타를 볼 수 있었다. 세계 최초로 전시된 갈라파고스땅거북과 박제된 코뿔소, 코끼리까지 등장했다. 나는 뱀이 200종 넘게 전시된 박물관을 한 번도 본 적이 없는데, 불럭은 그 일을 해냈다. 게다가 좀처럼 보기 힘든 기린과 거대한 북극곰도 있었다(불럭의 안내서에는 기린에 관해 이런 설명이 실렸다. "최근까지도 유럽의 많은 자연학자들은 이 놀라운 동물이 실존한다는 사실에 의구심을 품고 고대에 사라진 괴물로 여겼다").

불럭은 과학의 발전을 자신의 박물관에 바로바로 반영했다. 유럽인들이 오리너구리의 존재를 최초로 밝힌 지 불과 13년 만에 오리너구리 표본을 전시했고, 1811년에는 박물관 최초로 박제된 태즈메이니아주머니늑대를 전시했다.[11] '태즈메이니아호랑이'라고도 불리는 이 동물은 당시 육식 유대류 중 몸집이 가장 크다고 여겨졌으며, 과학계에 정식으로 알려진 것은 1808년이었다. 식민지가 된 태즈메이니아에 새로 정착해서 양을 키우기 시작한 사람들이 태즈메이니아주머니늑대를 의도적으로 멸종시키는 바람에 개체수가 급감하자, 박물관마다 이 동물의 표본을 구

영국의 수집가이자 행사 기획자인 윌리엄 불럭이 19세기 초 런던에 설립한 박물관 전시실 중 한 곳의 모습. 불럭의 박물관은 당시 알려진 포유동물이 거의 다 전시되어 있었다 해도 과언이 아닐 만큼 방대한 규모로 볼거리를 선사했다.

하려는 수요가 늘어났다.[12]

진열대에 박제된 동물들을 별 특징 없이 늘어놓는 기존 방식과 달리, 불럭의 박물관에 있는 동물들은 저마다 무언가를 하는 모습으로 전시되었다. 미국의 필과 영국의 불럭 같은 선구자들을 필두로, 동물의 서식지를 3차원으로 재현해 그 안에 박제동물을 배치하는 생태환경 디오라마diorama(축소모형)는 자연사 전시의 새로운 흐름이 되었다. 박제동물의 '진짜' 같은 인상을 강화하고, 동물이 살아가는 야생 자연의 환경을 사람들에게 더 생생히 전달할 수 있는 방식이었다.

에드워드 토머스 부스Edward Thomas Booth가 1874년 잉글랜드 남부 해안의 브라이턴에 설립한 부스박물관Booth Museum은 생태환경 디오라마를 채택한 대표적인 곳이다. 부스에게는 영국에 서식하는 모든 새를 형태별로 전부 한 마리씩 수집한다는 남다른 야망이 있었다. 그의 수집 기준은 새의 형태였으므로, 같은 종이라도 암컷과 수컷의 깃털 모양이 다르면 각각 수집했다. 또한 연중 특정 시기에 외모가 달라지는 새들, 예컨대 포식자의 눈을 피하려고 늘 칙칙한 갈색이던 깃털이 번식기에 현란한 색으로 바뀌는 새들 역시 시기별로 전부 수집했다. 나이에 따라 갓 태어난 새끼, 태어난 지 1년 된 새, 사람으로 치면 청소년기에 해당하는 새, 성체도 각각 따로 수집했다. 부스는 이렇게 모은 새들을 알맞은 크기의 생태환경 디오라마에 살아 있는 새처럼 배치했다. 그의 표본 컬렉션은 흡사 눈으로 보는 조류 백과사전 같았다.

가장 놀라운 사실은, 영국의 모든 새를 자기만의 독특한 기준에 따라 전부 수집한다는 부스의 야심만만한 목표가 거의 달성될 뻔했다는 것이다. 부스의 산탄총을 피할 수 있었던 새는 그만큼 극소수에 불과했다. 그는 자신의 컬렉션이 그대로 보존된다는 조건으로 상자 형태의 생태환경 디오라마 300점 이상을 포함한 수집품을 1891년 브라이턴에 기증했다. 그가 제작한 축소모형은 대부분 전면에 유리를 끼운 소형 상자 형태에 일일이 손으로 그린 그림과 모조 바위나 흙, 실제 서식지의 초목까지 반영된 (말린 식물 조각을 쓰거나 수작업한 복제품) 풍경을 배경으로 대부분

　　　　　　　　　　　　　　　　　　　　　　　　1부 만들어진 자연

여러 마리가 함께 배치되어 있다. 디오라마의 크기는 다양하다. 예를 들어 되새 가족이 있는 모형은 너비가 30센티미터 정도이며, 독수리나 그와 몸집이 비슷한 몸집의 새들이 있는 경우에는 너비가 약 1~2미터다.

∞

1880년대부터 미국에서는 기존에 볼 수 없던 거대한 디오라마가 제작되었다. 칼 에이클리Carl Akeley와 같은 전설적인 박제사들은 작은 방 한 칸만 한 공간에 몸집이 큰 동물 여러 마리가(종류도 여러 가지인 경우가 많았다) 실제 서식지의 모습을 정교하게 살린 배경에서 함께 살아가는 모습을 담은, 놀라운 모형을 제작했다. 이런 대형 생태환경 디오라마는 박제동물만이 아니라 배경과 전경의 다양한 요소까지 놀랍도록 세밀하게 표현되었다. 박제동물은 실제 서식지에서 볼 수 있는 식물들과 그곳의 지질학적 특성까지 고스란히 담긴 3차원 환경 속에 배치되었다.

에이클리는 동물을 잔뜩 잡아들인 사냥꾼 중 한 사람이었지만, 박제한 동물을 사냥꾼의 트로피가 아닌 더 가치 있는 것으로 만들겠다고 마음먹었다. 지금도 시카고의 필드자연사박물관에는 거대한 동물 여러 마리가 포함된 에이클리의 생태환경 디오라마가 여러 점 남아 있다. 바다코끼리 일곱 마리가 한꺼번에 들어 있거나 일각고래 네 마리가 배치된 모형이 있고, 사슴 네 마리와 코뿔소 두 마리, 작은 무리를 이룬 얼룩말들이 다 함께 있는 모형도 있다.

그중에서도 '사계절Four Seasons'이라는 이름의 디오라마는 보는 순간 입이 떡 벌어질 만큼 놀랍다. 각 계절을 표현한 상자 네 개가 전체적으로 하나의 원을 이루는 모형에는 총 17마리의 흰 꼬리사슴 가족이 서식지에서 무리 지은 모습으로 담겨 있다. 각각의 박제 사슴은 쫑긋 선 귀의 모양부터 머리와 두 눈이 향하는 방향까지, 정말 살아 숨 쉬듯 생생하다. 모두 에이클리의 폭넓은 관찰 경험이 반영된 결과물이다. 그러나 이 모형에서 가장 놀라운 부분은 따로 있다. 바로 1만 7000점이나 되는 모형 나뭇잎이다. 에이클리의 동료이자 첫 아내였던 델리아 에이클리Delia Akeley가 틀을 만들어 왁스를 붓고 굳힌 다음 일일이 손으로 채색한 수많은 잎이 모형 나뭇가지에 붙어 있거나 바닥에 흩어져 있다. 제작 기간만 4년이 걸린 '사계절'은 1902년에 처음 전시되었다.

사진작가 스기모토 히로시杉本博司가 에이클리의 생태환경 디오라마 틀이 보이지 않게끔 촬영한 사진을 보면, 자연에서 살아 있는 동물을 찍은 듯한 착각이 든다. 에이클리의 모형은 그만큼 진짜 같았다. 생태환경 디오라마를 전시실에서 직접 마주하면, 모형이 아무리 뛰어나고 박제동물이 아무리 정밀해도 동물이 움직이지 않으므로 실제 자연이 아니라 전시실에 비치된 가짜 자연을 보고 있음을 상기하게 된다. 모형 속 동물은 꼼짝도 하지 않고, 나뭇잎이 바람에 흔들리지도 않으며, 물도 흐르지 않기 때문

    1부 만들어진 자연

이다. 스기모토는 우리가 사진을 볼 때 그런 움직임을 기대하지는 않는다는 사실을 포착하고, 사진 속 동물이 살아 있지 않다고 생각할 만한 여지를 없앴다. 에이클리의 모형은 이런 사진이 나올 만큼 예술작품 같은 면모가 있었다.

에이클리의 가장 유명한 성취는 뉴욕 소재 미국자연사박물관American Museum of Natural History의 큰 자랑거리인 '에이클리의 아프리카 포유동물 전시실'이다. 이 전시실에는 여덟 마리의 코끼리 무리가 있고, 그 주변에 아프리카의 다양한 생태계를 보여주는 대형 모형 상자 28개가 배치되어 있다.[13] 그 박제 코끼리들은 에이클리 부부가 다른 사람들과 함께 여러 차례 떠난 대규모 사냥 여행의 결과물이다.

에이클리 부부는 동물을 총으로 쏘아 수집하는 데 그치지 않고 현지의 식물, 흙, 바위, 자갈 등 박제동물을 전시할 때 배경을 꾸밀 재료를 여러 상자에 담아서 함께 가져왔다. 코끼리가 살던 실제 자연을 생태환경 디오라마 배경에 더 생생히 담기 위해 사냥 여행에 화가들까지 데리고 갔다. 뿐만 아니라 촬영 기술도 앞장서서 개발했는데, 이 기술은 나중에 다큐멘터리 산업과 군대에 엄청난 영향을 주었다. 박제동물을 더욱 실감 나게 만들려면 동물의 움직임을 탐구해야 한다는 생각으로 칼 에이클리가 발명한, 움직이는 피사체를 촬영할 수 있는 카메라도 그런 기술 중 하나였다.

이 정도면 박제동물은 진짜 동물과 가장 거리가 멀다는 내 주

뉴욕에 있는 미국자연사박물관의 '에이클리의 아프리카 포유동물 전시실'을 찍은 스기모토 히로시의 〈하이에나, 자칼, 독수리〉. 살아 있는 동물을 촬영한 듯한 이런 사진이 나올 정도로 미국의 박제사 칼 에이클리의 박제 기술은 예술작품 같은 면모가 있었다.

장에도 예외가 있다는 생각이 들 정도다. 에이클리와 그의 제자들이 제작한 박제동물이 그만큼 훌륭한 건 사실이지만, 일반적인 박제동물보다 진짜 동물과 더 비슷한 것일 뿐 과학적인 사실성까지 우수하다고 할 수는 없다. 그가 제작한 대부분의 박제표본은 지금까지 여러 차례 털이 다시 채색되었다는 점만 보더라도 그렇다.

1부 만들어진 자연

에이클리는 탐험 도중에 죽을 고비를 여러 번 넘겼다. 그는 평소에 산악고릴라를 사냥한 일을 가장 큰 자랑거리로 삼고 기념했는데, 그 5주년을 하루 앞둔 1926년의 어느 날, 그 고릴라를 총으로 쏜 장소와 가까운 콩고 어느 지역에서 감염병으로 세상을 떠났다. 그의 두 번째 아내 메리 조브 에이클리Mary Jobe Akeley는 화산 용암이 굳은 지형에 동굴 같은 구조물을 만들어 에이클리의 시신을 안장했지만,[14] 1979년에 밀렵꾼들이 덮쳐 시신을 훔쳤다. 죽은 뒤에는 그도 누군가의 사냥감이 된 것이다. 에이클리가 아프리카에서 벌인 활동에 관해서는 칭송하는 내용이 대부분이지만, 사냥 여행에 함께 간 현지인들을 부적절하게 대우하는 등 심각한 윤리적 문제가 있었다는 이야기도 전해진다.[15]

∞

뉴욕의 미국자연사박물관에는 에이클리의 전시 방식을 이어받아 드넓은 전시실 15곳을 차지할 만큼 거대하게 제작한, 세계 최고 수준의 정교한 생태환경 디오라마가 있다. 대부분 미국의 야생동물 표본들로 구성된 이 디오라마는 자세히 뜯어볼 만한 가치가 있다. 우리의 가상 투어에 생태환경 디오라마가 나오면 비교하기에 좋은, 훌륭한 평가 기준이기 때문이다.

미국자연사박물관의 여러 전시실을 차지한 이 대형 디오라마는 관람객이 살아 숨 쉬는 자연을 보고 있다고 착각하게 만드는 기법을 모두 활용했다. 필과 부스가 각각 필라델피아와 브라이턴에서 생태환경 디오라마에 조류 표본을 배치한 기본 방식의 규모만 키운 게 아니라, 여러 면에서 차별화한 디오라마로 완성했다. 우선 박제동물의 품질이 훨씬 정교하다. 동물의 핏줄, 분비샘, 주름, 근육 하나하나를 그대로 살린 건 물론이고, 살아 있는 동물의 피부에 나타나는 모든 특징을 고스란히 담았다.

그러나 박제동물의 품질이 뛰어나다는 것 말고도 이 디오라마가 특별한 이유는 아주 많다. 디오라마의 전경·배경을 제작하고 그리는 담당자와 박제사가 협력해 만들어낸 다양한 장치 덕분에 관람객들은 뉴욕의 어느 박물관 전시실에 들어섰다가 갑자기 수백, 수천 킬로미터 떨어진 자연 속 야생동물의 서식지에 뚝 떨어진 듯한 느낌을 받게 된다. 마법 같다는 표현이 잘 어울리는 이런 효과의 정체는 무엇일까?

유리가 보이지 않는다는 것이 첫 번째 비밀이다. 전시실에 유리가 없어서가 아니라, 전시실의 유리판 윗부분이 아래쪽보다 더 앞으로 나오게 약간 기울여서 관람객이 바라보는 유리에 전시실 내부가 거의 반사되지 않는다. 또한 기울어진 유리 너머로 보이는 모형 속 풍경에는, 우리 뇌가 정교한 상자 속을 본다고 생각하지 못하게 만드는 가장 중요한 속임수가 숨어 있다. 본래 상자에는 모서리가 있는데, 이 디오라마는 분명 상자인데도 어찌된 영문인지 모서리가 보이지 않는다. 상자의 너비와 높이가 관람객이 들여다보는 유리보다 더 넓고 높아서 보는 사람의 시야에 들어오지 않는 부분이 더 많기 때문이다. 관람객은 자기 눈에 보이지 않는 부분이 얼마나 더 있는지 가늠하지 못하므로, 좁은 공간을 들여다보는 게 아니라 창문 너머로 광활한 공간을 내다본다고 느낀다. 벽과 천장이 곡선이라 직각으로 만나는 지점이 없는 것도 이 디오라마의 상자 모서리가 보이지 않는 이유다.

게다가 모형의 배경 그림에는 원근법을 이용해 벽과 천장의 곡선이 보이지 않게 하는 트롱프뢰유trompe l'oeil, 즉 착시 기법이 적용되었다. 예를 들어 상자 뒷면에 그려진 수평선과 측면에 그려진 수평선이 관람객의 눈에는 똑같은 거리만큼 떨어진 것처럼 느껴진다(상자 자체가 보이지 않으므로 측면이 있다는 사실조차 알아채지 못한다).

전경도 놀랍다. 박제동물 주변에 형성된 3차원 풍경에는 철사를 비롯해 무수한 재료로 숲, 절벽, 평원, 삼림지, 바위가 무성한 지형, 강, 산호초, 사막, 습지가 생생하게 표현되어 있다. 배경 그림이 일으키는 착시가 관람객의 바로 코앞에 있는 전경의 물체들로까지 확장되어, 전경과 배경 그림이 물리적으로 나뉘는 '접점'이 감쪽같이 사라진 것처럼 관람객의 눈에는 보이지 않는다.

미국자연사박물관의 전시 관리자 스티븐 퀸Stephen Quinn은 2차원 배경과 3차원 물체들로 이루어진 전경, 그 사이에 배치된 박제동물이 전부 한 공간에 있는데도 각각의 경계가 느껴지지 않는 이러한 특징을 "가장 초기 형태의 가상현실"이라고 표현했다.[16] '진짜' 물체와 그림 속 물체가 너무나 자연스럽게 어우러져,

관람객은 눈앞에 펼쳐진 풍경 속에서 어느 것이 박제동물이고 어느 것이 2차원 그림 속 동물인지 헷갈려하며 자기 눈을 의심하게 된다.

∞

뉴욕의 미국자연사박물관에 방 하나만 한 대형 디오라마가 있다면, 교회 한 채만 한 디오라마를 보유한 박물관도 있다. 전 세계 모든 자연사박물관 중에서 내가 가장 좋아하는 스톡홀름의 생물학박물관Biologiska Museet이 바로 그곳이다. 믿기 힘들 정도로 오래된 이 박물관의 어디가 그렇게 좋은지는 나도 콕 집어 말하기 힘들다. 1890년대 스칸디나비아 지역의 교회 건축양식으로 지은 이 한 동짜리 목제 건물에 있는 유일한 전시물은, 2층 높이의 건물 내부를 통째로 차지한 거대한 디오라마다. 1층 중앙에는 연철 계단이 설치되어 모형 전체를 다양한 높이에서 볼 수 있다.

정교함으로 보자면 꼭 진짜 같은 착각을 일으키는 미국자연사박물관의 모형에 견줄 수 없지만, 이 작은 박물관 내부의 탁 트인 공간에 자리한 독창적인 생태환경 디오라마에는 동식물을 포함한 북유럽의 생물군계가 모두 자연 서식지를 배경으로 전시되어 있다. 각 생물의 고유한 서식지는 다른 생물의 서식지와 자연스레 합쳐지면서 쭉 이어진다. 유럽에는 세계 다른 지역들만큼 인상적인 동물이 없다고 오해하기 쉽지만, 이곳에서 북극곰, 갈색

　　　　　　　　　　　　　　　　　1부 만들어진 자연

곰, 엘크, 순록, 울버린, 스라소니, 늑대, 비버 등 그야말로 생물학적 장관이라 할 만한 동물들을 전부 만나고 나면 그게 얼마나 큰 착각이었는지 깨닫게 된다.

윌리엄 불럭이 런던에 세운 박물관을 포함해(그는 1819년에 자신의 수집품을 경매로 팔았다), 영국에는 걸작과도 같은 스톡홀름 생물학박물관의 모형이나 에이클리의 대형 디오라마 같은 모형이 거의 없다. 사람이 살 땅도 부족한 섬나라에는 그런 대형 모형에 내줄 여유 공간이 없기 때문일 수도 있다. 자연 서식지를 그대로 담은 대형 디오라마가 북미와 스칸디나비아 지역에서 큰 인기를 얻은 것은, 야생 자연이 많이 남아 있으며 그런 곳들의 가치를 알리고 보호하는 일이 국가 정체성의 핵심으로 여겨지기 때문이라는 의견도 있다.[17]

켄트의 파월코튼박물관Powell-Cotton Museum은 대형 생태환경 디오라마가 드문 영국에서 매우 예외적인 곳이다. 식민지 시대에 사냥한 박제동물로 전시실을 가득 채우던 박물관의 전형인 이곳에는, 극렬한 식민주의자 퍼시 파월코튼Percy Powell-Cotton 소령이 1880~1930년대에 박물관 전시를 목적으로 아프리카와 아시아에서 30여 차례에 걸쳐 사냥한 대형 포유류 수천 마리가 전시되어 있다. 박제동물의 정교함은 영국 전체에서 가장 뛰어난 수준이며, 디오라마에 배치된 박제동물의 품질과 모형의 엄청난 규모(거대한 나무들, 절벽까지 포함된 물리적 면적), 모형에 포함된 동물의 규모는 입이 절로 벌어질 만큼 인상적이다. 전시된 그 많은 동물이 극소수를 제외하고 전부 파월코튼의 총에 직접 사냥당했다는 것 또한 이 박물관의 특징이다.

파월코튼박물관에 전시된 박제동물은 영국의 칼 에이클리라할 수 있는 제임스 롤런드 워드James Rowland Ward가 에이클리의 방식과 매우 비슷한 양식으로 제작했다(그러나 다른 구성 요소들은 미국자연사박물관에 있는 에이클리의 모형처럼 관람객이 진짜 자연을 본다고 착각할 만큼 정교하지 않다).[18] 워드가 제작한 박제동물은 다른 여러 박물관에도 전시되어 있고 시골 별장 등에서도 볼 수 있다. 따라서 그가 만든 표본들이 박물관 표본과 사냥꾼 트로피 사이의 경계를 좁혔다고도 할 수 있다.

특히 워드는 몸이 절반만 남은 사자나 호랑이 같은 박제동물을 인공 수풀과 함께 교묘히 배치함으로써 무성한 수풀 사이에 숨어 있거나 무언가를 향해 달려드는 모습으로 연출하는 솜씨가 뛰어났다. 그런 솜씨 덕에, 워드는 맹수 한 마리가 통째 들어가기에는 턱없이 작은 안락의자 하나 정도 크기의 생태환경 디오라마에도 맹수를 배치할 수 있었다. 워드의 디오라마는 늘 전시 공간이 부족한 영국의 여러 박물관에서 쉽게 한 자리를 차지할 수 있었으며, 평범한 지주들도 부담 없이 집에 들여놓을 수 있었다.

그러나 디오라마 속 박제동물의 크기가 전시 공간에 따라서만 좌우되는 것은 아니다. 가상 투어 가이드로서 내가 꼭 당부하고 싶은 한 가지는, 자연사박물관에 전시된 박제동물을 볼 때는 가려진 부분을 더 눈여겨봐야 한다는 것이다. 뜻밖의 사연이 있을 수 있기 때문이다. 동물의 몸 전체가 다 보이지 않는 이유는 무언가에 가려져서일까, 아니면 애초에 박제할 때부터 그 부분이 없었기 때문일까? 예를 들어 사냥한 동물의 머리를 방패에 걸어 트로피처럼 실내를 장식하던 유행이 지나자, 그런 박제표본을 보유한 박물관들은 전시를 기획할 때 머리만 남은 표본을 동물이 어디서 고개를 빼꼼 내미는 모습처럼 연출하는 데 활용하곤 한다(1980년대에 영국 잉글랜드 북동부 뉴캐슬의 행콕박물관Hancock Museum은 노아의 방주를 재현하면서 이런 동물 머리 여러 개를 마치 동물들이 배 바깥을 슬며시 내다보는 것처럼 배치했다).

독일 프랑크푸르트의 젠켄베르크연구소Senckenberg Institute(독일에서 규모가 가장 큰 박물관)에서 돼지만 한 카피바라가 입을 쩍 벌린 아나콘다에게 반쯤 삼켜져 몸 뒷부분만 보이는 인상적인 디오라마를 봤을 때도 그런 호기심이 솟았다. 카피바라는 세상에서 몸집이 가장 큰 설치류이고, 아나콘다는 세상에서 몸집이 가장 큰 뱀이다. 그러므로 이 두 동물의 표본을 모두 획득한 운 좋은 박물관이라면 당연히 그 특별한 가치에 걸맞은 전시 방식을 고민할 것이다. 그런 경우 보통은 두 동물이 모두 잘 보이게 전시한다. 내가 박제사라면 아나콘다가 카피바라의 몸통을 휘감고 둘이 죽기 살기로 대치 중인 모습으로 제작해서 두 동물을 동시에 볼 수 있게 했을 것이다.

그런데 젠켄베르크연구소의 큐레이터들은 왜 카피바라의 가장 고유한 특징인 거대하고 투박한 머리(하마, 사향소, 웜뱃의 특징이 전부 섞인 듯한)가 보이지 않게 전시했을까? 카피바라의 머리가 없지 않고서야 이럴 수는 없다고 생각했는데, 알고 보니 정말로 그랬다. 카피바라가 총에 맞아 몸 앞부분 절반이 날아간 채로 수집됐는데, 그저 망가진 표본으로 끝날 뻔한 뒷부분을 아나콘다에게 잡아먹히는 모습으로 연출해서 영리하게 활용한 것이다.

내가 일하는 박물관에 전시된 솔레노돈solenodon도 이와 비슷하다. 몸집이 기니피그와 비슷하고 독이 있으며 생물 분류상 땃쥐shrew와 가까운 이 동물은 작은 생태환경 디오라마의 땅굴에서 방금 기어 나온 듯한 모습으로 배치되어 있는데, 이 표본도 총에 맞아 몸통 아랫부분이 없다. 그래서 관람객 눈에 보이지 않는 몸 아랫부분은 속을 채운 양말로 대체되어 있다. 가진 것을 최대한 활용해야 하는 법이다.

자연사박물관은 동물이 살아 있을 때와 달라진 부분을 절묘하게 감춰서 전시하기도 한다. 시카고 필드자연사박물관을 찾은 관람객들의 눈길을 사로잡는, 갈기 없는 아프리카사자 두 마리의 표본도 그런 예다. 살아 있을 때 큰 악명을 떨친 이 두 마리 사자는 죽어서도 '차보의 식인 사자들The Man-eaters of Tsavo'로 불멸하게 되었다. 1898년 케냐에 주둔한 영국 식민지정부가 차보강에 다리를 건설할 때 두 사자가 9개월간 계속 사람을 잡아먹는 바람에 공사가 거듭 중단된 사건은 여러 책과 영화에서도 다루어졌다. 피해자는 주로 영국인들이 일꾼으로 데려온 인도인들 또는 케냐인들이었으며, 희생자 수는 무려 서른다섯 명으로 추정된다. 사자들을 내쫓거나 죽이려는 시도는 번번이 실패했다. 그러다 이 공사에 엔지니어로 참여한 존 헨리 패터슨John Henry Patterson 중령이 쏜 총에 맞고서야 잡혔다.

그 뒤로 수십 년이 지나 패터슨 중령이 돈을 받고 필드자연사박물관에 넘긴 두 사자의 가죽과 머리뼈는 오늘날 시카고의 이 박물관에서 볼 수 있는 완벽한 박제동물 표본으로 탈바꿈했다. 한 마리는 누워 있고 다른 한 마리는 걸어가는 모습으로 그 옆에 전시되어 있는데, 반짝이는 두 눈과 쫑긋 세운 귀에서 주변을 경계하는 기색이 생생하게 느껴진다. 이들이 담긴 디오라마 너머로 자기들의 신경을 건드리는 것이라도 나타난 듯 그쪽을 뚫어져라 응시하는 모습에, 관람객들도 유리로 된 두 사자의 눈이 향한 쪽을 함께 보게 된다.

그러나 둘 다 사자치고는 몸집이 확연히 작으며, 살아 있을 때의 덩치와 비교하면 그 차이가 더욱 확실하게 느껴진다. 털은 듬성듬성한데, 이 사자들이 총에 맞은 후 박물관에서 박제될 때까지 긴 세월을 어떻게 보냈는지 알면 이유를 짐작할 수 있다. 패터슨은 두 사자를 사냥한 기념으로 가죽을 벗겨 바닥 깔개로 만들었다. 그 과정에서 가죽이 조금씩 잘려 나간 바람에[19] 박물관이 박제동물을 제작할 때 전신을 온전히 되살리기에는 가죽이 부족했다. 나는 둘 중 한 마리가 바닥에 배를 깔고 누운 모습으로 연출된 것도 같은 이유이리라 짐작한다. 배 부분에 가죽이 모자라 틈이 벌어진 것을 감추려고 한 게 아닐까?

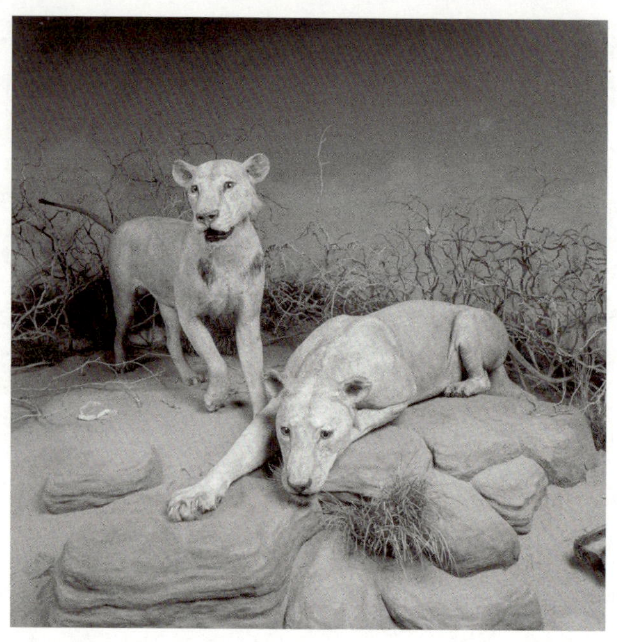

19세기 후반 케냐에서 수십 명의 사람을 잡아먹은 일로 악명 높았던 '차보의 식인 사자들'. 미국 시카고의 필드자연사박물관에 전시된 갈기 없는 두 수컷 사자의 표본은 살아 있는 듯 생생하지만 생전 모습과 큰 차이가 있다.

차보의 식인 사자 표본이 살아 있을 때와 체격이 다른 건 사실성을 떨어뜨리는 요소이지만, 그래도 이 표본은 '진짜'다. 이와 달리 관람객이 **"이거 진짜예요?"** 라고 묻는다면 "아닙니다"라고 대답할 수밖에 없는 박제동물도 있다. 미국 메릴랜드 스미스소니언연구소Smithsonian Institution의 미국 국립자연사박물관이 운영하는 극저온 수장고를 방문했을 때, 박제된 태즈메이니아주머니너구리로 보이는 동물이 내 눈에 띄었다. 처음에는 전체적으로 휑한 느낌이 들 만큼 말끔한 시설에 웬 동물 표본이, 그것도 한 마리만 덜렁 있어서 호기심이 생겼는데(왜 그랬는지는 여전히 모른다) 자세히 살펴보니 어딘지 이상했다.

나는 운 좋게도 태즈메이니아주머니너구리를 다른 어떤 야생 포유류보다 가까이에서 살펴볼 기회가 많았다. 이 동물의 안면에서 발생하는 종양을 연구하는 호주 태즈메이니아대학교의 현장 조사에 2010년부터 거의 해마다 참여하고 있기 때문이다. 태즈메이니아주머니너구리는 전 세계 육식성 유대류 중에 가장 많이 살아남은 동물이지만, 1990년대에 처음 알려진 전염성 안면 종양으로 수많은 개체가 죽었다. 미국에서 우연히 보게 된 그 표본은 내 경험상 진짜 태즈메이니아주머니너구리가 아니라는 확신이 들었다. 나중에 그 박물관 동료들에게 물어보니 라쿤, 담비속 동물 피셔fisher, 여우를 조금씩 조합하고 털을 염색해서 태즈메이니아주머니너구리와 비슷하게 만들었다는 대답이 돌아왔다. 실제 주머니너구리가 전혀 포함되지 않은 주머니너구리 박제품이었던 셈이다.

여러 해째 세계박제동물챔피언십World Taxidermy Championships 심사위원장을 맡고 있는 미국 유타주 빈생명과학박물관Bean Life Science Museum의 웨슬리 스키드모어Wesley Skidmore는 한 강연에서 미국 흑곰의 털가죽을 표백해 대왕판다의 박제 모형을 제작하는 방법에 관해 설명했다. 일반적으로 민간 박제사들이 많이 쓰는 방법이지만, 자연사박물관도 꼭 전시하고 싶은 동물의 표본을 구하기 힘들 때 그런 방법을 활용한다. 판다도 태즈메이니아주머니너구리처럼 자연 서식지가 아닌 곳에서는 보기 힘든 동물이다. 그런 박제표본을 제작하려면 창의성이 발휘되어야 하지만, 진짜 동물 가죽을 썼더라도 표본으로 완성된 그 동물의 가죽이 아니라면 당연히 '진짜' 표본은 아니다(최소한 여기서 예로 든 태즈메이니아주머니너구리와 판다 표본은 진짜가 아니다).

물론 다른 곰의 털가죽으로 만든 판다 표본은 인공 털가죽만으로 만든 판다 표본보다야 낫다. 또한 흑곰 가죽으로 만든 '판다' 표본 중에는 실제 판다의 고유한 특징이 충분히 잘 담겨서(내가 미국 국립자연사박물관의 극저온 수장고에서 본 태즈메이니아주머니너구리 박제품과 달리) 그 동물을 충분히 대표할 만하다는 생각이 들게 하는 것도 있다. 심지어 솜씨가 서툰 박제사가 대왕판다 털가죽으로 제작한 진짜 박제 판다보다 흑곰 털가죽으로 만든 판다 표본이 더 우수할 때도 있다. 이런 사례들을 보면 자연스레 박제 동물과 모형동물은 어떤 차이가 있는지 궁금해진다.

박제된 동물처럼 보이지만 실제로는 모형인 전시물들이 있다. 털이 없고 피부가 아주 얇은 동물은 박제하기가 몹시 힘들다. 대표적인 예가 개구리다. 개구리를 박제하면 겉이 바싹 말라서 균열이 생기거나 쪼글쪼글해지고 생동감이 전혀 느껴지지 않는 탓에, 박제동물을 제작하는 본연의 목적과 어긋나는 결과물이 되고 만다. 그래서 이런 동물의 '표본'은 왁스, 회반죽, 또는 조소에 쓰이는 재료들로 제작되는 경우가 많다. 진짜 동물을 주형으로 삼아 모형의 틀을 만들기도 한다.

다른 동물의 가죽으로 만든 '대체 표본'이나 표본이 아닌 모형을 제외하고, 박제동물을 제작하는 과정에서 발생하는 가장 큰 문제는 고도의 기술이 필요한 작업인 만큼 실수할 여지가 정말 많다는 것이다. 이런 이유로 아직 제대로 된 박제표본이 없는 동물들도 있다. 예를 들어 자연사박물관에 전시된 가시두더지, 오리너구리, 나무늘보, 키위새, 주머니개미핥기의 박제표본은 십중팔구 실제 모습과는 전혀 다른 인상을 준다.[20]

박제동물은 잘 만들어지는 경우보다 엉망이 될 확률이 훨씬 높다. 전체적인 형태가 이상하거나, 포즈가 잘못되거나, 다리 모양이 어색하거나, 이빨이 잘못되었거나, 색이 이상하거나, 눈이 잘못 만들어지기 십상이고, 실제로는 그 동물이 하지 않는 행동을 하는 모습으로 연출되기도 한다. 감탄을 자아낼 만큼 훌륭한 박제동물도 있지만, 진짜 동물과 전혀 닮지 않은 형편없는 박제동물도 있다.

∞

이런 기술적인 문제와 더불어, **판단**이 끼어든다는 것이 박제의 또 다른 문제다. 박제는 동물을 생생히 보여주는 게 목적이므로, 동물의 어떤 행동을 사람들에게 보여줄지 정해야 한다. 예컨대 박제사의 선택에 따라 비버는 나무줄기를 갉아 먹는 모습으로,

영양은 두 마리가 마주 보고 뿔을 들이받는 모습으로, 원숭이는 나뭇가지 사이를 날아다니고 앨버트로스는 하늘을 가르며 날아가는 모습으로 표현될 수 있다.

아무 문제 없어 보이는 이 선택의 단계에는, 동물의 특정한 행동에 사람들이 주목하게 만들려는 정치적 의도가 끼어들 수 있다. 또한 비슷한 이유로, 동물의 수많은 행동 중 특정 행동은 박제동물에서 전혀 볼 수 없다. 박제동물이 짝짓기하는 모습으로 만들어지는 경우가 거의 없는 것이 그런 예다. 박물관은 한 사회에 깊숙이 자리한 사회의 산물이다. 우리는 자연사박물관이 자연의 경이로움을 객관적으로 보여주는 권위 있는 과학기관이라 여기지만, 실제 자연사박물관의 전시에는 사회적 편견이나 전시 담당자들의 도덕적 편견이 반영될 수밖에 없다.

내가 일하는 케임브리지대학교 동물학박물관에는 멋진 박제 여우 표본이 있다. 자연사박물관에 전시되는 여우의 박제표본은 대체로 입에 뭔가를 물고 있는 모습이며, 우리 박물관의 이 표본도 메추라기를 물고 있다. 실제로 뇌조, 메추라기, 꿩, 자고새는 영국 시골에 서식하는 여우 먹이의 15퍼센트를 차지하므로 부정확한 묘사는 아니다.[21]

그러나 박제 여우가 이런 새들을 사냥해서 물고 있는 모습으로 제작되는 경우가 유독 많은 데는 특정한 의도가 깔려 있다. 시골 지역에서 여우 먹이의 절반 정도를 차지하는 토끼가 죽은 모습으로 여우 표본 곁에 전시되거나, 독수리 같은 새들의 표본이

　　　　　　　　　　　　　　　　　　　1부 만들어진 자연

갈고리발톱으로 토끼나 가금류 동물을 꽉 움켜쥔 모습으로 제작
되는 일이 흔한 이유도 마찬가지다. 이런 표본들에는 닭 키우는
사람들이나 땅 주인들에게 이런 동물이 언제 나타나 사냥할지
모르니 조심하라는 경고가 담겨 있다. 주로 빅토리아시대에 이
러한 박제표본을 본 사람들은 무의식적으로 이 표본들이 다른
동물을 잡아먹는 포식동물이라는 사실을 강하게 인식하게 되고,
이러한 인식은 우리와 그 포식동물의 관계에 영향을 준다.

박물관에 전시된 여우의 박제표본은 또한 죽은 동물들과 함께
있는 모습만이 아니라 위협적이고 겁주는 모습으로 많이 제작된
다. 늑대, 태즈메이니아주머니늑대, 하이에나도 마찬가지다. 사
실 여우를 포함한 네 동물 모두 인간의 손에 잔혹하게 죽임을 당
했는데, 정작 인간이 박제한 이 동물들의 모습은 이빨을 드러낸
무서운 얼굴을 하고 있다. 박제동물의 험악한 모습을 본 관람객
들은 이 동물들이 인간의 적이라는 인상을 받는다. 이런 해묵은
표본은 사람들이 자연에 더 큰 관심을 기울이게 만들려는 자연
사박물관의 기본 목표에 별로 도움이 안 되는 게 분명한데도, 여
전히 수많은 박물관에서 자주 볼 수 있다.

나는 최근에 브뤼셀의 벨기에왕립자연과학연구소Royal Belgian
Institute of Natural Sciences에서 이런 흐름과 전혀 다른 전시 방식을
보고 깜짝 놀랐다. 전시실에 붉은여우 표본이 이례적으로 많았
는데, 이 박제 여우 표본들은 함께 놀거나 잠을 자거나 심지어 다
가오는 관람객들을 복도 끝에서 호기심 어린 눈으로 빼꼼히 내

다보는 모습으로 전시되어 있었다. 대부분의 여느 자연사박물관과는 사뭇 다른 연출이었다. 박물관에 온 어린이들이 자기 지역의 야생동물에게 훨씬 큰 유대감을 느낄 만한 전시 방식이라는 생각이 들었다.

프랑스 마르세유자연사박물관Natural History Museum of Marseille의 여우 표본은 새끼를 꼬리로 폭 감싸안고 코를 비비는 모습으로 전시되어 있는데, 관람객들은 애정 어린 그 모습을 보며 자연히 공감하게 된다. 죽은 동물의 새로운 삶을 박제사가 어떤 모습으로 만드느냐에 따라 그 동물을 보는 관람객의 시각이 무의식적으로 바뀔 수 있다면, 이런 새로운 방식이 과거의 방식보다 자연사박물관의 환경주의 기조와 훨씬 잘 맞는다. 이 가상 투어에서도 박제된 동물에 감춰진 메시지를 제대로 읽으려면 눈을 크게 뜨고 잘 봐야 한다.

∞

박제동물에는 이처럼 동물의 타고난 특성보다 인간의 무의식적인 편향이 반영되는 경우가 많다. 죽은 새들이 가부장제를 적극 옹호하는 듯이 연출되는 것도 그런 예다.

박제된 새가 많이 전시된 자연사박물관에 간다면 수컷과 암컷이 어떤 관계로 묘사되어 있는지 잘 살펴보라. 암수가 함께 전시된 경우, 대체로 암컷 새는 더 낮은 선반에 있거나 아예 수컷을 향해 고개를 숙인 모습이고, 수컷은 몸을 잔뜩 부풀린 지배적 모습이 두드러지는 흥미로운 경향이 나타난다.[22] 야생에서 관찰되는 동물의 실제 행동 특성은 전혀 반영하지 않고 오로지 위계 서열만 중시한 연출이다. 박제사들이 자기 직업을 이용해서 어떻게든 여성을 깎아내리고 남성을 더 우세한 존재로 강조한다는 말이 아니라(가부장제는 그런 식으로 유지되는 것도 아닐뿐더러), 인간 사회의 부적절한 규범은 그런 규범에 익숙한 사람들이 만드는 박제동물 표본에마저 반영된다는 것이 핵심이다.

이러한 제작 습성은 박물관에 전시할 박제동물이 처음 만들어지기 시작한 초창기에 이미 나타났다. 미국의 초대 대통령 조지 워싱턴George Washington은 1780년대에 찰스 필이 세운 필라델피아박물관에 중국 금계 한 쌍을 기증했는데, 그 표본도 그렇다(지금은 하버드대학교의 비교동물학박물관Museum of Comparative Zoology에 전시되어 있다). 필이 새들을 박제하기 시작한 초창기에 만든 이 표본도 수컷은 고압적인 자세로 우뚝 서 있고, 암컷은 수컷의 발가락에 코가 닿을 정도로 머리를 조아리며 애원하는 듯한 모습으로 완성되었다.

수컷이 한껏 뽐내는 자세를 많이 취하고 깃털 색도 더 화려한 경우가 많은 게 사실이지만, 그런 특성이 있는 종의 암컷이 무조건 수컷에게 순종하지는 않는다(깃털이 생활하기에는 불편해도 눈에 확 띄는 것은 암컷에게 선택받기 위한 진화가 일어난 것이므로, 오히려 실제 관계는 여러모로 정반대에 가깝다). 이 어처구니없는 편향성은 한번

암컷이 수컷에게 몸을 한껏 낮춘 모습으로 묘사된 1780년대의 중국 금계 표본. 미국의 초대 대통령 조지 워싱턴이 기증한 것을 찰스 윌슨 필이 박제한 것으로, 박제 방식의 동향을 보여주는 초창기 예시다.

깨닫고 나면 박제동물을 볼 때마다 눈에 훤히 들어온다. 세계 어느 자연사박물관에 가든 이런 기싸움의 결과물을 볼 수 있다.

티라노사우루스는 왜 고개를 숙였을까

관람객들이 자연사박물관에 입장하면서 "와!" 하고 감탄하는 소리가 들리면, 그 박물관은 주어진 소임을 잘 해냈다고 할 수 있다. 파리의 프랑스 국립자연사박물관에 있는 비교해부학 전시관에서는 그런 반응이 일상적으로 터져나온다. 19세기에 지어진 드넓은 전시관에는 동물의 뼈 수천 점이 전시되어 있다. 전시관 가장자리를 따라 줄줄이 배치된 상자 형태의 진열장 안에는 크

1부 만들어진 자연

기가 가장 작은 뼈들이 있는데, 그 수가 하도 많고 다닥다닥 붙어 있어서 하나하나 집중해서 보기 힘들 정도다.

그러나 이 전시관에 들어서는 순간 절로 감탄이 나오게 만드는 건 따로 있다. 내부를 거의 꽉 채운, 수백 점의 거대한 골격표본이다. 관람객이 지나다니는 통로만 겨우 남기고 전시관 전체를 빼곡히 차지한 이 골격모형들은 전시실에 들어서는 관람객을 일제히 바라보고 있다. 물개, 곰, 기린, 코뿔소, 코끼리, 사슴, 하마, 말을 비롯해 거대한 고래 표본도 몇 종류나 된다. 그렇지만 지구상에서 동물 뼈가 가장 많이 전시된 이 전시관에 가지 않더라도, 골격표본은 전 세계 어느 자연사박물관에서든 볼 수 있는 보편적인 전시물이다.

골격표본도 사람이 만들고 전시한다는 점은 박제표본과 다를 게 없다, 쉽게 간과되는 사실이지만, 그래서 골격표본 역시 (대체로) 진짜 뼈를 재료로 삼더라도 완성된 표본에는 인간의 편향과 오류가 담길 여지가 있다. 골격표본을 제작하려면 먼저 박물관 전시물 담당자가 계속 부패 중인 동물 사체를 물기 없는 뼈 더미로 만들어야 한다. 이 과정부터가 만만치 않다. 사체에서 뼈만 남기는 방법은 전체를 흙에 묻어두거나, 효소가 포함된 특수 세제를 푼 물에 담가두거나, 동물의 살점을 먹어 치우는 수시렁이의 도움을 받는 등 몇 가지가 있다. 그중 수시렁이를 투입하는 방법을 택하면 이 곤충들이 밖으로 빠져나가 박물관에 전시된 다른 표본까지 먹어 치울 위험이 따른다.

이렇게 살을 제거하고 뒤죽박죽 뒤섞인 뼈가 한가득 생기면, 이제 본래 구조대로 조립해야 한다. 전시물 담당자들은 3차원 직소 퍼즐을 맞추는 듯한 복잡한 과정에 돌입하기 전에 먼저 뼈를 탁자에 전부 펼쳐놓고, 각 뼈의 대략적인 위치를 잡으면서 빠진 게 있는지 확인한다. 동물의 종류에 따라 이 단계는 아주 간단하게 끝날 수도 있다.

나는 예전에 박물관에서 관람객을 위한 여러 학습 프로그램을 운영한 적이 있다. 개인적으로 가장 즐거웠던 건 아이들에게 고릴라 한 마리의 전신 뼈가 모두 담긴 상자를 주고, 탁자 위에 고릴라가 반듯하게 누운 모습이 되도록 맞춰보게 하는 초등학생용 프로그램이었다. 아이들은 따로 힌트를 주지 않아도 대부분 곧잘 해냈지만, 나는 실물 크기로 제작된 사람의 골격모형을 참고하라고 보여주었다. 일부 뼈의 길이가 다른 점만 제외하면(고릴라의 가장 긴 뼈는 앞다리의 상완골이고 인체에서 가장 긴 뼈는 다리의 대퇴골이다), 고릴라와 사람은 뼈 모양과 배열이 매우 비슷하다. 여섯 살짜리 아이들은 자신들이 뼈 더미만 가지고 고릴라 한 마리를 그렇게 쉽게 만들 수 있다는 사실에 깜짝 놀라곤 했다.

2017년 유니버시티 칼리지 런던의 그랜트동물학박물관Grant Museum of Zoology에서 일할 때, 동료들과 함께 이 어린이 프로그램의 아이디어를 응용해 난이도를 최고 수준으로 높인 행사를 기획했다. 내부에 나무판을 덧댄 에드워드 7세 시대의 도서관 건물에 자리한 그랜트동물학박물관에는, 빅토리아시대에 수집된

　　　　　　　　　　　　　　　　　　　　　　　　1부 만들어진 자연

교육용 자연사 표본들이 있다. 캠퍼스 내 다른 건물에 있다가 2010년에 이 건물로 이전했는데, 그때 옛 도서관 건물 안에는 벽을 따라 일반 책장보다 두 배쯤 높은 대형 책장이 설치되어 있었다. 우리는 이를 전시용 진열장으로 개조해서 수천 점의 표본을 채워 넣었다. 영국의 어떤 박물관 전시실도 여기만큼 표본이 많은 곳은 없을 것이다. 내 책상은 아래층을 바라보는 중이층 발코니에 있었다. 책상 주변에는 박물관을 오가는 관람객들을 빤히 내려다보는 대형 골격표본이 가득했고, 줄지은 유인원 표본들 맞은편에는 157년 전에 잡힌 큰돌고래의 머리뼈가 몸의 나머지 부분과 분리된 채로 놓여 있었다.

이 고래의 뼈는 전부 한꺼번에 보관하기 힘들 만큼 부피가 엄청나서 수장고 여러 곳에 나누어 보관했고, 모든 뼈를 하나로 합쳐본 적은 없었다. 어느 주말 우리는 캠퍼스 본관의 회랑을 통째로 빌려 큰돌고래 뼈를 몽땅 꺼내놓고, 시민들을 초청해 뼈를 닦고 조립하는 행사를 열어서 참가자 800여 명과 함께 드디어 큰돌고래의 전체 골격을 맞췄다. 고래는 본래 뒷다리가 있었지만 4500만 년 전쯤에 사라지고, 등뼈의 개수가 점점 늘어나는 진화가 일어났다. 이런 점을 제외하면 전체 골격이 사람과 놀라울 만큼 비슷해서 참가자들도 비교적 쉽게 뼈를 맞출 수 있었다.

그러나 각 부분의 뼈 이름과 전체 골격에서 어디에 있는지 다 아는 것과, 모든 뼈를 조립해 형태를 잡는 것은 다른 문제다. 또한 뼈의 위치와 구조를 맞춘 다음에는 특정한 자세로 고정해야 한다. 뼈로만 이루어진 골격표본은 혼자 힘으로 서 있을 수 없으므로, 각각의 뼈를 지탱할 정교한 비계가 필요하다. 대형 골격표본은 이렇듯 3차원 직소 퍼즐을 푸는 뛰어난 실력과 전문적인 해부학 지식, 금속을 정밀하게 가공하고 용접하는 고도의 기술이 합쳐진 결과물이다. 대형 표본만이 아니라, 뼈 하나하나의 크기가 모래알만큼 작아서 정체를 알아보기도 힘든 뼈들을 무수히 연결해야 하는 소형 표본 역시 제작하려면 특별한 재주가 필요하다. 한마디로 골격표본은 제작하기 힘들며, 돈이 많이 들고, 넓은 공간이 있어야 하며, 다 완성하고 나면 뼈가 전부 하나로 연결되어 과학자들이 연구하기도 어렵다.

그래서 박물관들은 뼈를 조립해 골격표본으로 만드는 번거로운 과정을 일찌감치 포기하고, 분리된 뼈를 그냥 모조리 통에 담아 보관하는 쪽을 내심 훨씬 선호한다. 그렇게 보관하면 조립 과정에서 사람의 실수로 표본이 잘못 제작될 가능성을 피할 수 있다. 예를 들어 코뿔소와 사람은 뼈의 전체적인 구조가 같기 때문에, 숙련된 표본 제작자라도 코뿔소의 골격에 익숙하지 않으면 코뿔소 뼈로 사람 골격을 만드는 사태가 빚어질 수 있다. 또한 골격표본이 보기보다 객관적이지 않을 수 있다. 이 표본도 사람의 실수와 판단이 끼어들어 표본의 진실성이 깎일 가능성이 있다.

그와 별개로 내가 박물관에서 골격표본을 볼 때 참 신기하다고 생각하는 것은, 대부분의 전시물 담당자가 상상력을 별로 발휘하지 않는다는 점이다. 나무에 서식하는 동물의 골격표본을 나뭇가지에 올려놓는 경우는 가끔 있지만, 그 밖에는 거의 모든 골격표본이 땅에 다리를 딛고 가만히 서 있는 모습으로 전시될 뿐 박제표본처럼 무얼 하는 모습으로 연출되는 경우는 거의 없다. 왜 그럴까?

마르세유자연사박물관에는 사자와 돼지의 골격표본이 쫓고 쫓기는 모습으로 전시되어 있고, 뼈만 있는 하이에나가 역시나 뼈만 있는 '죽은' 가젤 쪽으로 웅크리고 있다. 프랑스 툴루즈박물관Museum of Toulouse의 집고양이 골격표본은 날아가는 비둘기 골격을 잡으려고 몸을 쭉 뻗은 모습이고, 악어 골격은 물속의 작은 거북을 낚아채려고 슬그머니 다가가는 모습으로 전시되어 있다. 시드니의 호주박물관Australian Museum에는 뒷다리로만 버틴 채 두 앞발을 공중으로 치켜든 말과 그 말에 올라타 한 팔을 들고 있는 사람이 모두 골격모형인 전시물도 있다(제목은 '뼈만 남은 기마경찰대'). 그러나 이런 예는 극히 드물다. 물론 관람객이 골격모형을 보면서 뼈라는 사실을 잠시 잊거나, 너무 생생해서 살아 있는 동물이라고 착각할 리는 없다. 그렇더라도 동물의 고유한 행동을 어느 정도 보여줄 수 있게끔 전시하는 편이 좋지 않을까?

∞

어느 자연사박물관을 방문하든 전시실 천장에 매달린 고래 골격표본이 하나쯤 있다. 나는 고래 골격을 볼 때마다 진화의 경이로움과 함께 그 거대한 표본을 바닥에 세워두는 간편한 방법 대신 천장에 매달기로 한 전시물 제작자의 결단에도 감탄한다. 고래 골격을 천장에 매달면 그 체구가 얼마나 거대한지 관람객들이 더욱 생생하게 느낄 수 있으며, 물속에서는 이렇게 커다란 동물도 무게가 없다는 사실이 더 분명하게 전달된다. 그렇지만 물 바깥에 있는 고래 뼈는 다르다. 우리 케임브리지대학교 동물학박물관에는 세계에서 몸집이 두 번째로 큰 동물인 참고래의 골격표본이 있는데, 머리뼈 무게만 1.5톤에 이른다.

고래는 몸집이 워낙 어마어마한 만큼, 골격표본을 제작할 때 뼈만 깨끗이 남기는 단계에서 보통 자연의 힘을 빌린다. 사체를 흙이나 분뇨, 모래에 묻어두고 미생물, 균류, 무척추동물이 연조직을 다 먹어 치우게 놔두는 것이다. (영국에서는 2006년에 작은 큰돌고래 한 마리가 템스강으로 흘러들어와 큰 화제가 된 일이 있다. 안타깝게도 이 돌고래는 폐사했으며, 런던에 있는 영국 국립자연사박물관은 효소가 포함된 생물학적 세제를 푼 물에 돌고래 사체를 담가 연조직을 제거했다. 당시 박물관이 그 세제를 만든 가정용품 제조사에 연락해 후원을 요청했는데, 업체에서는 세제가 살점을 녹일 수도 있다는 사실을 고객들이 모르는 편이 낫다며 거절했다는 소문이 있다.)

고래의 골격표본을 만들 때는 특히 신경 써야 하는 특징이 하나 있다. 바로 뼈에서 흘러나오는 고래기름이다. 내가 아는 박물관 두어 곳은 자연사한 고래가 죽은 지 얼마 안 되었을 때 뼈를 가져왔다가, 오래전 이 동물이 왜 사냥꾼들의 큰 수입원이었는

세계에서 몸집이 두 번째로 큰 동물인 참고래의 골격표본. 케임브리지 동물학박물관의 입구 천장에 설치된 이 표본은 머리뼈 무게만 1.5톤에 이른다. 어느 자연사박물관을 방문하든 전시실 천장에 매달린 고래 골격표본이 하나쯤 있다.

지 여실히 깨달았다. 뼈를 아무리 열심히 닦아내고 표본으로 제작해도, 전시한 지 몇 년이 지나도록 뼈에서 기름이 계속 뚝뚝 떨어진 것이다. 관람객들과 직원들에게 고래기름이 묻지 않도록 골격표본 아래에 시트를 깔아야 했던 박물관도 있다.

케임브리지 동물학박물관의 참고래 표본은, 나와 관람객 모두에게 참 다행스럽게도 수십 년간 야외에 전시되었다가 최근에 전시관을 재정비하면서 실내로 옮겨졌다. 나는 학생 시절에 매일 동기들과 야외에 있던 이 고래 표본 근처를 지나 강의실로 향하곤 했다. 오랫동안 밖에 있던 이 표본을 해체하자 오래된 비둘기집과 비둘기 배설물이 나오고 고래 콧구멍 안에서는 죽은 비둘기가 발견되는 등 처리해야 할 몇 가지 문제가 있었지만, 뼈에 남은 기름을 제거해야 하는 번거로움은 없었다. 그래서 우리 박물관이 새로 단장한 '고래 전시관' 입구에서 이 고래의 골격표본 아래를 지날 때 고래기름에 맞을 걱정은 하지 않아도 된다.

그런데 2022년에 관람객 한 명이 이 참고래 표본에서 그동안 수백만 명이 보고도 놓친 오류를 찾아냈다. 왼쪽 지느러미가 오른쪽에 있고, 오른쪽 지느러미가 왼쪽에 붙어 있다는 사실을 발견한 것이다. 이 표본을 볼 기회가 있었던 그 수백만 명 중에는 케임브리지대학교의 동물학자들은 물론이고, 연구를 위해 우리 박물관에 찾아와 한동안 머무르며 오래 관찰한 세계적인 동물학자들이 포함되어 있었으므로 몹시 당혹스럽고 민망한 일이었다. 한편으로는 박물관 전시물에 대한 사람들의 신뢰가 얼마나 깊은지도 알 수 있었다.

∞

골격표본의 부정확성 문제로 들어가면, 지느러미의 좌우가 바뀐 고래 정도는 아무것도 아니다. 그렇게 만드는 대표적인 동물은 바로 공룡이다. 공룡 표본이 실제와 다른 형태로 제작되는 가장 근본적인 원인은 이 동물의 형태에 관한 해석이 크게 갈린다는 데 있다. 자연사박물관에 전시된, 고대 화석으로 제작한 공룡의 골격표본은 사실상 오류투성이다. 전시물 담당자 중에 공룡의 전체적인 모습은 고사하고 비슷한 동물을 직접 본 사람이 아

　　　　　　　　　　　　　　　　　　　1부 만들어진 자연

무도 없으니 어쩌면 당연한 결과다. 그래서 새로운 공룡 화석이 발견되고 고생물학자들이 이전과 다른 해석을 상세하게 내놓을 때마다 박물관과 대중문화에 등장하는 공룡의 모습이 크게 바뀌곤 한다.

공룡으로 밝혀진 최초의 화석은 1820~1830년대에 영국에서 처음 발견되었다. 생물학자이자 고생물학자였던 리처드 오언Sir Richard Owen은 이 새로운 동물에 '무서운 도마뱀'이라는 뜻으로 '디노사우리아Dinosauria'라는 이름을 붙였다. 몇 안 되는 공룡 화석들에 깊은 인상을 받은 예술가 벤저민 워터하우스 호킨스Benjamin Waterhouse Hawkins는 그 화석들을 실물 크기 모형으로 만들어서 1854년 런던 남부의 크리스털팰리스 야외 공간에 익룡, 땅늘보, 큰뿔사슴, 바다 파충류 등 멸종된 다른 거대한 동물들의 모형과 함께 전시했다. 크리스털팰리스는 전면이 유리로 된 거대 전시장으로, 고대 세계의 유물과 더불어 과학과 산업계의 최신 발전이 거둔 성취를 보여주는 화려한 전시가 열리던 곳이다.

호킨스가 제작한 모형은 고생물을 예술적으로, 그것도 큰 규모로 재구성한 세계 최초의 시도였다. 호킨스의 모형이 지금까지 남아 있다는 사실로도 공룡에 관한 대중의 인식에 얼마나 오랫동안 꾸준히 영향을 주었는지 알 수 있다. 그의 모형은 사람들이 '공룡' 하면 떠올리는 이미지에서 중요한 첫 단추가 되었다.

그러나 호킨스의 모형에는 실력이 출중한 박물관 전시물 담당자나 예술가를 비롯해 지구에서 사라진 지 6600만 년 넘은 동물의 모습을 재창조하는 일에 뛰어든 모든 사람이 맞닥뜨리는 난제가 고스란히 담겨 있다. 1825년에 지질학자 기디언 맨틀Gideon Mantell이 발견한 이구아노돈Iguanodon은 사상 최초로 발견된 공룡 중 하나다. 맨틀은 화석으로 발견된 이 공룡의 이빨이 거대한 이구아나 이빨과 생김새가 비슷하다는 점에 주목하고 '이구아나의 이빨'이라는 뜻으로 그런 이름을 붙였다.

호킨스가 크리스털팰리스에 전시한 유명한 공룡 모형은 이 이구아노돈의 이빨 화석과 이구아노돈 몸의 다른 부분 화석을 토대로 제작되어, 전체적으로 길이가 10미터쯤 되는 이구아나가 거대한 네 다리로 우뚝 서서 당당하게 걸어가는 모습으로 완성되었다. 코에는 작은 뿔이 있어서[23] 마치 도마뱀과 코뿔소를 섞어놓은 듯한 인상을 주기도 했다.

1878년에는 세상을 깜짝 놀라게 한 공룡의 흔적이 나왔다. 벨기에 베르니사르 지역의 석탄 광산에서 30마리가 넘는 이구아노돈 뼈의 전체 골격이 거의 온전히 남아 있었을 뿐만 아니라 살아 있을 때의 뼈 구조가 보존된 채 묻혀 있다가 발견된 것이다. 앞서 1860년대에는 미국에서 발견된 하드로사우루스Hadrosaurus의 뼈에서 이족보행을 한 것으로 추정되는 단서가 나왔다. 이 두 건의 발견으로 호킨스의 공룡 모형은 신빙성을 크게 잃었으며, 고생물학자들은 이구아노돈을 전혀 다른 새로운 모습으로 추정했다. 이전까지는 땅딸막하고 육중한 체격에 도마뱀과 닮은 모습이라고 여겼지만, 새로 발굴된 골격은 앞다리가 뒷다리보다 확연히

예술가 벤저민 워터하우스 호킨스가 1850년대 런던 남부 크리스털팰리스에 전시했던 이구아노돈과 하드로사우루스의 화석 모형을 묘사한 그림. 실물 크기로 만들어진 그의 모형들은 사람들이 흔히 떠올리는 공룡의 이미지를 만드는 데 첫 단추가 되었다.

작았다. 또한 호킨스가 코에 붙어 있었다고 상상한, 뭉툭하게 툭 튀어나온 구조는 뿔이 아니라 앞발의 엄지발가락으로 해석되었다.

브뤼셀의 벨기에왕립자연과학연구소에는 길이가 무려 300미터나 되는 거대한 유리 상자 안에 이구아노돈의 진짜 뼈로 만든 여러 마리의 골격표본이 전시되어 있는데, 발굴 당시에 해석된 모습 그대로다(땅속에서 발견된 모습 그대로 누워 있는 표본도 여러 점이 있다). 내가 보기에 진짜 공룡 뼈를 이곳처럼 훌륭하게 전시한 곳은 세계 어디에도 없다. 이 거대한 초식 공룡들 사이를 지날 때면 저절로 겸허해지고, 1억 2000만 년 전 백악기 전기로 훌쩍 시간 여행을 온 듯한 기분이 든다.

벨기에왕립자연과학연구소의 이구아노돈 골격표본은 1880년 대에 고생물학자 루이 돌로Louis Dollo가 제작했다. 돌로는 이 공룡의 꼬리가 길고 단단하며, 뒷다리는 안정적이고 앞다리는 그보다 작으므로 캥거루와 비슷하게 일어선 모습이었으리라고 해석했다. 즉 뒷다리로 버티고 서서 등뼈는 지면과 대각선을 이루고, 머리는 높이 든 채 꼬리는 땅에 닿았을 것이라고 추정했다.

그 뒤 100여 년간 이구아노돈의 모습은 돌로가 해석한 대로 알려졌다. 전 세계 박물관에 전시된 이구아노돈의 모형(대부분 베르니사르에서 발견된 뼈로, 돌로가 제작한 골격표본의 복제품이다)도 이렇듯 '캥거루처럼 서 있는' 자세로 제작되었다. 그러나 돌로의 표본이 만들어지고 한 세기가 지난 후, 다시 새로운 해석이 나왔다. 현대의 고생물학자들은 이구아노돈의 등뼈가 거의 수평에 가까웠고, 두 발이나 네 발로 걷는 자세를 오갈 수 있었다는 사실을 알아냈다. 런던에 있는 영국 국립자연사박물관에는 이구아노돈의 가까운 친척뻘인 만텔리사우루스Mantellisaurus의 골격표본이 있는데, 이 표본에 이러한 현대의 해석이 담겨 있다. 크리스털팰리스에 전시된 공룡 모형과도, 전 세계 수많은 박물관에 전시된 이구아노돈의 골격모형과도 사뭇 다른 모습이다.

한 가지 분명하게 짚고 넘어갈 점은, 공룡이 발견된 초창기에 공룡의 모습을 잘못 해석한 것은 우습게 여길 일이 아니라 높게 평가해야 한다는 것이다. 호킨스가 크리스털팰리스에 전시한 공룡 모형 세 점도 시대를 한참 앞선 것이었다. 전반적으로 실제 모습과 동떨어진 면이 많았지만, 그와 별개로 사지를 곧게 세운 자세(도마뱀처럼 몸을 납작 엎드린 '파충류 특유의' 자세와 다른)나 주둥이 형태, 갑옷처럼 단단한 피부 등 공룡의 특성에 관한 지식에 적지 않은 변화를 일으켰다. 호킨스가 모형을 만든 1850년대는 아직 공룡의 골격 전체가 비교적 온전한 형태로 발견된 적이 없던 때이므로 이는 대단한 성과였다.

오늘날 공룡의 모습을 나름의 해석대로 표현하는 고생물 예술가들, 또는 출토된 화석을 토대로 공룡 표본을 제작하는 사람들은 언제든 자신의 작품이나 표본과 영 다른 공룡의 흔적이 새로 발견되거나, 공룡에 관한 새로운 해석이 나올 수 있음을 안다. 그래서 새로운 발견으로 기존 해석이 틀렸다는 사실이 밝혀지더라도 너무 혹독하게 비난하지는 말아야겠지만, 공룡의 특정한 모습이 놀라울 만큼 오랜 세월 동안 사람들 머릿속에 각인될 수 있는 것도 사실이다.

티라노사우루스는 1900년에 화석이 처음 발견되었고, 1915년 뉴욕의 미국자연사박물관에 거의 온전한 골격표본이 처음 전시되었다. 이 티라노사우루스 표본도 오늘날 과학자들이 제시하는 티라노사우루스 렉스의 모습과 거의 닮지 않았다. 지금은 티라노사우루스라고 하면 대다수가 영화 〈쥬라기 공원〉에 등장한 모습처럼 움직임이 활발하고 꼬리는 위를 향한 채 등뼈가 지면과 거의 수평인 공룡을 떠올린다. 그러나 1915년에 만들어진 이 공룡의 골격표본은 등을 세우고 일어선 자세로 제작되었으며, 움직임이 활발하다는 인상은 거의 느껴지지 않고 꼬리는 바닥에 늘어뜨리고 있다. 이 표본은 20세기 거의 전 기간에 걸쳐 사람들이 떠올리는 공룡의 모습에 큰 영향을 주었다. 또 다른 대형 육식 공룡 알베르토사우루스albertosaur의 화석은 바위에 누워 꼬리가 지면과 수평에 가깝게 들린 모습으로 발견되었음에도, 미국자연사박물관에 전시된 이 공룡의 골격표본은 꼬리를 아래로 늘어뜨린 모습이다.

그렇게 전 세계가 티라노사우루스를 일어선 모습의 공룡으로 떠올린 지 몇십 년이 지난 1980년대에, 고생물학자들은 이전의 견해를 바꿔 이 공룡의 등뼈가 지면과 수평에 가까운 형태라고 밝혔다. 이구아노돈의 모습에 관한 해석이 달라진 것과 비슷한 일이 이 공룡에서도 일어난 것이다. 공룡이 등장하는 책과 영화에는 이 새로운 해석이 반영되기 시작했고, 박물관들은 전시 표본을 '업데이트'했다. 1994년(영화 〈쥬라기 공원〉이 개봉한 이듬해)에는 미국자연사박물관도 최초 발굴된 티라노사우루스의 뼈로 만든 골격표본을 수정했다.

그러나 엎질러진 물은 다시 담을 수 없다. 미국의 한 연구진은 티라노사우루스의 화석이 처음 발견되고 박물관에 표본이 전시된 지 한 세기 가까이 지난 시점에 한 가지 실험을 했다. 어린이들과 대학생들에게 티라노사우루스 렉스를 그려보라고 한 것이다. 그러자 이 공룡의 등뼈 형태에 관한 새로운 해석이 나온 지

꽤 오랜 시간이 흘렀음에도 여전히 등을 세우고 서 있는 모습의 그림이 압도적으로 많았다.[24] 연구진은 그 이유에 대해 자연사박물관처럼 평소 공룡에 관심이 많은 사람들이 공룡을 보러 찾아가는 곳에서는 티라노사우루스를 새로운 해석대로, 즉 등뼈가 수평에 가까운 정확한 모습으로 소개하지만, 대중이 일반적으로 접하는 공룡은 예전에 알려진 모습이 훨씬 보편적이기 때문이라고 설명했다.

실제로 아이들 잠옷이나 쿠키 틀, 장난감, 파스타, 치킨너겟 등 일상생활 곳곳에서 볼 수 있는 공룡의 이미지는 하나같이 1915년 뉴욕 자연사박물관에 처음 세워진 티라노사우루스 렉스 모형과 비슷하다. 또한 우리는 과학적인 자료보다는 이처럼 어디서나 볼 수 있는 친숙한 물건에서 공룡의 이미지를 훨씬 자주 접하며, 생각이 형성되는 어린 시절에는 더욱 그렇다. 그러니 앞의 실험에서 학생들이 티라노사우루스를 여전히 잘못된 모습으로 떠올린 것도 그리 놀라운 일이 아니다.

박물관에 전시된 공룡이나 다른 동물의 골격표본에 '오류'가 발견되더라도 박물관이 곧바로 수정하는 경우는 드물다. 화석뼈나 복제모형은 망가지기 쉽고, 표본을 다시 제작하는 데 드는 비용이 만만치 않기 때문이다. 새로 조립할 만한 넓은 공간을 찾기 어렵다는 점도 표본을 올바른 모습으로 쉽게 업데이트하지 못하게 하는 걸림돌이다. 전시물마다 붙은 설명문에는 표본이 처음 제작되고 나서 그 동물의 모습에 관해 밝혀진 새로운 사실을 명시하기도 하지만, 관람객들은 미처 못 보고 지나칠 수 있다. 정확한 정보가 제대로 알려지지 않는 이런 상태가 이어지면, 사람들은 동물을 계속 잘못된 모습으로 기억하게 된다. 이처럼 자연사박물관의 골격표본은 진짜 동물의 모습과 기대만큼 똑같지 않을 수도 있다.

영혼에 잠긴 표본

동물의 뼈 또는 화석으로 남은 동물의 골격은 살아 숨 쉬는 동물의 모습과 큰 차이가 있다. 따라서 어느 정도 거리를 두고 감정을 배제한 눈으로 볼 수 있다. 박제동물은 이미 죽은 동물이라는 사실이 믿기지 않더라도 관람객이 알아서 그런 불신을 누른다. 그렇지만 영어에서 '영혼spirit'과 동의어인 알코올이 채워진 병에 동물 사체가 통째로 들어 있는 액침표본은 다른 어떤 표본보다 동물의 죽음을 뚜렷이 인식하게 만든다. 그러나 액침표본은 화학물질인 고정액과 보존액이 사용된다는 점 말고는 인위적 조작이 가장 덜 개입하는 생물 표본이다. 표본으로 만들 동물의 생체 조직에 화학물질이 충분히 스며들게 한 다음 그냥 통째로 병에 담기만 하면 끝이다. 따라서 영혼, 아니 알코올로 보존하는 액침표본은 지금까지 살펴본 세 가지 표본 가운데 **가장** 진짜에 가깝다. 이렇게 승자는 결정된 것일까?

그럴 수도 있지만, 한 가지 흥미로운 사실이 있다. 자연사박물

　　　　　　　　　　　　　　　　　　　1부 만들어진 자연

관 전시실을 둘러보면, 눈에 들어오는 다양한 동물들 가운데 액체에 잠긴 표본은 별로 없다. 이유는 간단하다. 사람들이 징그러워하기 때문이다. 특히 포유동물은 표정에서 감정이 느껴지는 동물이기도 하고, 반려동물로서 인간과 함께 지내는 종류도 있어서 사람들의 감정을 강하게 건드리므로 표본 병에 담겨 전시실에 놓이는 경우가 특히 드물다. 실제로 귀여운 동물이 액침표본으로 전시실에 놓여 있으면, 어떻게 그런 잔인한 짓을 하느냐는 사람들의 비난이 쏟아진다.

박물관은 관람객의 기대와 감수성에 어긋나는 점이 없는지 늘 자체적으로 평가하므로, 결국 가장 '자연스러운' 표본은 자연사박물관 전시실에서 가장 보기 힘든 표본이 되었다. 동물의 **죽음**에 관해 생각하려고 자연사박물관을 찾아오는 사람은 없다(비록 그곳에서 보는 동물은 다 죽은 동물이지만). 동물이 전시를 위해 죽임을 당했다는 사실을(그런 일이 일반적이라는 것을) 깨닫게 만드는 전시는 관람객의 기분을 망친다.

액침표본은 자연사박물관에 전시된 동물들이 어쩌다 보니 한곳에 모였을 것이라는 착각을 와장창 깨뜨린다. 자연사박물관은 고의로 죽인 수백만 마리의 동물이 박물관 설립의 토대가 되었다는 사실을 싹 지우고(그런 사실을 박물관이 인정하는지와는 별개로), '죽이다'라는 표현 대신 '수집한다'는 완곡한 표현을 쓰는 등 지금까지 그런 착각을 유도하는 데 꽤 뛰어난 솜씨를 발휘했다.

지루한 실제

액침표본이 진짜와 너무 비슷해서 전시실에 들어오지 못한다는 사실은 한 가지 의문을 자아낸다. 자연사박물관의 표본은 꼭 실제 생물과 최대한 비슷해야 할까? 그게 최상의 조건이 아닌 것은 분명하다. 내가 보기에 자연사박물관이 할 수 있는 **최악**의 전시는 유리 덮개가 있는 빅토리아풍 탁자 모양의 진열장에 각종 뼈와 화석 조각을 발굴된 상태 그대로 끝없이 늘어놓는 것이다. 하마의 허벅지 뼈 말단, 정체를 알 수 없는 광물 덩어리들, 형태가 거의 온전하게 남은 암모나이트 130개, 공룡 한 마리에서 나온 대부분의 이빨, 1억 5000만 년쯤 전에 산호였던 돌멩이들, 전부 똑같아 보이는 베이지색 조개껍데기 화석 70개….

관람객들의 반응만 유심히 살펴봐도 그런 식의 전시가 사람들의 관심을 끄는 경우는 아주 드물다는 것을 분명하게 알 수 있다. 표본을 그렇게 늘어놓으면 진열장마다 쓱 지나갈 뿐, 멈춰 서서 자세히 들여다보는 사람은 거의 없다. 그와 같은 전시는 박물관의 주된 방문자가 분류학자들이던 시절, 관람객에게 공개하기 적합한 표본과 수장고에 보관할 표본을 딱히 구분하지 않던(그래서 보통 소장품을 **몽땅 다** 전시하던) 시절에 등장했다.

큐레이터가 전시용 표본과 연구용 소장품을 구분한 것은 1880~1890년대부터다. 이미 그때부터 자연사박물관은 분류학적 기준으로 비슷비슷한 표본을 늘어놓는 진열 방식이 일반 관람객들의 호기심을 끄는 데 아무 도움이 안 된다는 사실을 인지했다. 당시 박물관의 현대화를 지지하던 사람들은 아무 감흥도 일으키지 않는, 다 똑같아 보이는 표본을 줄줄이 진열해놓고 관람객 대부분이 전시를 즐기도록 기대하는 건 터무니없는 일이라고 보았다. 하지만 그런 지루한 표본들은 '진짜' 생물이다. 부가된 것도 없고, 사람이 조작하지도 않았으며, 어떠한 해석도 개입되지 않아 정확성에 문제가 생길 여지가 없다.

표본이 진짜 생물과 얼마나 가까운지와 관람객이 느끼는 흥미는 이렇듯 반비례할 수 있다. 자극적일수록 실제와는 다를 확률이 높아진다. 그렇다면 진짜 생물과 점점 멀어지다가 자연사박물관에 전시할 만한 표본이 아닌, 즉 무無에서 유有를 창조하는 수준의 창작물로 넘어가는 기준은 무엇일까?

표본을 실제 동물과 가장 비슷한 순서대로 나열한다면, 그 스펙트럼의 시작은 빅토리아시대에 아무런 분류 없이 전시실에 가득 채운 비슷비슷한 표본들이 될 것이고, 그다음은 동물을 통째로 보존한 액침표본과 식물을 압착한 표본집일 것이다. '진짜' 생물 표본을 마치 살아 있는 것처럼 인위적으로(그러나 최대한 진짜처럼) 자세를 잡아 전시한 골격표본과 박제동물이 그다음이고, 상당 부분이 진짜 생물이지만 그 빈틈을 당대의 가장 확실한 과학 지식으로 채워 넣은 표본이 그 옆자리를 차지한다. 박제동물을 이상적인 생태환경 디오라마에 배치한 전시물도 이쯤에 자리한다.

그다음은 자연사 표본의 윤리적 원칙에 부합하는지 의구심이 드는 표본이다. 예를 들어 박제사가 사람들에게 큰 놀라움과 강렬한 인상을 주려고 동물의 머리뼈를 뿔이 더 크고 화려하거나 이빨이 더 커다란 다른 동물의 머리뼈로 바꾸는 식의 '확장'을 시도한 표본이 해당한다. 이 스펙트럼의 맨 마지막, 가장 인위적인 표본은 로봇 공룡처럼 처음부터 끝까지 모든 부분이 인위적으로 만들어진 전시물이 차지한다. 실제 생물과 한 단계씩 멀어질수록 더 파격적이고, 관람객의 관심과 흥미는 커진다. 자연사박물관이 재미있고 즐거운 장소가 된 것도 전시 표본에 이런 변화가 일어난 덕분이다.

나는 호주박물관에 전시된 실물 크기의 거대한 디프로토돈 *Diprotodon* 모형을 정말 좋아한다. 지구에 등장한 유대류 중 가장 몸집이 큰 이 동물은 웜뱃의 친척뻘이고 코뿔소와 체구가 비슷했다. 전 세계 여러 박물관에 디프로토돈의 뼈(또는 실제 뼈를 본뜬 모형)가 비교적 많이 전시되어 있지만, 5만 년 전에 멸종한 동물이라 박제표본은 없다. 털이 북슬북슬한 호주박물관의 디프로토돈 모형은 골격표본이 보여줄 수 없는 이 동물의 전체적인 모습을 보여준다. 배 주머니에서 밖을 빼꼼히 내다보는 새끼도 있어서, 디프로토돈이 유대류 동물이라는 사실도 쉽게 알 수 있다. 이 '표본'에 진짜 동물에서 나온 부분은 전혀 없다.

소장품 규모가 세계에서 두 번째로 큰 런던의 영국 국립자연사박물관에서 관람객의 시선을 가장 많이 사로잡는 전시물은 큰 소리로 포효하고 움직이는 티라노사우루스 렉스 모형이다.[25] 자연사박물관에 이렇게 역동적으로 움직이는 전시물이 등장한 것은 전시 설계자들이 박물관의 틀을 벗어나 관람객의 흥미를 잡아끌 방안을 모색하던 20세기 초부터다. 그런 고심 끝에 자연사박물관은 관람객들이 박물관에 오래 머무르면서 지식도 얻을 수 있도록 광고계와 엔터테인먼트 업계의 전략을 채택하기 시작했다.[26]

박물관은 테마파크가 아니라고 주장하는 순수주의자들은, 값비싼 로봇 공룡에 전시 공간을 내준다면 다른 무엇으로도 대체할 수 없는 생물 표본의 집합소라는 자연사박물관의 고유한 매력을 잃고 말 것이라고 경고한다. 그러나 박물관은 관람객이 원하는 것을 제공하는 게 바람직하지 않을까? 자연사박물관은 진짜 생물과의 일치성과 관람객이 느끼는 따분함 사이에서 끊임없이 균형점을 찾아야 한다. 자연사박물관은 과학기관인 동시에 사람들에게 즐거움을 주는 여가 장소로 이미 자리매김했고, 이로써 때로는 진짜 생물과의 동질성에서 멀어져도 괜찮다는 사실을 스스로 입증했다. 상상의 산물이나 자극적이기만 한 것과 진짜를 구분하는 일은 당연히 중요하다. 나는 자연사박물관이 그 정도는 충분히 잘 해낼 수 있다고 믿어 의심치 않는다.

2

암컷 찾기

박물관에서 일하는 내 동료 중 몇몇은 '자연사自然史'라는 표현이 그리 마음에 들지 않는다고 이야기한다. '역사'의 의미가 바로 와닿지 않는다는 이유에서다. 자연사는 자연계에 관한 사실과 이론을 다루며 자연을 근본적으로 이해하려는 학문이다. 한마디로 자연을 과학적으로 탐구하는 것이라 요약할 수 있으므로, 이들은 자연사보다는 '자연과학'이라고 해야 더 알맞다고 말한다. 본질을 따지자면 자연사는 분명 과학의 한 분야다.

그러나 자연사박물관은 얼마나 과학적일까? 자연사박물관의 '자연스럽지 않은 점'은 곧 '편향적인 점'을 말한다. 과학의 거의 모든 세부 분야는 데이터의 생산과 공개, 해석의 과정에 편향이 얼마나 끼어들었는지를 평가하려고 엄청나게 노력한다. 편향이 발견되면 과학은 그것을 없애거나 최소한 통제할 방안을 마련한다. 그렇지만 자연사박물관이 이런 절차에 익숙하다고 주장하기는 어렵다.

앞서 우리는 생물 표본이 만들어지는 과정에 그것을 만드는 사람들의 편향이 무의식적으로 반영될 수 있으며, 이는 자연사박물관이 사람들에게 자연을 보여주는 방식과 관련이 있음을 확인했다. 또한 박물관에 전시되는 모든 동물이 보이는 그대로는 아닐 수 있다고도 설명했다. 이제는 조금 더 깊이 들어가서, 자연사박물관 전시실과 수장고를 모두 둘러보며 박물관이 자연을 왜곡하는 몇 가지 핵심적인 방식을 살펴보려 한다. 자연을 보는 우리의 시야를 흐리는 것이 있다면, 그게 무엇인지 알아야 바로잡을 수도 있다.

자연사박물관이 소장한 동물 표본은 암수의 비율이 대체로 비슷하다고 보는 게 합리적일까? 아마 대다수가 그렇게 생각할 것이다. 런던의 영국 국립자연사박물관에서 일하는 내 친구 내털리 쿠퍼Natalie Cooper는 생물학적 성별이란 경계선 없는 스펙트럼이라는 사실을 분명히 인식하는 사람이지만, 그와 별개로 전 세계에서 소장품 규모가 가장 큰 자연사박물관 다섯 곳이 소장한 동물 표본의 성별을 조사한 적이 있다. 그 결과, 암컷의 비중은 조류의 경우 40퍼센트에 불과했고, 포유동물은 48퍼센트였다.

이 정도면 차이가 별로 크지 않다고 생각할 수 있지만, 조사한 표본의 수가 200만 점임을 고려하면 이 비율은 상당한 차이다.[1] 동물의 종류에 따라 수컷이 더 수월하게 잡힌다는 사실이 이런 성비 격차의 원인일 수도 있다(그게 전부는 아니지만). 예컨대 수컷은 암컷보다 위장술이 덜 발달한 경향이 있어서 사냥꾼들 눈에 더 잘 띄고, 돌아다니는 범위가 넓어서 덫이나 총, 미끼에 걸릴 확률도 더 높다. 그러나 자연사 표본의 성비 차이에는 더 큰 이유가 있다. 바로 동물을 잡고 수집하는 사람의 편향성이다.

사냥꾼이 여러 개체 중 무엇을 포획할지 정할 때, 몸에 화려한 장식이 있거나 싸움에 유리한 특성이 도드라지면 그쪽으로 마음이 기울 수 있다. 또한 한껏 눈에 띄는 동물을 잡으면 사냥꾼 자신의 '용맹함'을 한껏 드러낼 수 있다고 느끼기도 한다(물론 동물의 엄니나 뿔이 아무리 거대하다고 한들 고성능 총기나 석궁으로 사냥하면서 그 동물과 용맹하게 맞섰다고 주장하기는 힘들지만). 그와 같은 심리적 동기는 눈에 확 들어오는 표본을 더 선뜻 사들이는 박물관의 반응에 힘입어 더욱 강해진다.

그런 점을 생각하면, 내털리의 조사에서 박물관이 소장한 포유동물 표본 중 수컷이 가장 많은 종류로 영양, 사슴 등 싸울 때 무기로 쓰이는 거대한 뿔이 발달한 우제류(발굽이 짝수인 포유류)라는 점이 밝혀진 것은 충분히 예상할 수 있는 결과다. 성체를 기준으로 자연에는 우제류 수컷보다 암컷의 수가 훨씬 많은데도 박물관이 소장한 우제류 표본은 60퍼센트가 수컷이다. 이는 수집 단계에서 의도적으로 수컷을 더 많이 잡았다고밖에는 설명할 수 없다.

마찬가지로 암수에 따라 몸집의 크기나 깃털의 정교함에 차이가 있는 동물은, 더 크고 장식이 정교한 쪽으로 사냥꾼과 박물관의 관심이 쏠릴 가능성이 크다. 일부 예외를 제외하면, 굉장한 무기가 있거나 시선을 사로잡는 화려한 색을 띤 쪽은 대체로 수컷이다(실제로 수컷보다 암컷의 체구가 큰 동물은 수컷 표본이 더 많은 편향성도 덜한 편이다). 생활하기에 불편한 특징이라도 암컷의 선택을 받는 데 유리하면 진화할 수 있다는 것이 그 이유 중 하나다. 내털리의 연구에서도 수컷의 깃털 색이 암컷보다 더 밝은 조류는 그러잖아도 불균형한 표본 성비가 수컷 쪽으로 더 크게 치우치는 양상이 나타났다.

분명히 짚고 넘어갈 점은, 사냥꾼들이 수컷을 **단지 수컷이라는 이유로** 더 많이 잡는 게 아니라는 것이다. 그보다는 몸집이 더 크거나, 깃털 색이 더 화려하거나, 눈에 더 잘 띄는 개체를 사냥감으로 더 선호한다고 할 수 있다. 그러나 어떤 이유든 박물관의 동물 표본에서 암컷이 수컷보다 수적으로 밀리는 것을 정당화할 수는 없다. 곧 설명하겠지만, 이런 불균형은 과학에도 나쁜 영향을 준다.

표본을 수집하는 단계에 작용하는 이러한 편향성이 최근 수십 년간 개선되었으리라고 생각할 수도 있다. 사냥을 용맹한 행위로 여기던 과거의 인식이 박물관 표본에서 나타나는 성비 불균형의 동력이라면, 그런 인식이 사라지면서 표본의 불균형은 해소되어야 한다. 그러나 내털리의 연구 결과를 보면 지난 130년 동안 그런 개선은 없었다. 이에 연구진은 생물 표본을 수집해 박물관에 제공하는 사람들이 스스로 포획 방식을 살펴볼 필요가 있다는 의견을 밝혔다. 즉 암컷보다 수컷을 잡는 데 맞춰지진 않았는지 살펴보고 만약 그렇다면 조정하라고 권고했다.

다른 동물들과는 조금 다른 이유로 표본 성비가 다른 사례도 있다. 몸에 세상 어떤 생물보다 화려한 장식이 달린 포유동물인 큰뿔사슴이 그 주인공이다. 큰뿔사슴 수컷은 키가 2미터 정도인데, 머리에 키보다 훨씬 거대한 너비 3.6미터 크기의 뿔이 가지진 형태로 자란다(대부분의 사슴이 그렇듯 큰뿔사슴 암컷은 뿔이 없다). 약 40킬로그램의 이 뿔에서는 해마다 한바탕 뿔 갈이가 일어난다. 뿔이 12개월 정도 자라서 키가 150센티미터쯤 되는 건강한 사람의 몸무게에 버금가는 수준에 이르면, 사슴 몸에서 떨어져 나오는 탈각이 일어나고 새 뿔이 다시 자라는 것이다. 큰뿔사슴은 40만 년 전부터 약 7000년 전 사이에 시베리아부터 아일랜드까지 북반구 대부분 지역에서 발견됐지만, 안타깝게도 이제는 세계 어디에서도 볼 수 없는 동물이 되었다. 그러나 전 세계 수많은 자연사박물관에 이 큰뿔사슴의 표본이 있다.

수컷의 특징이 이 정도로 도드라지면, 박물관에 수컷 표본이 암컷 표본보다 압도적으로 더 많은 것도 당연하게 느껴진다. 실제로 내가 자연사박물관에서 암컷 큰뿔사슴의 전시 표본(물론 수컷 표본과 나란히)을 본 곳은 옥스퍼드대학교 자연사박물관Oxford University Museum of Natural History과 아일랜드국립박물관National Museum of Ireland 두 군데뿐이다. 큰뿔사슴이 수천 년 전에 멸종한 원인에는 인간의 사냥이 한몫했겠지만, 사냥꾼이 남성성을 뽐내

수천 년 전 멸종한 큰뿔사슴 암컷과 수컷을 묘사한 1890년대 그림. 수컷은 머리에 거대한 뿔이 자라났는데, 전 세계 수많은 자연사박물관에 있는 큰뿔사슴 표본은 암컷보다 수컷이 압도적으로 많다.

는 수단으로 머리에 거대한 무기를 짊어진 사슴을 잡아들였다는 것만으로는 오늘날 박물관 표본에 나타나는 성비 차이를 전부 설명할 수가 없다.

큰뿔사슴은 서식 지역이 광활했던 것에 비해 화석은 드문 편인데, 아일랜드의 토탄 늪지대에서 예외적으로 어마어마하게 많은 화석이 발견되었다. 얼마나 많았냐 하면, 벤저민 워터하우스 호킨스가 크리스털팰리스에 전시할 고생물 모형을 제작할 때 큰뿔사슴만큼은 수컷의 가지 진 뿔을 직접 조각하는 수고 없이, 빙하기에 실존한 실제 사슴뿔을 벽돌 등으로 제작한 사슴 몸체에 붙였을 정도였다.[2] 아일랜드의 그 늪지대 한 군데에서 출토된 큰

뿔사슴 머리뼈만 100점 이상이었으며, 전부 거대한 뿔이 달린 수컷이었다.[3]

학자들은 큰뿔사슴이 겨울을 날 때 수컷과 암컷이 따로 무리 지어 지냈으며, 이때 수컷 무리는 호숫가 근처에서 더 많은 시간을 보냈을 것으로 추정했다. 추위가 극심할 때 상당수가 그곳에서 자연사했을 것이고,[4] 산소 농도가 낮은 토탄 습지의 환경 특성상 단시간에 깊이 쌓이는 퇴적물 속에 사체가 함께 묻히면 다른 환경에서 죽은 동물들보다 오늘날까지 유해가 보존될 확률이 높아진 것으로 보인다. 인간의 편향성이 작용해서 박물관 표본의 구성이 불균형해진 듯한 사례 중에는 이처럼 자연적인 결과도 있다.

반대로 지극히 인간다운 요소가 편향을 일으키기도 한다. 바로 경쟁심이다. 세상에서 가장 큰 큰뿔사슴의 뿔은 어느 박물관에 있을까? 20세기의 가장 저명한 진화 생물학자 중 한 사람인 스티븐 제이 굴드Stephen Jay Gould는 내가 유니버시티 칼리지 런던의 그랜트동물학박물관에서 일하기 몇 년 전에 그곳에서 강연을 한 적이 있다. 당시 박물관 큐레이터였던 헬렌 채터지Helen Chatterjee는 그랜트동물학박물관에 전시된 큰뿔사슴의 뿔이 영국에서 가장 크다는 굴드의 말을 기억하고 있다. 굴드는 큰뿔사슴의 머리뼈 크기에 관한 중요한 논문을 발표한 학자[5]답게 무수히 많은 표본을 찾아 뿔의 크기를 측정했는데, 그런 사람이 그랜트동물학박물관에 큰 자랑거리가 될 만한 사실을 알려준 것이다.

그러나 자기네 뿔이 가장 거대하다고 주장하는 박물관은 한두 곳이 아니며, 사실 모든 자연사박물관이 진지하게 정답을 찾으려 하지도 않는다. 이 일은 자연사박물관에서 일하는 큐레이터들의 단골 농담 소재가 되어, 자기가 일하는 박물관의 뿔 크기를 절대 측정하지 말자는 협정이 장난 삼아 체결되기도 했다.[6] 이로써 틀렸다고 지적받을 염려 없이 모두들 자기 박물관에 있는 뿔이 제일 크다고 주장할 수 있게 되었다.

나는 큰뿔사슴의 머리뼈 크기를 다룬 굴드의 논문을 의도적으로 피하다가, 발표된 지 20년이 지난 후에야 읽어보고는 세계에서 가장 큰 큰뿔사슴의 뿔이 어디에 있는지 마침내 알게 되었다(하지만 동료들과의 약속을 지키기 위해 여기서 밝히지는 않겠다). 내가 큐레이터들에게 진실을 알아버렸다고 토로하자, 다들 아무래도 굴드가 자기네 박물관의 뿔은 측정하지 않은 게 분명하며, 그가 1등으로 뽑은 뿔보다 더 큰 뿔이 존재한다는 사실을 굴드 자신도 미처 몰랐을 거라고 주장했다. 그래서 이 수수께끼는 풀리지 않았다고 결론 내려야 할 것 같다.

∞

자연사박물관이 소장한 생물 표본의 암수 비율에 차이가 있다는 게 왜 중요할까? 자연사박물관의 표본은 유전학부터 기후변화, 분류학, 해부학, 독성학, 기생충학, 진화학, 생물다양성 감소, 생태학 등 방대한 과학 탐구에 두루 활용된다. 이러한 생물학적 탐구는 다양한 표본을 연구해야 가장 좋은 답을 얻을 수 있으며, 우리는 그 탐구 결과를 토대로 생물의 자연사를 더 정확하게 이해할 수 있다. 조사하는 생물이 한 마리뿐이거나 극소수에 그치면, 특정 개체에서만 나타나는 이례적 특징이 그 생물의 일반적 특징으로 오인될 위험이 있다. 또한 그 생물이 얼마나 다양한 소집단으로 나뉘는지 알 수 없다.

박물관에 연구할 표본이 아무리 많아도 수컷의 비중이 훨씬 크면 수컷의 행동이 그 생물의 일반적인 행동으로 왜곡되어 제대로 된 지식을 얻지 못하게 된다. 성별에 따라 식생활이나 행동, 몸에서 나타나는 화학적 특징과 기생충의 양, 호르몬 농도, 생활사(자주 하는 행동)에 차이가 있는 동물을 박물관 표본으로 연구하면서 수컷의 비율이 더 크다는 수적 차이를 고려하지 않으면 엉뚱한 결론이 나올 가능성이 크다.

'기타 등등'의 특성

자연사박물관이 소장한 생물 표본이 가장 오랫동안 활용되어 온 과학 분야는 생물다양성일 것이다. 생물다양성 탐구의 핵심은 세상에 얼마나 다양한 종의 생물이 존재하고 종마다 어떤 차이가 있는지 알아내는 것이다. 과학자가 새로운 생물을 발견해 과학계에 보고하려면, 반드시 그 생물의 표본을 토대로 이전까지 알려진 모든 종과 어떤 차이가 있는지 자세히 설명해야 한다.

이처럼 종을 최초로 기술할 때 기준이 된 표본은 누구나 볼 수 있게 박물관이 영구 보존한다. 그래야 미래에 그 생물과 분류상 큰 종류는 같아도 종이 다른 새로운 생물을 발견했을 때 '원형' 표본과 비교해 차이점을 찾고 기술할 수 있다. 생물종을 처음 기술할 때 기준이 되는 이런 '기준표본'은 분류학의 토대이며, 자연사박물관에 있는 어떤 표본보다 과학적으로 큰 가치가 있다.

앞서 세계에서 가장 큰 자연사박물관 다섯 곳을 조사한 결과 포유동물과 조류의 표본 성비가 불균형하다는 연구 결과를 소개했는데, 내털리 쿠퍼의 연구진은 분석 대상을 기준표본으로 좁히면 상황이 더 심각하다는 사실을 확인했다. 기준표본 중 암컷은 조류의 경우 25퍼센트, 포유류는 39퍼센트에 그쳤다. 상당수 동물에서 수컷의 특성이 종 전체를 대표하는 것으로 여겨지고, 암컷의 특성은 '기타 등등'으로 여겨진다는 뜻이다.[7]

내가 일하는 케임브리지대학교 동물학박물관에도 과학을 왜곡할 수 있는 의도적인 성비 불균형을 보여주는 표본이 있다. 기준표본이 자연사박물관에서 가장 중요한 표본이라면, 멸종된 생물의 기준표본은 중요성이 더더욱 커진다. 그 표본이 사라지면 더는 대체할 수가 없기 때문이다. 우리 박물관이 소장한 로드리게스앵무Rodrigues parakeet의 기준표본이 그런 예로, 이 표본은 지구상에 이 새가 존재했음을 알 수 있는 유일한 물리적 증거다. 그래서 우리는 각별한 책임감으로 이 표본을 관리한다. '뉴턴의 앵무'로도 알려진 로드리게스앵무는 인도양에 있는 모리셔스 근처의 작은 섬인 로드리게스섬에서 처음 발견되었다.

로드리게스섬에 고립된 뱃사람들이 녹색과 청색의 앵무를 봤다는 알쏭달쏭한 기록을 몇 건 남겼을 뿐(이들은 이 앵무를 잡아먹고 "맛은 어린 비둘기 고기와 비슷하게 좋다"는 감상을 남겼다[8]) 표본이 수집되거나 과학계에 보고되지는 않았다. 그러다 1871년에 로드리게스섬의 식민지 행정관이던 조지 제너George Jenner가 보존 처리한 이 새의 표본을 철제 상자에 담아 식민지 관리자 에드워드 뉴턴Edward Newton에게 보냈고, 뉴턴은 이 표본을 19세기의 가장 저명한 조류학자로 꼽히는 자신의 형 앨프리드 뉴턴Alfred Newton에게 전달했다. 당시 앨프리드 뉴턴은 케임브리지대학교에 신설된 동물학과 비교해부학 교수였다. 뉴턴 형제는 이런 경로를 통해 수천 점에 이르는 생물 표본을 케임브리지대학교 박물관에 기증했다.[9] 앨프리드는 에드워드가 보낸 로드리게스앵무를 새로운 종으로 보고했지만,[10] 논문에 이 새의 모습을 보여주는 그림도 함께 싣자는 제안은 거절했다. 표본이 '불운하게도 암컷'이라는 것이 그 이유였다.

《국제 조류학 저널》(뉴턴이 창간한 영국의 조류학 학술지)의 편집자가 친절하게도 기준표본이 된 이 새의 그림을 내게 보내왔지만, 불운하게도 암컷이라 그 그림을 논문에 싣지는 않기로 했다. 제너 씨가 조만간 이 종을 대표할 수 있는 다른 성별의 개체를 보내주리라 믿는다.

그러나 사람들이 농지를 마련하려고 한 세기에 걸쳐 삼림을 무차별적으로 훼손한 결과(또한 식량으로 삼으려고 마구 사냥해서), 흔한 새였던 로드리게스앵무는 희귀한 새가 되고 말았다. 제너가 다른 성별의 표본을 보내줄 것이라는 뉴턴의 낙관적인 기대는 물거품이 되었다. 로드리게스섬으로 떠난 탐험대가 몇 년 뒤 빈손으로 돌아오고서야 뉴턴은 자신의 실수를 깨닫고 후회하며 그때껏 유일한 기준표본으로 남아 있던 암컷 앵무의 그림을 세상에 공개했다.[11]

그런데 바로 그해에 앨프리드는 그토록 바라던 로드리게스앵무 수컷의 표본을 최종적으로 획득했다. 1875년 8월 14일에 총에 맞아 잡힌 표본이었다.[12] '최종적으로'라고 한 이유는, 앨프리드에게 전달된 이 표본을 마지막으로 살아 있는 로드리게스앵무를 본 사람이 아무도 없기 때문이다. 이제는 이 앵무가 야생에 한 마리도 남지 않았다고 여겨진다.

앨프리드 뉴턴이 로드리게스앵무의 암수 표본을 모두 얻으려 한 것을 비난할 생각은 없다. 이 새는 암수 특징이 다르므로 더욱 그럴 필요가 있었다. 하지만 그가 최초로 획득한 로드리게스앵무가 (기준표본으로 지정되는 경우가 드문) 암컷이라는 사실에 실망감을 드러낸 것, 암컷이라 그림으로 남기지 않으려 한 것은 암컷을 대하는 그의 비과학적 편향성을 여실히 보여준다. 현재 박물관이 보유한 조류의 기준표본 중 암컷은 4분의 1에 불과하다는 조사 결과가 비단 어제오늘 일이 아님을 짐작할 수 있다.

현재는 멸종된 로드리게스앵무의 기준표본 그림. 조류학자 앨프리드 뉴턴은 1872년 처음으로 이 표본을 기술하고 새로운 종으로 보고했으나, 이 기준표본이 암컷 개체라는 이유로 논문에 그림을 싣지 않았다.

암컷 새에게 드러낸 것과 같은 편견은 최초로 발견된 생물에 이름을 붙일 때 여성 전체를 향한 편견으로 확장되어 나타난다. 지난 몇 세기 동안 여성이 자연사 분야에서 거둔 중요한 성취가 무색하게도, 조류의 학명에 사람 이름이 들어간 사례 중 여성의 이름이 쓰인 비율은 놀랍게도 고작 8퍼센트다.[13]

사라진 노랫소리

자연사 전시실의 성비는 어떨까? 미술관의 경우, 소수의 예외를 빼면 여성 화가들보다 남성 화가들이 전시실 벽면을 훨씬 크게 차지한다는 것이 널리 알려진 사실이다. 또한 불과 20년 전까지(비현실적인 너그러움을 발휘하여 지금은 그때보다 나아졌다 치고 비교하자면) 유서 깊은 과학기관이나 과학단체에는 세상을 떠난 백인 남성들의 초상화가 담긴 금박 액자를 벽에 잔뜩 걸어둔 곳이 허다했다. 그래서 사람들은 이미 오래전부터 여성들은 다 어디 가고 죄다 남자냐며 의아해했다. 이제는 별로 놀라운 일도 아니겠지만, 남성의 '초상화'를 수컷 동물로 바꾸면 자연사 전시실의 상황도 다르지 않다.

내 친구 리베카 머신Rebecca Machin은 이와 관련된 유명한 연구를 진행했다. 자연사박물관에 전시된 포유동물과 조류 표본을 조사한 결과, 암컷의 비율은 각각 29퍼센트와 34퍼센트에 불과한 것으로 나타났다.[14] 박물관이 소장한 모든 표본이 아니라 전시실 표본에서 나타나는 이러한 성비 불균형은, 포획의 용이성과 아무 상관 없이 전시 관리에 편향이 끼어든 결과다. 수장고에 있는 표본 가운데 전시실에 둘 표본을 선택하는 단계에서 수컷을 훨씬 많이 택한다는 의미이기 때문이다.

그 이유를 어느 정도는 이해할 수 있다. 전시 공간은 한정되어 있으므로 일단 선택은 필수다. 예를 들어 진열장 하나에 표본

10점을 둘 수 있다면, 10가지 생물을 대표하는 10점의 표본을 둘 수도 있고(성별과 상관없이), 5가지 생물을 골라 각각 암수 한 쌍씩 전시할 수도 있다. 이런 경우 많은 박물관이 관람객들에게 더 많은 종류의 생물을 보여줄 수 있는 전자를 택한다. 그러면 종 전체를 대표할 표본을 한 점씩만 골라야 하는데, 눈에 확 띄는 거대한 뿔이 있거나 쨍하고 밝은 깃털이 돋보이는 표본을 고른다고 해서 비난할 수 있을까? 그렇지만 전시할 표본을 이렇게 단순하게 선택하는 것이 과연 적절할까?

가장 이상적인 방식은 수컷과 암컷을 **둘 다** 전시하는 것이다. 그래야 같은 동물이라도 암컷과 수컷에 어떤 차이가 있는지 관람객이 확인할 수 있으며(차이가 극단적이라면 이런 전시가 더욱 중요하다), 그 차이가 동물의 자연사와 어떤 관련이 있는지도 알 수 있다.

리베카의 조사에서 전시실의 조류 표본 중 암수가 모두 있는 종은 절반 정도였고, 44퍼센트는 수컷만 있었다. 암컷만 대표로 전시된 종은 3퍼센트에 불과했다. 포유동물 표본의 경우 암수 표본이 모두 전시된 종은 14퍼센트였고(흥미로운 사실은 포유동물 중에서도 몸집이 가장 작고 암컷과 수컷의 차이가 가장 적은 종이 이 14퍼센트에 포함되었다는 점이다. 박물관이 관람객들에게 생물의 다양성을 보여주려고 암수 한 쌍을 모두 전시했다기보다는, 암컷을 함께 두어도 전시 공간을 크게 차지하지 않기 때문임을 짐작할 수 있다), 60퍼센트는 수컷만 전시되어 있었다. 암컷만 전시된 종은 겨우 11퍼센트였다.[15]

나는 리베카의 연구 결과를 보고 우리 박물관 전시실의 상황이 궁금해서 2019년에 같은 조사를 해보았다. 결과는 비슷했다 (우리 전시실에는 박제표본보다 골격표본이 더 많은데도 그랬다). 성별이 기재된 포유동물을 기준으로, 전시실에 있는 표본의 3분의 2는 수컷이었고 암컷과 수컷이 한 쌍으로 전시된 포유동물은 고릴라와 오리비(몸집이 가장 작은 영양의 한 종류)의 골격표본, 바다코끼리 머리뼈 등 모두 성별 간 차이가 다소 뚜렷한 종이었다. 조류도 표본의 성별이 기재된 것을 기준으로 전시실에는 수컷이 암컷보다 두 배 더 많았다. 또한 암수가 한 쌍으로 전시된 종과 전체를 대표하는 표본이 한 점만 전시된 종을 나누어보면, 종 전체를 대표하는 단독 표본은 수컷이 암컷보다 3배 이상 많았다. 전시된 표본에서 나타나는 이런 성비 불균형은 관람객들이 무의식중에 수컷의 모습을 그 종 전체의 일반적인 모습으로 이해하는 원인이 될 수 있다.

∞

이런 성적 편향성이 박물관에만 나타나는 것은 아니다. 혹시 조류 도감이 있다면 새가 성별에 따라 어떻게 묘사되어 있는지 살펴보라. 내 도감을 몇 권 넘겨보면 대체로 암컷은 수컷 뒤에 있으며 그림이나 사진이 수컷보다 더 작은 경향이 있다. 머리만 나오기도 하고, 일부는 암컷의 그림이나 사진이 아예 없다. 대부분의 조류 도감은 암컷 새를 찾는 데 도움이 될 만한 정보가 수컷 새에 비해 부실하다.

조류 도감에 암컷은 더 작게 그리거나 수컷 뒤에 두는 이런 편향성이 특정 성별을 깎아내리는 데 익숙한 사회의 전반적인 분위기에서 나온 무의식적 결과라고 해석할 수도 있지만, 조류 도감은 체계적인 구성이 중시되는 자료다. 따라서 암컷 새들의 모습을 최소화한 것은 능동적인 결정이라고 볼 수밖에 없다. 도감을 만들면서 누가 '암컷이 중요한가?'라는 의문을 떠올리고 '아니오'라는 결론을 내렸다는 사실이 나에게는 너무나 충격적이다.

조류 도감에 나타나는 이러한 편향성은 세계 곳곳에서 수집되는 조류 정보에 분명히 영향을 준다. 조류 관찰은 엄청난 규모의 거대 산업이다. 아마추어 관찰자들이 제공하는 기록은 새들의 종별 분포에 관한 총체적 지식에서 막대한 비중을 차지한다. 그들이 갖고 다니는 조류 도감이 암컷 새를 찾고 확인하는 데 도움이 되지 않는다면, 그만큼 암컷 새에 관한 기록이 작성되고 보고되는 비중이 줄어들 수밖에 없다.

새들은 어디에나 있다. 지금 여러분이 어디에 있든, 낮에 창밖을 보면 잠시 후 어떤 새든 보게 된다. 새에 관심이 생기거나 조류 관찰 활동의 경험이 모든 야생동물을 향한 관심으로 확장하는 출발점이 되는 경우가 많은 것은 이런 편재성 때문이다. 같은 이유로, 공원과 자연보호구역이 제공하는 정보는 자연사박물관이 제공하는 정보보다 사람들이 자연을 '보는' 관점에 훨씬 큰 영향을 준다. 그런 장소에는 사람들이 우연히 새를 발견하면 이름을 알 수 있게끔 새의 모습과 이름이 적힌 안내판이나 포스터가 곳곳에 설치되어 있는데, 거기서도 암컷의 가치를 깎아내리는 습관적 방식이 어김없이 발견된다.

조류학자이자 환경운동가인 미야로즈 크레이그Mya-Rose Craig는 영국 왕립조류보호협회 Royal Society for the Protection of Birds, RSPB(영국 최대 규모의 환경 자선단체로, 자연보호구역 여러 곳의 운영을 맡고 있다)에 이 문제를 제기했으며, 협회 측은 포스터에 암수가 균등하게 담기도록 수정하겠다고 밝혔다. 그러나 이 사실을 알게 된 남성 조류학자 여럿이 사회관계망 서비스에서 미야로즈의 이런 활동을 비난하고 나섰다. 이들은 수컷 새의 깃털 색이 암컷보다 훨씬 화려하고 도드라지므로 그림에서 더 크고 튀게 표현되는 건 자연스러운 일이라고 주장했다. 허술한 논리일 뿐만 아니라 자신의 나약한 남성성을 드러내는 주장에 불과하다. 그들의 말대로라면 암컷 새를 발견하기가 더 어려울 것이므로 사람들이 잘 찾을 수 있게끔 그림에 더 크게, 더 많이 나와야 맞지 않을까? 실제로 수컷 새는 못 보고 지나치는 경우가 별로 없다.

그 일을 지켜보면서, 나는 암컷 새에 관한 정보가 경시되거나 잘못 알려진 다른 사례들이 떠올랐다. 노래하듯 지저귀는 명금류는 오랫동안 암컷은 대부분 노래하지 않는다고 여겨졌다. 찰스 다윈이 성 선택설을 설명하면서 이 점을 강조한 뒤로 이런 추정은 더욱 힘을 얻었고, 서구에서는 **시대정신**으로 각인되어 무수한 도서, 다큐멘터리, 박물관 전시가 명금류 암컷은 노래하지 않는다는 것을 '사실'로 확정했다.

그러나 최근 여러 연구에서 명금류에 속하는 거의 모든 종의 암컷도 노래한다는 사실이 명확히 밝혀졌다. 뿐만 아니라 노래하는 행동은 이 새들이 지금까지 생존할 수 있었던 기본 조건으로 드러났다. 맨 처음 명금류로 진화했을 때부터 수컷과 암컷 새가 노래하는 행동이 나타났다는 뜻이다.[16] 그런데 잘못된 정보가 이미 조류에 관한 전반적인 지식에 뿌리를 내려, 대다수 사람들은 새의 노랫소리가 들리면 실제 사실과 달리 당연히 수컷이라고 여긴다.

학자들은 암컷 새가 노래하지 않는다는 해묵은 오해가 이토록 널리 확산한 핵심 원인을 두 가지로 꼽는다. 첫째는 과학의 지리적 격차다. 명금류 중에 암컷이 노래하지 않는 새들은 북반구의 온난한 기후 지역에 더 많다. 초창기 조류 연구는 바로 그 지역에서 집중적으로 이루어졌으며, 유럽과 미국의 과학자들은 자기가 사는 지역의 새들이 보이는 행동을 조류의 보편적인 행동으로 추정한 것이다. 그렇지만 열대 지역에는 노래하는 암컷 명금류가 훨씬 흔하다.

잘못된 정보가 퍼진 둘째 이유는 그런 주장을 펼친 과학자들의 특징에서 찾을 수 있다. 새들의 노래 행동이 진화한 과정과 그 행동의 기능에 관한 연구는 오랜 세월 남성이 주도했다. 앞에서 설명했듯이, 개인의 편향성은 그가 하는 일에까지 반영된다. 남

　　　　　　　　　　　　　　　　　　　　　　　1부 만들어진 자연

성 연구자들은 노래하기와 같은 능동적인 특성이 전부 수컷의 몫이라는 추정에 기꺼이 동의하고, 암컷 새들은 별로 흥미로운 특성이 없는 수컷의 배경 정도로 여겼을 가능성이 크다.[17] 이런 가부장적 사고는 암컷 새들의 노랫소리에 귀를 닫게 만들었다.

∞

나와 여러분이 함께하는 가상 투어는 일반적인 박물관이 대상이므로 암컷보다 수컷 표본을 볼 가능성이 더 크다. 문제는 이런 불균형이 전시 표본의 수적 차이로만 나타나지 않는다는 점이다. 전시물 설명을 보면, 과연 현대의 박물관 큐레이터가 작성한 게 맞는지 의심스러울 만큼 먼 옛날의 무지몽매한 성차별적 시각이 무의식적으로 깔린 경우가 많다. 수컷 표본에 관한 설명에는 그 종의 먹이와 서식지, 환경에 적응하는 방식 같은 폭넓은 자연사 정보가 나오지만, 암컷 표본에 관한 설명은 번식과 새끼를 키우는 방법 같은 내용이 주를 이룬다. 이는 암컷도 똑같이 먹이를 먹으며, 서식하는 곳이 있고, 환경에 적응하며 살아간다는 사실, 또한 수컷도 번식하며 한때는 새끼였다는 사실을 모두 간과한 설명이다.[18] 전시물에 관한 이런 편향된 설명은 관람객들에게 암컷이 하는 일이라곤 새끼를 낳고 기르는 게 전부라는 부적절한 인식을 은연중에(의도하지는 않았겠지만) 심을 수 있다.

커다란 아빠

　서구 사회의 치우친 성별 구조는 자연사박물관의 흥미로운 소장품을 제대로 이해하고 해석하는 데서 다른 방식으로도 방해가 된다. 옥스퍼드대학교 자연사박물관에서 가장 인기 있는 전시물 중 하나인 '파빌랜드의 붉은 여성The Red Lady of Paviland'은 일부만 남아 발견된 인체 골격으로, 매장된 사람 유해 중 서유럽에서 나온 것으로는 가장 오래됐다고 여겨진다. 이 유해는 옥스퍼드대학교 출신의 저명한 성공회 목사였던 윌리엄 버클랜드William Buckland가 1823년에 '염소 굴 동굴Goat's Hole cave'로도 불리는 웨일스 남부 파빌랜드에서 발견했다. 버클랜드는 비슷한 시기에 메갈로사우루스Megalosaurus로 명명된 공룡 화석을 발견했으며, 그 덕분에 고생물학계에서 전설과도 같은 인물이 되었다.

　그가 파빌랜드에서 발견한 이 사람뼈는 매머드(버클랜드는 매머드가 아닌 코끼리라고 추정했다)의 머리뼈 하나가 유해를 지키고 있었다는 점과 붉은색 황토로 덮여 있던 점을 볼 때, 매장 당시 특별한 의식이 치러졌음을 짐작할 수 있었다. 버클랜드는 상아와 조개껍데기로 만든 장신구를 착용한 것을 근거로 이 뼈가 여성의 유해라는 결론을 내렸으며(구체적으로는 로마인 매춘부의 몸에 붉은색을 입혔다고 보았다[19]), 당시 그가 한창 연구하고 있던 성경 속 대홍수의 지질학적 특성과 연관지어 설명했다.

　버클랜드는 과학적인 전문지식을 갖춘 사람이었지만, 자신의 시야를 개인적인 사회적 편향의 문턱 너머로 넓히지는 못했다. 그가 잘 아는 19세기 영국 사회와는 성별 규범과 관습이 다른 사회가 과거에 존재했을지도 모른다고는 상상하지 못한 것이다. 나중에 그가 발견한 유해는 여성이 아닌 남성으로 밝혀졌다. 버클랜드는 자신이 발견한 뼈가 반지며 목걸이로 치장됐으니 그 정도면 성별을 여성이라 판단하는 '근거'로 충분하다고 보았다.[20]

현대인의 사회적 편견이 고대 인간의 흔적에까지 적용되어 왜곡된 시선으로 해석하고 이해하는 일은 새삼스럽지 않지만, 그런 편견은 공룡의 흔적을 보는 관점에도 영향을 준다. 1990년대 몽골에서는 공룡이 새끼를 어떻게 보살폈는지 분명하고 뚜렷하게 알 수 있는 최초의 증거인 두 개의 화석이 발견되었다.[21] 키티파티*Citipati*라는 이름이 붙여진 이 공룡은 널리 알려진 깃털 달린 공룡 오비랍토르*Oviraptor*의 가까운 친척뻘로 추정되었다.

두 화석 모두 성체 공룡이 커다란 알 12~22개가 있는 둥지 위에 앉아 있는 모습이고, 둥지를 빙 둘러 배치된 알은 전부 끄트머리가 중심을 향하도록 질서정연하게 놓여 있다.[22] 성체 공룡은 새들이 둥지에서 알을 품을 때와 비슷한 자세로 다리와 발을 구부려 쪼그려 앉아 있고 (깃털이 있었을 것으로 추정되는) 두 앞다리를 알 위쪽에 보호막처럼 넓게 펼쳐 덮은 채로 죽었다. 아마도 갑작스러운 모래 폭풍이나 산사태가 일어나 그 자세 그대로 굳어버린 듯하다. 덕분에 몽골 국립과학원과 뉴욕 미국자연사박물관의 고생물학자들이 고비사막에서 엄청난 고생 끝에 이 화석들을 발굴할 때까지 7000만 년이 넘도록 그 모습 그대로 보존된 것으로 보인다.

알을 보살피다가 순식간에 목숨을 잃은 이 공룡 화석들은 이 동물의 양육 행동을 보여주는 희귀한 자료다. 이 공룡은 '커다란 엄마' 또는 '커다란 이모Big Auntie'로 세간에 널리 알려졌지만 이 화석의 공룡이 암컷이라는 증거는 없으며,[23] 이 공룡 표본을 처음 발견해 보고한 논문에도 성별과 관련된 내용은 없다.[24]

이 공룡이 암컷이라고 여겨진 이유는 단 하나다. 화석 발굴 소식을 전한 일부 남성들이 성 역할에 관한 자신의 편향된 시선에 따라, 알을 품고 있으니 당연히 암컷이라 추정하고 그렇게 썼기 때문이다. 이는 비과학적인 추측일 뿐만 아니라 생물학 지식이 빈약하다는 사실을 드러내는 억지 해석이다.

현존하는 모든 조류의 90퍼센트 이상이 새끼 돌보는 일을 수컷이 담당한다(포유동물은 이 비율이 5퍼센트 미만이고, 조류를 제외한 파충류는 그보다 적다[25]). 그런 사실은 조류가 키티파티, 오비랍토르와 생물학적으로 매우 가까운 공룡으로부터 진화했다는 점에서 중요한 의미가 있다. 조류 역시 먼 옛날 조상들처럼 수컷이 새끼의 양육을 담당하는 게 당연한 결과라는 소리다. 즉 몽골에서 발견된 화석 두 점은 수컷이 새끼를 돌보는 행동이 모든 조류의 오랜 특성이며, 이는 조류가 공룡과 분리되어 새로운 생물로 진화하기 전부터 나타난 행동을 최초의 조류도 물려받았다는 사실을 뒷받침한다.[26]

알을 보호하려고 몸을 웅크린 모습의 키티파티 화석은 '커다란 엄마'로도 불리지만 수컷 공룡일 가능성이 크다. 맨 아래에서 위쪽으로 이어지는 길쭉한 뼈 두 개가 발이고, 두 앞다리는 둥지 위쪽 절반을 둥글게 감싸고 있다.

이 화석을 발견한 연구진은 그 뒤 이 공룡이 '커다란 엄마'가 아니라 '커다란 아빠'라는 증거를 밝혀냈다. 조류와 악어(현존하는 생물 중 서로 가장 가까운 친척 관계다)는 몸속에서 알이 형성될 때 껍질을 만드는 데 필요한 칼슘과 인을 자기 뼈에서 추출한다. 그 흔적은 뼈에 고스란히 남으며, 키티파티보다 조류와 진화적으로 먼 티라노사우루스나 알로사우루스*Allosaurus* 같은 육식 공룡의 뼈에서도 그런 흔적이 확인되었다. 그런데 몽골에서 발견된 화석의 뼈에는 그런 흔적이 없었다. 둥지에 앉은 공룡이 알을 직접 낳지 않았다는 것, 즉 수컷이라는 의미다.

화석에 특정 성별을 암시하는 별명을 붙이는 것은 대부분 큰 문제가 되지 않는다. 가장 유명한 티라노사우루스 렉스 표본 두 점도 실제 성별은 모르지만, 이 표본을 처음 발견한 사람의 이름을 따서 각각 수와 스탠으로 불린다(필드자연사박물관은 여러 사회관계망 서비스에 수의 계정을 만들어 큰 인기를 얻고 있다. 해당 계정에서 수는 자신을 가리키는 영어 대명사로 특정 성별이 아닌 '그들they/them'을 써달라고 당부한다). 화석에서 발견된 해부학적 특성보다 양육의 일차적 책임은 여성에게 있다는 인간의 사회적 편견을 기준으로 표본의 성별을 구분한다면, 자연사박물관의 전시 설명에 성차별적 관점이 깔려 있을 때와 마찬가지로 잘못된 고정관념이 사람들의 인식으로 굳어질 위험이 있다.

자연 속 프라이드 축제

자연사박물관에서 나타나는 편향을 해결하려면, 우선 어떤 편향이 있는지부터 알아야 한다. 내가 박물관에서 일하면서 참여한 여러 사업 중 큰 자부심을 느낀 일을 꼽는다면, 케임브리지대학교 동물학박물관에 '경계를 잇다Bridging Binaries'라는 전시 프로그램을 신설한 일이다. 2018년에 시작한 이 프로그램은 영국의 자연사박물관 중에서는 최초로 성소수자LGBTQIA의 이야기를 다

　　　　　　　　　　　　　　　　　　　

룬다.[27]

당시에 동료들과 나는 빅토리아앨버트박물관Victoria and Albert Museum에서 이와 비슷한 관람 프로그램을 개발하는 등 사람들이 박물관에서도 동성애 이야기를 더 많이 접할 수 있게 노력해온 자인 보Danh Vo와 손잡고, 동물학 전시가 다루는 큰 줄기의 주제 중 하나로 성소수자의 이야기를 포함하는 방안을 마련했다. 예컨대 우리 프로그램의 내용 중에는 박물관을 포함한 과학 분야의 기관들이 동물계에 나타나는 동성 간 성적 행동을 일부러 모호하게 다룬다는 사실이 나온다.

자연에서는 동성 간 짝짓기가 매우 흔하지만, 과학자들은 오랫동안 그런 사실을 아예 알리지 않거나 객관적으로 기록하기를 주저했다. 이런 태도는 박물관을 비롯해 정확한 자연사 지식을 제공할 책임이 있는 기관들이 내놓는 정보에 연쇄적으로 영향을 주고, 궁극적으로는 사회 전체가 '정상'이라 여기는 행동의 기준에도 영향을 준다.

가장 유명한 예가 20세기 초, 로버트 팰컨 스콧Robert Falcon Scott 대령이 지휘한 남극 탐험대 '테라노바Terra Nova'의 일원이었던 조지 레빅George Levick의 연구다. 레빅은 로스해 끄트머리에 자리한 어데어곶Cape Adare에서 11개월간 극한의 환경을 견디며 연구 데이터를 수집했다. 주된 탐구 대상은 그곳에 거대한 군집을 이루고 살던 아델리펭귄이었다. 레빅은 펭귄의 사회적 삶에 관한 많은 사실을 글로 써서 대중 간행물과 과학계 문헌 양쪽에 모두 기고 했다.

그런데 레빅은 수컷 펭귄끼리 짝짓기한다는 사실을 그대로 알리면 자신의 글을 읽을 고상한 사람들의 정서를 해치리라고 생각한 모양이다. 그가 본 그대로 알렸다면 아델리펭귄 같은 카리스마 넘치는 조류의 생활사는 물론이고 더 넓게는 인간을 포함한 동물의 행동을 이해하는 데도 큰 도움이 되었을 텐데, 레빅은 그런 내용을 공식적인 남극 관찰 기록에서 다 생략하고 현장 조사를 나갈 때 쓰던 자기 노트에만 기록해두었다. 그마저도 그리스어로 작성하거나, 영어로 썼다가 나중에 그리스어로 다시 써서 노트의 그 부분에 오려 붙였다. 현장 노트의 내용이 알려지면 너무 큰 논란이 일어날 것이라는 생각에, 교육 수준이 높은 남성들만 알아볼 수 있도록 이런 수고스러운 조치를 마다하지 않은 듯하다.

레빅은 공개적인 저술에 자신이 본 그대로 쓰는 대신, '무료함에 못 이겨' 군집의 평화를 깨는 '불량한' 수컷들이 있다는 식으로 에둘러 표현했다. 그리고 다음과 같은 설명을 덧붙여 그게 무슨 뜻인지 힌트를 주었다. "그런 수컷들이 저지르는 범죄에 관해서는 이 책에서 다루지 않겠다. 그러나 주목할 만한 한 가지 흥미로운 사실은, 사람도 그렇듯 자연이 정한 역할을 다하지 않는 이 나태한 수컷들 역시 퇴행한다는 것이다."[28] 그는 무엇을 '범죄'라고 표현했을까? 그것의 실체는 어떻게 밝혀졌을까?

2012년, 영국 국립자연사박물관의 조류 분과가 이 모든 비밀을 풀어준 자료를 찾아냈다. 레빅이 작성하고 인쇄까지 마쳤지만 발표되지는 않은, 〈아델리펭귄의 성적 습관〉이라는 소논문이었다. 동물에게서 나타나는 동성 간 성적 행동의 사례를 과학적으로 기록한 최초의 자료가 된 이 논문에는 사체를 대상으로 한 성행위(시간증), 다쳐서 자신을 거부하는 암컷에게 짝짓기를 시도하는 수컷 펭귄의 행동에 관해서도 상세히 나와 있다.[29]

레빅이 이 소논문을 작성할 무렵 이 박물관의 동물학 분과 책임자(나중에는 박물관장)였던 시드니 하머Sidney Harmer가 레빅의 연구 결과를 노골적으로 검열한 사실도 박물관 내부 문건에 남아 있었다. "성적 습관. 이 대목은 삭제하고, 내부 자료로 쓸 수 있게 몇 부만 인쇄할 예정"이라는 내용이었다. 레빅의 이 소논문은 100부가 인쇄된 것으로 추정되며, 자료 상단에 굵은 글자로 '미공개 자료'라고 명시되어 있다. 지금까지 발견된 건 100부 중 2부뿐이다.

레빅은 이 자료에서 '불량한' 수컷 아델리펭귄의 행동을 여러 예시로 설명했다. 맨 마지막에 나오는 예는 다음과 같다.

한번은 수컷과 암컷이 교미하는 모습을 목격했다. 그런데 교미가 끝나고 암컷의 몸에 올라탔던 수컷이 내려오자 서로 위치를 바꾸더니, 분명 암컷인 줄 알았던 펭귄이 수컷이 되어 다시 교미했다. 처음에 '암컷'이었던 펭귄이 원래 수컷이었던 펭귄의 몸에 올라탄 것인데, 왜 이런 행동이 나타났는지 곧 드러났다.[30]

내 동료들이 조사한 바에 따르면, 레빅이 정식 발표한 펭귄 행동에 관한 연구 결과와 달리 성적 행동에 관한 이 미발표 자료의 내용은 아델리펭귄을 다룬 어떠한 연구 자료에도 인용된 적이 없다.[31] 영국 국립자연사박물관은 아델리펭귄의 동성 간 성행동이 일반적이라는 사실이 공개적으로 알려진 1960년대까지 이 논문을 계속 미공개로 두었다.[32]

'경계를 잇다' 프로그램에는 1950년대에 서구 과학자 최초로 야생에서 기린을 연구한 앤 이니스 대그Anne Innis Dagg의 업적을 소개하는 내용도 있다(기린뿐 아니라 아프리카에서 야생동물의 행동을 처음 연구한 서양 과학자였다). 기린은 성적 행동 중 90퍼센트 이상이 동성 간에 나타난다는 사실이 널리 알려지면서 이제 '세상에서 동성애 성향이 가장 강한 동물'로 묘사된다(사실 동물에게 '동성애', '양성애', '이성애' 같은 표현을 쓰는 것도 신중해야 한다. 사회학자 에릭 앤더슨Eric Andersen의 유명한 말처럼 "동물은 성 정체성 같은 건 따지지 않고 그냥 짝짓기를 할 뿐"이다[33]).

기린의 성적 행동을 처음 과학적으로 기록한 대그는 두 기린이 짝짓기하거나 성적으로 장난치는 행동이 암컷과 수컷보다 두 수컷 사이에서 훨씬 흔하며, 주변에 암컷이 있어도 마찬가지라고 설명했다.[34] 이런 사실이 알려지자 대그가 여성 과학자라는 점을 들어, 동물의 그러한 모습을 여성이 과학계에 보고하는 것은 물론이고 직접 관찰하는 것 또한 부적절하다고 말하는 사람들이 있었다.

　대그는 자기가 관찰한 동물의 짝짓기 성향을 보고하는 데 그치지 않고, 사람들이 동물의 성행동을 기술할 때 쓰는 표현이 암수 한 쌍일 때와 그렇지 않을 때 달라진다는 점을 지적했다. 그리고 이런 표현의 차이는 과학자들에게 각인된 편향을 드러낸다고 해석했다. "지난 20년간 동물의 사회적 행동이나 사회생물학적 특성에 관한 연구는 남성이 거의 독식했다. 이들은 여성이 남성보다 열등하다는 생각을 자신의 연구에 반영했다."[35] 자연사박물관을 포함해 사람들에게 자연사 지식을 제공하는 모든 곳은 대그가 지적한 이 문제에 주목할 필요가 있다. 그런 표현상의 차이가 놀랄 만큼 흔하기 때문이다.

　사람들이 많이 사용하는 어휘는 각자가 인식하는 사회의 성별 규범에서 큰 영향을 받는다. 성차별을 영속하는 가부장적 성 인식이 담긴 표현은 더더욱 그렇다. 대그의 지적에 따르면 수컷의 행동을 묘사할 때는 '지배적인', '정력이 넘치는' 같은 표현이 많이 쓰이며, 특히 성적 접촉을 묘사할 때 이런 경향이 더욱 두드러진다. 그리고 이는 수컷의 지배적 태도가 일반적이라는 잘못된 인식을 강화한다고 밝혔다. 반면 암컷의 행동을 묘사할 때는 '교태를 부린다', '수줍어한다', '까탈스럽다', '치명적인(팜파탈)' 같은 표현이 많이 쓰인다는 점에 주목했다.

　박물관·교과서·다큐멘터리에서 동물의 행동을 설명할 때, 같은 행동이라도 성별에 따라 다르게 해석하는 것은 문제다. 예를 들어 수컷 기린이 암컷의 생식기에 코를 대고 쿵쿵거리는 행동은 대체로 성적인 의미라고 이해하면서, 수컷 기린이 발정이 난 상태로 다른 수컷에게 올라타는 행동을 보이면 상대방을 '지배' 하려는 의지의 표출로 해석하는 경향이 지배적이다. 이성애가 정상이라는 인식을 기준으로 동성애 행동을 타당하지 않게 여기는 이런 식의 설명은 합리적이지도, 과학적이지도 않다. 인간의 편향된 고정관념을 잣대로 동물의 행동을 해석한다면, 동물의 자연사는 물론이고 더 넓게는 인간의 특성을 제대로 이해하는 데도 도움이 되지 않는다.

노파심에 덧붙이면, 성소수자의 성 정체성이 동물계에서(또는 다른 어디에서든) 근거가 발견되어야만 정당화되는 것은 아니다. 예컨대 펭귄의 행동에 여러 다양한 측면이 있듯, 자연에 어떤 식으로든 인간이 마땅히 해야 하거나 하지 말아야 하는 행동을 알려주는 지침 같은 건 없다. 그런데도 동성애를 혐오하는 사람들은 동성애를 '부자연스러운 일'이라거나 '자연을 거스르는 일'이라고 표현한다. 실제 자연계에는 동성 간의 성적 행동이 생활에서 막대한 비중을 차지하는 동물이 수백 종에 달하며, 이는 동성애가 부자연스럽다는 생각이 얼마나 잘못된 것인지를 강력하게 뒷받침한다. 새와 벌을 비롯해 무수히 많은 동물들이 그렇다.

공공장소와 성

성소수자 주제라면 외면하기 바쁘던 이전 분위기를 바꾸려는 사업이 전 세계 여러 박물관 전시실에서 진행되고 있다. 그중 최고는 2006년 노르웨이 오슬로대학교 부속 자연사박물관이 기획한 전시 '자연을 거스른다고?'이다. 자연사박물관으로서는 세계 최초이자 가장 대범하게 동성애를 주제로 다룬 이 전시에는 서로의 숨구멍(분기공)으로 짝짓기하는 실물 크기의 두 돌고래 모형, 상대방의 고환을 감싸 쥔 영장류 사진들, 등지느러미로 서로를 애무하는 범고래의 모습 등 지금까지 어떤 박물관에서도 볼 수 없던 것들이 가득했다(아쉽게도 그 뒤로 지금까지 이에 버금가는 전시는 없었다). 자칫 자극적이고 흥미만 끄는 전시로 끝나기 쉬운 주제를, 자연계에 관한 귀중한 정보와 함께 다루어 섬세한 균형을 잘 유지함으로써 관람객의 적극적인 관심과 포용성을 두루 얻은 전시였다.

전시물마다 곁들인 설명은 그 내용을 발췌한 학술 자료까지 명시해서 박물관 안내문이라기보다 논문처럼 느껴질 정도였다. 아마 전시 내용이 전부 과학 연구의 결과라는 점을 강조하고 싶었던 것 같다. 보통은 자연사박물관이 관람객에게 설득력 있는 정보를 제공하려고 과학적 근거를 그 정도로 자세히 강조하진 않지만, 동성애는 워낙 편향이 많이 끼어드는 주제여서 그런 노력이 필요하다고 판단한 듯하다. 예를 들면 다음과 같은 안내문이 걸려 있었다.

고환으로 서로의 안전을 약속하는 동물들

짧은꼬리원숭이 수컷들은 전신에서 가장 약한 부위에 서로의 앞발을 대거나 때로는 서로 만져줌으로써 유대를 강화한다. 손장난diddling이라는 과학 용어까지 따로 있을 정도로 매우 흔한 행동이다.

이런 행동은 사람에게서도 나타난다. 호주와 뉴기니의 일부 부족은 서로 신의를 서약할 때 상대방의 손에 자기 성기를 댄다. 영어에서 '증명하다'를 뜻하는 동사 'testify'와 '고환'을 뜻하는 단어 'testicle'은 동일한 라틴어에서 파생된 것으로 추정된다.

이러한 손장난 행동은 올리브개코원숭이, 겔라다개코원숭이, 보닛원숭이, 붉은얼굴원숭이, 필리핀원숭이, 바바리원숭이, 검은짧은꼬리원숭이, 회색랑구르, 오랑우탄, 고릴라, 침팬지, 보노보노에게서 나타나는 것으로 알려졌다.

발바닥, 지느러미발, 주둥이, 항문의 공통 기능

포유동물은 암수의 생식기가 서로 결합할 수 있는 형태로 진화했다. 따라서 동성의 포유동물이 성교할 때는 다른 방법을 찾아야 하는데, 여기서 놀라운 독창성이 발휘된다! 원숭이는 주로 앞발을 활용하거나 구강성교를 하고, 바다코끼리는 지느러미발을 많이 활용한다. 돌고래는 암컷의 경우 등지느러미에 올라타는 행동을 보이며 수컷은 서로의 숨구멍을 활용한다.

　대학교 부속 박물관은 대체로 규모가 작고(그만큼 변화에 신속히 반응할 수 있다), 운영 자금을 확보할 때 변덕스러운 정치 상황에 덜 휘둘린다. 또한 상위기관인 대학은 본질적으로 실험 정신과 학문의 자유를 원칙 삼아 설립된 기관이기에, 국립박물관에 견주어 위험을 감수하고 좀 더 과감한 시도를 하기가 수월하다. 오슬로대학교의 자연사박물관이 그런 전시를 거리낌 없이 할 수 있었던 데에도 그런 배경의 영향이 있었을 것이다.

　이런 점에서 2011년 런던의 거대한 영국 국립자연사박물관이 동물의 짝짓기에 초점을 맞춰 **성적 본능**이라는 제목의 전시를 연 것은 정말 놀라운 일이었다. 전시의 큰 주제는 짝짓기 행동이었지만 동성애 행동도 다루어졌다(보수적인 큐레이터들이 정면 돌파를 피하려고 전통적으로 활용하는 방식이다). 오슬로대학교 자연사박물관의 전시만큼 과감하지는 않았지만, 짝짓기하는 모습으로 박제된 고슴도치와 토끼의 표본을 볼 수 있었다. 일반적으로 박제동물은 일상적인 다양한 행동을 골고루 나타내는데, 생물학적으로 너무나 중요한 행동인 짝짓기만은 예외다. 내가 짝짓기하는 모습으로 제작된 박제표본을 본 것은 이 전시가 유일하다.

　그 뒤로 거의 15년이 지난 지금까지 동성 간 성행동은 고사하고 동물의 성적 행동을 보여주는 자연사박물관의 영구 전시물은 여전히 드물다. 레이던에 있는 네덜란드 국립자연사박물관(나투랄리스Naturalis)은 2019년에 이런 흐름을 멋지게 거스른 특별한 전시관을 열었다. '유혹'이라는 이 전시관은 자연계 생물의 생식기관이 얼마나 다양한지를 다른 어떤 전시보다 잘 보여준다. 10대들이 킬킬대고 장난이나 칠 법한 수준을 넘어 관람객이 진심으로 흥미를 느끼게 만드는 전시 방식이 돋보인다.

예를 들어 몸에서 젖이 만들어지고 그걸 새끼에게 먹여 키우는 게 포유동물의 본질이며 세부적인 방식은 동물마다 다양하다는 사실을 1950년대 담배 상자 속 광고 카드풍 그림으로 보여준다. 다양한 포유동물이 속옷을 입은 모습으로 묘사된 이 그림들에서는 동물이 착용한 브래지어의 위치, 유방을 감싼 컵의 개수로 동물마다 젖꼭지가 몸 어디에 있고 몇 개인지 나타낸다(오리너구리는 젖꼭지가 없고 젖이 피부에 있는 모공에서 그냥 흘러나오므로 앞면이 없는 레이스 조끼를 입고 있다). 이런 정보를 이보다 더 효과적으로, 기억에 오래 남게끔 전달할 방법은 없으리라는 확신이 들 만큼 훌륭한 아이디어다. 교과서에나 나올 법한 딱딱한 해부도는 학술적인 데다 지루하다.

그렇다고 실제 동물의 액침표본을 가져다가 배 부분이 훤히 보이게 전시하고 화살표로 젖꼭지 위치를 알려주는 방식은 생명의 존엄성을 고려하지 않는 듯한 인상을 줄 수 있다. 앞서 언급했듯이 사람들은 액침표본을 만드는 것 자체를 잔인하다고 느끼기도 한다.

'유혹' 전시관은 전시 주제에 너무 진지하게 접근하지 않으려고 노력한 흔적이 엿보인다. 또한 짝짓기를 다룬 전시는 전시 방식이 어떻든 관람객들이 반드시 웃음을 터뜨린다는 사실을 처음부터 고려해서(성기 모형이 전시되면 사람들은 꼭 손으로 그쪽을 가리킨다), 전시장 분위기를 흡사 서커스 공연이 시작되기 전 관객을 끌기 위해 여는 사전 행사처럼 시끌벅적하게 조성했다. 관람객들이 소곤거리거나 조용히 얼굴 붉힐 필요 없이 마음껏 즐길 수 있게 한 것이다.

배울 거리도 넘친다. 박제동물을 제작할 때는 생식기를 숨기려고 애쓰는 것이 전통적인 방식인데, 이 전시관은 아예 '암컷 생식기 축제'와 '수컷 생식기 축제'라는 부제 아래 건조 처리되거나 박제된 다양한 동물의 생식기를 따로 모아 전시한다. 동물의 생식기에 관한 대중의 부족한 지식을 보충하기 위해서다. 곤충처럼 몸집이 작은 생물의 생식기는 확대 모형이나 사진으로 보여준다.

박제동물을 제작할 때 생식기를 조심스레 감추는 것은 그리 놀라운 일도 아니며, 그게 왜 문제냐고 생각할 수도 있다. 실제로 박제동물을 어떤 자세로 만들 것인지에 따라 정확성을 포기하지 않고도 무수한 방법으로 은밀한 부위를 감쪽같이 숨길 수 있다. 그러나 박물관이 표본을 검열해서 관람객들에게 **잘못된** 해부학적 정보를 제공하는 것은 다른 문제다. 그렇다고 과학기관이자 교육기관인 자연사박물관이 관람객들에게 틀린 정보를 제공하고자 일부러 골격표본을 실제와 다르게 제작할 리는 없지 않을까? 그런 건 쓸데없는 걱정 아닐까?

앞서 살펴보았듯이, 자연사박물관 전시실에는 암컷보다 수컷

동물이 훨씬 많다. 그렇지만 수컷이라고 해서 표본이 **전부** 전시실에 들어올 수 있는 건 아니다. 영국 내 박물관에 전시된 포유동물의 골격표본은 분명히 그렇다.

우리 케임브리지대학교 동물학박물관에는 코끼리물범 수컷의 거대한 골격표본이 있다. 몸길이가 바로 옆에 세워진 코끼리보다 길 정도로 몸집이 어마어마한 동물이다. 나는 전시를 해설할 때 관람객들에게 혹시 이 코끼리물범 표본에서 이상한 점을 발견했는지 묻곤 한다. 그러면 보통 잠시 후, 골반 아래에 커다랗고 희한한 뼈가 덩그러니 공중에 떠 있다는 대답이 들려온다. 다들 포유동물의 뼈에 관한 지식을 끌어내보지만 그런 뼈는 배운 적이 없음을 깨닫는다. 그 정체는 음경 뼈다. 포유동물 수컷의 음경에는 대부분 '음경골baculum'이라고 불리는 뼈가 있으며, 짝짓기할 때 필요한 힘을 제공한다고 여겨진다.

우리 박물관에는 골격표본 수백 점이 전시되어 있지만(게다가 대부분 수컷인데도) 음경 뼈가 있는 표본은 이 코끼리물범이 유일하다. 영국과 유럽 지역에서는 어느 자연사박물관에 가든 포유동물 골격표본에서 음경 뼈를 보게 될 확률이 극히 희박하다. 자연사박물관들이 아주 좋아하는 식육목carnivorans(몸집이 큰 고양잇과 동물들과 늑대, 곰, 물범, 너구리, 오소리 등이 포함된다)이나 영장류(아마 다들 알겠지만 사람의 음경에는 뼈가 없으므로 여기서는 예외다) 또한 마찬가지다.

음경골은 골반과 바로 연결되지 않고 연조직에 감싸여 공중에 떠 있다. 그래서 박쥐나 작은 설치류처럼 몸집이 자그마한 동물의 경우, 골격표본을 제작하는 과정에서 잃어버리기 쉽다. 그러나 몸집이 큰 동물들의 골격표본에서까지 대체로 음경 뼈가 없는 게 의도치 않은 분실 때문이라고 이해하기는 힘들다. 예를 들어 바다코끼리는 음경 뼈의 길이가 60센티미터를 넘으며, 단단해서 쉽게 분리되지 않는다(바다코끼리 몸에서 길이가 가장 긴 뼈로 여겨진다).

박물관의 전시 표본에서 음경 뼈가 이렇게 희귀해진 이유는, 오래전부터 큐레이터들이 관람객들이 보면 민망할까 봐 일부러 제거했기 때문이다. 나로서는 도저히 이해할 수 없는 일이다. 영국의 거의 모든 자연사박물관이 포유동물의 골격 정보를 일부러 틀리게 알리고, 결과적으로 전문가가 아닌 이상 일반인들은 대부분 음경 뼈의 존재조차 모르게 되었다는 소리다. 말이 나온 김에 덧붙이면, 포유동물 중에는 음핵에 뼈가 있는 종도 있다.

놀랍게도 미국의 자연사박물관들은 전시에서 이렇게까지 엄격하게 예의를 따지진 않는 듯하다. 줄곧 영국에서 동물의 해부 표본들을 보며 공부한 나는 샌프란시스코의 캘리포니아과학아카데미California Academy of Sciences를 방문했을 때 전시실의 거의 모든 물범 골격표본에 음경 뼈가 있는 것을 보고 얼마나 놀랐는지 모른다. 그곳의 포유동물 표본 관리자에게 이런 사실을 말하자 내가 그런 표본을 낯설어한다는 사실을 더 놀라워했다.

워싱턴의 미국 국립자연사박물관에는 포유동물 중 몸집이 가장 작은 편인 설치류 표본조차 음경 뼈가 있었고, 뉴욕의 미국자연사박물관에는 화석으로 발견된 일부 곰 표본에도 이 부분까지 해부학적으로 완벽하게 잘 보존되어 있었다. 미국의 자연사박물관들은 영국과 달리 표본의 정확성에 훨씬 신경 쓴다는 점을 분명히 알 수 있다. 미국 사람들은 음경에 뼈가 있는 포유동물이 많다는 것도 자연히 잘 알고 있을 것이다.

동물의 짝짓기와 성적 특성은 가장 기본적인 내용인데도 자연사박물관의 전시는 이렇듯 자연과 미묘하게 어긋난다. 그런데 자연사박물관에는 눈을 크게 뜨고 잘 봐야 알아차릴 수 있는 이런 편향뿐 아니라 버젓이 눈에 띄는 편향도 존재한다. 그중 하나는 전시실에 있는 생물이다.

곤충한테 왜 그래

자, 다시 우리의 가상 투어로 돌아가서 잠시 눈을 감고 자연사 박물관 전시실을 떠올려보자. 어떤 전시물이 보이는가? 아마도 고래, 공룡, 박제된 포유동물 중 하나를 떠올렸으리라 장담한다. 이 세 가지는 모든 자연사박물관의 핵심이자 가장 기본적인 전시물인데, 정말로 사람들에게 자연계를 정확히 보여주는 것이 목표라면 사실 이 동물들이 전시실을 온통 차지하는 것은 통계적으로 맞지 않다. 지구 역사를 되짚어보면 동물계의 구성은 엄청나게 다양했으며, 고래나 공룡, 포유동물이 독보적으로 많았던 때는 한 번도 없다. 수적인 규모로 따지면 이 세 동물은 주류가 아니라 예외적인 축에 속한다.

가령 지질시대 중 트라이아스기, 쥐라기, 백악기로 세분되는 중생대는 흔히 '파충류의 시대'로 불린다. 6600만 년 전부터 지금에 이르는 신생대는 '포유류의 시대'라는 타이틀을 얻긴 했지만,

사실 종의 수는 오늘날까지 현존하는 공룡(벨라키랍토르 *Velociraptor*, 티라노사우루스 렉스가 속한 종에서 진화한 조류)과 그 밖의 파충류가 포유류보다 훨씬 많다. 게다가 지구 생태계에서 파충류와 포유동물은 무척추동물, 특히 곤충과 연체동물에 견주어 수적으로 엄청난 열세이므로, '파충류의 시대'니 '포유동물의 시대' 같은 표현은 전부 엉터리다.

포유동물과 공룡이 자연사박물관에서 차지하는 면적은 자연계에서 차지하는 실제 비중에 비해 훨씬 넓다. 현존하는 동물 중에서 현재까지 분류학적으로 학명이 부여된 종은 약 150만 종이며, 아직 이름이 붙여지지 않은 동물은 최대 1억 종으로 추정된다. 그 150만 종 가운데 7000종도 채 되지 않는 포유동물은 비중이 약 0.4퍼센트에 불과하다. 그런데도 어느 자연사박물관을 가든 전시실에는 호랑이, 곰, 기린, 캥거루, 오리너구리 같은 포유동물이 가득하다. 다양성에서 진정한 최강자는 현재까지 90만 종이 알려진 곤충이다. 그런데 과학계에 보고된 150만 종의 생물 중 무려 60퍼센트를 차지하는 이 다양한 곤충들을 왜 자연사박물관 전시실에서 볼 수 없을까?

자연사박물관에 전시되는 공룡과 포유동물은 다른 동물보다 상대적으로 몸집이 크다는 공통점이 있다. 고래만 하더라도 어마어마한 몸집이 핵심 특징이고, 가까이에서 직접 보면 그 엄청난 크기를 제대로 실감하게 된다.

오래전부터 고래는 인간에게 놀라운 볼거리였다. 1860년에는 잉글랜드 남서부 브리스틀해협에서 총으로 사냥당한 큰돌고래가 뭍으로 옮겨져 순회공연의 볼거리로 쓰이다가(더는 악취를 견딜 수 없을 때까지) 유니버시티 칼리지 런던의 그랜트동물학박물관으로 보내졌다. 빅토리아시대에는 죽은 고래를 기차나 도로로 수송하는 일이 비일비재했을 만큼 고래가 공연 산업에서 큰 비중을 차지했다. 케임브리지 동물학박물관에 전시된 참고래도 1865년 파도에 밀려와 서식스 동부 해안에서 죽은 채로 발견된 것이다. 이 고래를 발견한 사람들은 사체를 인근 크리켓 경기장으로 끌고 갔고, 어느 지역 사업가는 고래를 구경하려는 사람들에게 한 명당 6펜스를 받아 챙겼다.

이제 자연사박물관은 대다수가 고래를 가까이에서 볼 수 있는 현실적으로 유일한 장소가 되었다. 이런 변화에 발맞춰 관람객들에게 더 인상적인 경험을 제공하기 위해 전시 방식을 바꾸는 곳도 있다. 우리 박물관은 참고래의 골격표본을 공중에 매달아서 관람객들이 꼬리 끝부터 고래수염이 빽빽한 머리뼈까지 몸길이를 따라 쭉 걸어가며 엄청난 크기를 직접 가늠할 수 있게 전시했다. 런던의 영국 국립자연사박물관은 중앙 전시실 입구에 들어선 관람객을 향해 대왕고래가 입을 쩍 벌리고 다가오는 것처럼 느끼게끔 전시했다. 또한 뉴욕의 미국자연사박물관 해양생물 전시관에 들어서면 9.5톤짜리(미국의 톤 단위로는 10.5톤) 대왕고래가 관람객을 향해 다가오는 듯한 모습으로 천장에 매달려 있다.

대왕고래는 지금까지 나타난 지구상의 **모든** 동물 중 가장 거대한 동물이며, 공룡은 지금까지 등장한 모든 육지 동물 중 가장 거대하다. 자연사박물관은 이런 커다란 생물을 크게 편애하는 경향이 있지만, 몸집이 큰 생물일수록 몸집이 작은 생물보다 수가 적은 것이 생태계의 기본 규칙이다.

박물관 수장고에 잔뜩 보관된 곤충 표본들은 전시실 조명 아래에서 관람객과 만날 기회를 공평하게 얻지 못하고 있다. 우리 케임브리지대학교 동물학박물관의 경우, 수장고 전체의 표본 200만 점 중 절반이 넘는 100만 점 이상이 곤충 표본이다. 그런데도 전시실에 설치된 진열장 41개 중에서 곤충에게 할당된 것은 단 하나다.

이게 자연사박물관의 일반적인 상황이며, 이런 편향성은 박물관이 존재한 이래 늘 따라다닌 것으로 보인다. 이런 점에서 1812년에 윌리엄 불럭이 자신의 박물관에서 개최한 곤충 전시는 이례적이었다. 그러나 "아름다운 색깔, 특별한 형태, 개성 그리고 경제적 측면에서 독보적인 500여 종의 선별된 곤충 표본을 볼 수 있는 굉장한 전시"[1]라고 묘사했듯이 전시된 곤충은 약 500종이었다. 불럭의 박물관 전시실에는 총 1만 5000종의 생물이 있었으니 곤충을 아주 많이 전시했다고 보기는 힘들다. 비교하자면, 그 박물관에 전시된 연체동물 껍질만 1400종이었다.

런던의 영국 국립자연사박물관은 널찍한 전시실 두 곳이 포유동물 전용 공간인 것과 대조적으로 곤충 전용 전시실은 없다. 곤충에게 허락된 작은 공간마저 해양 파충류, 갑각류, 거미류(세부 종이 매우 방대하다)가 꽉 들어찬 전시실의 한쪽에 있으며, 곤충이 전시된 곳에 진짜 표본은 한두 점밖에 없다. 그래서 관람객들에게 곤충이 별로 중요한 생물이 아니라는 인상을 줄 수 있다는 우려가 든다. 이 박물관은 곤충, 그리고 곤충과 진화적으로 가까운 생물을 주로 만화나 사진, 확대 모형으로 보여주면서 이들의 다양한 이야기를 소개한다(이 곤충 전시실에서 관람객들의 시선을 사로잡는 것은 거대한 로봇 전갈이다).[2] 워싱턴에 있는 미국 국립자연사박물관의 경우, 곤충이 주인공인 전시실 두 곳에서 곤충 표본이 아닌 살아 있는 곤충을 전시한다. 영국과 미국의 가장 큰 자연사박물관 두 곳이 어마어마한 규모의 곤충 표본을 소장하고도 곤충을 더 많이 알리기 위해 어떻게 활용해야 하는지 모른다면, 사람들이 곤충에게 더욱 관심을 기울이고 보살피도록 이끌어야 하는 바물관의 역할을 제대로 수행하리라 기대하기는 힘들다.

우리 박물관의 곤충 생태부가 진행한 조사에서는 사람들이 자연을 배우는 또 다른 주요 경로인 자연사 다큐멘터리에도 자연사박물관과 아주 비슷한 편향성이 나타나는 것으로 밝혀졌다. 케이트 하울릿Kate Howlett의 주도로 1918~2021년에 TV 방영된 자연사 다큐멘터리 100건 이상을 분석한 결과, 방송에서 언급된 생물의 80퍼센트 이상이 척추동물이었고 무척추동물은 18퍼센트 미만이었다. 지금까지 알려진 자연계 모든 생물의 4분의 3(동물의 97퍼센트)이 무척추동물이라는 사실과 대조되는 결과다. 무척추동물이 자연사 다큐멘터리에 등장했더라도 명칭이 정확하

게 소개된 것은 고작 7.5퍼센트에 그쳤다.[3]

케이트 하울릿이 에드 터너Ed Turner와 함께 추가로 연구한 바에 따르면 이러한 불균형은 자연에 대한 아이들의 인식에 영향을 줄 수 있다. 7~11세 초등학생들에게 자기가 사는 동네의 공원이나 정원을 그림으로 그리고 거기에 사는 동물 이름을 써 보라고 하자, 400명 넘는 아이들의 그림 중 5분의 4에 포유동물이 포함되었고 3분의 2에는 조류가 포함되어 있었다. 실제로는 무척추동물이 훨씬 많지만 아이들의 그림 3분의 1에 무척추동물은 아예 등장하지도 않았다. 무척추동물을 그린 아이들도 새와 포유동물은 대부분 이름을 알고 있었던 반면, 무척추동물의 이름은 몰랐다.[4] 케이트는 이를 다음과 같이 설명했다.

이 결과는 주변 환경에 실제로 살고 있는 야생동물과 그에 관한 아이들의 인식이 어긋난다는 것을 보여준다. 이 격차가 해소되지 않는다면 자연을 보는 아이들의 왜곡된 시각이 계속 유지되어, 생물다양성의 소실과 기후 문제를 해결하려는 노력에까지 영향을 끼칠 위험이 있다.[5]

자연사박물관과 TV 자연사 프로그램은 사람들이 생물다양성에 더 큰 관심을 기울이도록 만드는 게 사명인데, 여기서 보여주는 자연이 실제와 크게 왜곡된 모습이라면 대다수가 곤충보다 포유동물에게 관심을 쏟을 수밖에 없다.

핀 꽂는 법

박제동물은 피부가 유연한 동물로만 제작할 수 있으며, 골격 표본은 뼈가 있는 동물로만 만들 수 있다. 동물계의 대부분을 차지하는 곤충은 이 두 가지 조건에 모두 부합하지 않는다. 무척추동물은 액침표본으로 보존하기도 하지만, 곤충은 표본 상자에 핀으로 고정하는 방식으로 가장 많이 보존된다.

보기에 좋고, 한번에 최대한 많은 표본을 볼 수 있도록 깔끔하게 줄을 맞춰 고정하려면 몇 가지 주의 사항을 지켜야 한다. 예를 들어 나비는 날개 윗면에 나타나는 무늬가 중요하므로 날개가 접힌 채로 건조하면 안 된다. 크기가 아주 작은 곤충은 죽으면 금세 근육이 굳어버리므로, 몸을 원하는 형태로 만들기 전에 일종의 '근육이완 장치'인 질산암모늄이 담긴 밀폐용기에 넣어 유연하게 풀어줘야 한다. 나비와 소형 곤충은 2~3일, 몸체가 두꺼운 딱정벌레는 5~6일 정도 넣어두면 몸이 충분히 연화한다. 유연해진 표본은 고정할 판 위에 올려 날개·더듬이·다리를 원하는 방향으로 '조정'한 다음, 얇고 긴 종이를 테이프처럼 붙이거나 핀을 식물 지지대처럼 주변에 꽂아 형태를 고정한 뒤 하루나 이틀 동안 그대로 말린다. 다 마르면 핀을 꽂아서 표본 상자에 추가한다.

곤충 표본을 고정하는 핀에는 그 곤충에 관한 정보와 박물관 분류 번호, 수집자, 표본이 수집된 탐사명과 날짜, 채집 장소의 구체적인 위도·경도·고도, 수집 당시 서식지와 곤충의 행동('타임

핀으로 고정된 호랑나비 표본들이 케임브리지대학교 동물학박물관의 표본 상자에 보관되어 있다. 라벨 정보에 따르면 19세기 전 기간에 걸쳐 노퍽 등 영국 동부의 여러 지역에서 채집된 나비들이다. 노퍽은 현재 영국에서 이 종이 현존하는 유일한 곳이다.

을 먹고 있었음'처럼), 날씨 등을 기록한 라벨을 필요한 만큼 달 수 있다. 최근에는 이런 모든 기록을 디지털로 작성하고, 라벨에는 그 기록에 접근할 수 있는 바코드를 넣는다. 크기가 마침표만큼 작은 곤충에 라벨을 덕지덕지 붙였다가는 곤충이 아예 보이지 않게 된다.

내 연구 분야는 포유동물이라 평소 내가 주로 다루는 표본과 곤충학자들이 일반적으로 다루는 표본의 크기는 어마어마한 차이가 있다. 포유동물 중 몸집이 가장 작은 축에 속하는 땃쥐나 박쥐도 대부분의 곤충보다 몇 배는 크다.

그래서 내게 익숙하지 않은 작은 몸집의 동물들에 관해서도 좀 더 자세히 배우기 위해, 내 절친한 친구이자 동료이자 영국 국립자연사박물관의 파리와 벼룩 전문 큐레이터인 에리카 매캘리스터Erica McAlister와 함께 유럽 곳곳의 자연사박물관을 정기적으로 견학한다. 표본들 사이를 돌아다니면서 에리카는 내게 곤충에 관한 모든 것을 설명해주고, 나는 포유동물에 관해 열심히 알려주지만, 에리카는 전 세계에 존재하는 포유동물 종보다 영국 한 곳에 서식하는 파리의 종이 더 많다는 사실을 내게 호시탐탐 상기시킨다.

어느 박물관에 가든 포유동물 수장고에 가면 나는 큐레이터에게 오리너구리가 어디 있는지부터 묻고, 곤충 수장고에 가면 에리카는 가장 좋아하는 재니등에bee fly가 어디 있는지부터 묻는다. 재니등에는 영어로 '꿀벌 파리'를 뜻하는 이름에 걸맞게 주황색과 검은색의 빽빽한 짧은 털이 줄무늬를 이루고 몸집이 벌과 비슷하지만, 벌과 달리 침은 없다. 새들 같은 포식자들도 벌인 줄 착각하고 내버려둘 만큼 벌을 쏙 빼닮은 이 곤충은 작은 얼굴에 기다란 빨대처럼 튀어나온 입으로 식물의 화분을 옮기는 중요한 일을 한다.

에리카가 애정을 듬뿍 담아 "날아다니는 작고 보송보송한 외뿔고래"[6]라고 부르는 재니등에는 남다른 매력 포인트가 더 있다. 가끔 정원에서 볼 수 있는 그 특징은, 마치 엉덩이를 씰룩대며 춤을 추는 듯한 모습이다. 재니등에는 산란기가 되면 벌이 홀로 지내는 둥지를 찾아서 둥지 내부나 입구 근처에 자기 알을 떨어뜨리고 달아난다. 춤을 추는 듯한 그 광경은 알이 원하는 지점에 무사히 떨어지게끔 무게중심을 잡아줄 흙이나 모래를 모으는 모습이다. 벌의 둥지에서 부화한 재니등에 유충은 벌집에 더 깊이 파고들어서 벌이 자기 새끼에게 주려고 모아둔 화분을 먹고 자란다. 변태를 두 번 거쳐 유충이 되는 것도 이 곤충의 이례적인 특징이다. 처음과는 다른 모습의 유충이 되면, 벌의 둥지에서 태어난 벌 유충에 기생한다. 이렇듯 재니등에는 귀여운 외모와 달리 벌에게 아주 치명적인 존재다.

내가 다루는 표본이 비교적 큰 편이다 보니, 곤충학자들이 핀과 거의 비슷한 너비의 초소형 곤충을 핀으로 깔끔하게 정리하는 능숙한 솜씨를 볼 때마다 감탄이 절로 나온다. 한번은 에리카가 모기를 아주 미세한 핀으로 고정한 다음 그 얇은 핀의 반대쪽 끝을 일반 크기의 핀에 감고 그 핀에 라벨을 고정한 표본을 보여준 적이 있다. 크기가 아주 작은 곤충을 보관하는 묘안이었다. 그보다 더 작은 곤충은 보통 현미경 관찰에 쓰는 슬라이드 글라스에 보관하거나, 종이를 작게 잘라 그 위에 접착제로 곤충을 고정한 다음 핀을 그 종이에 꽂아 표본 상자에 정리한다(브뤼셀의 벨기에왕립자연과학연구소에서는 곤충이 보존된 현미경 슬라이드를 표본 상자에 핀으로 고정한다. 즉 핀의 윗부분을 U자 모양으로 구부려 슬라이드의 각 모서리가 오는 위치에 꽂고, 슬라이드의 네 모서리를 구부러진 핀 사이에 끼워 고정한다. 아무래도 곤충학자들은 표본을 핀으로 고정하던 습관에서 잘 벗어나지 못하는 듯하다).

　세상에서 가장 작은 곤충은 말벌에 속하는 총채벌의 한 종류로, 몸길이가 1밀리미터의 10분의 1 정도에 불과하다. 이 벌의 표본은 종이에 접착제로 고정하는데, 너무 작아서 어떤 곤충인지 확인하는 건 고사하고 종이에 뭐라도 있는지조차 알아보기 힘들다. 그런데 파리의 프랑스 국립자연사박물관에 갔을 때, 에리카는 아주 기발하게 전시한 이 초소형 파리의 표본을 보여주었다. 접착제를 쓰는 대신, 길이와 너비 모두 가느다란 속눈썹 한 올 정도밖에 안 되는 초미세 핀을 이용해 작은 엄지손톱만 한 스펀지 하나당 여섯 마리 이상을 고정하고, 이 스펀지를 일반 크기의 핀으로 표본 상자에 꽂아둔 것이다. 보통 곤충 표본 상자에는 수십 마리의 표본이 줄을 맞춰 빼곡하게 담겨 있는데, 이 방식을 적용하면 상자 하나에 작은 곤충을 수백 마리, 많게는 수천 마리까지 보관할 수 있다.

　곤충은 몸 크기만이 아니라 수적인 규모 또한 놀라운 생물이다. 세계 최대 규모의 자연사박물관들은 수천만 점에 달하는 곤충 표본을 소장하고 있다. 모두 수 세기에 걸친 과학 탐구의 흔적이다. 이미 보관된 표본의 규모가 이 정도인데도 생태계에서 곤충의 기능은 너무나 중요하므로 현장연구가 계속 활발히 진행되며, 그만큼 표본도 박물관이 감당하기 힘들 정도로 꾸준히 수집된다.

　예를 들어 독일의 뮌헨 공과대학교 연구진은 생물다양성 실태를 조사하려고 거의 10년에 걸쳐 독일 전역의 초지와 숲 약 300곳에서 곤충과 거미를 채집했다. 이 연구에서만 100만 마리가 넘는 곤충이 수집되어 보존 처리되었고, 박물관 교육을 수료한 분류학자들에게 보내서 종을 식별했다. 런던 인근의 로덤스테드연구소Rothamsted Research에서는 그보다 더 오랜 기간 곤충 조사를 진행 중이다. 1964년에 시작해서 지금까지 이어지는 이들의 조사는 곤충을 불빛으로 유인해 채집하는데, 지금까지 잡은 곤충이 무려 **2억 2400만 마리**에 달한다는 분석 결과가 있다.[7] 영국에 있는 모든 자연사박물관이 소장한 곤충 표본을 전부 합친 것보다도 큰 규모다.

곤충을 핀으로 꽂기만 하면 수집할 수 있다는 편리함 덕분에, 많은 사람이 자연사에 처음 흥미를 느낀 계기로 곤충 수집 경험을 꼽는다. 이 분야의 대표적인 유명 인사들도 예외가 아니다. 케임브리지대학교 동물학박물관에는 찰스 다윈이 재학 중 수집한 딱정벌레 표본과 데이비드 애튼버러David Attenborough가 젊은 시절 열대 지역으로 처음 자연을 촬영하러 갔을 때 수집한 곤충 표본이 엄청나게 보관되어 있다. 자연을 전문적으로 탐구하는 학자들만 곤충 채집에 심취한 것이 아니다. 윈스턴 처칠Winston Churchill, 블라디미르 나보코프Vladimir Nabokov 등 유명한 정치가들과 문학가들도 나비를 탐구하며 위안을 얻었다. 오늘날 대부분의 자연사박물관 전시가 관람객들에게 그런 열정을 지피지 못한다는 것은 참으로 안타까운 일이다.

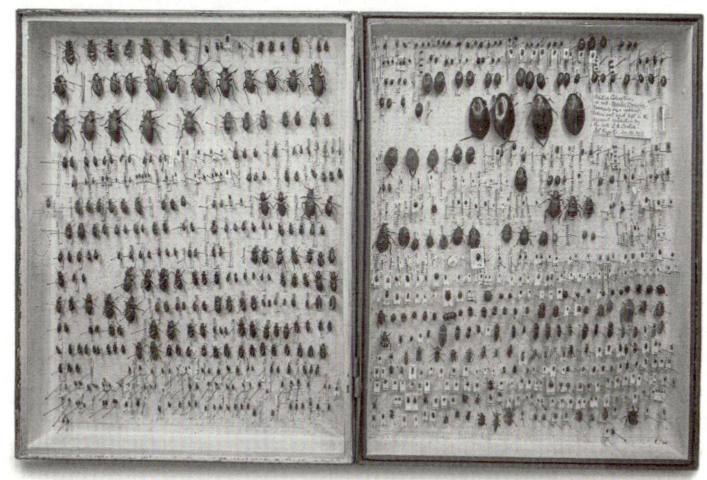

찰스 다윈이 생물학자로 활동하던 초기에 수집한 곤충 표본으로, 현재 케임브리지대학교 동물학박물관에 보관되어 있다. 대학생 시절에 다윈은 강의를 빼먹고 딱정벌레를 채집하러 다닌 적이 많았다고 한다.

곤충을 누구보다 사랑하는 곤충학자들도 딱정벌레·나비·말벌·파리가 자연사박물관 전시 표본의 60퍼센트를 차지하고 포유동물의 비중이 0.4퍼센트 정도로 줄면 관람객 수가 뚝 떨어질 게 분명하다는 사실을 안다. 그렇지만 자연사박물관의 전시가 관람객이 배워볼 만한 가치가 있다고 생각하게 되는 생물의 종류에 영향을 준다는 사실을 인정할 필요가 있다. 전시실마다 포유동물이 가득하고 곤충은 부수적으로만 전시되어 있다면, 관람객들은 자연에 관한 왜곡된 시각을 안고 돌아가기 쉽다. 이런 사실은 박물관만 사회의 영향을 받는 게 아니라, 사회도 박물관의 영향을 받아 형성된다는 것을 상기시킨다. 박물관은 사람들에게 무엇에 관심을 기울여야 하는지 일러줌으로써 사회에 영향을 미치고, 이는 우리가 자연을 보호하는 방식을 정하는 데 중대한 영향을 줄 수 있다.

작은 것들을 위한 공간

지난 10여 년 사이에 몇몇 자연사박물관은 무척추동물 표본을 좀 더 효과적으로 전시하는 좋은 방법을 찾아냈다. 무척추동물의 매력적인 특징을 사람들에게 널리 알리기 힘든 큰 걸림돌 중 하나가 대부분 몸집이 아주 작다는 점인데, 수적인 규모를 영리하게 활용해서 이 문제를 성공적으로 해결한 전시들이 등장했다. 자그마한 곤충 표본을 하나만 전시하면 시선을 끌기 힘들지만, 수백 또는 수천 점을 한꺼번에 창의적으로 배치하면 사람들의 눈길을 사로잡을 수 있다.

유니버시티 칼리지 런던의 그랜트동물학박물관에서 일할 때, 내가 동료들과 함께 만든 '작은 것들을 위한 공간Micrarium'도 그런 예다. 우리는 청소도구를 보관하던 가로세로 1미터 남짓한 다용도실을 개조해 굉장한 전시 공간으로 탈바꿈시켰다. 먼저 내벽을 비스듬히 기울여 설치한 다음, 환한 백라이트를 밝힌 벽면 전체에 작은 파리부터 오징어, 불가사리, 새우 등 자그마한 동물 표본이 보존된 유리 슬라이드 글라스 3000여 개를 배열했다. 이 간단한 방식으로 이 세상에는 박물관 전시실을 거의 독차지하다시피 하는 거대한 동물만 사는 게 아니라 이토록 작은 동물도 가득하고 엄청나게 다양하다는 것, 이들도 똑같이 주목할 만한 생물이라는 사실을 전할 수 있었다. 이 전시실은 지금도 유니버시티 칼리지 런던의 최고 명소로(일단 인스타그램 게시물에 등장하는 횟수 기준으로) 여겨진다.

2022년에 옥스퍼드대학교 자연사박물관이 새 단장을 마치고 다시 문을 열었을 때도 이와 비슷하게 모든 이의 눈을 사로잡은 무척추동물 전시가 공개되었다. 거대한 원반에 키다리게(절지동물 중 가장 크며, 다리 길이만 3.5미터가 넘는다)를 배치하고, 원반의 나머지 공간에는 딱정벌레, 바다전갈, 새우, 삼엽충을 비롯한 작은 절지동물 표본 수백 개를 함께 두어 절지동물(곤충, 갑각류, 배각류, 거미류 등 엄청난 규모의 생물이 속한 분류)의 크기가 얼마나 다채로운지 보여주는 방식이다. 형형색색의 나비 표본들을 대부분의 박물관처럼 평평한 판에 핀으로 고정하는 대신 거대한 구 표면에 수백 마리씩 핀으로 고정해 훨씬 동적으로 느껴지게 전시하는 등 내가 본 어떤 곤충 전시보다 인상적이었다. 그 박물관에서 일하는 동료들은 '생물다양성'의 의미와 중요성, 생물다양성을 보존하는 효과적인 방법을 사람들에게 전달할 수 있도록 기획한 전시라고 말했다.

2023년에 뉴욕의 미국자연사박물관은 새로운 '곤충전시관 Insectarium'을 만들었다. 로리 홀더먼Lauri Halderman 부관장은 사람들이 이 새로운 시설에서 "곤충을 이전과 다른 눈으로 보게 되기

그랜드동물학박물관의 '작은 것들을 위한 공간'은 환하게 밝힌 벽면 전체에 작은 파리부터 오징어, 불가사리, 새우 등 자그마한 동물표본이 보존된 유리 슬라이드를 배치했다. 몸집이 작은 동물들도 주목받을 수 있는 전시다.

를 바란다”고 밝혔다.[8] 거대한 동굴 같은 특수한 구조로 설계된 신관 건물에 들어선 이 전시관은 곤충이 생태계와 인간 경제에서 차지하는 핵심 역할을 철저히 현대적인 관점에서 강조한다. 걸어서 들어갈 수 있는 대형 벌집과 축구공만 한 모형 벌, 살아 있는 가위개미 군집 및 이 개미들이 영양소를 얻으려고 직접 키우는 균류(가위개미는 나뭇잎을 모아 거기에 균류를 키운다)와 더불어 곤충의 적응 전략이 인류의 기술 개발에 영감을 준 사례들을 전시하며, 곤충 표본을 가까이에서 볼 수 있는 기회를 제공한다. 곤충이 전 세계 육지 생태계에서 식물의 수분을 담당한다는 가장 중요한 사실을 관람객이 직접 참여하는 방식으로 보여주기도 한다.

한 가지 아쉬운 점은, 이 곤충전시관에 처음 들어서자마자 마주친(입구가 여러 군데다) 거대한 모기 표본과 곤충이 어떻게 질병을 옮기는지 설명한 대형 전시물이었다. 소수의 곤충이 인체에 치명적인 병을 퍼뜨리는 주범인 건 분명한 사실이지만, 이런 전시는 그러잖아도 곤충을 해로운 '벌레'로만 여기는 사람들의 보편적인 시각을 바꾸는 데 아무 도움이 안 된다. 게다가 전시관에 오자마자 이런 내용부터 보게 될 수 있다는 게 더욱 아쉽게 느껴졌다.[9] 이 점을 제외하면, 여느 자연사박물관의 화석 전시실만큼 방문객들로 북적이는 이 곤충전시관을 보면서 자연사박물관은 곤충이 중요하면서도 흥미로운 생물임을 알리는 역할을 얼마든지 잘 해낼 수 있다는 생각이 들었다.

곤충 아마겟돈

　최근 등장한 이런 새로운 전시들은 절지동물의 중요성을 각인시키는 역할을 톡톡히 할 수 있다. 수년 전부터 전 세계 곤충 개체군이 무너지고 있다는 보고가 잇따르고 '곤충의 종말', '곤충의 대파멸' 같은 표현까지 등장했으니, 이제 그런 노력은 박물관이 반드시 해야 하는 일이 되었다. 지구에서 재배되는 거의 모든 농작물을 포함해 무수한 식물의 수분이 곤충의 도움으로 이루어진다. UN 식량농업기구도 곤충의 이런 역할을 강조하며, 곤충이 지금과 같은 추세로 감소한다면 앞으로 수백만 명의 영세농민이 농산물을 생산하지 못하게 되어 식량의 다양성과 품질이 모두 무너지는 지역이 발생할 수 있다고 경고했다.[10]

　곤충은 지구상에서 매일 죽음을 맞이하는 수십억의 생물과 그로 인해 발생하는 폐기물을 말끔히 치우고, 생태계가 재활용할 수 있게 영양소를 다시 흙으로 돌려보내는 일도 담당한다. 인간에게 해로운 곤충도 곤충 간의 사냥이나 기생 또는 포식기생(숙주의 몸 안팎에서 자라며 살아 있는 숙주를 먹이 삼아 결국 죽음에 이르게 만드는 것)을 통해 개체수가 조절된다. 덕분에 인간도 그런 곤충과 그럭저럭 공존할 수 있고, 곤충 서식지에서 생존하려 애쓰는 다른 무수한 생물의 삶도 유지된다.

　지극히 인간 중심의 다른 이유에서도 우리에게는 곤충이 꼭 필요하다. 곤충은 무수한 과학 연구에 활용된다. 예를 들어 노바

백스Novavax가 개발한 코로나19 백신은 코로나19 바이러스의 스파이크단백질이 만들어지도록 열대거세미나방의 세포를 조작해서 얻은 결과물이다. 인체가 백신을 통해 바이러스의 작은 일부인 이 단백질에 노출되면 바이러스가 침입했다고 인식하고 반응한다. 그래서 나중에 진짜 바이러스가 인체에 침입했을 때 싸울 수 있는 면역력이 생긴다.

나아가 육지 생태계의 광범위한 먹이사슬을 지탱하는 곤충의 크나큰 역할은 다른 무엇으로 대체할 수가 없다. 곤충이 없으면 먹이가 사라지는 동물이 헤아릴 수 없을 만큼 많다. 예를 들어 조류는 거의 다 곤충을 먹고 산다(씨앗이 주식인 새들도 새끼들에게는 곤충을 먹인다). 심지어 날아다니는 곤충을 정확히 사냥할 수 있게 진화도 일어났다. 제비가 날개 달린 곤충을 잡아먹으려고 입을 쩍 벌린 채로 공중에서 높이 솟구치거나 하강하는 모습을 떠올려보라.

제비는 곤충 없이 생존할 수 없다. 철마다 전 세계를 가로질러 엄청난 거리를 이동하는 제비에게 곤충은 꼭 필요한 연료이며(예컨대 여름철 영국에서 볼 수 있는 제비들은 북반구에 겨울이 오면 남아프리카 지역에서 지낸다). 새끼 제비 한 마리가 부화한 뒤 성체가 되려면 20만 마리의 곤충을 먹어야 한다. 그러므로 곤충이 감소하면 제비도 줄고, 곤충을 먹고 사는 다른 동물도 모두 감소한다. 2024년 5월에 영국 연구진이 장기간 진행한 대규모 연구에서, 겨우 10년 사이에 제비 개체수가 거의 절반으로 줄었으며 그 원인은 곤충

의 감소라는 충격적인 사실이 밝혀졌다.[11]

한마디로 곤충이 사라지는 것보다 더 심각한 문제는 없다. 영국의 야생동물 보호 자선단체 버그라이프Buglife와 켄트야생동물신탁Kent Wildlife Trust의 보고서에는 이런 내용이 있다. "곤충이 없으면 지구의 삶은 무너진다. 생물 수백만 종이 멸종하고, 동물의 사체가 우리 주변에 가득할 것이다."[12] 인류는 우리와 같은 포유동물에게 늘 지대한 관심을 보이지만, 사람들이 자연에 더 관심을 기울이게 해야 하는 자연사박물관은 덩치가 훨씬 큰 동물들보다 작은 곤충들이 생태계에서 훨씬 중요하다는 사실을 제대로 알리는 일에 더욱 매진해야 한다.

버그라이프와 켄트야생동물신탁은 이 보고서에서 시민 참여 방식으로 장기간 진행한 유시류(날아다니는 곤충) 연구 결과를 공개했다. 연구에 참여한 시민들은 해마다 여름이 오면 자신의 차 번호판에 작은 격자 철망을 붙이고 다니면서 거기에 걸려든 곤충의 수를 기록했다. 불과 수십 년 전만 해도 자동차 앞 유리에 죽은 곤충이 잔뜩 쌓이는 일이 비일비재했지만 언제부터인지 그런 현상이 사라진 것에서 착안한 연구 방식이다. 이런 현상은 우리 코앞에서 자연이 계속 변화하고 있음을 실감하게 하는 수많은 단서 중 하나다. 비전문가들 또한 이런 일상 속 변화를 통해 머나먼 지구촌 어디에서 낯선 생물의 개체수가 점차 감소한다는 소식을 접했을 때와는 사뭇 다른 느낌으로 생태계의 큰 변화를 체감할 수 있다.

실제로 예전에는 밤마다 창문에 날아와 부딪히던 나방과 각다귀가 더는 보이지 않는다. 날아다니는 곤충의 변화를 이런 방식으로 기록한 결과 2004~2021년에 65퍼센트가 감소했고, 10년 단위로 집계하면 무려 38퍼센트씩 감소한 것으로 나타났다. 가만히 두고 볼 수만은 없는 변화다. 이 보고서는 2022년에 나왔는데, 연구가 완료된 해의 이듬해(2022년)까지로 집계 기간을 조금만 더 늘려도 감소 폭이 68퍼센트로 커지며 이는 상황이 점점 더 나빠지고 있음을 보여준다고 연구진은 전했다. 웨일스 지역으로 분석 범위를 좁히면 감소 폭이 75퍼센트나 되었다.[13]

곤충이 놓여 있는 심각한 상황을 보여주는 결과가 세계 곳곳에서 거듭 발표되자 사람들이 문제를 깨닫기 시작한 듯하다. 올리버 밀먼Oliver Milman은 책《인섹타겟돈》에서 주변의 이런 위기 상황을 인지하고도 외면하던 대다수의 분위기가 단번에 뒤집힌 사건을 집어냈다.

느닷없이 일어난 것처럼 느껴진 그 일로, 모든 게 달라졌다. 사람들은 곤충이 어떤 위기에 놓였는지 와락 깨달았다. 아직 완전한 각성이 일어났다고 하기는 힘들지만, 그 변화가 일어난 정확한 날짜는 특정할 수 있다. 바로 2017년 10월 18일이다.[14]

밀먼이 말한 날짜는 독일의 자연보호구역에서 수집된 유시류의 무게가 27년간 연평균 76퍼센트 줄었다는 장기 연구 결과가 발표된 날이다. 예전 연구들이 나비와 같은 한 가지 종이나 특정 개체군의 개체수 변화에 주목한 것과 달리, 이 연구는 유시류 전체의 생물량(모든 개체의 무게를 합한 값)을 분석해 "먹이사슬에 연쇄적인 영향을 일으킬 것으로 예상되는" 전반적 변화가 일어난 것을 확인했다.[15]

언론의 관심도 뜨거웠다. 나는 외출하려다가 라디오에서 이 소식을 처음 들은 기억이 난다. 출근길 전철에서 펼친 신문에도 나오고 TV 뉴스에서도 다루어졌다. 전 세계가 이 연구 결과에 이토록 주목한 여러 이유 중 하나는 모두 저마다 일상에서 어쩐지 곤충이 예전보다 줄어든 것 같다고만 느끼고 있을 때, 과학적인 확인 도장을 꽝 찍어주는 듯한 소식이었기 때문일 것이다. '곤충의 아마겟돈(종말)'이라는 인상적인 개념은 이때 생겨났다.

그런데 이 연구 결과로 짐작되는 것보다 더 심각한 상태라는 것을 입증한 결과가 대서양의 한 열대섬에서 나왔다. 푸에르토리코의 우림에서 땅에 사는 곤충을 수집해 조사한 결과, 1976~2012년에 총량이 최대 98퍼센트 감소한 것으로 나타났다.[16] 세계 곳곳에서 이와 비슷한 연구 결과가 잇달아 발표되었고, 모든 결과를 종합해 분석한 충격적인 통계도 나왔다. 현재 곤충 종의 41퍼센트에서 개체수가 감소하고 있는데, 이는 곤충보다 훨씬 많은 관심을 받으면서도 똑같은 문제를 겪는 척추동물보다 두 배 더 큰 규모라는 것이다. 곤충 종의 약 3분의 1은 멸종위기에 놓여 있으며, 국지적인 멸종 속도로 비교하면 척추동물보다 8배 더 빠른 속도로 사라지고 있다. 그리고 곤충의 생물량은 **해마다** 2.5퍼센트씩 줄고 있다.[17] 상황이 너무나 심각하다.

곤충은 지구 역사에 지금까지 총 다섯 번 찾아온 대규모 멸종 사태마다 비교적 큰 영향을 받지 않고 살아남은 듯했다. 그러나 현재 곤충 개체수가 감소하는 속도와 규모로 볼 때, 지구의 한계를 거듭 위반한 인류가 빚어낸 '여섯 번째 멸종'에서는 곤충도 무사하지 못할 수 있다.

더욱 두려운 사실은, 연구에서 나온 데이터는 아무리 극단적이어도 대부분 실제 상황이 축소 반영된다는 점이다. 이미 사라진 생물이 있어도 우리는 그런 사실조차 영영 모를 것이다. 산업혁명이 시작된 이래 수백 또는 수천 종의 생물이 멸종으로 내몰렸으며, 그 대부분은 학명조차 주어지지 않았다. 발견되기도 전에 사라진 것이다. 학명이 **있는** 종도 현재 어떤 상태인지 우리는 거의 아는 게 없다. 세계자연보전연맹(생물의 멸종위기 수준을 '위급', '위기', '준위협' 등으로 분류하는 국제기구)이 개체군의 멸종위기를 평가한 곤충은 전체 종의 2퍼센트도 안 된다. 포유동물은 전체 종의 약 90퍼센트를 대상으로 멸종위기가 평가된 것과 대조적이다.

이런 격차는 자연사박물관 전시실에서 나타나는 편향성이 생태학 전반에 얼마나 깊숙이 침투했는지 잘 보여준다. 곤충의 현재 상태에 관한 과학적 지식이 앞으로도 지금처럼 불균형하면, 개체수 감소가 극단적인 수준에 이른 다음에야 뒤늦게 사태를 깨닫고 끝내 보호하지 못할 것이다. 이 책의 마지막 부분인 3부에서 살펴보겠지만 자연사박물관은 곤충이 몇 종이나 존재하는지, 인간이 만든 환경 속에서 어떻게 대처하며 살고 있는지와 같은 부족한 지식을 채우는 데서 앞으로 큰 역할을 할 것이다. 올리버 밀먼은 이를 다음과 같이 설명했다.

> 현실은 아수라장인데도 반딧불이나 딱정벌레, 심지어 나비가 사라지는 사태를 어쩌다 일어난 일로 여기거나 심지어 드문 예외라고 느낄 수도 있다. 그러나 코뿔소 개체수가 크게 감소하는 것은 비극적인 일이긴 해도 전 세계 식량 생산의 지속성에 위협이 되지는 않는다. 오랑우탄이 쥐도 새도 모르게 전부 폐사하는 사태가 빚어지더라도 그 일로 방대한 아동 인구가 영양실조를 겪거나, 수십 종의 조류가 죽음을 맞이하고 온 땅이 썩어가는 사체로 뒤덮이지는 않는다. 곤충의 위기에서 발생하는 영향은 동물계에 울려 퍼지는 어떤 경고음도 다 누를 만큼 강력하다.[18]

현실이 이러한데도, 자연사박물관에서 곤충 이야기가 허락되는 공간은 너무나 협소하다. 박물관 전시실에서 차지하는 비중이 턱없이 작은 것도 문제이지만, 어떤 정보가 제공되는지에도 세심한 관심을 기울여야 한다. 곤충 전시에서 생태계가 곤충에 얼마나 크게 의존하는지를 늘 중점적으로 다루지는 않기 때문이다. 자연사박물관 전시실은 곤충의 매력적인 특징이나 귀중한 가치보다 기괴한 특성부터 보여주는 경우가 많다. 심지어 절지동물 연구에 평생을 바친 전문가마저 그런 오류에 빠진다. 런던에 있는 영국 국립자연사박물관에서 절지동물을 전문으로 연구해온 고생물학자이자 유명한 저술가 리처드 포티가 2008년에 출간한 《런던 자연사박물관》에는 곤충의 긍정적인 특성보다 다른 생물에 기생해서 살아가는 방식, 사체를 먹이로 삼는 것과 같은 (인간의 관점에서) 소름 끼치는 특성이 중요하게 다루어진다.

자연사박물관은 곤충에 관한 정보가 그런 식으로 치우치지 않게 꾸준히 경각심을 품을 필요가 있다. 최소한 그런 정보가 인간을 포함한 지구 전체 생물의 생존에 곤충이 얼마나 중요한 존재인지 전하는 내용보다 더 앞서지 않게 하려는 노력이라도 기울여야 한다.

런던에 있는 영국 국립자연사박물관은 곤충을 포함한 절지동물 전용 전시실 이름을 '기어다니는 징그러운 생물들'이라고 붙였다. 사람들이 절지동물에 더 큰 관심을 기울이게 하려는 의지가 있다면, 이런 이름은 결코 나올 수 없다. 그런 표현을 쓰면 아이들이 핼러윈에 느끼는 것과 비슷한 호기심을 느낄 수 있다는 박물관 마케팅 담당자들의 주장을 큐레이터들이 누르지 못한 결과일 것이다. 이 전시실에서 소개하는 절지동물의 종류도 식물의 수분을 담당하고 자연의 폐기물을 재활용하게 도와주는 종보다 인간이 재배하는 작물을 해치고 병을 옮기는 종이 훨씬 많다. 곤충, 노래기, 거미가 정말 징그럽다는 인상만 심어주는 이런 무익한 전시는, 사람들이 곤충에 흥미를 느끼기는커녕 오히려 더 싫어하게 하며 경이로움보다 혐오감을 느끼게 만든다.

지금까지 설명한 이 모든 이유에서, 나는 곤충 연구자들이 자연사박물관 전시실을 둘러볼 때마다 얼마나 분통을 터뜨릴지 충분히 짐작이 간다. 그렇지만 이들의 고충도 식물학자들에게 견주면 아무것도 아니다.

4

있는데 없는 식물

옥스퍼드대학교 자연사박물관에는 투명한 아크릴판 두 장 사이에 끼워진 지치부자작나무Chichibu birch 가지가 전시되어 있다. 삼림 파괴와 서식지 붕괴로 세계에서 가장 희귀한 식물이 된 치치부자작나무는 1993년에 일본 가모산Mount Kamo-san 경사면의 좁은 숲에서 다 자란 나무 스물한 그루가 발견되었다. 지금부터 30년쯤 전에, 축구 한 경기에 뛰는 선수들보다 적은 수가 지구상에 남아 있었다는 소리다.

옥스퍼드대학교 식물원과 영국 베지버리국립침엽수원Bedgebury National Pinetum은 일본 도쿄대학교 지치부숲 캠퍼스와 함께 해결 방안을 찾아 나섰고, 남아 있는 식물의 다양성을 분석하기 위해 표본을 수집하고 씨앗을 채취했다. 그 결과, 현재 100그루 넘는 지치부자작나무가 전 세계 여러 식물원에서 보살핌을 받으며 자라고 있다. 이것이 옥스퍼드대 자연사박물관이 전하는 이야기다. 이런 전시는 이 나무만큼 희귀하다.

건강한 지구 생태계에 막대한 역할을 한다는 사실이 무색하게, 식물과 균류는 자연사박물관 전시에서 비중 있게 다루어지는 경우가 거의 없다. 나는 동물학자이고 이 책도 동물에 편향된 게 사실이지만 이번 장만큼은 식물 이야기를 하려고 한다. 먼저 자연사박물관이 보유한 식물 표본 대부분에서 나타나는 기본 특징을 살펴보고, 전시실에 식물을 위한 공간이 부족한 지금과 같은 상황이 왜 심각한 문제인지 설명한다. 자연사박물관은 지구 전체의 생물다양성이 얼마나 경이롭고 중요한지 알리는 곳이다. 그러므로 거의 모든 먹이사슬의 바탕이자 호흡할 공기를 만들고 육지 생태계의 물리적 구조를 이루는 식물과 균류가 자연사박물관의 전시에서 제외되는 것은 정당화할 수 없다.

사실 나는 식물학자가 될 뻔했다. 대학에 자연과학 전공으로 입학한 나는 세부 전공을 선택해야 하는 2학년 말, 지도교수가 내게 식물학을 전공할 생각이라면 인도네시아 현장연구에 함께 가자는 솔깃한 제안을 했다. 최종적으로는 동물 연구를 택했지만, 정말 깊은 고민 끝에 내린 결정이었다. 10대 시절에는 한동안 난초에 푹 빠져 살았다. 특히 난초가 곤충을 모방하는 속임수를 써서 곤충이 수분을 돕게끔 유도할 수 있다는 사실을 알았을 때는 얼마나 놀랐는지 모른다. 식물에 처음 흥미를 느낀 건 더 어릴 때였다.

다섯 살 때 나는 압화 표본을 만드는 누름판을 갖고 있었다. 윙

너트가 달린 작은 금속봉을 기둥 삼아 위아래에 나무판 두 개가 있고, 너트를 돌려 판 두 개가 만나게 하면 판 사이에 있는 것이 샌드위치처럼 납작하게 눌리는 장치다. 나무판 사이에 종이를 깐 뒤 갓 채집한 식물을 올린 다음, 다시 다른 종이를 덮고 위에 있는 나무판을 아래로 내려 꽉 누르면 된다. 그대로 2주 정도 두었다가 열어보면 식물이 생생한 색 그대로 질감과 두께가 꼭 종이처럼 납작해져서 마치 애초부터 종이에 그려진 그림처럼 보인다. 어린아이도 할 수 있을 만큼 아주 간단한 작업이었다.

그 뒤로 15년쯤 지나 식물표본실에 처음 들어갔을 때, 여러 탁자에 어지럽게 놓여 있는 식물 압착기가 의외로 단순한 구조라는 사실을 알고 놀랐던 기억이 난다. 세계 곳곳의 현장연구에서 채집된 표본들을 다루는 박물관의 압착기들은 내가 어릴 때 쓰던 도구보다 훨씬 거대하고, 위아래 판을 금속봉이 아닌 띠와 끈으로 고정하며, 기계가 작업대에 클램프로 고정되어 있다는 차이가 있었지만 기본 원리는 같았다. 또한 박물관에서는 장기간 보관할 식물 표본에 산성화를 막는 특수한 재료를 쓰고, 표본의 수분 제거에 상당한 노력을 들인다. 수분을 없애려면 압착이 진행되는 동안 저온에서 말리고(기계로 건조하거나 햇볕에 말린다) 식물 앞뒤에 끼우는 압지를 계속 교체해야 한다.

영구적으로 보관할 식물 표본은 압착 후에 바싹 마른 식물을 표본 대지로 옮겨 접착제와 가느다란 띠로 조심스레 고정한다. 그리고 식물이 붙어 있는 그 대지에 표본에 관한 모든 정보를 기

영국의 탐험가 제임스 쿡이 1770년대 호주 동부에서 채취한 뱅크시아 덴타타*Banksia dentata* 표본은 현재 영국 국립자연사박물관에 있다. 박물관은 장기간 보관하는 식물 표본에 산성화를 막는 특수한 재료를 쓰고 수분 제거에 상당한 노력을 들인다.

록한 다음, 명함철과 비슷하게 생긴 표본집에 넣어 표본과 그 식물에 관한 기록을 함께 보관한다.

식물 표본을 제작하는 과정은 이렇게 놀라울 정도로 간단하다. 우리 같은 동물학자들로서는 부러울 따름이다. 자연사박물관의 소장품을 통틀어 식물 표본만큼 보관하기 쉬운 것도 없다. 납작하고, 가볍고, 위아래로 쌓을 수 있고, 표본 대지의 규격이 일정하고, 표본과 그 표본에 관한 기록을 영구적으로 함께 보관할 수 있다. 너무 완벽한 체계라 동물 표본에 비슷한 방식을 적용하려고 시도한 동물학자들도 있을 정도다.

생물의 속명과 종명을 나란히 써서(호모사피엔스*Home Sapiens*처럼) 고유한 명칭을 부여하는, 지금도 쓰이는 생물 명명법을 개발한 18세기 스웨덴의 식물학자 칼 폰 린네Carl von Linné(린나이우스Linnaeus라고도 한다)는 어류 표본을 식물 표본과 같은 방식으로 보관했다. 현재 런던린네학회Linnean Society of London가 소장한 린네의 어류 표본을 보면, 물고기를 반으로 가르고 말려 수분을 없앤 다음 종이에 올려서 그가 제작한 식물 표본과 매우 비슷하게 만들었다.

절대 핥지 말 것

자연사박물관에는 본질적인 특성상 위험한 표본들이 있다. 방사성 물질이 포함된 암석과 화석, 광물 표본으로 소장하는 순수

석면, 독이 든 촉수가 그대로 남아 있어 특수한 보존 방식이 필요한 해파리 등 생물 본연의 특성이 위험 요소인 경우도 있다. 호주에 자생하는 어느 가시나무는 잎을 압착하고 말려 표본으로 만든 뒤에도 가시의 독이 남아 있고, 상자해파리에는 지구상에서 가장 강력한 독이 있다. 가시에 독이 있는 나무에 찔리면 통증이 몇 달 동안 계속되기도 하는 등, 이런 표본은 심각한 결과를 초래할 수 있다.

자연적으로 존재하는 특정 화학물질이 그와는 다른 이유로 식물과 균류를 각별한 주의가 필요한 표본으로 만들기도 한다. 대마, 양귀비, 코카나무, 환각 증상을 일으키는 버섯이 그런 예다. 영국에서는 이런 식물을 관리하기 위해 1971년에 제정된 '약물 오남용법'을 박물관 표본에도 똑같이 적용한다.

자연사박물관의 소장품은 방대하며, 표본을 연구자들에게 대여하는 일은 큐레이터들의 일상적인 업무다. 그와 같이 규제물질로 관리되는 표본을 대여하면 법적으로는 '마약 공급'으로 간주되는데, 그런 착오가 생기면 박물관이 몹시 큰 타격을 입는다. 규제물질로 관리되는 식물은 표본으로 소장하는 데도 큰 비용이 든다. 우선 엄격한 기준을 충족해야 소장이 허용된다. 영국의 경우 박물관이 수천만 파운드의 비용을 들여 보유 허가를 신청해야 하고, 해마다 자격을 갱신해야 한다. 여기에다 보안 기능이 있는 보관 설비까지 마련해야 하는데, 이런 설비는 박물관의 일반 설비보다 훨씬 많은 비용이 든다.

규제물질로 관리되는 식물을 보유해도 좋다는 허가를 취득해도, 박물관이 보유할 수 있을 뿐 연구자는 이용할 수 없다. 박물관이 표본을 소장하는 주요 목적인 과학 연구에 쓸 수가 없는 것이다. 이런 모든 절차를 거쳐 소장하고 있다가 비용 부담이 커서 허가를 갱신하지 않기로 해도 박물관 마음대로 폐기할 수 없다. 규제물질은 자격 요건을 갖춘, 등록된 담당자만 폐기할 수 있다. 실제로 내 동료들은 대마초 표본 하나를 폐기하려고 그 자격을 갖춘 지역 경찰에게 연락했다가 비웃음을 당한 적이 있다(이런 반응을 겪으면 법 집행기관인 경찰이 그 일에 대한 수수료는 반기면서 대마초 수거를 별로 중요한 일로 여기지 않는다는 인상을 받을 수밖에 없다. 그렇다고 박물관 직원이 책임을 떠안을 위험까지 감수하며 마음대로 처리할 수도 없는 노릇이다). 박물관의 소장 표본에 규제물질의 활성성분이 남아 있다는 사실이 지금까지 한 번도 입증된 적 없다는 사실을 생각하면 더욱 기가 찰 노릇이다. 활성성분은 시간이 지나면 다 분해되어 없어진다.

규제물질로 관리되는 이런 식물은 박물관이 알아채지 못한 사이에 유입되기도 한다. 예를 들어 균류의 일종인 맥각은 LSD의 전구체인 리세르그산lysergic acid이 있어 소유가 엄격히 통제되는데, 자연사박물관에서 흔히 볼 수 있는 작물과 각종 풀은 맥각이 감염된 상태일 수도 있다. 식물 표본집에 맥각 표본이 없다고 안심했는데 난데없이 다른 식물 표본에서 맥각이 발견될 수 있는 것이다.

이처럼 생물의 고유한 화학물질이 위험 요소가 되는 경우와 달리, 식물 표본을 곤충이 먹어 치우지 못하게 하려는 조치가 표본을 위험한 물질로 만들기도 한다. '옷좀나방', '카펫벌레'로 잘 알려진 애알락수시렁이 등 가정에서 흔히 발견되는 해충은 자연사박물관에서도 생물 표본을 망가뜨리는 가장 큰 위협이다. 이런 해충은 박제된 포유동물의 털을 먹어 치울 뿐만 아니라 곤충 표본이 보관된 캐비닛을 습격해서 곤충에 꽂힌 핀과 배설물, 거기서 낳은 유충의 허물만 남기고 싹 먹어 치운다. 식물 표본은 라벨과 종이띠만 남기고 중요한 부분은 다 먹어버린다(심지어 양좀 같은 해충은 라벨까지 다 먹는다).

18세기 프랑스의 자연학자 르네앙투안 페르숄 드 레오뮈르 René-Antoine Ferchault de Réaumur는 해충을 "조류학과 자연사의 모든 세부 분야에서 발전을 가로막는 중대한 걸림돌"이라고 언급했다.[1] 그는 1748년에 해충 박멸 기술을 자세히 설명한 안내서까지 발표했는데, 그 안내서에 담긴 기술은 동물의 가죽을 수집·처리·보존하는 과정에는 적용할 수 있어도 박물관에서 장기간 보관할 때 발생하는 문제까지 해결하지는 못했다.

1770년대 초에 또 다른 프랑스 학자 장바티스트 베쾨르Jean-Baptiste Bécœur는 동물 표본의 피부 안쪽에 비소가 함유된 비누를 발라서 곤충을 물리치는 새로운 해법을 제시했다. 이 방법은 실제로 효과가 뛰어나 박물관에서 계속 활용되다가, 1970년대에 들어 표본이 곤충의 피해를 입지 않게 보호하는 것도 중요하지만 박물관 직원들의 안전도 중요하다는 인식이 확산하면서 사라졌다. 인체에 극히 해로운 물질인 비소를 박물관에서 사용하지 못하게 법적으로 규제하기 시작한 것은 불과 몇십 년 전이므로 오래된 표본에는 지금껏 잔뜩 남아 있다.

식물학자들은 표본에 곤충이 접근하지 못하게 하려고 염화수은을 바르는 경우가 많았다. 이것도 매우 유독한 화학물질이므로 자연사박물관에서는 뭐든 절대 혀로 핥지 말아야 한다. 문제는 혀를 대지 않아도 공기에 떠돌던 독성물질에 노출될 위험이 있다는 것이다. 염화수은은 수은이 증기 형태로 방출될 수 있는데, 수은에 노출되면 중추신경계가 심각한 영향을 받을 수 있다. 자연사박물관들은 이런 위험 요소들을 다양한 방법으로 관리한다. 나는 미술관에 가거나 고고학 전시를 보러 갈 때마다 바로 이런 점에서 큰 차이를 느끼고 놀라곤 한다. 그런 곳들은 전시물을 관람객에게서 안전하게 지키는 데 주력하지만, 자연사박물관은 직원과 관람객이 해를 입지 않도록 막는 일에도 심혈을 기울인다.

식물맹 현상

위험한 것은 아름다운 경우가 많다. 식물 표본도 그렇다. 사실 식물 표본은 액자에 걸려 전시되는 미술 작품과 여러모로 닮았다. 평면이며 대체로 직사각형이라는 점이 그렇고, 사람들의 시선을 사로잡는 미적인 특성도 있다. 그러나 미술관은 작품을 아주 효과적으로 전시하는 반면 자연사박물관이 식물 표본을 전시하는 능력은 대부분 형편없다는 큰 차이가 있다. 압착된 표본뿐 아니라 다른 방식으로 제작된 식물 또는 균류의 표본도 마찬가지다. 지금 우리는 일반적인 자연사박물관을 상상하며 가상의 투어를 함께하는데, 아쉽게도 식물 전시실이나 식물만 전시된 공간을 볼 확률은 희박하다. 왜 그럴까?

식물 애호가들 사이에서 큰 화두가 된 '식물맹'이라는 현상이 있다. 서식지에 있는 동물의 사진이나 영상을 사람들에게 보여주면, 시선이 본능적으로 동물에게 쏠리고 주변의 식물은 '보지 못하는' 현상을 말한다. 심지어 식물이 사진의 99퍼센트를 차지해도 이런 현상이 나타난다. 앞서 새들에 관해 설명하면서, 어디서나 볼 수 있는 새들의 편재성이 우리가 자연을 경험하는 기본 토대가 된다고 이야기했다. 실제로 많은 사람이 일상에서 자주 접하는 몇 가지 새의 이름 정도는 안다(유럽의 경우 비둘기, 개똥지빠귀, 찌르레기, 까치 등).

하지만 생활 속 자연에서 식물이 차지하는 비중은 새들보다 훨씬 크다. 우리가 '그냥 풀'로만 인식하는 데 그치더라도 말이다. 그럼에도 자기 집 정원이나 인근 공원에서 매일 보는 풀(영국의 경우 호밀풀, 김의털, 겨이삭이 많다)의 이름을 아는 사람은 거의 없는 것만 봐도 '식물맹'이 얼마나 만연한 현상인지 알 수 있다. 자연사박물관 전시실에서 식물 표본을 거의 볼 수 없다는 것은, 전시를 구성하는 담당자들도 이 현상을 겪고 있다는 의미다.

자연사박물관에서 식물을 가장 많이 볼 수 있는 곳은 식물이 주인공이 아닌, 박제된 동물 표본이 전시된 공간이다. 식물은 박제동물의 배경으로 일종의 전시 소품처럼 활용된다. 특히 동물의 서식지를 보여주는 생태환경 디오라마에서 그 **동물**이 사는 장소를 더 생생하게 보여주는 재료로 많이 쓰이는데, 그 세부 방식에서도 뿌리 깊은 식물맹이 드러난다. 예컨대 표범은 대나무 사이에 몸을 숨기고, 다람쥐나 새는 나뭇가지에 올라앉아 있으며, 원숭이는 잎을 뜯어 먹는 모습으로 배치하는 식이다.

이러한 식물은 **동물**의 자연사를 선보이는 데 얼마나 도움이 되느냐로 중요성이 결정된다. 그런 생태환경 디오라마의 전시 설명판에 식물의 명칭이 소개되는 경우는 드물며, 아예 언급조차 안 되기 일쑤다. 이런 전시를 제공받은 관람객들에게 식물이 '눈에 들어오기를' 기대하기는 힘들다.

1장에서 소개한 뉴욕 미국자연사박물관의 특별한 디오라마는 드문 예외다. 박제동물의 제작 기술이 최고 수준인 이 디오라마에서는 식물도 동물과 똑같이 존재감이 드러난다. '에이클리의 아프리카 포유동물 전시실'에 있는 거대한 생태 디오라마는 박제동물뿐 아니라 이들이 배치된 환경도 큰 면적을 차지하고, 평범한 풀부터 우뚝 솟은 나무까지 모형에 포함된 모든 식물의 명칭과 설명을 제공한다.

에이클리와 그의 동료들은 이런 모형을 제작할 때 서식지의 세세한 부분을 그림으로 표현하거나 자연물 모형을 만들고, 동물의 서식지에 있던 식물까지 함께 수집해서 디오라마에 그대로 배치하는 등 동물의 실제 서식지를 최대한 있는 그대로 나타내려고 노력했다. 그러니 이런 결과물이 나올 수밖에 없다. 에이클리의 생태환경 디오라마에 포함된 식물은 표본집에서처럼 바싹 마른 식물이 아니라 대부분 수작업으로 공들여 만들거나 일일이 본을 뜨고 채색한 모형이다.[2]

이 박물관의 '북미 숲 전시실'은 여기서 한 걸음 더 나아간다. 북미 대륙의 다양한 생물군계를 보여주는 이 전시실의 디오라마 역시 에이클리가 제작한 모형과 비슷하게 규모가 방대한데, 특이하게도 동물은 아예 없거나 있어도 드문드문 보이는 정도다. 이 전시실의 주인공은 식물이 대부분을 차지하는 동물 서식지 자체다. 전시물 설명에는 모형에 포함된 식물들이 목록으로 나와 있으며, 그 밖의 다른 내용도 숲의 조성과 자연사에 관한 내용이 전부다. 그래서 이 전시실에서는 아무도 식물맹을 겪을 수가 없다. 왜 다른 자연사박물관들은 이런 전시를 하지 않는지 의아할 뿐이다.

미국자연사박물관의 이러한 디오라마들은 매우 강렬한 인상을 안겨주는데, 이 모형들이 남다른 이유는 (예술적 완성도가 최고 수준인 점과 별개로) 식물의 가치를 해석한 방식에 있다. 기술적으로 흠잡을 데 없이 완벽한 모형이지만, 기술 자체가 특별한 것은 아니다.

그와 달리 지구상에 있는 모든 박물관의 어떤 식물 전시와 견주어도 비교되지 않는, 그야말로 입이 떡 벌어지는 식물 전시가 있다. 바로 하버드자연사박물관Harvard Museum of Natural History의 '유리 꽃' 컬렉션이다. 1886~1936년에 레오폴트 블라슈카Leopold Blaschka가 아들 루돌프Rudolph Blaschka와 함께 제작한 다채로운 작품들로 구성된 이 전시는 자연사 소재의 예술품 역사상 가장 위대한 걸작이며 기술적으로 가장 뛰어난 성취를 보여준다.

블라슈카 부자는 직접 제작한 여러 해양 무척추동물의 유리 모형이 전 세계 박물관에 전시되면서 명성을 얻었다. 이들은 대대손손 유리 공예와 보석 공예에 몸담은 체코 가문 출신으로, 처음에는 장신구와 과학 실험 도구, 유리로 된 의안을 제작하며 기술을 갈고닦았다. 그러다 1860년대부터 레오폴트가 유리로 만들기 시작한 해파리, 말미잘, 바다 민달팽이, 연산호, 바다조름 등은 이전까지 모든 자연사박물관이 씨름하던 난제에 해답을 제시했다. 바로 '장기적 보존이 불가능한 생물은 어떻게 전시해야 할까?'라는 문제였다.

자연사박물관의 생물 보존 기술은 19세기부터 지금까지 거의 제자리걸음이다. 해양생물처럼 조직이 연한 생물은 알코올에 담가두면 형체가 거의 다 흐트러져서 정체불명의 희끄무레한 덩어리가 되거나, 최악의 경우 전부 분해되어버린다. 동물계 전체를 대표하는 생물 표본을 모두 전시하려 해도, 분류체계에서 너무나 중요한 한 축을 차지하는 해양생물은 전시에서 제외할 수밖에 없었다. 동물계에서 막대한 비중을 차지하는 생물을 빼고도 '포괄적인' 전시라고 할 수 있을까?

이 문제는 특히 대학 강의에서 큰 걸림돌이 되었다. 학생들은 바싹 마른 조개껍데기나 단단한 산호뿐만 아니라 각 해양생물의 생김새를 제대로 볼 기회가 있어야 하는데, 보존의 한계가 큰 난관이었다. 이런 문제를 타개할 한 가지 방법이 모형이었으며, 블라슈카 부자만큼 제작 솜씨가 탁월한 사람들은 없었다. 지금까지 이들보다 생물 모형을 잘 만든 사람은 전혀 없었다고 주장해도, 아무도 반대할 수 없으리라고 확신한다.

블라슈카 부자가 만든 모형은 당혹스러울 만큼 정교하다. 그랜트동물학박물관에도 이들이 제작한 무척추동물 모형 컬렉션이 있는데, 그곳에서 일할 때 모형 관리를 맡아 내 눈으로 직접 보면서도 어떻게 각 생물의 해부학적 특징을 그토록 섬세하게 구현할 수 있는지 믿기지가 않았다. 꼬불꼬불한 모양, 긴 막대 모양, 평평한 판으로 된 색색의 유리를 재료 삼아 램프 위에서 길게 늘이고, 합치고, 형태를 잡는 작업으로 어떻게 해양생물의 촉수며 가시, 주름, 입 부분 등이 나올 수 있는지 짐작조차 할 수 없었다.

두 사람이 만든 정원달팽이 모형은 정말 너무나 진짜 같아서, 사람들은 달팽이 집이 정말 유리로 만든 게 맞는지, 혹시 진짜는 아닌지 지금도 헷갈려한다. 그만큼 블라슈카 부자가 만든 해양 생물 모형은 실제 생물의 해부학적 특징이 완벽하게 표현되어

블라슈카 부자가 유리로 만든 자은부레관해파리(고깔해파리) 또는 포르투갈군함해 파리의 정교한 모형. 실제 생물의 해부학적 특징이 완벽하게 표현되어서, 표본 병에 담 아 진짜 액침표본과 나란히 진열하면 어느 게 진짜인지 구분이 안 될 정도다.

있다. 유리 모형을 표본 병에 담아 '진짜' 생물이 담긴 액침표본 과 나란히 진열하면 어느 게 진짜인지 구분이 안 될 정도다.

블라슈카 부자가 만든 무척추동물 표본은 현재 전 세계 여러 박물관에 전시되어 있으며, 이들의 모형을 소장한 박물관들은 저마다 가장 귀중한 보물로 여긴다. 깨지기 쉬운 특성, 완벽함, 도저히 믿을 수 없는 고차원적 예술성을 두루 갖춘 블라슈카의 모형은 자연사박물관에서 일하는 전문가들에게 전설과도 같은 전시물이 되었다.

무척추동물만큼 생생한 모습으로 전시하기가 어려운 것이 식물이다. 1886년에 하버드대학교 교수 조지 링컨 구데일George Lincoln Goodale은 대학의 강의 자료로 활용하고 박물관에도 전시해서 일반 시민에게 영감을 줄 수 있는 식물 표본이 꼭 필요하다고 생각했다. 조직이 연한 해양 무척추동물을 이런저런 방법으로 전시하려고 골머리를 앓던 동물학자들이 그랬듯, 구데일도 식물을 전시하는 일반적인 방식은 부족하다고 느꼈다. 식물 표본집에 담긴 식물은 전부 납작하게 눌려 있고, 액침표본으로 만들면 형태와 색이 사라지며, 밀랍이나 종이로 만든 모형은 대개 세밀한 부분까지 충분히 표현하지는 못해서 교육 자료로 쓸 수가 없었다. 이런 고민을 하던 구데일은 하버드 비교동물학박물관에 전시된 블라슈카의 무척추동물 모형을 보고 유리 모형이 답이라는 결론을 내렸다.

독일 드레스덴에 있던 블라슈카 부자의 작업실을 직접 찾아간 그는 두 사람에게 식물 모형을 만들어달라고 설득했다. 레오폴트는 동물 모형 제작에 뛰어들기 전에 식물 모형을 만들어본 적이 있으므로 일단 시험 삼아 해보기로 했다.

그랜트동물학박물관에서 일하던 시절, 자그마한 보관함에 담긴 블라슈카의 모형을 아주 짧은 거리로 옮길 일이 생기면 혹시라도 깨질까 봐 얼마나 긴장했는지 모른다. 숨을 멈춘 채, 갓 태어난 친척 아기를 안아볼 때보다 더 조심스럽게 그 모형을 들고 거의 1센티미터씩 이동하는 기분으로 옮겼다.

이런 모형을 옛날에는 대체 어떻게 세계 각국으로 운송했는지 도무지 짐작할 수가 없다. 심지어 말이 끄는 수레에 싣고 울퉁불퉁한 자갈길을 달렸을 텐데 말이다. 실제로 블라슈카 부자가 만든 모형은 종종 제작자와 아무 상관 없는 이유로 목적지에 무사히 도착하지 못했으며, 구데일이 처음 주문한 식물 모형도 그랬다. 미국 세관까지는 잘 왔는데, 그만 세관원들의 손에 부서지고만 것이다.

구데일이 손에 쥔 것은 깨진 조각들뿐이었지만, 그는 그것만 보고도 해답을 찾았다고 확신하며 식물 모형 제작에 필요한 자금을 모으기 시작했다. 구데일의 제자 메리 리 웨어Mary Lee Ware와 그의 어머니이자 자선사업가인 엘리자베스 C. 웨어Elizabeth C. Ware가 모형의 추가 제작에 필요한 돈을 내겠다고 나섰다. 웨어 모녀는 그 뒤에도 수십 년간 식물 유리 모형의 제작을 적극 지원했다(이들의 지원으로 마련된 진열용 상자는 지금도 쓰인다). 블라슈카 부자가 뒤이어 보낸 식물 모형들은 또다시 파손되는 불상사를 막기 위해 세관원이 지켜보는 앞에서 박물관 담당자가 직접 개봉했다.

1887년부터 1890년까지 블라슈카 부자는 구데일이 의뢰한 꽃 모형과 다른 박물관, 대학들이 요청한 무척추동물 모형 제작에 똑같이 시간을 할애했지만, 그 이후로는 하버드와 10년간 독점 계약을 맺었다. 이 계약은 50년 동안 이어져서, 블라슈카 부자는 남은 평생을 거의 다 식물 모형 제작에 바쳤다. 레오폴트는 1895년에, 아들 루돌프는 하버드에 마지막 화물을 보내고 3년 뒤인 1939년에 세상을 떠났다.

이들이 평생 매진한 기술로 탄생한 걸작들은 도저히 말로 형용할 수 없다. 블라슈카 부자는 780종의 식물, 균류, 조류를 압도적으로 아름다운 4300점 이상의 유리 모형으로 제작했다. 실제 크기와 똑같이 만든 모형도 있고(이 경우 꽃·줄기·잎이 모두 표현됐으며 두 사람이 가장 만들기 까다롭다고 한 꽃의 섬세한 특성, 심지어 실처럼 가느다란 뿌리까지 빠짐없이 포함되어 있다) 과일 모형, 식물의 생식기관을 확대한 모형, 식물의 중요한 해부학적 특징을 보여주는 단면 모형, 식물의 생장과 생애주기, 수분, 병, 기생충을 보여주는 모형도 있다. 이 모형들은 전부 유리로 제작되었다.

그 시절에 박물관 표본을 제작하는 사람들은 대부분 조수나 수습생을 두었지만, 블라슈카 부자는 모든 작품을 둘이서 만들어냈다. 그럼에도 작업 속도가 엄청나게 빨라서, 1891년 한 해 동안만 124종의 생물을 나타낸 731점의 모형을 만들었다. 1년간 매일, 하루에 두 점 이상을 만들었다는 뜻이다. (실제로는 한꺼번에 여러 점을 작업했다고 한다. 줄기, 꽃잎, 잎 등 비슷한 부분을 한 번에 많이 만들어놓고 하나로 합쳐 각각의 모형을 완성하는 방식이었다. 정말로 1년 내내 하루도 빠짐없이 일한 게 아닌데도 그만큼 많은 완성품을 내놓았다는 점에서 이들의 생산성이 얼마나 뛰어났는지 실감할 수 있다.)

블라슈카의 모형을 보고 깜짝 놀라지 않을 사람은 아무도 없을 것이다. 굵은 줄기 끝에 달린 큰 꽃송이 하나와 단순한 형태의 잎이 전부인 튤립처럼 비교적 간단한 모형도 있지만, 대부분의 식물 모형은 여러 개의 꽃송이나 자잘한 꽃들, 실처럼 가느다란 무수한 잎이 모여 하나의 모형을 이루는 등 굉장히 정교하다.

특히 정확성에서 타협의 흔적을 전혀 찾을 수가 없다. 두 사람은 실제 식물을 대충 비슷하게 본뜨는 법이 없었다. 이들이 만든 가장 작은 꽃송이를 현미경으로 들여다보면, 꽃잎과 수술의 개수가 정확하지 않은 꽃이 단 한 송이도 없을 정도다. 맨눈으로는 다 보이지도 않는데 그만큼 정교하게 만든 것이다. 구름처럼 풍성히 만개한 작고 정교한 유리 꽃 2500~3000송이에 식물의 싹과 한창 자라는 열매까지 포함된 모형을 보면, 이런 표본을 '한 점'이라고 세는 건 부당하다는 생각까지 든다.

블라슈카의 유리 꽃들과 마주하는 모든 사람들이 엄청난 경이로움에 벅찬 감정을 느낀다. 하버드대학교 자연사박물관 전시실에 있는 블라슈카의 모형 중에 보자마자 유리로 만든 티가 나는 건 한 점도 없다. 오히려 눈앞에 있는 게 진짜 꽃이 아니라는 사실을 스스로 계속 상기해야 한다.

블라슈카 부자가 그토록 극히 세밀한 부분까지 어떻게 유리로 만들어낼 수 있었는지는 수수께끼로 남아 있지만, 전체적인 과정은 알려졌다. 우선 철사로 골조를 만들고, 유리관을 램프에 대고 녹여서 골조에 둘둘 말듯이 입혔다. 잎과 꽃잎은 유리 봉을 녹

루돌프 블라슈카의 파비아나 임브리카타*Fabiana imbricata* 유리 모형. 블라슈카 부자의 유리 꽃 모형들은 작은 꽃송이도 현미경으로 들여다보면 꽃잎과 수술의 개수가 틀린 것이 없을 만큼 정확하고 정교하다.

여 잡아당기는 방식으로 형태를 잡은 다음 가느다란 철사로 만든 줄기와 연결했으며, 꽃의 수술처럼 작고 미세한 부분은 아교로 고정했다. 초창기 유리 모형은 페인트로 색을 입혔지만, 나중에 루돌프 블라슈카는 고온에서 에나멜로 유리 분말에 색을 입히는 실험적 방식으로 식물 '표본'을 완성했다. 이들의 예술성은 지금까지 독보적이다.

∞

블라슈카의 식물 모형이나 거의 모든 생태환경 디오라마에 포함된 대부분의 식물은, 아무리 훌륭하고 정확하게 실제 식물의 특성을 잘 담아낸다 한들 진짜 식물이 아닌 인공 재료로 만든 복제품이다. 진짜 식물 표본을 볼 수 있는 곳은 없을까? '식물맹'이 워낙 광범위한 현상이 된 만큼 어차피 관심을 얻지 못하리라는 걱정에 식물은 전시하지 않을 것이라 예상한다면, 그것은 자기실현적 예언일 뿐이다.

뉴욕식물원New York Botanical Garden의 '스티어 식물 표본관Steere Herbarium'은 내가 본 어떤 식물 전시보다 창의적인 방식으로 말린 식물 표본을 전시했다. 이 표본관이 소장한 식물 표본 700만 점(서반구 최대 규모) 가운데 표본 대지에 붙어 있는 식물의 형태가 알파벳 스물여섯 자와 비슷한 표본을 전부 찾아낸 것이다. 잎이 접힌 형태가 우연히 A부터 Z까지 각각의 알파벳을 닮은 모습들은 매우 흥미롭다.

옥스퍼드대학교는 교내 식물원이 400주년을 맞이한 2021년, 보들리언도서관에서 '뿌리와 씨앗Roots and Seeds'이라는 기념 전시회를 열었다. 실제 식물 표본 수백 점(그리고 인상적인 식물 모형들)의 매력이 시각적으로 한껏 돋보이게 기획한, 무척 아름다운 전시였다. 벽면 한 군데를 압착된 식물 표본들로만 채워서 다양한 종의 식물을 볼 수 있게 공간을 할애한 점은 보기 드문 전시 방식이었다.

벽에 걸린 표본들 중에는 식물처럼 표본 대지에 고정된 얇은 균류도 있었다. 사실 균류는 분류상 동물과 더 가깝지만, 균류 표본은 보통 식물 표본과 같은 방식으로 제작·보관된다(명칭도 '식물 표본집'과 비슷한 '균류 표본집'이다). 식물처럼 표본 대지에 고정된 다양하고 아름다운 균류 표본들을 구경하고, 자실체에서 포자가 방출되는 패턴이 균류의 자연적 '지문'과 같다는 멋진 사실을 알고 나면, 이렇게 재미있는 균류를 왜 자연사박물관 전시실에서는 자주 볼 수 없는지 의아해진다.

전시장 한쪽 커다란 진열장 안에는 크기와 형태를 모두 책과 비슷하게 자른 나무 표본 수백 개가 책처럼 꽂혀 있었다. 각 표본의 라벨도 도서관 서가에 꽂힌 책등의 라벨과 비슷해서 전체적으로 거대한 책장 같았는데, 이런 나무 표본을 '산림식물 표본'이라고 한다(영어로는 'xylotheque' 또는 'xylothek'. 그리스어로 '나무'를 뜻하는 'xylo-'가 앞부분에 똑같이 쓰인다. 도서관을 뜻하는 프랑스어와 독일어가 각각 'bibliothèque', 'bibliothek'로 앞부분이 같은 것과 비슷하다). 옥스퍼드대학교에는 전 세계 약 200개국에서 수집된 산림식물 표본 2만 4000점이 소장되어 있다. 대영제국 시절 이 표본들은 목재의 경제적 중요성을 평가하는 연구에 활용되었다.

이러한 전시는 관람객이 식물과 균류를 엄연한 생물의 한 축으로 주목하게끔 이끈다. 사람들은 이 표본들이 어떻게 지금까지 보존되었는지 생각하게 되고, 형태가 얼마나 다양한지 깨닫

　　　　　　　　　　　　　　　　　　1부 만들어진 자연

게 된다. 그러나 자연사박물관에서는 이런 효과적인 식물 전시를 볼 수 없다.

자연사박물관 한구석을 겨우 차지한 진짜 식물 표본 전시에서는 한 가지 흥미로운 특징이 나타난다. 식물을 전시해놓고는 그것을 통해 인간을 이야기한다는 점이다. 전시실에 있는 동물들은 동물의 생애를 보여주고 알리는 데 주력하는 반면, 식물 전시는 역사나 경제의 측면에서 그 식물과 관련 있는 **사람**을 드높이는 수단으로 쓰이는 경우가 많다. 예를 들어 쿡 선장이나 찰스 다윈, 비어트릭스 포터Beatrix Potter(균류를 과학적으로 그린 놀라운 작품들을 남겼다) 등 그 식물 표본을 채집하거나 그림으로 표현한 유명인들을 소개하거나, 그 식물이 인간에게 어떤 쓸모가 있는지를 집중적으로 설명하는 식이다. 의학적 효능이 있는가? 먹을 수 있나? 영적으로 중요한 의미가 있는가? 의복/도구/무기/장난감/선박/기구의 재료로 쓸 수 있나? 이는 **자연**의 역사가 아니라 **인류의** 역사다. 이런 전시는 지구의 모든 생물처럼 고유한 이야기가 있는 식물의 가치를 과소평가하는 것이다.

∞

다시 옥스퍼드대학교로 돌아와서, 이 대학의 전시실에는 비시아 데네시아나*Vicia dennesiana*라는 야생 완두 표본이 있다. 1858년 북대서양 아조레스제도의 가파른 산등성이에서 최초로 수집된 표본이다. 이 표본을 채집하고 얼마 지나지 않아 그 지역에 산사태가 났고, 지금까지 이 야생 완두는 다시 발견되지 않았다.[3]

우리는 멸종이 자연적으로 발생하는 현상이라고만 알고 있지만, 현대에 들어서는 이 아조레스제도의 완두처럼 자연적으로 멸종하는 사례가 극히 드물다. 아마 다들 짐작하겠지만, 이제 생물이 멸종하는 가장 압도적인 원인은 인간의 영향이다. **식물** 멸종의 또 한 가지 특징은, 멸종 소식이 세상에 잘 알려지지 않는다는 것이다. 헤드라인을 장식하는 멸종 소식이 거의 다 동물의 이야기인 이유는 식물의 멸종이 동물보다 덜 심각해서가 아니라, 식물의 멸종 소식이 신문 지면에서 차지하는 면적이 박물관 전시실에서 식물에 허락되는 공간만큼 협소하기 때문이다. 그래서 제대로 알려지지 않았을 뿐 식물계는 분명 위기에 빠졌다.

그렇다는 사실을 모두가 안다. 세계 곳곳에서 생물서식지가 엄청난 규모로 사라지는 문제는 몇십 년 전부터 우리의 관심사였다. 그렇지만 우림이나 습지, 초지, 삼림의 위기를 염려하면서 식물 다양성의 위기가 함께 거론되는 경우는 드물다. 오랑우탄, 코끼리, 호랑이 같은 동물들의 서식지가 사라지면 이 동물들은 어디서 살아야 하는지 다들 걱정하고, 산불이 두려울 만큼 급증한 현실을 이야기할 때도 동물이 삶의 터전을 잃을지 모른다는 사실에 몹시 괴로워하고 마음 깊이 동요한다. 모두 자연스러운 반응이긴 하지만, 불이 났을 때 정작 활활 타는 건 식물이라는 점을 잊지 말아야 한다.

식물이 중요한 건 지극히 당연한 사실이라 이렇게 설명하는 것이 오히려 어색하게 느껴진다. 하지만 바로 그 점이 문제의 핵심인 듯하다. 식물이 우리의 생존에 필수라는 사실은 너무나 명명백백해서 자연사박물관 같은 곳에서도 굳이 중요하게 다루지는 않는 것이다. 그러나 이제는 너무 당연해서 잘 언급하지 않던 사실을 큰 소리로 말해보자. 우리는 식물 덕분에 살 수 있다. 식물과 (엄밀히 따지면 식물이 아니지만 식물원에서 볼 수 있는) 조류는 우리가 숨 쉬는 공기를 만든다. 이보다 더 근본적으로 중요한 사실이 있을까.

또한 식물의 다양성은 전 세계 식품 공급망과 긴밀하게 얽혀 있으며, 동물의 다양성은 식물 다양성에 좌우된다. 앞서 자세히 살펴본 곤충의 다양성 역시 상당 부분 식물에 의존한다. 예를 들어 식물의 수분을 돕는 곤충은 꽃과 손발이 척척 잘 맞게끔 진화했다. 꽃을 피우는 식물의 냄새, 형태, 색, 구조가 깜짝 놀랄 만큼 다양하게 진화한 것은, 꽃가루를 옮길 곤충을 끌어들여 곤충이 특정 방식으로 다가와 몸에 꽃가루를 잔뜩 묻히게 만들기 위해서다. 또한 많은 식물이 그런 역할을 하는 곤충에게 꿀과 같은 보상을 제공한다. 곤충은 입 구조와 다리, 몸통의 해부학적 형태가 꽃의 안쪽까지 수월하게 도달할 수 있게 진화했다.

꽃과 곤충의 관계는 독점적인 경우가 많다. 즉 상당수의 식물은 수분을 도울 수 있도록 꼭 맞게 진화한 한 종류의 곤충에 의해서만 수분이 이루어진다. 꽃을 피우는 식물이 이토록 다양하게 진화한 데는 수분을 도와주는 곤충과의 공동 진화가 큰 몫을 했다. 서로의 도움 없이 식물과 곤충은 둘 다 지금만큼 진화할 수 없었다는 뜻이다.[4] 식물의 다양성이 감소하면 그 식물에서 먹이와 쉴 곳, 그늘, 물을 얻는 모든 생물이 타격을 입는다. 육지의 생물서식지는 대부분 식물로 이루어져 있다.

인간이 먹는 거의 모든 것이 식물, 균류, 조류에서 나온다. 물 순환과 의약품 또한 식물에 의존하며, 식물은 그 밖에도 정말 많은 것을 제공한다. 나는 운 좋게도 숲 근처에 산다. 숲이 별로 크지 않고 런던 외곽순환도로와 가까워서 시끄러운 자동차 소리가 끼어들긴 하지만, 내게는 최고의 안식처다. 신경이 바짝 곤두선 날에도 숲을 거닐면 늘 마음이 차분해진다. 나는 이 자그마한 생물서식지에 의존해 살아가고, 마찬가지로 다른 식물들에도 무수한 방식으로 의존한다.

그럼에도 이렇듯 중요한 식물이 현재 어떤 위기에 놓였으며, 그것이 얼마나 시급한 문제인지를 더 적극적으로 알려야만 하는 상황이다. 자연사박물관이 우리의 관심이 필요한 곳에 우리 시선이 닿도록 안내하지 못하고 지금과 같은 '식물맹'에서 벗어나도록 돕지 못하면 우리 삶에 해를 끼치는 것이나 다름없다.

평범한 동물들의 역사

중세 유럽에서는 자연계에 관해 알려진 정보를 총망라하려는 책들이 등장하기 시작했다. 일종의 동물 백과사전과 비슷한 이런 책에는 각 지역에서 흔히 볼 수 있던 익숙한 동물들과 함께 이국적인 동물들이 큰 비중을 차지했다. 어떤 면에서는 오늘날의 사연사박물관과 비슷한 기능을 한 셈이다. 이런 책들과 자연사박물관의 또 한 가지 공통점은 유니콘처럼 생긴 동물이 있었다는 것이다. 차이가 있다면 중세의 자료들은 이마에 길쭉하고 뾰족한 뿔이 도드라진 아름답고 우아한 모습에 발굽이 있는 네발 동물로 묘사했고, 자연사박물관 전시실에는 한 쌍의 지느러미발을 가진 동물이 있다는 것이다.

외뿔고래가 바로 그 주인공으로, 실제로 보면 아주 신비하지는 않지만 분명 수수께끼 같은 면이 있다. 그 특징이 이 동물을 전 세계 어느 자연사박물관에서나 볼 수 있는 표본 중 하나로 만들었다. 북극에 사는 이 작은 고래가 바다의 유니콘으로 불리는 이유는, 몸길이가 3~4미터 정도인 수컷의 얼굴에 2.6미터쯤 되는 기다란 엄니 하나가 삐죽 튀어나와 있기 때문이다. 왼쪽 윗니 중 송곳니 하나가 고도로 변형되어 이런 엄니가 되는데, 오른쪽 윗니에도 송곳니가 있지만 보통 이렇게 커지거나 몸 밖으로 튀어나오지 않고 다른 이빨들처럼 턱에 묻혀 있다. 암컷 외뿔고래는 대부분 엄니가 없고 뭉툭한 이빨 두 개가 턱뼈 안에 남아 있다.

수컷의 이 기다란 엄니는 무슨 용도일까? 많은 이론이 나왔지만 설득력이 있는 건 하나도 없다. 암수가 이렇게 확연히 차이 나는 특성은 대부분 성 선택의 결과다. 즉 번식하려면 다른 개체와 경쟁해야 하는 종에서 번식 성공률이 높아지도록 발달한 특성이 대부분이다. 여러 갈래로 가지 진 사슴의 뿔, 영양의 뿔, 공작의 꼬리 등 무수한 예가 그에 해당한다.

외뿔고래의 엄니는 꼭 무기처럼 생긴 형태로 보아, 수컷들이 암컷을 서로 차지하려고 다툴 때 물 밖으로 엄니를 내밀고 칼싸움하듯 겨룬다는 해석이 가장 많다. 그러나 외뿔고래가 엄니를 공격적으로 쓰는 모습은 거의 목격된 적이 없다. 물고기를 잡을 때 긴 창처럼 쓴다는 의견도 있지만 긴 뿔 끝에 매달린 물고기를 어떻게 입으로 가져오는지 의문이고, 먹이를 잡는 용도라면 암컷에게서는 왜 발달하지 않았는지 설명이 안 된다.

오랜 시간 수수께끼로 남아 있던 이 엄니의 기능은 최근 연구에서 감각기관으로 밝혀졌다. 과학자들의 설명에 따르면 엄니에는 가느다란 관이 여러 개 있으며, 이 관으로 유입되는 바닷물을 엄니 내부의 치수강 속 신경세포가 직접 접촉해 주변 해수의 염도 변화를 감지할 수 있다. 바닷물의 염도는 바다가 얼고 있을 때 상승하므로(담수는 얼음으로 묶이지만 염은 얼지 않으므로), 염도 변화를 감지하는 기능은 북극해에 사는 모든 포유동물에게 매우 유용하다. 외뿔고래처럼 수면 위로 나가 숨을 쉬어야 살 수 있는 동물이 바다가 어는 줄도 모르고 바닷속에 있다가는 얼음 아래에 갇혀 익사할 수 있기 때문이다.[1] 수컷 외뿔고래는 엄니를 통해 염도를 감지해서 자신이 이끄는 무리를 안전한 바다로 이동시키는 것으로 추정된다.

이런 독특한 특징이 있으니, 외뿔고래가 자연사박물관 전시실에서 흔히 볼 수 있는 표본이 된 것은 그리 놀랍지 않다. 같은 이유로 외뿔고래 암컷은 전시실에서 거의 볼 수 없다는 사실도 다들 예상하리라 생각한다. 이번 장에서는 그런 문제 말고, 같은 수컷 외뿔고래라도 개체마다 생김새가 다르다는 점에 주목하고자 한다.

생물은 본래 개체마다 모습이 다양하다. 이 개체별 변이는 다음 세대에 유전되는 차이점(유전성), 개체의 생존이나 번식 성공률에 영향을 주는 차이점(차별적 적합성)과 함께 다윈의 진화론이 설명하는 진화의 세 가지 기본 조건 중 하나다. 개체별 변이는 대부분 알아채기 힘들 만큼 미미하며, 그 정도는 전부 그 종의 '표준'으로 여겨진다. 그러나 가끔 그런 수준을 훌쩍 벗어나 차이가 두드러지는 개체가 나타난다. 자연사박물관들은 온갖 과학적·비과학적 이유로, 평범한 개체보다는 그와 같이 눈에 확 띄는 특이한 개체를 소장품으로 더 많이 들였다.

수컷 외뿔고래가 500마리 있다면 499마리는 엄니가 하나이지만, 자연은 아주 드물게 엄니가 두 개인 외뿔고래를 만든다. 그런 희귀한 개체를 손에 넣은 박물관들은 외뿔고래의 일반적인 모습을 대표하는 표본보다 극히 비정형적인 표본을 더 적극적으로 전시한다. 내가 일하는 케임브리지대학교 동물학박물관에도 엄니가 두 개인 수컷 외뿔고래 표본 한 점이 전시되어 있다. 런던과 로테르담, 몬트리올, 함부르크(이곳에는 훨씬 더 놀랍고 희귀한, 엄니가 두 개인 암컷 외뿔고래가 있었다), 워싱턴의 박물관들에서도 엄니가 두 개인 외뿔고래 표본을 본 적이 있다.

엄니가 두 개인 수컷 외뿔고래가 흥미로운 표본인 것은 분명하므로 전시하지 못할 이유가 없다. 또한 이런 특이한 표본은 인간의 외모가 전부 다르듯이 자연의 모든 생물은 모습이 다양하다는 사실을 분명하게 보여준다. 하지만 그런 독특한 표본을 전시하면서 그와 같은 의미를 설명한 경우는 한 번도 본 적이 없다. 외뿔고래는 엄니가 하나인 게 그 종의 대표적인 특징인데, 엄니가 하나인 표본은 **빼고** 엄니가 두 개인 외뿔고래만 전시하면 관람객들에게 외뿔고래의 일반적인 모습을 제대로 보여주지 못하고 혼란을 일으킬 위험이 있다.

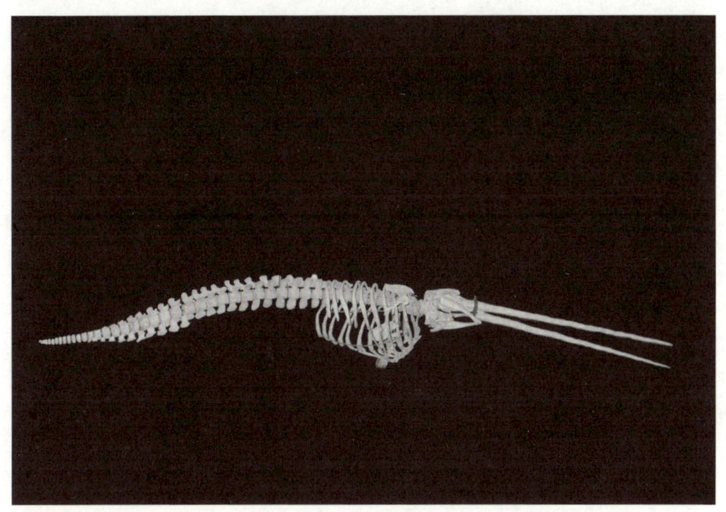

케임브리지대학교 동물학박물관에 전시된 엄니 두 개짜리 외뿔고래의 표본. 박물관 전시실에서는 일반적이지 않은 동물 표본을 실제 자연에서보다 훨씬 쉽게 볼 수 있다.

나비도 수컷과 암컷의 날개 무늬가 전혀 딴판인 종이 많다. 굉장히 드문 확률로 한쪽 날개에는 '수컷'의 무늬가 있고 다른 쪽 날개에는 '암컷'의 무늬가 있는 개체가 발견되는데(이런 특성을 '자웅모자이크'라고 한다), 자연에서는 이런 개체가 희귀하지만 자연사박물관 전시실에서는 그리 어렵지 않게 볼 수 있다. 생물 표본을 수집할 때는 생물의 형태상 다양성이 골고루 나타나는 개체, 즉 그 생물의 일반적인 모습을 보여줄 수 있는 개체인지가 핵심 기준이 되어야 하는데, 박물관 표본에서는 이처럼 극단적 예외에 속하는 개체가 훨씬 큰 비중을 차지한다. 그 결과, 특이한 모습이 그 생물의 대표적 특성처럼 여겨질 수 있다는 것은 주목할 문제다. 실제로 우리는 생물의 다양성에 끌리는 경향이 있다. 그리고 평범하지 않은 개체는 그 종의 다양성이 어떤 메커니즘으로 생겨났는지 알아낼 수 있는 단서가 되곤 한다.

액침표본 고양이

자연사박물관이 소장한 동물 표본의 구성은 오늘날 동물계에서 일반적인 동물과 희귀한 동물이 차지하는 실제 비율과 큰 차이가 있다. 같은 동물이라도 희귀한 개체가 박물관 소장품이 될 확률이 높듯, 자연사박물관에는 우리가 흔히 보는 동물보다 색다른 동물이 더 많다. 공룡, 도도새, 코끼리, 고래는 박물관에 들어올 수 있어도 개, 고양이, 쥐, 소는 들어오지 못한다. 인간의 삶에서 상당 부분을 함께하는 동물들이 자연사박물관에서는 상대적으로 희귀하다. 그래서 보편적인 자연사박물관을 가정한 우리의 가상 투어에서는 주변의 친숙한 동물을 보게 될 확률이 낮다. 나는 이제 이런 상황이 달라져야 한다고 생각하며, 많은 사람이 공감하기를 바란다.

내가 그랜트동물학박물관에서 일할 때, 영국 왕립수의학대학교에서 일하던 동료가 연락을 해온 적이 있다. 그는 학생들에게 닭의 골격을 보여주려고 여러 박물관에 문의했는데, 런던에서 닭 골격표본을 소장한 곳은 그랜트동물학박물관이 유일하다는 말을 들었다고 했다. 해부학 연구에 활용할 만한 닭의 골격표본을 제작·보관하는 수고를 자처하는 박물관이 거의 없는 것은, 우리가 닭을 평소에 워낙 많이 접하기 때문인 듯하다.

그 일이 있고 얼마 후, 나는 박제사인 재즈민 마일스롱Jazmine Miles-Long에게 매우 평범한 닭의 박제표본을 만들어달라고 의뢰했다(재즈민은 자연사한 동물만 박제한다는 작업 원칙을 지키는 사람이라, 인위적으로 죽임을 당하지 않은 닭 가운데 박제하기 좋은 상태의 표본을 구하느라 제작 기간이 꽤 오래 걸렸다). 2017년에 내가 기획한 '평범한 동물들을 위한 박물관' 전시에 닭 표본이 필요했기 때문이다. 자연사박물관의 표본에 나타나는 편향성을 집중적으로 부각한 이 전시에서는 아주 흔한 동물들이 세상을 변화시킨 이야기를 전했다.

사람들에게 친숙한 동물이라도, 자연사박물관은 관람객이 지금껏 들어본 적 없을 법한 흥미진진한 이야기를 얼마든지 들려줄 수 있다. 또한 인류의 삶과 아주 밀접한 동물들의 이야기는 오히려 더 깊은 유대를 느끼게 한다.

생쥐, 쥐, 고양이, 개, 닭, 비둘기, 돼지, 소, 양과 같은 동물들은 이야깃거리가 무궁무진하다. 모두 인류의 문명과 자연에 큰 영향을 준 동물들이고, 그 이야기에는 우리가 배움을 얻을 만한 놀라운 점이 많은데도 자연사박물관 전시실에서는 거의 볼 수가 없다. 이 동물들이야말로 수많은 사람의 생활에서 가장 중요한 자리를 차지하고, 지구 생물에 어마어마한 영향을 준다. 객관적 기준에서 흥미로울 뿐 아니라 수적으로도 압도적이다. 2023년에 발표된 어느 연구 결과에 따르면 지구 전체의 육지 야생 포유동물은 총생물량이 2000만 톤이고, 인간이 가축으로 기르는 포유동물의 총생물량은 그보다 훨씬 큰 6억 3000만 톤이다(인간의 총생물량은 3억 9000만 톤이다).[2] 자연사박물관은 수적으로 이렇게 막대한 동물들을 거의 전시하지 않는 이유를 정당화할 수 있을까?

2017년의 평범한 동물들 전시에서는 이 동물들이 어디에서 왔는지 질문을 던지는 것으로 시작해, 문화·과학·환경과 어떤 관계가 있는지 소개했다. 어디에나 존재하는 이 평범한 동물들은 그러한 주제로 이야기할 거리가 무궁무진하지만, 흔히 볼 수 있다는 바로 그 특성이 박물관 전시실로 들어오지 못하게 하는 걸림돌로 작용하는 듯하다.

우리 식탁에 올라오는 음식으로, 함께 생활하는 반려동물로 접하고, 길거리에서 자주 마주치는 동물을 보기 위해 일부러 박물관을 찾아갈 필요가 있느냐고 생각할 수는 있다. 인간 생활과 밀접한 동물들의 이야기는 **자연**의 역사가 아니라고 주장하는 사람도 있을지 모른다. 그렇지만 나는 이 평범한 동물들의 내력과 이들을 통해 알게 되는 자연, 이들이 자연에 끼치는 영향이야말로 자연사박물관이 반드시 다뤄야 하는 주제라고 생각한다(어떤 기준에서든 특정 동물을 '자연'의 범위에 넣지 않으려는 것은 흥미로운 발상이다).

인간이 나타나기 전에는 평범한 동물이라는 것이 없었다. 평범한 동물은 물리적으로나 개념적으로 인간이 만든 분류다. 즉 가축으로 길들인 야생동물이나, 쥐처럼 야생에서 살아가는 특정 생물을 인간 세계의 일부라고 여긴 것이 그 시작이었다. 가축화는 인간의 이익을 위해 야생의 일부 개체를 따로 분리해 부분적으로, 또는 그 이상으로 번식을 통제하고 보살피는 방식으로 이루어진다. 동물을 길들이면 인간이 이득을 얻는다는 사실을 가장 확실하게 보여주는 것은 농장에서 식용으로 키우는 축산 동물이다. 그 밖에 인간이 재배하는 작물의 수분을 돕거나 사냥을 보조하는 조수로 활약하는 동물들도 평범한 동물로 분류된다. 동물의 가죽과 각종 재료를 얻으려 사육하고, 인간의 이동 수단으로 쓰며, 인간의 즐거움을 위해 집에서 키우는 동물들도 마찬가지다.

1만 9000년부터 3만 2000년까지 전 유럽에서 원래 늑대였던 동물로부터 개가 생겨난 것은 최초의 가축화로 여겨진다. 유목민들이 야영하던 곳에 늑대 몇 마리가 나타나 사람들이 남긴 쓰레기에서 먹을 것을 뒤지던 것을 시초로, 오랫동안 점진적으로 이루어진 일이었다. 이런 늑대들이 독자적으로 살아가는 늑대들과 따로 번식하고, 그렇게 태어난 새끼를 인간이 데려다 인간 사회에서 키웠다. 인간은 더 이상 인간을 피해 달아나거나 공격하지 않는 개체들을 사육하며 처음으로 다른 동물의 번식마저 통제했다. 사람들은 함께 어울려 지낼 수 있는 온순한 기질과 '귀염성' 같은 특성이 있는 늑대를 계속 데리고 살 개체로 골랐다. 이는 인간과 지내는 늑대들이 외모도 성격도 야생 늑대와 달라지는 불가피한 결과를 낳았으며, 그런 개체가 개가 되었다.

늑대와 개의 중간쯤 되는 동물은 함께 지내던 사람들이 사냥 다닐 때 도와주고 거처를 지켜주는 등 인간에게 이로운 특성이 더 있었다. 진화적으로 더 최근에 이르러서는 이 동물의 다양한 특성이 각기 다른 조합으로 나타나는 여러 품종이 만들어졌다. 늑대의 후손인 개는 인간이 개입하면서 다른 어떤 종보다 해부학적으로 다양한 동물이 되었다.

작가 레이철 폴리퀸Rachel Poliquin은 형태와 크기가 다양한 바로 그 점이 자연사박물관 전시실에 개의 박제표본이 없는 주된 이유라고 설명했다. 인위적 선별로 너무 다양한 종류가 생겨나는 바람에, 다른 생물처럼 종 전체를 대표할 수 있는 보편적 표본을 정할 수가 없게 되었다는 것이다.[3]

반대로, 드물긴 하지만 개의 다양성을 적극 활용해 이 문제를 타개하려는 시도를 볼 수 있다. 예를 들어 영국의 박물관 포유동물학자 리처드 리데커Richard Lyddeker는 애견협회가 주최하는 대회에서 상을 받거나 경주에서 우승한 개들이 대부분인 혈통견 88마리의 박제표본을 모아 '트링 개 컬렉션'을 만들었다(런던 북서부 트링자치구에 있는 자연사박물관에 지금도 전시한다). 런던 남동부의 호니먼박물관Horniman Museum도 비슷한 전시를 기획했다. 이 전시는 개를 사육하는 행위 자체를 '박제'한다는 목표로, 인간의 선택적 사육이 개에게 끼친 영향과 인류가 이 동물의 변화에 어떤 역할을 했는지 알리는 데 주력했다. 이런 주제답게 이례적으

왜 자연사박물관에는 개의 박제표본이 드물까? 경주 등 대회에서 상을 받은 혈통견들의 박제표본을 모은 트링자연사박물관 '트링 개 컬렉션'의 그레이하운드 박제표본.

로 많은 표본이 전시되었다.

'평범한 동물들을 위한 박물관' 전시에서는 인간 삶의 중심이 된 동물들이 자연사박물관의 관심을 얻지 못하는 현실을 부각했다. 박물관에 전시되려면 사람이 수집해야 하며, 사람들은 자기가 흥미를 느끼는 것만 수집한다.

나는 박물관 소장품에서 나타나는 인간과 동물의 관계를 연구해온 뉴질랜드(마오이어로는 '아오테아로아Aotearoa') 출신 보전생물학자 프리실라 웨히Priscilla Wehi에게서 뉴질랜드 토착견 ‘쿠리kuri’의 박제표본이 전 세계 모든 자연사박물관의 표본 수십억 점 가운데 딱 한 점뿐이라는 이야기를 들었다(그 한 점은 뉴질랜드테파파통가레와박물관Museum of New Zealand Te Papa Tongarewa에 있다). 800여 년 전 마오리족의 선조들이 폴리네시아에서 뉴질랜드로 올 때 데려온 쿠리는 마오리족 문화에서 큰 부분을 차지했지만 19세기 후반에 멸종했다. 유럽인들과 함께 뉴질랜드에 유입된 개들과의 교배가 가장 유력한 멸종 원인으로 꼽힌다.

유럽인들이 뉴질랜드를 식민지로 삼은 뒤 초기 수십 년의 기록에는 쿠리가 흔한 동물이었음을 알 수 있는 단서가 많다. 그럼에도 표본으로 수집할 생각조차 하지 않았다는 게 놀라울 따름인데, 이 사례만 봐도 표본을 박물관에 보존해 과학 탐구에 활용해야 한다고 생각하지 못할 만큼 우리가 개에게 무관심하다는 사실을 알 수 있다. 수집의 이러한 편향성은 식민지 개척에 나선 국가들이 정복한 나라의 고유한 토착 문화를 무시하는 태도까지 더해져 더 심해졌다.

유럽인들이 뉴질랜드에 처음 발을 들였을 때 육지에 사는 덩치 큰 포유동물은 쿠리가 유일했다(뉴질랜드의 육지 포유동물 중 토착종은 박쥐 세 종이 전부였으며, 그중 한 종은 현재 멸종했다. 그 외에는 쿠리처럼 마오리족이 데려온 폴리네시아 쥐 키오레kiore가 있었다). 더욱이 쿠리는 사람이 길들인 독특한 개였으니 더욱 관심을 얻었을 텐데도 표본으로 거의 수집하지 않았다. 당시 수집된 표본 중에 지금까지 남아 있는 것은 가죽 표본 한 점이 전부다. 다만 쿠리의 머리뼈는 고고학 연구로 꾸준히 발굴되고 있으며, 쿠리의 털로 만든 마오리족의 전통 망토가 전해진다(인류학 자료로 수집되었다).

때때로 개와 그 밖의 평범한 동물들은 과학 탐구가 아니라 다른 목적에서 보존되어 박물관 소장품이 되곤 한다. 함께 지낸 동물과의 기억을 오래 간직하려고 박제하는 것도 그런 경우다. 자기가 키우던 반려동물이 죽으면 좀 더 오래 함께 있고 싶어서 박제하는 사람들이 있다. 이런 박제동물은 동물의 일반적 특성보다는 개성이 더욱 강조된다.

그랜트동물학박물관에는 박제동물이 아닌 골격표본으로 구성된 반려견 컬렉션이 있다. 각각의 골격이 놓인 받침에는 보통 종명과 표본 출처 정보가 붙어 있는데, 여기에는 반려동물의 이름이 적힌 나무 라벨이 붙어 있다. 이 반려견 컬렉션은 인간 사회에 극악한 영향을 끼친 두 남성 학자, 프랜시스 골턴Francis Galton과 칼 피어슨Karl Pearson이 키운 동물들이다. 골턴은 법의학에서 지문을 활용하는 방법을 고안하고, '개 호루라기'*와 기상도를 최초로 개발한 학자다. 피어슨은 아인슈타인의 연구에 영향을 주고 수리통계학을 처음 확립하는 등 논란과 거리가 먼 업적도 남겼다. 그러나 골턴은 인종차별적 유사과학인 우생학을 창설했으며, 피어슨은 우생학의 열렬한 지지자였다.

---

* 개가 들을 수 있는 초음파를 발생시키는 특수한 호루라기.

1863년, 골턴은 인간이 길들일 수 있는 동물의 필수적인 특성을 정리했다. '평범한 동물들'을 정의한 첫 기준이라고 할 만한 내용이었다.

1. 강인함.

2. 인간을 좋아함.

3. 편안히 지내려는 욕구가 있음.

4. 인간에게 유용함.

5. 원하는 대로 번식시킬 수 있음.

6. 돌보기 쉬움.

골턴은 이런 설명을 덧붙였다. "가축은 소수의 사람이 많은 수를 거뜬히 돌볼 수 있을 만한 특성을 지녀야 한다. 떼 지어 생활하려는 본능이 그러한 특성에 해당한다"[4] 골턴에 따르면 사람이 길들인 동물 중 무리 지어 생활하려는 본능이 없는 건 고양이가 유일한데, 그는 이렇게 설명했다. "고양이가 계속 사람과 지내게 된 것은 자신이 길러진 집의 편안함을 유달리 중시하는 특성 때문이다."[5]

평범한 동물들에게는 과학, 역사, 사회, 경제와 관련된 이야깃거리가 아주 많다. 그래서 우리는 '평범한 동물들을 위한 박물관' 전시를 기획하면서 여러 분야의 연구자들과 협력했다. 당시 유니버시티 칼리지 런던(골턴이 우생학 연구실을 설립한 곳이자 피어슨이 통계학과를 신설한 곳)에서 골턴 컬렉션을 담당한 큐레이터 수바드라 다스Subhadra Das도 그중 한 명이었다. 다스는 우생학자들이 가축화와 선택적 사육, 즉 품종 개량에 흥미를 느낀 이유를 쉽게 짐작할 수 있으며, 골턴이 그 주제에 흥미를 느낀 이면에는 동물을 개량하듯 **사람**을 개량하려는 의도가 깔려 있었다고 지적했다.

종의 진화에 관한 찰스 다윈의 연구 결과가 알려지자(다윈과 골턴은 사촌지간이었다) 골턴은 동물을 가축화한 방식을 인간에게도 적용해 선택적으로 번식한다면 사회가 개선될 수 있다고 주장했다. 이것이 그가 정립한 우생학의 바탕이 되었다(우생학을 뜻하는 영단어 'eugenics'는 '우수한 혈통'이라는 뜻이다). 골턴의 이론은 20세기 초 미국과 영국, 유럽 정치계에 널리 퍼져나갔으며, 1930년대에 나치가 채택하면서 파괴적인 결과를 낳았다.[6]

그랜트동물학박물관의 반려견 컬렉션에는 백색증을 앓았던 골턴의 개 '위링Wee Ling'의 골격표본도 있다. 골턴은 피어슨이 선물한 이 개를 아꼈다고 전해지며, 그가 남긴 글과 사진으로 이를 알 수 있다. 그 밖의 컬렉션 표본들은 모두 피어슨의 혈통교배 연구로 태어난 개들이다. 분류학과 해부학 연구를 위한 '과학 표본'으로 활용되었을 가능성이 있지만, 표본마다 자랑스럽게 걸려 있는 명판에서는 개들과의 추억을 간직하려는 마음과 애정이 느껴진다.

수많은 사람들이 개를 키우며 특별한 감정을 느낀다는 점도,

자연사박물관에 개의 표본이 거의 전시되지 않는 또 다른 이유일 것이다. 개를 표본으로 만들어 보존하는 것은 있을 수 없는 일이라고 여길 만큼 큰 유대감을 느끼는 것이다. 앞서 언급했듯이, 자연사박물관에서 귀여운 포유동물이 병에 담긴 액침표본을 보고 어떻게 이런 잔인한 짓을 할 수 있느냐며 항의하는 관람객들이 실제로 많다.

내 경험상 이런 반응을 가장 격렬하고 일관되게 촉발하는 표본은 유리병에 든 고양이 표본이다. 그랜트동물학박물관에서 일할 때도 그런 표본이 전시된 적이 있다. 폭이 좁은 직사각형 유리 수조에 보존된 고양이 표본인데, 한쪽에서 보면 털이 북슬북슬한 죽은 고양이가 일어선 자세로 굳은 것처럼 보이지만 반대편으로 돌아가면 전혀 다른 광경이 펼쳐졌다. 숙련된 솜씨로 몸이 절개되어 내부 장기가 드러나 있고, 배 속에 조그만 새끼가 들어 있다. 이를 본 관람객들은 임신한 고양이의 표본임을 깨닫고 더 크게 동요했다. 멸종위기에 놓인 무수한 동물 표본을 보면서도 전혀 감정적으로 반응하지 않던 관람객들도 그 표본을 보면 너무 심하다고 느낀 듯 격한 반응을 보였다.[7]

평범한 동물들은 전 세계 많은 문화에서 사회적·종교적 상징으로 쓰여왔다. 고대 이집트에서는 동물의 그림이나 유해, 동물과 닮은 것에 실재적 의미와 영적 의미가 모두 있다고 믿었다. 동물의 고유한 특성을 이해하고 인간에게 없는 능력을 숭상했으며, 그래서 동물이 신의 상징으로 여겨지는 경우가 많았다.

내가 일하는 케임브리지대학교 동물학박물관의 전시실에는 사람이 길들인 고양이 표본이 없지만, 보이지 않는 수장고에는 고대 이집트에서 제작된 미라 고양이 컬렉션이 보관되어 있다. 고대 이집트에서 길들인 고양이는 쥐나 해충으로부터 식량을 지켜주고, 코브라나 전갈 같은 위험한 동물을 잡는 귀한 동물이었다.

시간이 흐르면서 사람들은 인간을 지켜주는 고양이의 이러한 역할을 몇몇 신과 연결하게 되었다. 수호신이자 출산·모성의 신으로 여겨지는 바스테트Bastet 여신이 가장 대표적이다. 이 동물을 추종하는 문화는 점차 많은 사람의 호응을 얻어 수만 마리의 고양이 미라가 신전에서 제물로 바쳐졌고, 수요가 크게 늘어나자 아예 미라로 만들 고양이를 대량으로 사육했다. 그래도 제물로 바칠 고양이가 부족했는지, 그 시대의 고양이 미라를 엑스선으로 분석하면 미라 한 구에 뼈가 두어 개만 포함된 경우가 많다. 고양이 한 마리로 미라 여러 개를 제작한 것이다.[8]

인간 생활에서 그보다 훨씬 실용적으로 쓰이는 평범한 동물들도 있다. 소, 양, 염소, 돼지는 오늘날 가축으로 가장 많이 사육된다. 우리는 이 동물들에게서 고기와 젖, 가죽, 털을 얻으며 배설물은 연료로 쓴다. 또한 이 동물들은 우리의 밭을 갈고 수레도 끈다. 소의 조상은 1만 500년부터 9000년 전 지금의 튀르키예 동부와 시리아에 서식한, 180센티미터 키에 거대한 뿔이 달린 '오록스aurochs'라는 야생동물이다. 자연사박물관에 소가 전시된 경우는 드물지만, 멸종되어 표본을 구하기가 훨씬 힘든 오록스는 제법 많은 박물관에서 볼 수 있다.

∞

평범한 동물 중에는 고양이·개·닭·기니피그처럼 인간의 생활과 얽히며 가축화한 종류와, 소나 양처럼 과도한 사냥으로 야생에 서식하는 개체수가 줄자 가축으로 키우기 시작한 종류가 있다. 운송수단 또는 실험동물로 쓰거나 인간의 즐거움을 위해 기른 동물들은 더욱 의도적으로 가축화한 사례들이다.

골든햄스터의 사연은 평범한 동물들의 이야기 중에서 단연 흥미롭다. 오늘날 사람들이 반려동물로 키우는 골든햄스터는 **전부** 1930년에 동물학자 이스라엘 아하로니Israel Aharoni가 시리아 알레포 인근의 어느 들판에서 현지 가이드 조르지우스 칼릴 타한 Georgius Khalil Tah'an과 함께 수집한 암컷과 그 암컷이 낳은 새끼들의 자손이다.

1931년 영국으로 온 이 햄스터 가족은 런던 중심부에 있던, 웰컴재단Wellcome Trust의 전신인 단체로 보내졌다. 당시 실험동물로 많이 쓰이던 중국햄스터는 사육이 까다로운 편이라, 이를 대체할 후보로 데려온 것이다. 그 뒤 골든햄스터는 전 세계 실험실로 보내졌지만, 1940년대부터 반려동물로 큰 인기를 얻었다. 고속도로 엔지니어로 일하다 실직한 앨버트 마시Albert Marsh가 빚 1달리를 갚으려고 도박을 시도했다가 덜컥 돈을 따고, 그 돈으로 '걸프 햄스터리Gulf Hamstery'라는 회사를 세워 햄스터를 상업적으로 판매한 결과였다.

햄스터를 비롯한 설치류는 실험동물로 쓰이며 과학 연구에 엄청나게 큰 몫을 해왔다. 꼭 실험동물이 된 것 같다는 비유를 쓸 때 사람들은 주로 기니피그나 흰쥐rat를 떠올리지만, 실제로 과학 연구에 가장 많이 쓰이는 포유동물은 생쥐mouse다. 동물 실험은 끊임없이 논란이 되는 문제인데, 평범한 동물들이 과학과 의학 연구에 쓰이지 않았다면 이 세상에 관한 우리의 지식은 지금과 같지 않았을 것이다.

쥐와 인간은 생물학적으로 매우 비슷해서, 과학자들은 쥐를 인간의 모형으로 삼아 유전자를 변형시켜 인체 질병을 탐구하고 치료법을 시험한다. 암, 알츠하이머, 비만, 당뇨병, 노화 관련 질환 등 전 세계적으로 가장 심각한 건강 문제를 해결하기 위해 개발되는 현대의 모든 신약은 쥐 실험에서 효과와 안전성이 입증되어야만 사람에게 적용하는 다음 단계로 넘어갈 수 있다.

쥐는 여느 평범한 동물들과 달리 박물관 전시실에서 그리 드물지 않게 볼 수 있다. 표본으로 제작할 수 있는 죽은 동물을 구하기 쉽기 때문이기도 하고, 사람들이 쥐에게는 다른 평범한 동물들을 대할 때처럼 감정적으로 깊은 애착을 느끼지 않기 때문이기도 하다. 특히 런던의 모든 자연사박물관 전시실에 있는 쥐 표본은 다른 어떤 동물 표본보다 많다(런던에는 대형 자연사박물관이 네 군데 있다). 범위를 영국의 모든 자연사박물관으로 넓혀도, 아마 런던만큼 쥐 표본이 많이 전시된 곳은 없으리라고 확신한다. 영국의 박물관 중에 같은 동물의 표본을 4000점 넘게 전시한 곳은 없는데, 여전히 그랜트동물학박물관에서 볼 수 있는 '평범한 동물들을 위한 박물관' 전시에 포함된 생쥐 표본이 그 정도 규모이기 때문이다. 우리는 이 4000여 마리의 생쥐 골격으로 '쥐의 공간Mice Space'을 만들었다(내 또래라면 이 단어가 낯설지 않을 것이다*).

그랜트동물학박물관에는 전체 소장품의 13퍼센트에 달하는 9000마리의 쥐 골격표본이 있는데, '쥐의 공간'에는 그중 일부를 선별해 전시했다. 이 박물관이 소장한 생쥐의 골격표본은 모두 한 사람이 수십 년에 걸쳐 공들여 제작한 것으로, 그 뒤 줄곧 눈에 띄지 않는 곳에 보관되어 있었다. 아마 표본을 제작한 그 사람도 생쥐 표본을 전시하려는 사람이 나타나리라고는 생각지 못했을 것이다. 전시한다 해도 대체 어떻게 하겠다는 건지 더더욱 예상하지 못했을 텐데, 우리는 생쥐 한 마리의 골격을 각각 작은 유리병에 담고, 기다란 투명 아크릴관 100개를 준비해서 그 유리병들을 전부 집어넣었다. 그리고 이 관을 통째로 전시실 한쪽 벽에 붙여 전시했다.

아크릴관에는 세계 곳곳의 각각 다른 섬에서 수집된 쥐의 골

격이 담겨 있다(수장고에도 쥐를 수집한 섬에 따라 각기 다른 상자에 분리되어 담겨 있었다). 스코틀랜드의 여러 섬, 멀게는 남극 인근 섬에서 수집된 이 쥐들은 모두 1960~1970년대에 유니버시티 칼리지 런던의 동물학자 로버트 제임스 베리Robert James Berry가 수집한 표본들이다. 베리의 연구 주제는 섬에 서식하는 동물의 진화와 생태에 나타나는 흥미로운 특징이었다. 쥐는 전 세계 어디에서나 볼 수 있는 동물이므로 쥐를 연구 대상으로 택한 것은 탁월한 선택이었다. 본래 인도 북부의 토착동물인 쥐는 인간이 만든 운송수단에 몰래 숨어 들어가 지구 전체로 퍼져나갔다.

베리가 주목한 섬 동물의 흥미로운 특징 중 하나는 '창시자 효과'다. 집단에서 떨어져나온 소수의 개체가 새로운 장소(섬 같은 곳)에 정착해서 작은 집단을 이루면, 이들의 평균적인 유전적 구성이 처음 속한 집단의 평균적인 유전적 구성과 달라진다는 이론이다. 새로운 곳에 이주하는 소수의 개체가 전체 집단의 유전적 특성을 전부 지닐 수는 없기 때문이다.

베리의 두 번째 연구 주제는 광범위한 지역의 다양한 기후가 생물의 몸집 크기에 끼치는 영향이었다. 몸집이 클수록 부피 대비 표면적이 줄어서 체온을 더 효율적으로 유지할 수 있으므로, 같은 종이라도 추운 기후에서 사는 동물은 따뜻한 곳에서 사는 동물보다 몸집이 크다. 이를 '베르그만 법칙'이라고 하는데, 베리는 정말로 이런 현상이 나타나는지 조사했다. 일반적으로 섬은 가장 가까운 육지보다 기후가 혹독한 경우가 많기 때문에 섬 동물들은 이 연구에 매우 적합했으며, 실제로 기온이 낮은 곳일수록 쥐의 몸집이 큰 것으로 나타났다.

모두 가장 전형적인 자연사 연구이므로 쥐도 자연사박물관 전시실에 당연히 한자리를 차지할 만하다는 생각이 든다. 그러나 이런 평범한 동물들이 전시실에 들어오지 못하는 이유는, 전시할 만한 동물을 선정할 때 모든 동물을 동등하게 보지 않는 편향성 때문이다. 물론 자연사박물관이라면 당연히 호랑이나 기린, 고래, 공룡처럼 경이로운 동물을 볼 수 있는 특별한 장소여야 한다고 주장하는 사람이 있을 것이다. 개, 고양이, 소, 쥐는 꼭 박물관이 아니어도 다른 곳에서 얼마든지 만날 수 있다면서 말이다. 그렇지만 더 쉽게 볼 수 있는 것에는 전시 공간을 허락하지 말아야 할까? 사람들은 친숙한 것에 더 끌리게 마련이며, 친숙한 동물들의 놀라운 이야기는 관람객들의 관심을 사로잡는다.

∞

평범한 동물들이 자연사박물관 전시실로 들어올 수 있는 한 가지 방법은, 이 동물들이 야생 생태계에 어떤 영향을 주는지를 전시에서 다루는 것이다. 평범한 동물로 분류되는 많은 종이 인간의 생활환경에서뿐만 아니라 본래 있던 곳인 자연으로 돌아가도 잘 살아간다. 반려동물이나 가축이 일시적 또는 영구적으로 인간의 통제와 목줄, 울타리에서 벗어나면 야생동물과 생태계에 큰 영향을 줄 수 있는데, 때로는 그 영향이 몹시 해롭다. 이 문제는 생물다양성의 위기를 사람들에게 적극적으로 알리려는 자연사박물관의 목표와 관련이 있다.

네덜란드 로테르담자연사박물관Natural History Museum Rotterdam에는 집고양이 박제표본과 죽은 새 34마리가 전시함 하나에 함께 담긴 전시물이 있다. (이 지역 조사에서) 사람들이 반려동물로 키우는 고양이 **한 마리**에게 죽임을 당하는 새와 포유동물이 연평균 34마리라는 조사 결과를 나타낸 전시다. 스위스 제네바자연사박물관Natural History Museum of Geneva의 한 전시실에도 박제된 고양이 표본 곁에 소형 동물의 뼈가 수북이 쌓여 있다.

내가 로테르담자연사박물관에 전시된 고양이의 사진을 온라인에 공유하자, 인간 손에 죽임을 당하는 동물이 훨씬 많은데 고양이가 동물을 죽이는 걸 왜 걱정하느냐는 사람들의 항의가 빗발쳤다. 이런 주장은 반려동물을 키우는 인간에게 자기 반려동물의 행위에 대한 책임이 있다는 사실을 외면한다는 점에서도 문제이지만, 교통사고로 죽는 사람보다 병들어 죽는 사람이 더 많으므로 차를 탈 때 굳이 안전띠를 맬 필요가 없다는 식의 이상한 논리다. 집에서 키우는 고양이들이 바깥을 돌아다니면 어떤 결과가 초래되는지는 이미 무수한 연구로 입증되었다. 그럼에도 자기 고양이가 야생동물에게 해가 될 수 있다는 사실에 불쾌감을 드러내는 사람들이 엄청나게 많다.

고양이가 생태계에 가장 큰 위협이 되는 경우는 **실제로** 많다.

사람과 살다 길고양이가 되는 경우에 특히 그렇다. 내가 해마다 현장연구를 하는 호주에는 현재 전체 면적의 99.8퍼센트에 길고양이가 사는데, 그 시작은 1788년에 그곳을 침략한 유럽인들이 자연에 처음 풀어놓은 고양이였다. 고양이의 유입은 호주에서 발생한 대부분의 멸종과 관련이 있으며, 호주는 포유동물이 살기에 가장 나쁜 서식지가 되었다.

1788년을 기점으로 호주에서는 전 세계 어느 나라보다 많은 포유동물이 멸종했다. 작은빌비, '올라쿤타oolacunta'라고도 하는 사막캥거루쥐, 돼지발반디쿠트, 흰발토끼쥐, 넓은얼굴캥거루쥐 등 많이 알려지지 않은 동물 30종 이상이 사라졌다. 멸종된 동물의 규모는 호주에 서식하는 전체 포유류의 약 10퍼센트에 이른다. 최근 지구에서 발생한 모든 포유동물 멸종의 37퍼센트가 호주에서 일어났는데, 주된 원인은 다름 아닌 고양이다.[9] 이런 사실을 알고 나면, 자연사박물관은 환경오염과 기후변화, 생물서식지 소실이 생태계에 어떤 위협이 되는지 보여주는 것과 마찬가지로 이런 평범한 동물의 위협성까지 반드시 다루어야 한다고 말할 수도 있을 것이다.

비단 고양이만의 문제가 아니다. 잘 알려지지 않았을 뿐, 쥐도 야생동물에게 해가 된다. 그 영향은 섬에서 더욱 도드라지며, 특히 조류가 겪는 피해가 크다. 세계 곳곳을 돌아다니는 인간과 함께 각지의 섬으로 유입된 쥐들은 최근 발생한 조류 멸종에 가장 큰 원인으로 작용했다. 유니버시티 칼리지 런던의 침입생물학교수 팀 블랙번Tim Blackburn은 지난 500년 동안 고양이와 쥐가 멸종시킨 새가 각각 32종, 20종이라고 내게 알려주었다.

자연사박물관들이 좋아하는 도도새도 같은 원인으로 사라졌다. 도도새 새끼와 알은 모리셔스제도에 첫발을 들인 뱃사람들이 데려온 돼지, 생쥐, 개, 원숭이의 공격을 받았다. 포유동물이 없는 외딴섬에서 살아온 새들은 하늘을 나는 능력을 잃는 경우가 많아서, 포식동물이 갑자기 유입되면 금세 먹이가 된다. 최근 발생한 멸종 외에, 수천 년 전 인류가 태평양 열대 섬들에 터를 잡기 시작한 뒤로 그 지역에 서식하던 1300여 종의 조류가 사라졌다는 사실이 화석 기록을 통해 밝혀졌다. 그중 상당수는 식민지 개척자들의 배에 함께 실린 쥐들의 먹잇감이 되어 멸종했다.

쥐가 자연사박물관 전시실 한쪽에 겨우 자리를 차지하는 경우, 대체로 쥐가 일으키는 어러 가지 피해를 알리는 내용이 주가 된다. 그런데 쥐를 다소 중립적인 시선으로 전시한 박물관이 두 군데 있다. 영국 글래스고의 켈빈그로브미술관·박물관Kelvingrove Art Gallery and Museum과 브뤼셀의 벨기에왕립자연과학연구소로, 이 두 곳에는 어미젖을 빨고 있는 매우 많은 새끼 시궁쥐가 박제 표본으로 전시되어 있다.

귀엽고 사랑스러운 이런 광경은 쥐를 해로운 동물로만 여기는 인식을 누그러뜨리려는 시도인가 싶다가도, 어쩐지 다른 의도가 있을지 모른다는 생각이 들었다. 어떤 동물이든 박제표본을 새끼들이 젖을 먹는 모습으로 제작하는 경우는 몹시 드물다. 아무래도 점잖은 체하는 빅토리아시대의 분위기가 여전한 탓일 텐데, 그럼에도 이런 표본을 굳이, 그것도 쥐로 만들었다는 것은 우연이 아닐지 모른다. 쥐가 큰 피해를 일으키는 동물이 된 주요 특징 중 하나는 굉장한 번식력이다. 혹시 이런 특성을 무의식적으로 알리려는 의도가 깔린 것은 아닐까?

이름으로 불린다는 것

특정 동물이 평범하다고 여겨지는 이유는 여러 가지다. 따라서 그와 정반대 타이틀이 붙는 동물은 왜 그렇게 불리는지 주목할 필요가 있다. **특별하다**는 형용사는 특정 표본에 붙기도 하고 생물종 전체에 붙기도 한다. 운 좋게 그런 표본을 보유한 자연사박물관은, 시시하다고 여겨지는 생물들과 달리 그 특별한 표본을 전시실의 환한 조명 아래 둔다. 우리의 가상 투어에서도 꼭 들러야 할 전시다.

특별한 동물이 되는 경로 중 하나는, 사람들에게 큰 관심을 얻어 죽은 뒤에도 특별한 표본이 되는 경우다. 이런 지위는 그 동물이 속한 종 전체가 특별하게 여겨지는 것과는 별개로, 다양한 방식으로 얻게 된다. 예를 들어 2006년 베를린동물원Berlin Zoo에서 태어난 북극곰 크누트Knut처럼 동물원에서 일생을 보내는 어떤 동물은 사람들의 지대한 관심을 모을 수 있다. 크누트는 태어난 후 엄마에게 버림받은 사연이 언론에 대서특필됐으며, 네 살 때

익사했다. 지금은 동물원 가까이에 있는 베를린자연사박물관 Museum für Naturkunde Berlin에서 박제표본으로 영원히 '살고 있다.'

런던동물원London Zoo의 가장 유명한 식구였던 고릴라 가이 Guy도 그런 예다. 30년 넘게 그 동물원에서 지내며 TV에도 자주 출연했던 가이는 1978년에 죽었지만, 런던의 영국 국립자연사박 물관에서 계속 볼 수 있게 되었다.

피니어스 테일러 바넘Phineas Taylor Barnum의 서커스에 등장해 디즈니 캐릭터 덤보Dumbo의 탄생에 큰 영향을 준 코끼리 점보 Jumbo는 현재 뉴욕에 있는 미국자연사박물관에 골격표본이 남아 있다. 박제동물로 제작된 점보의 가죽은 나중에 바넘이 매사추 세츠 터프츠대학교에 기증했는데(수년간 투어 공연으로 돈을 번 다음 에), 1975년에 발생한 화재로 꼬리만 남고 다 사라졌다.

런던의 영국왕립외과대학 내 헌터리언박물관Hunterian Museum 에는 특별한 영감을 선사한 동물이 표본으로 남아 있다. 바로 런 던동물원에 살았던 흑곰 위니펙Winnipeg이다. 작가 앨런 알렉산 더 밀른Alan Alexander Milne의 아들 크리스토퍼Christopher Robin Milne 가 동물원에서 위니펙을 보고 와서는 자기 곰 인형에 같은 이름 을 붙였는데, 이 일이 《곰돌이 푸》(원제 'Winnie-the-Pooh')가 탄생 하는 시초가 되었다.

'호주 최고의 명마'라는 수식어가 붙은 경주마 파랩Phar Lap도 살아 있을 때 큰 화제가 되어 특별해진 또 다른 동물이다. 파랩의 박제표본은 호주 빅토리아주박물관Museum of Victoria에, 골격표본은 뉴질랜드국립박물관National Museum of New Zealand에, 심장은 호주해부학연구소Australian Institute of Anatomy에 각각 흩어져 보관되어 있다.

중요한 뉴스거리로 다뤄져 특별해진 동물도 있다. 복제기술로 탄생한 최초의 포유동물인 양 돌리Dolly가 대표적이다(현재 돌리의 표본은 에든버러에 있는 스코틀랜드국립박물관National Museum of Scotland의 회전 탁자에 전시되어 있다). 1960년에 우주선 코라블-스푸트니크 2호에 실려 우주에 다녀온 개 벨카Belka와 스트렐카Strelka는 과학의 발달을 선도한 동물들로 꼽힌다. 이 둘을 태운 우주선은 지구 궤도를 여러 번 돌고 안전하게 귀환했는데, 이 탐험은 이듬해 유리 가가린Yuri Gagarin이 인류 최초로 지구 궤도를 도는 초석이 되었다. 벨카와 스트렐카는 현재 모스크바의 우주탐사기념관 Cosmonautics Memorial Museum에 박제표본으로 남아 있다.

유명 인사의 반려동물이라서 특별한 동물이 되고 표본으로 남기도 한다. 찰스 디킨스의 말썽꾸러기 반려동물로 유명했던 큰 까마귀 암컷 그립Grip은 에드거 앨런 포Edgar Allan Poe의 시 〈더 레이븐The Raven〉의 영감이 되었다고 여겨지는데, 디킨스는 그립이 죽자 박제했다. 박제된 그립은 현재 필라델피아공공도서관Free Library of Philadelphia에 전시되어 있다(디킨스는 또 다른 반려동물인 고양이 밥Bob이 죽자, 앞발 하나를 박제해 편지봉투 여는 칼로 만들었다. 이 앞발은 뉴욕공립도서관New York Public Library에 있다). 플로렌스 나이팅게일Florence Nightingale이 그리스 아크로폴리스를 방문했을 때

　　　　　　　　　　　　　　　　　　　　　　1부 만들어진 자연

'구조한' 올빼미도 있다.* 나이팅게일은 이 올빼미를 아테나Athena 라고 부르며 반려동물로 삼았는데, 1854년에 새가 세상을 떠나 자 박제했다. 런던의 플로렌스나이팅게일박물관Florence Nightingale Museum에 가면 아테나의 박제표본을 볼 수 있다.

이렇듯 살아 있을 때 명성을 얻은 동물들은 죽고 나서도 오랫 동안 관심을 얻으며, 박물관 표본으로 꾸준히 기억된다. 이런 박 제동물은 자연사박물관의 여느 표본들처럼 여럿 중 한 마리가 아니라 **유일무이**한 존재다. 이들이 대표하는 것은 오직 자신이며, 이들이 주목받고 특별하게 여겨지는 이유는 그 동물이 자신이 속한 종을 대표해서가 아니라 고유한 이야기를 지녔기 때문이다.

똑같은 박제동물이지만 이런 경우가 자연사박물관에 둘 만한 표본으로 적합할까? 살아 있을 때 유명했던 동물이 사후에 박제 되어 자연사박물관에 전시되는 경우가 많지 않은 것을 보면, 대 체로 자연사보다는 사회사social history의 영역에 더 어울린다고 여겨지는 듯하다. 이런 동물이 보존되는 주된 이유는 그 동물과 인연이 있거나 그 동물을 소유한 **사람**을 드러내는 데 있으므로, 자연의 일부라기보다는 문화의 일부라고 할 수 있다.

특정한 동물을 오랫동안 보존하려는 사람은 보통 그 동물의 소유자다. 박제동물처럼 상징적인 것은 진심에서 우러나는 동기 가 있어야만 만들 수 있으므로, 당연히 그 동물의 주인이어야 그

---

* 이 올빼미가 새끼일 때 아이들에게 괴롭힘 당하는 광경을 보고 데려온 것으로 전해진다.

런 결정을 내릴 수 있다는 생각이 든다. 그러나 살아 있을 때 대중에게 큰 인기를 얻은 동물은 수많은 사람의 삶에서 한 부분을 차지하며, 이런 동물이 죽으면 그 수많은 사람은 자기 반려동물이 죽었을 때 주인이 보일 법한 반응을 보인다. 동물이 죽고 나서 박물관에 전시한다는 결정이 내려지면, 그런 사람들이 사사건건 개입하려 해서 박물관과 관람객 사이에 긴장이 고조되기도 한다.

1978년에 런던동물원에서 고릴라 가이가 세상을 떠나고 영국 국립자연사박물관이 가이를 박제한다는 소식이 전해지자 시민들이 거세게 반발했다. 동물 박제가 별로 호응을 얻지 못하던 시절이라, 가이를 그런 식으로 다루는 것은 경악스럽고 악의적이며 무례한 조치라는 반응이 터져나왔다.[10] 이 사태로 런던의 영국 국립자연사박물관은 결국 모든 박제표본 제작을 중단했으며, 박제 분과는 1980년대 말이 되어서야 다시 문을 열었다.

(동물 박제가 다시 활발해진 후인) 2006년에 큰돌고래 한 마리가 템스강을 타고 런던 중심부로 들어왔을 때는 반응이 사뭇 달랐다. 언론은 연일 이 돌고래가 어디로 이동했는지 보도했고, 돌고래가 결국 폐사했다는 소식이 전해지자마자 사람들은 돌고래를 통째 보존하거나 박제해야 한다고 강력히 **요구**했다.[11] 사람들이 골격표본은 제외하고 이 두 가지 방식을 제시한 것을 보면, 겉모습이 남아 있어야 동물의 개성이 사라지지 않는다고 여긴다는 사실을 알 수 있다. 뼈만 남은 표본은 그저 표본의 하나일 뿐이라고 생각하는 것이다.

영국 국립자연사박물관에서 고래와 돌고래 표본을 관리하는 큐레이터 리처드 세이빈Richard Sabin은 (당시 큰돌고래가 런던에 들어와 안타까운 죽음을 맞이할 때까지 방송에 여러 번 출연했다) 고래를 성공적으로 박제하거나 통째로 보존한 사례는 없다고 지적했다. 고래는 피부에 털이 없고 몸에 기름이 워낙 많아서 박제하더라도 살아 있을 때의 모습이 초상화처럼 고스란히 유지되지 않을 뿐만 아니라 부패할 가능성이 크다는 것이다. 이런 대형 포유동물을 골격표본으로 제작하려면 엄청난 비용이 든다고도 설명했다. 그러자 일간지 《선Sun》에서 그 비용을 다 함께 모으자며 크라우드펀딩을 열었다. 이렇게 제작된 큰돌고래의 골격표본은 국립자연사박물관의 영구 소장품이 되었다.

살았을 때 큰 인기를 얻어 죽은 다음에도 사람들에게 기념되는 특별한 동물들의 흥미로운 특징 한 가지는 이름이 있다는 점이다. 동물원에서 살았든 누구의 반려동물이었든, 많은 사람에게 알려진 동물들은 반드시 이름이 있다. 경주마, 반려동물, 고릴라 가이, 판다 치치 같은 동물원의 여러 동물에서 그런 예를 찾을 수 있다. 유명한 동물들은 살아 있을 때 근황이 꾸준히 전해지는 경우가 많으며, 죽고 나서도 자연스레 그 이름 그대로 불린다. 영국 국립자연사박물관의 박제표본으로 남은 가이는 앞으로도 영원히 가이로 불릴 것이다. 살아 있을 때도 지금도, 이 고릴라는 가이다.

그러나 야생동물은 죽기 전이나 후에 화제가 되더라도 이름이 붙여지지 않는다. 살았을 때 특별한 이름이 없던 동물이 죽어서 박물관에 전달되면, 일반적으로 박물관에서 일하는 사람들은 자기가 관리하는 표본에 이름을 붙이지 않는다. 그렇게 했다가는 일하는 태도가 진지하지 못하다고 여겨지거나, 무례하다고 여겨지기까지 한다. 그렇지만 언론은 박물관 표본에도 예외 없이 이름을 지어준다. 《선》은 템스강에 나타난 큰돌고래의 골격표본 제작비를 모금하면서 이 동물에게 월리Wally라는 이름을 붙였다. 역시 유명해지려면 이름이 필수인가 보다.

최후 개체의 표본

박물관들이 매우 좋아하는 최상급 표현이 수식어로 붙는 표본들 역시 특별한 동물의 한 줄기를 이룬다. 세상에서 가장 큰 동물과 가장 작은 동물, 무게가 가장 많이 나가는 동물, 배가 가장 불룩 튀어나온 동물, 나이가 가장 많은 동물, '최초'들, 그리고 가장 가슴 아픈 수식어인 '최후'의 동물들은 죽어서도 큰 인기를 누리지만, 처음 주어진 명예가 늘 영원하지는 않다. 한때 아주 특별하게 빛나던 표본도 시간이 흐르면 때때로 다른 표본들의 더 밝은 빛에 가려진다.

케임브리지대학교 동물학박물관이 과거에 소장했던 오록스의 골격표본이 그런 경우다. 소의 조상인 오록스는 대량 멸종을 겪었으며, 마지막으로 알려진 개체는 1627년 폴란드에서 폐사했다. 이 동물이 멸종한 핵심 원인은 사냥과 서식지 소실이다. 그런데 오늘날 자연사박물관에서는 오록스를 구석기시대 동굴벽화로 남아 있는 매머드, 코뿔소와 나란히 전시하면서 선사시대 생태계의 일원처럼 소개하는 경우가 많다. 거대한 몸집과 바깥쪽으로 휘어진 커다란 뿔 때문인지 빙하기 전시에도 단골로 등장한다.

케임브리지대학교 동물학박물관에 남아 있는 여러 서신 기록은 옛날 이 박물관에 영국의 모든 박물관을 통틀어 최초로 제작된 오록스 표본이 있었음을 알려준다. 멸종한 동물 중에 자연사박물관이 맨 먼저 전시한 것은 공룡이라고 생각할 수 있지만, 실제로는 멸종한 포유동물의 표본이 최초였다. 1795년 스페인 마드리드의 국립자연과학박물관Museo Nacional de Ciencias Naturales에 세워진 세계 최초의 화석 골격표본도 체중이 4톤쯤으로 추정되는 땅늘보였다(얼마 뒤인 1806년에 시베리아 영구동토층에서 털매머드가 가죽이 거의 온전한 상태로 발굴됐으며, 이 동물의 첫 번째 골격표본이 러시아 상트페테르부르크의 동물학박물관Zoological Institute에 위풍당당한 모습으로 전시되었다).

케임브리지에 있던 오록스 표본은 1873년에 케임브리지셔주 버웰의 어느 토탄 늪에서 발견된 것이다. 그때 박물관에서 일하던 내 오랜 선배들은 철제 재료로 전체적인 틀을 짠 다음 발굴된 오록스의 뼈를 맞춰나갔다. 영국에서 오록스의 골격 구조를 그런 식으로 맞춘 건 처음이라 그 무렵 큰 화제가 되었던 모양이다.

유럽 전역의 박물관들이 완성된 표본의 사진을 보내달라고 할 정도였다. 그러나 시간이 흘러 다른 곳에서도 오록스 뼈가 발견되고 박물관마다 이 동물의 골격표본을 만들자, 우리 박물관의 오록스 표본이 누리던 특별함은 점점 흐릿해지고 결국에는 그런 표본이 있었다는 기록만 남았다.

오록스는 박물관이 생겨나기 전에 멸종한 동물이지만, 그래도 비교적 최근까지 지구에 살았다. 세계 최초로 제작된 오록스의 골격표본은 케임브리지의 표본처럼 1812년 독일 튀링겐의 어느 늪에서 발견된 화석화한 뼈로 만들어졌고, 완성된 표본은 독일 예나의 생물계통학박물관Phyletisches Museum으로 보내졌다. 이런 초창기 오록스 골격표본은 땅속에 거의 400년 동안 묻혀 있다가 발견된 것이라, 어떤 면에서는 오래전에 죽은 동물이 부활한 것처럼 느껴진다.

작가들이 많이 인용하는 헨리 데이비드 소로Henry David Thoreau의 글 중에는 박물관에 관한 한탄이 담긴 구절이 있다. "나는 박물관이 싫다. 그곳만큼 내 마음을 힘들게 만드는 곳은 없다. 박물관은 자연의 묘지다." 나는 그 뒤에 이어지는 소로의 글을 읽을 때마다 철제 틀에 묶인 표본으로 네 다리를 딛고 다시 일어선 오록스 표본이 떠오른다.

꽃이 만개한 초원, 파도가 밀어 올린 물고기들의 해변, 짐승들이 누워 생을 마감하는 언덕과 골짜기, 여행자의 뼈가 휴식하는 풀

숲이야말로 진정한 식물표본실이고, 진짜 조개 표본실이며, 골격을 볼 수 있는 박물관 아닐까? 하늘이 이제 흙으로, 먼지로 돌아가라고 명한 죽은 생물을 인간은 무슨 권한으로 철사에 묶어 다시 몸을 일으키게 만들고 전시한단 말인가? 세상을 바싹 마른 표본이나 병에 담긴 표본으로 간직하고 싶은가?[12][13]

나도 죽은 동물보다는 살아 있는 동물을 보는 것을 훨씬 좋아하므로, 소로가 무슨 의미로 그런 말을 했는지는 충분히 이해하지만 그의 말에 동의하지는 않는다. 인간도, 오록스도, 자연도, 박물관이 없어야 더 잘 살 수 있는 것은 아니다. 세상을 떠난 여행자들이 '하늘'의 바람대로 풀숲에 누워 다시 흙으로 되돌아갈 시간은 수천 년이나 있었다. 그렇지만 어쩌다 토탄에 묻혀 단단하게 남은 뼈들이 있으며, '인간'은 그것을 발견하고 다시 일으켜 세웠을 뿐이다.

∞

엄청난 규모의 멸종이 일어나 얼마 전까지 지구에 있던 동물이 사라지면, 그 동물에게는 엄청난 상징성이 부여되어 자연사 박물관의 또 다른 특별한 표본이 된다. 그런데 이런 표본 중에서도 독보적인 존재가 있다. 바로 죽음과 동시에 종 전체에 멸종 선고가 떨어지는 '최후 개체endling'다.

자연사박물관에는 그러한 최후 개체의 표본이 일부 남아 있다. 마지막 남은 핀타섬땅거북이었던 '외로운 조지Lonesome George'는 죽기 전에 지낸 갈라파고스국립공원의 본관에 전시되어 있다. 1914년 9월 1일 오후 1시에 미국 신시내티동물원Cincinnati Zoo의 새장 안에서 생을 마감한 마지막 나그네비둘기 '마사Martha'는 지금 워싱턴 스미스소니언박물관(미국 국립자연사박물관)에 있다(멸종 시각까지 이렇게 정확히 알려진 동물은 나그네비둘기가 유일할 것이다). 마사의 표본을 본 일은 내게 큰 충격으로 남아 있다.

나그네비둘기는 한때 지구상에서 가장 많은 척추동물이었다. 이 새들이 무려 수십억 마리씩 떼 지어 북미의 하늘을 가로지를 때면 해가 몇 시간씩 가려질 정도였다. 그러다 19세기 들어 무차별적인 사냥이 시작되었다. 수가 워낙 많아서 총 한 발에 여러 마리를 잡을 수 있었을 것이다. 그렇게 죽은 새들은 식용으로 대거 팔려나갔다. 그러다 언제부터인지 더는 보이지 않았다. 나그네비둘기는 엄청나게 많은 개체가 아주 빽빽한 밀도로 생활하는 사회적 체계가 유지되어야 생존할 수 있는데, 인간의 사냥으로 그 체계가 유지될 수 있는 최저선이 무너지면서 끝내 모두 사라지고 말았다.

나는 직업상 죽은 동물에게 익숙하다. 20년 동안 박물관에서 일하며 죽은 동물을 다루는 것은 내가 하는 일의 일부였기 때문에, 죽은 동물을 보고 정서적 충격을 받는 일은 거의 없다. 그런데 스미스소니언박물관에 갔을 때 나는 마음의 준비가 전혀 안

미국 워싱턴의 스미스소니언박물관(미국 국립자연사박물관)에 있는 나그네비둘기 '마사'의 표본. 마지막 남은 개체였던 마사가 1914년에 세상을 떠나면서 나그네비둘기는 멸종했다.

된 상태에서, 초라하게 전시된 마사를 발견했다. 나그네비둘기의 최후 개체가 전시되어 있다는 안내문 같은 것도, 전시실에서 놓치지 말아야 할 중요한 표본이 진열된 쪽을 알려주는 특별한 표식 같은 것도 없었다. 마사는 작은 진열장 안에, 그마저도 다른 표본들과 함께 들어 있었다.

나는 전 세계 여러 박물관에서 수십 마리의 나그네비둘기 표본을 본 적이 있지만(자연사박물관의 표본 수집이 최고조에 이른 시기에는 나그네비둘기가 아직 많았으므로 표본이 많이 제작되었다), 눈앞에 나타난 새가 다름 아닌 마사임을 알아차린 그 순간, 나는 당황해서 어찌할 바를 몰랐다. 그 한 점의 표본에 멸종의 현실이 고스란히 응축된 것만 같았다.

2022년이 끝나갈 무렵, 틸라신thylacine이라고도 하는 태즈메이니아주머니늑대의 최후 개체 유해가 발견되었다는 소식이 전해졌다. 최후 개체에 관한 이야기 중에 이 동물만큼 유명한 사례는 아마 없을 것이다. 이 동물의 마지막 한 마리는 1936년 9월 7일 호주 호바트동물원Hobart Zoo(옛 명칭은 보매리스동물원Beaumaris Zoo)에서 죽었다고만 알려졌을 뿐, 사체의 행방은 수수께끼로 남아 있었다. 많은 사람이 그 마지막 개체가 동물원에서 지낼 때 촬영된 사진을 단서 삼아 여러 박물관에 전시된 태즈메이니아주머니늑대 표본들의 줄무늬와 대조하며 흔적을 찾아 나섰지만, 아무 소득이 없었다.

1930년대에 호바트동물원에서 촬영된 그 마지막 개체의 사진과 영상을 보면, 이 동물을 의도적으로 몰살한 역사가 떠오르며 깊은 상실감이 몰려온다. 그 사진과 영상 속 동물이 1936년 9월에 죽은 태즈메이니아주머니늑대의 최후 개체라고 오랫동안 알려졌는데, 2022년 태즈메이니아박물관·미술관Tasmanian Museum and Art Gallery 연구진은 그 사진과 영상 속 동물은 이미 알려진 것보다 5개월 일찍(1936년 5월) 죽은 태즈메이니아주머니늑대 수컷이고, 지금까지 알려지지 않았지만 그즈음에 호바트동물원이 이 동물의 암컷 한 마리를 확보했다고 전했다.[14] 그리고 그 암컷이

'틸라신'이라고도 불리는 태즈메이니아주머니늑대의 마지막으로 알려진 개체. 죽기 4개월 전인 1936년 5월 보매리스동물원 우리 안에 있는 모습을 촬영한 사진이다.

태즈메이니아주머니늑대의 진짜 최후 개체라고 주장했다. 이 암컷은 살아 있을 때 촬영된 사진도 없고, 실제로 존재했다는 사실을 뒷받침하는 확실한 기록도 없다.

그러나 연구진은 그 암컷이 분명히 존재했으며, 이 진짜 최후 개체가 생을 마감한 동물원에서 채 5킬로미터도 떨어지지 않은 곳에 있는 태즈메이니아박물관·미술관이 그동안 출처 불명으로 소장하고 있던 태즈메이니아주머니늑대의 가죽과 골격표본이 바로 그 암컷의 것이라고 주장했다. 그동안 모두 엉뚱한 동물을 태즈메이니아주머니늑대의 최후 개체로 믿고 있었지만 자신들이 찾은 암컷이 진짜라는 게 연구진의 결론이었다.

나는 이 연구 결과가 발표되기 1년 전에 내용을 들었고, (아무에게도 누설하지 않겠다고 맹세한 뒤) 태즈메이니아박물관·미술관에 있는 그 출처 불명의 표본을 볼 기회를 얻었다. 태즈메이니아주머니늑대는 개인적으로 정말 관심이 많은 동물이라, 그 표본과 마주했을 때 마사의 표본을 봤을 때보다 더 크게 동요했다. 이 동물을 잃었다는 사실을 도무지 받아들일 수가 없었다. 사실 '잃었다'는 표현은 적절치 않다. 태즈메이니아에 정착한 유럽인들은 그곳에서 양을 키우기 시작했는데, 태즈메이니아주머니늑대가 양에게 해를 끼칠 것이라는(사실이 아니다) 터무니없고 무지한 추측에 따라 적극적으로, 그리고 계획적으로 이 동물을 뿌리 뽑겠다고 나섰다.

나는 태즈메이니아박물관·미술관 수장고에서 그 태즈메이니아주머니늑대 표본을 본 후, 아픈 마음을 안고 순례를 떠나는 심정으로 이 동물의 마지막 개체가 살았던 동물원 터로 향했다. 최후 개체가 머물렀던 우리의 흔적은 전혀 남아 있지 않았지만, 폐허가 된 북극곰 우리 바로 뒤에 있던 자리는 알고 있었다. 내게는 신성함마저 느껴지는 바로 그 자리에 콘크리트와 철망으로 지어진 우리가 있었고 그 안에서 태즈메이니아주머니늑대가 살아 있었다는 것, 그 동물의 모습이 여러 편의 영상으로 남아 있을 만큼 그리 멀지 않은 과거까지도 그곳에 있다가 멸종했다는 사실이 놀라웠다. 그날의 광경들은 지금까지 줄곧 내 머릿속에 남아 있다.

　　　　　　　　　　　　　　　　　1부 만들어진 자연

태즈메이니아주머니늑대는 마지막으로 알려졌던 개체가 죽은 1936년에 정부가 공식 보호하는 종으로 (뒤늦게) 선정되었다. 그러나 오랫동안 최후 개체로 여겨진 동물이 진짜 마지막은 아니었다. 이 동물이 멸종한 시점을 추적한 가장 최근 연구에서는, 공식적으로 파악되지 않았을 뿐 1936년 이후에도 다른 개체가 남아 있었을 가능성이 매우 크며, 1990년대 또는 2000년대 초까지 태즈메이니아 오지에 살아 있었을 것이라는 결과가 나왔다.[15] 이 동물과 내가 같은 하늘 아래 살았으면서도 그런 사실조차 몰랐다고 생각하면 더 큰 상실감이 밀려온다. 그래서 태즈메이니아박물관·미술관의 동료들이 진짜 최후 개체라고 주장하는 표본을 내게 보여주었을 때도 더 놀랍고 슬프게 다가왔다.

태즈메이니아주머니늑대는 1930년대 이전에 이미 극히 희귀한 동물이 되어, 동물원과 박물관 모두 남은 개체를 절박하게 찾아 헤맸다. 그러나 야생에서 포획된 사실이 입증된 것은 1931년에 잡힌 개체가 마지막이었다. 확실하게 밝혀진 사실은 호바트 동물원에서 지내던 마지막 개체가 1936년 9월에 죽었다는 것, 그리고 같은 해 5월에 촬영된 사진이 이 동물의 모습이 담긴 마지막 사진이라는 것이다. 전 세계 어느 박물관에도 그 사진 속 줄무늬와 일치하는 태즈메이니아주머니늑대의 가죽은 남아 있지 않다.

태즈메이니아박물관·미술관에 출처 불명으로 소장된 태즈메이니아주머니늑대 표본이 진짜 최후 개체가 맞다면, 사진과 영상으로 남은 태즈메이니아주머니늑대는 촬영 후 얼마 지나지 않아 죽었으며, 그러고 나서 바로 그 동물원에 새로 잡힌 암컷이 들어왔다고 추측할 수 있다(이게 사실이면 박물관이 소장한 가죽의 줄무늬와 사진 속 태즈메이니아주머니늑대의 줄무늬가 일치하지 않는 이유가 설명된다). 이 가설을 처음 들었을 때 나는 우연이 지나치다는 생각이 들었다. 야생 태즈메이니아주머니늑대는 1931년 이후 살아 있는 모습이 한 번도 포착된 적이 없는데, 1936년 5월에 한 마리가 죽고 그 뒤에 한 달도 지나지 않아 새로운 개체를 잡았다는 소리 아닌가.

사실이라고 믿기에는 너무 지나친 우연이다. 인간에게 포획된 최후의 동물들에 관한 이야기를 추적하는 고생스러운 일을 자처해온 내 동료 스티븐 슬레이트홈Stephen Sleightholme은, 태즈메이니아주머니늑대의 최후 개체가 지금까지 알려진 것과 다른 동물이라는 주장은 명확한 근거가 없다고 지적했다.[16] 무엇보다 1936년 5월에 암컷 태즈메이니아주머니늑대가 그 동물원에 새로 들어왔다는 확실한 증거가 없으므로, 사진 속 수컷이 같은 해 9월 7일까지는 살아 있었고 그 수컷의 죽음으로 태즈메이니아주머니늑대와 인간의 공식적인 관계는 끝났다고 보는 게 맞을 듯하다.

이 수컷의 유해가 어떻게 되었는지 여전히 오리무중인 것은 너무나 아쉬운 일이지만, 나는 태즈메이니아주머니늑대의 진짜 최후 개체일지 모른다는 이야기를 듣고 이 동물의 표본을 직접 보았을 때의 느낌을 간직할 것이다. 표본으로 남아 있는 모든 최

후 개체는 하나하나가 영원히 돌이킬 수 없는 멸종을 선명하게
보여준다. 그런 점에서 어쩌면 자연사박물관이 보유할 수 있는
가장 강력한 표본일지도 모른다.

Are we being honest about our histories?

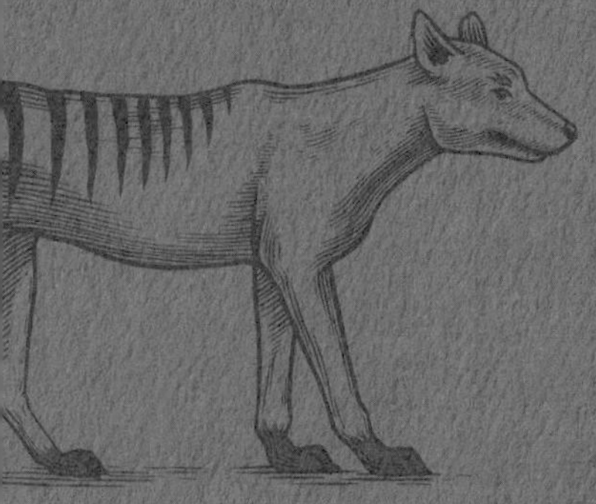

사라진 이야기

2

6

자연이 된 문화

　도도새는 자연사박물관이 처음 생겨났을 때부터 지금까지 전시실에서 반드시 봐야 하는 동물로 꼽힌다. 세상에서 가장 유명한 도도새 표본은 옥스퍼드대학교 자연사박물관에 있다. 이 박물관의 가장 귀중한 보물로 여겨지는 건조된 도도새 머리와 발 표본(다른 모든 박물관에 전시된 골격표본과 달리 전 세계에서 유일한 연조직 표본이다)은 존 트레이드스캔트의 '호기심의 방'에 있다가 옥스퍼드대학교에 애시몰리언박물관이 개관하면서부터는 그곳에 보관되어 있다.

　도도새의 존재는 유럽인들이 이 새의 서식지인 인도양의 모리셔스섬을 처음 드나들기 시작한 1500년대 말부터 알려졌지만, 날지 못하는 이 새가 멸종의 길로 들어선 1690년대가 되어서야 표본이 수집되었다. 19세기에 이르도록 도도새가 실존했다는 물리적 증거는 옥스퍼드대학교가 소장한 몸의 일부분, 프라하와 코펜하겐에 있는 머리뼈 일부, 런던에 있는 발 하나가 전부였다. 유럽의 박물관들은 모리셔스섬을 식민 통치하던 사람들이 이 빈약한 증거를 보강할 도도새 화석을 찾아주기만을 간절히 기다렸다.

그 소망은 1865년에 이루어졌다. 모리셔스의 마르 오 송주Mare aux Songes라는 토탄 늪에서 비료 생산을 위해 굴착 작업을 하다가 수백에서 수천 개의 도도새 뼈를 발견한 것이다. 전 세계 어느 자연사박물관을 가든 도도새 표본을 볼 수 있게 된 것은 바로 이곳에서 이만큼 많은 뼈가 나온 덕분이다. 세계 곳곳의 박물관에 전시된 도도새 표본은 거의 다 이 토탄 늪에서 나왔을 정도다.

2부에서는 자연사박물관이 소장품의 출처를 어떻게 전하는지에 주목한다. 먼저, 표본이 처음 수집된 과정을 둘러싼 박물관의 이야기에 누가 주인공으로 등장하는지 살펴본다. 어떤 기준에서 평가하든 그 주인공의 다양성이 부족하다는 사실은 서구 지역 자연사박물관의 연대기를 대강 훑어봐도 금세 알 수 있다. 부유한 백인 남성들이 그런 모든 이야기의 주인공이 된 것은 동식물 표본을 수집하는 솜씨가 유난히 탁월해서가 분명 아닐 것이다. 또한 이 문제는 박물관이 사람들에게 들려주는 이야기와 실제로 일어난 일이 다르다는 점과 깊은 관련성이 있다.

도도새는 서구인들이 자기 손으로 지구에서 몰아냈다는 것을 처음 깨달은 멸종 동물이라는 점에서 남다른 상징성이 있다.[1] 현재까지 남아 있는 이 새의 표본은 놀랍게도 1865년의 대규모 발굴에서 거의 다 나왔으므로, 그 발견이 누구의 업적인지를 놓고 갑론을박이 이어졌다.

그 늪에서 도도새의 뼈를 가장 먼저 발견한 사람은 누구일까? 모리셔스섬의 교사였던 조지 클라크George Clark는 섬의 어느 늪에서 멸종된 거북의 뼈가 나왔다는 학생들의 이야기를 듣고 혹시 도도새의 뼈도 나올지 모른다는 생각에 그 늪을 찾아갔다고 했는데, 그렇다면 이 교사를 최초 발견자로 봐야 할까? 아니면 그 토탄 늪에서 일하던 일꾼들이 어떤 뼈를 발견하고 골라내는 것을 우연히 목격한 뒤, 조지 클라크에게서 책을 빌려 도도새의 뼈임을 확인한 철도 엔지니어 해리 히긴슨Harry Higginson이 최초 발견자일까?[2] 정작 늪에서 뼈를 발견한 당사자인 일꾼들 대부분은 이 논란에서 아예 후보로 거론되지도 않는다.[3]

그 일꾼들은 설탕과 승객을 실어 나를 철도 건설에 투입된 사람들이었다. 여러 정황상 식민지 시대에 계약노동제로 데려온 인도인들일 가능성이 크다. 노예제가 폐지된 후, 약 50만 명의 노동자가 '계약노동자'로 모리셔스에 왔다. 계약노동자는 노예에서 이름만 바뀐 것으로, 노예에게 그랬듯 노동력을 착취해 경제적 이득을 얻는 수단이었다. 이 계약노동자들은 영국 내의 철도 건설 현장과 농장에 투입되거나, 대영제국이 통치하던 다른 나라로 보내졌다.

클라크, 히긴스, 공사에 투입된 일꾼들 가운데 누가 도도새의 뼈를 발견한 사람으로 인정받을 자격이 있는가의 문제와 별개로, 오늘날 전 세계 박물관에 전시된 도도새의 뼈를 땅에서 직접 파낸 사람이 그 일꾼들이라는 것은 자명한 사실이다. 클라크는 늪에서 발굴된 뼈를 살펴보기 위해 학교에 휴가를 내고 늪을 찾아갔으며, 그의 딸 이디스는 일꾼들이 습지에서 그렇게 많은 뼈를 캐내던 고된 작업을 기록으로 남겼다.

부드러운 진흙이 가득하고 수심이 깊어 발을 디디고 설 곳이 없었기 때문에, 일꾼들은 엉성한 뗏목이나 바나나 나무 몸통을 '쌍동선'처럼 엮어 수면에 띄웠다. 늪에 들어간 일꾼들이 양쪽 겨드랑이 아래에 밧줄을 둘러매고 뼈를 찾는 동안 일부는 그 위에 올라서서 작업을 도왔다. 늪을 더듬다가 뼈 같은 물체가 느껴지면, 발가락으로 집어서 건져 올렸다.[4]

마르 오 송주에서 도도새 뼈를 발굴한 이 사건은 식민지 시대 자연사 연구에서 나타나는 여러 중요한 특징을 잘 보여준다. 식민지를 건설한 유럽인들은 자신이 하지도 않은 발견을 자기가 했다고 주장했으며, 그렇게 인정받았다. 실제 발견은(발견 가능성이 있는 일까지 당연히 포함해) 시간을 마음대로 쓸 수 없었던 계약노동자들이 위험하고 비인도적인 노동환경에서 해냈다. 식민지 시대에는 착취와 폭력으로 무참히 얼룩진 사탕수수 농장에서도 자연사 표본이 수집되었고, 발굴에 직접 참여한 당사자들은 아무 혜택도 받지 못했다(반면 클라크는 그 늪에서 나온 뼈의 상당수를 경매에서 팔아 이득을 챙겼다).

　케임브리지의 앨프리드 뉴턴, 런던에 있는 영국 국립자연사박물관의 리처드 오언(뉴턴에게 전달되던 뼈의 일부를 중간에 훔치기도 했다)은 손 하나 까딱하지 않고 도도새의 뼈를 얻은 덕에 학자로서 기반을 다질 수 있었다. 앨프리드 뉴턴이 소장한 도도새 뼈의 규모는 모리셔스를 제외하고 세계 최대였는데, 모두 동생인 에드워드가 모리셔스의 식민지 관리자였던 덕분에 가능했던 일이다. 도도새가 멸종한 직접적인 이유는 유럽의 제국들이 세계 곳곳으로 보낼 표본을 포획하고 모리셔스의 천연자원을 무차별적으로 개발한 탓이다. 이렇듯 복잡한 사정이 얽혀 있지만 도도새 뼈 발굴은 결코 이례적인 일이 아님을 곧 알게 될 것이다. 자연사박물관의 소장품에는 권력과 계층구조, 값어치의 영향이 깊게 배어 있다.

∞

　박물관이 소장한 표본에는 그 표본이 수집된 시대에 일어난 사건과 사회적 편향이 불가피하게 반영된다. 표본 수집이 반드시 객관적이거나 과학적으로 이루어지는 게 아닌데도 자연사박물관(그리고 그곳의 표본들)은 늘 스스로 과학적 기관임을 표명한다. 그러나 사실 과학도 문화의 한 부분이다. 과학계가 던지는 질문은 특정 시대와 지역의 사회적 규범, 정치, 우선순위, 금기시되는 것의 영향을 받는다.

나아가 박물관은 사람들에게 이야기를 들려주는 곳이며, 박물관에서 일하는 사람들은 이야기꾼이다. 어떤 이야기를 들려줄지, 누구를 등장시킬지 선택하는 과정에는 이야기꾼의 개인적 편향과 제도적·사회적 편향이 어쩔 수 없이 반영된다.

이런 문제가 고고학박물관과 인류학박물관에서는 몇십 년 전부터 거론되었지만, 자연사박물관에서는 뒤늦게 시작되었다. 내 친구들이자 동료들인 미란다 로Miranda Lowe와 수바드라 다스는 2017년에 앞장서서 이런 문제를 제기한 뒤로, 자연사박물관이 수집한 표본들의 문화적 측면을 조사하고 그 내용을 공개함으로써 표본의 타당성을 높이고 출처를 정직하게 밝히려는 노력이 점점 늘어나는 추세다.[5]

자연사박물관은 처음 설립된 이후 항상 동식물에 관한 인상적이고 경이롭고 놀라운 이야기를 들려주었지만, 그 이야기들에 포함되지 않은 사람들의 이야기가 분명히 있다. 자연사박물관이 자연만큼 역사를 다루는 곳으로도 분명히 자리매김할수록 박물관의 가치가 높아진다.

다른 분야에서는 19세기 안팎에 설립된 박물관들이 식민주의 이상을 드러내고 뒷받침하는 기관이었다는 사실을 인식하고, 그런 역사를 어떻게 다루어야 하는지 스스로 탐구하는 노력이 확고히 자리를 잡았다. 그런 노력 덕분에 파르테논신전을 비롯한 고대 그리스의 대리석을 통째로 떼어내 가져온 일이나 베냉브론

즈Benin Bronzes*에 얽힌 이야기가 널리 알려졌고, 이제 사람들은 인류학이나 고고학 유물을 볼 때 식민지 시대의 문제를 자연히 함께 떠올린다. 그나마 이제는 자연사박물관이 처음에 경제적·사회적 가치가 높은 것들을 잔뜩 모아두는 곳으로서 설립되었다는 사실(빅토리아시대가 대표적이지만 영국만의 일은 아니다)이나 착취, 체계화된 인종차별적 관점을 더 공고히 하고 유지하는 데 관여한 역사를 박물관 스스로 인정하는 경우가 계속 늘고 있다.

이런 노력에서 자연사박물관이 유독 뒤처지는 이유로는, 소장품을 다루는 방식에서 자연사박물관의 접근 방식이 문화사를 다루는 박물관들과 아주 오랫동안 크게 달랐다는 점을 꼽을 수 있을 듯하다. 자연사와 문화사는 소장품을 얻는 방식과 기록하는 데이터, 소장품을 정의하는 방식 등 소장품을 다루는 습성과 처리 절차가 매우 다르다.

일반적으로 자연사박물관은 표본이 어떤 방식으로 수집·처리·탐구되었는지는 거의 신경 쓰지 않으며, 보통은 표본의 문화적 의미도 별로 고려하지 않는다. 수집 시점과 장소를 아는 표본이 박물관에 들어오면 그 표본의 개별 특성은 배제하고, 지리적 특성을 포함한 다른 어떤 유의미한 기준도 아닌 그 표본이 속한 생물군으로 분류한다(예를 들어 인도뱀은 인도달팽이와 하나로 묶지 않고 독일, 볼리비아, 나미비아 등에서 채집된 다른 뱀들과 함께 보관한다).

* 영국이 아프리카 베냉을 침략했을 때 약탈한 보물을 일컫는다.

그와 달리 민속박물관이나 인류학박물관의 소장품은 장소·사람·문화가 가장 중요한 요소로 여겨진다. 이 분야에서는 소장품을 누가, 왜, 어떻게, 어디에서, 언제 만들었는지를 중점적으로 탐구한다.

그러나 자연사박물관과 민속박물관의 소장품들은 같은 장소에서 같은 탐험대의 같은 사람이 수집한 것이 많기 때문에, 사실 이런 구분은 매우 인위적이다. 한곳에서 발견한 것들을 큰 덩어리로 묶어 일부는 자연사박물관에 보내고 일부는 민속 박물관에 보내는 식이다. 그래서 어느 박물관 소장품이 되느냐에 따라 서로 다른 방식으로 탐구되고 한쪽은 '과학적인 것', 다른 한쪽은 '문화적인 것'으로 여겨진다.

식민주의 역사가 자연사박물관 소장품이 형성되는 데 어떤 영향을 주었는지 자세히 살펴보기에 앞서, 인류학박물관에서 나타나는 그러한 영향부터 살펴보는 게 좋은 출발점이 되리라 생각한다. 특히 도저히 용납할 수 없는 이유로 인류학 전시가 '자연사' 전시 안에 포함되는 경우가 많은 미국의 박물관들은 식민주의의 영향을 뚜렷하게 드러낸다.[6]

자연과 문화를 애써 구분하려는 것은 분명 인위적이고 유익하지도 않은 사실이며, 그런 구분을 없앤다면 인간이 이 세상에서 차지하는 역할을 더 건강하게 평가할 수 있을 것이다. 그러나 오랫동안 인류학 전시가 자연사박물관에 포함된 배경은, 인간과 자연의 올바른 관계를 고찰하는 것과 별로 관련이 없다. 그런 전시 방식이 일반화한 바탕에는 서구 문화를 제외한 다른 문화는 야만적이고 원시적이라거나 그 밖의 어떤 이유에서든 열등하다고 여기는, 철저히 백인 위주의 관점이 깔려 있다.

인류학 전시에 자주 활용되는 디오라마에는 박제된 야생동물과 원주민을 대놓고 동일시하는 시선이 깔려 있다. 이런 전시에서는 예전부터 수많은 사람이 이미 살고 있던 땅을 두고 유럽인들이 침략하기 전까지 '인간의 손길이 닿지 않은' 곳이었으며, 자신들의 침략으로 마침내 '개척'되었다고 설명한다. 이런 해석은 예부터 지금까지 많은 원주민 문화의 일부를 차지했던 정교한 토지관리 방식의 가치를 깎아내린다. 원주민을 그렇게 분류하고 전시하는 극단적 '타자화他者化'는 특정 집단을 소외시키려는 시도이자, 대부분 노골적인 인종차별이다.

지금 내가 계속 현재시제를 쓰는 이유는, 그러한 전시가 대부분 옛날 일이고 예전에 전시를 했던 박물관들의 공식 목표나 세계관도 이제는 해묵은 관점에서 벗어났으리라 확신하지만, 그럼에도 여전히 많은 곳에서 그런 전시가 열려 관람객의 경험에서 큰 비중을 차지하고 있기 때문이다. 나로서는 도저히 이해할 수 없는 일이다.

시대에 뒤처지는 전시실을 새로 단장하려면 돈이 몹시 많이 들며, 대부분의 박물관은 그 비용을 쉽게 마련할 수 없는 게 현실이다. 그렇다면 시대착오적인 인류학 전시는 재정비할 자원이 생길 때까지 차라리 폐쇄하거나 보이지 않게 덮어놓는 편이 낫다. 그만큼 이런 전시는 유익성보다 해로움이 훨씬 크고 극악한 수준이기 때문이다. 때로는 안 하는 게 더 나은 일이 있다.

변화의 움직임은 일어나고 있다. 미국은 2024년 1월, 1990년에 발효된 '원주민 묘지 보호 및 반환법'을 강화하는 새 규정을 마련했다. 이 법률에는 원주민 무덤에서 발굴한 사람의 유해와 문화적 물건을 소장한 박물관은 해당 부족에게 돌려줘야 한다는 내용이 명시되었는데, 이행까지 시간이 너무 오래 걸린다는 비판이 많았다. 2024년에 새 규정이 마련됨에 따라 뉴욕의 미국자연사박물관은 북미 동부의 삼림지대와 대평원지대 원주민을 주제로 다루던 전시실 몇 군데를 서둘러 폐쇄했다. 시카고 필드자연사박물관도 새로운 규정이 소장품에 어떤 영향을 줄지 파악하는 동안 전시품 일부를 보이지 않게 가리기로 했다.

뉴욕에 있는 미국자연사박물관의 숀 디케이터Sean Decatur 관장은 이 결정을 내리면서 직원들에게 다음과 같이 설명했다.

폐쇄할 전시실은 우리와 같은 박물관들이 원주민이 중시하는 가치와 그들의 관점을 존중하지 않고 사실상 같은 인간으로 보지 않던 시대의 유물입니다. (…) 너무 갑작스러운 결정이라고 느끼는 분들도 있겠지만, 너무 늦은 조치라고 느끼는 사람들도 있을 것입니다.[7]

이 박물관에는 원주민들과 식민지정부의 군인들이 만나는 모습을 표현한 옛 디오라마가 하나 있는데, 이런 결정이 내려지기 전부터 전체를 비닐로 덮고 극히 편향적인 해석에 따라 제작된 전시물이라고 눈에 잘 띄게 써두었다. 이번 장에서 계속 살펴보겠지만, 타인을 같은 인간으로 존중하지 않는 이런 태도는 과학 지식의 발전에 기여한 사람들의 공을 무시하는 방식으로도 드러났다.

런던 호니먼박물관에는 인류학 전시가 구태의연한 행태에서 벗어나 더 평등한 시각으로 문화를 전시할 수 있음을 보여주는 좋은 예가 있다.[8] 이곳의 '세계 전시실'은 2018년에 전 세계 문화를 공유하는 공간으로 재단장하면서 박물관과 교류하는 여러 지역 단체, 현대 예술가들과 함께 전시를 기획했다. 또한 유럽과 영국의 문화도 전시에 포함했다. 유럽의 종교와 전통 의식을 다른 문화들과 나란히 바라보면, 사람들이 다른 문화에 느끼는 이질감을 줄일 수 있다.

다른 사람들의 문화를 '자연사'의 한 부분으로 보는 것은 용납할 수 없는 일이다. 이런 내용을 설명한 이유는 우리의 가상 투어가 들를 곳을 방대한 인류학박물관까지 넓히려는 게 아니라(인류학박물관을 다룬 책들은 이미 많다), 자연사박물관이 해결할 문제들은 인류학박물관에서 이미 60년 이상 고심해온 문제들이므로 이를 참고해서 해결의 기반을 다지기 위해서다. 서구의 박물관들이 자신들과 다른 사람들의 차이를 명백한 인종차별적 시선으로 전시했던(또는 지금도 전시하는) 실태를 알고 나면 자연사박물관의 환경은 어떤지, 이런 문제에 어떻게 대처할 수 있는지 더 쉽게 이해할 수 있을 것이다.

영웅 컬렉션의 비밀

나를 포함한 일부 박물관 사람들은 '탈식민지화'라는 표현에 매우 민감하다. 그 단어로 대표되는 특정 내용의 대화가 시작되면 우익 성향의 사람들이 자동반사처럼 쏟아내는 반응 때문에 에너지가 몽땅 소진되고, 대화의 본질은 사라진 채 정신만 혼미해진 경험이 많기 때문이다. 문화적 쟁점에 죽자고 덤비며 화내는 일로 돈을 버는 사람들이 자기 말에 귀 기울이는 사람들에게 펼치는 주장과 달리, 박물관의 탈식민지화는 본질적으로 좋은 일이다. 박물관의 탈식민지화는 다양한 목소리와 인물들을 추가해서 더 자세한 이야기를 들려주는 일이자 진실을 말하는 일이다. 이것은 반박할 수 없는 가치다.

박물관의 탈식민지화는 전시가 들려주는 이야기의 오랜 불균형을 바로잡는 일이다. 이는 기본적으로 유럽인의 이야기를 우선시하는 체계적 계층구조를 없애야 가능하다. 예컨대 유럽인의 성취를 드높이려고 식민지 사람들의 업적이 어떻게 경시되었는지 보여주는 것, 같은 일도 저마다 익숙한 문화에 따라 다양한 관점으로 볼 수 있음을 인정하는 것, 박물관의 모든 소장품이 한곳에 모일 수 있었던 힘은 제국주의 시대의 불균등한 권력이었다는 사실을 아는 것이 박물관의 탈식민지화다. 앞서 소개한 도도새 이야기가 이런 탈식민지화가 필요한 대표적인 예다.

자연사박물관의 소장품에 남아 있는 식민지 시대의 흔적에 올바르게 대처하려면 수집 과정(다음 장의 주제다)을 정직하게 밝히는 노력과 더불어, 그 과정에 다양한 사람들이 기여했다는 사실을 인정하고 감사하려는 노력 또한 필요하다. 자연사박물관에는 다윈처럼 유명한 인물의 이름을 내건 컬렉션이 많지만, 알고 보면 그 이름의 주인공은 컬렉션을 구성하는 표본들을 발견·수집한 당사자가 아닌 경우가 허다하다.

다윈이나 앨프리드 러셀 월리스Alfred Russel Wallace, 그 밖에 세상을 떠난 백인 남성들의 이름을 내건 '영웅 컬렉션'과 그 표본들이 수집된 유명한 탐험은 박물관들이 자랑스레 전시할 만한 소재다. 그러나 유명인들이 혼자 힘으로 모든 성취를 이룩하지는 않았다는 사실을 인정한다고 해서 그들의 업적이 빛을 잃지는 않는다. 그들의 성공에 다른 사람들의 도움이 엄청나게 큰 몫을 했다는 사실을 분명히 밝히고, 함께 애쓴 사람들도 인정하자는 소리다.

앨프리드 러셀 월리스가 8년간의 항해를 마치고 돌아올 때 말레이군도에서 가져온 극락조 표본 여러 점은 케임브리지대학교 동물학박물관이 보물처럼 여기는 소장품이다. 나는 우리 박물관에서 월리스가 손수 라벨을 붙인 그 표본들을 우연히 발견했을 때, 황홀한 기분과 함께 큰 특권을 누리는 기분이 들었다. 월리스가 세상에 발표한 항해기록 원본을 직접 읽을 수 있고, 그가 난생처음으로 보는 새를 건네받았을 때의 기쁨을 표현한 대목에서 고개를 들면 내 눈앞에 바로 그 새의 표본이 있다는 것은 정말 짜릿한 경험이다.

월리스는 그 항해에서 수집한 12만 5000점(!)의 표본과 자연 관찰로 얻은 지식을 토대로 지금껏 따라갈 사람을 찾기 힘들 만큼 훌륭한 과학 이론을 발전시켰다. 그는 지금의 인도네시아 트르나테섬에서 말라리아를 앓던 중에 진화의 원리를 깨닫고, 그 이론을 정립해서 영국에 있던 다윈에게 의견을 구했다.

1858년에 다윈이 받은 월리스의 편지에는 자연선택의 과정이 전체적으로 요약되어 있었다. 유리한 특성을 지닌 개체가 살아남아 번식하고, 그 특성은 자손에게 전달되며, 개체군 내에 그 특성을 가진 개체가 늘어나고, 시간이 흐르면 그 종은 필연적으로 진화한다는 내용이었다. 월리스의 이론은 인류 역사에서 늘 가장 큰 의문이었던 '생물은 어떻게 이렇게 다양해졌을까?'에 대한 해답이었다.

벌써 몇 년째 같은 생각을 붙들고 남몰래 연구해온 다윈은 월리스의 편지를 받고 적잖이 당황했다. 월리스가 자신보다 한발 앞설 수 있다는 두려움을 느낀 다윈은 이 이론을 논문으로 정리하고 월리스의 이름을 공동 저자로 넣어 발표했다(월리스가 아직 말레이군도에 있을 때였다). 그리고 이듬해에 《종의 기원》을 발표해서 월리스보다 훨씬 유명한 인물이 되었다. 다윈의 논문과 책이 세상을 바꿔놓은 것은 자명한 사실이다.

월리스는 진화론뿐 아니라 생물이 지구에 어떻게 분포하는지 연구하는 과학의 한 줄기인 생물지리학도 처음 만들었다. 그야말로 과학계의 거물이었던 그의 연구 내용은 직접 수집했다고 알려진 어마어마한 규모의 표본으로 뒷받침된다. 그러나 잘 알려진 이런 이야기에는 빠져 있는, 거의 알려지지 않은 사실이 있다. 우리 박물관에 있는 표본을 포함해 '월리스의 새'로 통칭되는 수천 마리의 조류 표본들 중 상당수 또는 대부분을 실제 수집한 사람이 따로 있다는 것이다.

바로 알리Ali와 바데룬Baderoon이라는 말레이의 10대 청소년 두 명이다. 월리스는 당대의 여느 유럽 출신 자연학자들과 달리, 자신이 쓴 여행기《말레이제도The Malay Archipelago》에서 두 사람의 공을 인정했다. 이 기록을 보면 월리스가 알리와 바데룬의 통찰력과 소망, 두 사람이 믿는 이슬람교 신앙을 존중한 것을 알 수 있다. 또한 월리스는 자신이 거둔 성취에 알리와 바데룬이 어떤 도움을 주었는지 소상히 밝혔다.[9] 그러나 월리스의 여행기를 읽은 사람들의 무의식적인 편견 탓인지 두 사람의 이름은 최근까지 거의 알려지지 않았다.[10]

나는 우리 박물관의 '월리스 컬렉션'에 포함된 표본 중 알리와 바데룬이 수집한 것을 구분할 수 있는 단서를 열심히 찾아보았다. 그러나 아쉽게도 월리스가 작성한 현장 기록에는 그런 정보가 거의 없었다. 이런 일은 지역민 또는 원주민이 표본 수집에 기

앨프리드 러셀 월리스가 말레이를 항해할 당시 가장 듬직한 조수였던 알리의 1862년 모습. 알리는 월리스가 영국으로 돌아갈 때 가져간 조류 표본의 상당수 또는 대부분을 수집했다.

여한 바를 조사할 때마다 발생하는 극히 흔한 문제다. 그들의 도움은 기록으로 남길 만큼 중요한 일로 여기지 않은 것이다.

그렇지만 실제 수집자를 알 수 있는 정보가 조금은 **있었다**. 그것도 월리스가 가장 중요하다고 여긴 조류 표본 중에 그런 사례가 있었다. 바로 월리스의 말레이 항해에서 나온 가장 귀중한 보물로 여겨지는 새이자, 그가 자연선택설을 정립하던 시기에 '발

2부 사라진 이야기

견한’ 새로 잘 알려진 흰기극락조standardwing bird-of-paradise다.[11] 월리스의《말레이제도》에는 다음과 같은 내용이 있다.

내가 귀가한 직후에, 알리가 사냥을 마치고 허리띠에 새 몇 마리를 매단 채로 돌아오는 모습이 보였다. 잔뜩 신이 난 기색으로 “나리, 이것 좀 보세요. 신기한 새가 있습니다” 하며 새 한 마리를 내밀었다. 처음에는 어리둥절하기만 했다. 새의 가슴팍에 아주 멋진 초록색 깃털이 수북하게, 두 뭉치로 나뉘어 길게 자라 있었다. 그런데 눈으로 보고도 믿기지 않는 것이 눈에 띄었다. 새의 양어깨에 불쑥 튀어나온, 길고 하얀 깃털 한 쌍이었다. 알리는 새가 날개를 펄럭일 때 그 깃털이 그런 형태로 튀어나왔으며, 자신은 손대지 않고 그대로 가져왔다고 했다. 그제야 그 새가 얼마나 엄청난 선물인지 깨달았다. 지금껏 알려진 어떤 새들과도 확연히 다른, 완전히 새로운 종류의 극락조였다.[12]

이 내용을 보면 알리가 흰기극락조의 표본을 사상 최초로 수집한 사람이며(우리 박물관에 있는 게 바로 이 표본이다), 이 새가 희귀한 종류라는 것을 알았고, 월리스에게 이 새의 중요한 행동 특성까지 자세히 전달한 것을 분명히 알 수 있다. 그런데도 세상에 흰기극락조의 발견자로 알려진 사람은 월리스다. 월리스의 기록과 공식으로 발표된 자료에 따르면 알리는 꾸준히 이런 역할을 했다. 박물관 표본에 얽힌 사람들의 이야기가 드러날수록 경이로

월리스가 발견한 것으로 널리 알려진 흰기극락조를 그린 삽화. 월리스의 기록에 따르면 이 새의 표본을 최초로 수집하고 중요한 행동 특성을 알린 사람은 알리였다.

움은 더욱 커진다. 알리의 허리띠에 매달려 있던 새가 케임브리지의 내 책상에 놓인 바로 그 표본임을 알았을 때 내가 그랬듯이 말이다.

박물관이 소장품의 역사에 다양한 사람들의 노력이 깃들었다는 점을 인정하고 진실을 이야기할 때 얻을 수 있는 더 중요한 결실은, 관람객이 전시실에서 접하는 과학과 역사에 (이미 저세상 사람이 된 수많은 백인 남성뿐 아니라) 자기와 비슷한 평범한 사람들도 큰 몫을 했음을 더 많이 알게 된다는 것이다. 즉 사람들은 박물관이 자기처럼 평범한 사람들의 이야기도 중요하게 다룬다는 느낌을 받는다. 박물관이 이런 공정성을 지키지 못한다면, 기관이 존재하는 타당성을 스스로 크게 실추시키는 것이나 다름없다.

∞

나는 2022년부터 우리 박물관이 소장한 놀라운 호주 포유동물 표본에 어떤 식민지 역사가 숨어 있는지 조사했다. 그 표본들 중에는 호주의 동물학을 크게 발전시킨 것도 있고, 표본이 수집된 후에 멸종해 더 큰 의미가 부여된 표본도 있다. 박물관에 남겨진 표본이 지구에 그런 생물이 존재했다는 사실을 알 수 있는 유일한 물리적 증거가 되는 것이다.

나는 우리 박물관 수장고에서 유대류 동물 표본 여러 점이 분류 또는 정리되지 않은 채로 담긴 커다란 상자 하나를 찾아냈다. 그 상자를 열어 표본을 하나씩 꺼내는 동안, 심장이 점점 빨리 뛰었다. 자연사박물관에 새로운 소장품이 들어오는 일반적인 경로를 통해 우리 박물관에 온 여러 상자 중 하나였다. 1989년에 케임브리지대학교의 다른 학과 연구실에서 오래된 동물 표본이 발견됐다는 연락을 받은 게 시작이었다. 오래전 캠퍼스 어느 장소에 자리를 잡은 학과가 수십 년에 걸쳐 점차 발전하고 공간을 넓히며 연구의 관심사가 바뀌는 동안 여기저기로 옮겨진 표본은, 그 정체를 아는 사람들이 전부 은퇴하거나 세상을 떠나자 상자에 담겨 자연사박물관으로 온 것이다.

우리 박물관으로 온 그 상자들에는 우리 대학 인체해부학과와 동물해부학과가 한 세기에 걸쳐 축적한 어마어마한 양의 표본이 담겨 있었다. 상자를 꾸릴 때 작성된 내용물 목록에 유대류 표본이 포함된 상자가 하나 있었으므로, 나는 호주 포유동물 표본에 숨겨진 식민지 역사를 연구하기로 마음먹자마자 바로 그 상자부터 찾아서 열어보았다.

상자를 열었을 때 맨 먼저 손에 잡힌 커다란 액침표본 병에는 몸집이 쥐와 토끼의 중간쯤 되는 동물이 한 마리 담겨 있었다. 당나귀처럼 커다란 귀에 뾰족한 코, 거대한 발과 기다란 꼬리가 보여서 처음에는 큰빌비일 수도 있다고 생각했다. 땅을 파는 습성이 있는 대표적 유대류 동물인 큰빌비는 호주의 건조한 열대기후 지역 전역에서 볼 수 있지만, 유럽이 통치한 식민지 시대 이후 개체수가 크게 줄었다. 그런데 자세히 보니 큰빌비치고는 몸집이 너무 작아서 작은빌비일 가능성도 있었다. 호주대륙 중앙부에 서식했던 작은빌비는 식민지 시절에 큰빌비보다 더 큰 타격을 입었다. 고양이, 여우, 토끼가 유입되고 서식지가 황폐해지면서 1960년대에 멸종한 것이다.

나는 자세히 살펴보려고 이 동물을 병에서 꺼냈다. 이미 멸종한 동물이 이처럼 통째로 보존된 표본을 다룰 때면 마음이 크게

작은빌비의 모습을 그린 1888년의 삽화. 호주대륙 중앙부에 서식했던 작은빌비는 식민지 시절 고양이, 여우, 토끼가 유입되고 서식지가 황폐해지면서 1960년대에 멸종되었다.

요동친다. 손에 들면 동물의 몸 구석구석 다른 무게가 손으로 고스란히 전해져서 어떤 표본을 다룰 때보다 더 '진짜' 동물로 느껴진다. 그래서 전신이 보존된 멸종 동물 표본을 직접 다루는 경험은 정서적으로 강렬하게 기억된다. 지금은 멸종되고 없지만, 한때 살아 숨 쉬던 생물이었다는 것을 절대 잊을 수 없게 된다.

박물관이 아닌 곳에 오래 보관된 표본들은 대부분 이력을 추적할 만한 기록이 제대로 남아 있지 않다. 그러나 내가 본 그 상자에는 표본들만큼이나 오래된 듯 누레지고 찢어진 종이 쪽지가 들어 있었다. 위에는 이런 문구가 있었다.

호주 중부 (탐험에서 수집한) 유대류 목록

1900년 9월 3일

엘리엇 스미스가 제출함

날짜와 이름을 보자마자 이건 특별한 상자라고 바로 깨달았다. 저 날짜가 표본이 기증된 시점이라면, 1900년 이전에 호주 중부에서 벌어진 중요한 과학 탐사는 1894년의 '혼 탐사Horn Expedition'가 유일했다. 그리고 종이에 적힌 이름은 저명한 해부학자이자 고고학자인 그래프턴 엘리엇 스미스Grafton Elliot Smith가 분명했다. 상자에서 나온 그 종이 쪽지 하나가 나를 이상한 나라로 데려가는 토끼굴이 되었다. 그때부터 지금까지 나는 2년 넘게 그 종이가 이끈 상자 속을 탐구하고 있다.

우선 그 상자의 표본들이 호주의 동물학 역사에서 중대한 사건으로 꼽히는 혼 탐사와 정말로 관련이 있는지부터 확인해야 했다. 헷갈리는 점도 몇 가지 있었다. 하나는 엘리엇 스미스가 호주 사람이고 1890년대부터 호주의 포유동물을 연구했지만 혼 탐사에는 참여하지 않았다는 것이다. 다른 하나는 우리 박물관 수장고에서 찾은 그 상자 속 표본 중에는, 내가 처음 꺼낸 작은빌비 표본처럼 혼 탐사에서 수집되지 않은 것이 포함되어 있었다는 점이다.

혼 탐사에서 수집된 동물들임을 나타내는 단서들도 많았다. 예를 들어 코와리kowari라는 동물의 희귀한 표본이 포함된 점이

　　　　　　　　　　　　　　　2부 사라진 이야기

그렇다. 자그마한 육식성 유대류인 코와리는 혼 탐사 동안 유럽인들에게 처음 발견되어 1896년에 과학계에 알려졌다. 표본이 수집된 시기로 미루어볼 때, 서구 과학자들이 혼 탐사가 아닌 다른 곳에서 코와리를 발견하고 표본으로 수집했을 가능성은 희박했다. 나는 이 상자 속 표본들을 통해 자연사박물관과 토착민들의 지식, 유럽이 호주를 식민지로 통치한 시기의 역사가 서로 어떻게 맞물려 있는지 자세히 알게 되었다.

호주의 여러 박물관과 대학교 소속 과학자들이 기획한 혼 탐사는 '붉은 중심부Red Centre'라 불리는 대륙 중앙부를 여행하면서 그 지역의 사람, 동식물, 지질학적 특성을 심층적으로 탐구했다. 탐사대는 남호주와 노던테리토리주가 만나는 경계 지역 인근, 지상 전신선의 중계소가 있던 샬럿워터스Charlotte Waters라는 작은 정착지를 기지로 삼았다.

1872년에 지상 전신선이 완공된 일은 식민지 시대 호주 역사에서 가장 의미 있는 사건이었다. 호주대륙 남쪽 해안에 자리한 애들레이드부터 대륙 북부의 다윈까지 총 2600킬로미터 넘게 이어지는(런던에서 모스크바까지 거리보다 더 길다) 전신선이 만들어지고, 호주 주요 도시인 멜버른, 시드니와도 연결되었다(얼마 지나지 않아 퍼스까지). 이것이 인도네시아 자바를 지나는 해저 케이블과 이어져 아시아 대륙과 순차적으로 연결되면서, 이전까지 다른 나라들과 뚝 떨어져 고립된 식민지였던 호주는 세상과 이어졌다. 지상 전신선이 들어오기 전에는 호주와 유럽 사이에 편지가 오가는 데 여러 달이 걸렸는데, 전신선이 연결되자 두 대륙은 단 몇 분이면 연락을 주고받을 수 있게 되었다. 또한 통신 비용이 많이 들긴 하지만 실시간으로 제법 긴 대화를 나눌 수 있게 되었다.

지상 전신선이 호주에 몰고 온 근본적인 변화는 이뿐만이 아니었다. 방대한 대륙의 한쪽 끝에서 다른 쪽 끝까지 전기 신호가 잘 전달되려면 신호를 증폭해야 하므로, 지상 전신선이 지나가는 경로에 약 200킬로미터 간격으로 중계소가 들어섰다. 이 중계소마다 설비를 유지하고 관리할 상근 직원들과 전신 기사들이 들어오고, (수천 마리의 소들로 이루어진) 축산 농장과 상점 등 이들에게 필요한 서비스를 제공할 사람들이 자연스레 모여들면서 새로운 지역 공동체가 형성되었다. 유럽이 통치하는 식민지의 범위는 이런 식으로 지상 전신선과 중계소를 통해 사막지대까지 확대되었다. 이는 유럽인들이 호주 중앙지역에 정착하는 주요한 계기가 되었고, 환경에 막대한 영향을 끼쳤다.

중계소가 들어오고 그 주변에 목축업이 발달하는 면적이 커질수록, 본래 그 땅에 살다가 쫓겨나는 호주 원주민이 점점 많아졌다. 원주민들이 사는 곳에는 지하수가 있었으므로 중계소는 원주민들을 내쫓고 그 자원을 얻는 일종의 본부가 되었다.[13]

샬럿워터스는 그런 중계소 중 하나였다. 이곳 중계소장인 아일랜드 출신 패디 번Paddy Byrne은 혼 탐사대가 그곳에 머무는 동안 탐사대의 일원이던 동물학자 월터 볼드윈 스펜서Walter Baldwin Spencer 교수와 가까워졌으며, 두 사람의 친분은 그 뒤로도 계속

이어졌다. 식민지에서는 물류가 발달하고 개척 범위가 확장됨에 따라 그 영향이 자연사 연구에까지 미친 경우가 많았는데, 번과 스펜서의 관계에서도 그런 예를 확인할 수 있다. 두 사람이 주고받은 서신을 보면 번은 혼 탐사대가 동물 표본을 확보할 수 있게 도와주었고, 이 탐사가 끝난 뒤에도 수십 년간 스펜서에게 꾸준히 표본을 보낸 것을 알 수 있다. 내가 우리 박물관 수장고에서 찾은 상자에 혼 탐사가 한창 진행되던 시기가 아닌 시점에 수집된 표본들이 포함된 것은 이런 이유 때문이다.

혼 탐사의 과학적 성과를 정리한 스펜서의 논문에는 번이 귀중한 표본을 제공한 덕분에 탐사가 성공할 수 있었다는 감사 인사가 상당한 지면을 차지한다. 번이 제공한 표본 중에는 그 무렵 과학계에 처음 알려진 포유류가 다수 포함되어 있었다. 코와리도 그중 하나로, 스펜서는 번의 노고에 감사하며 이 동물의 학명을 번의 이름을 딴 '대슈로이데스 버나이*Dasyuroides byrnei*'라고 지었다. 스펜서는 코와리가 작은빌비에 속하는 새로운 종이라고 설명했다.[14] 나는 혼 탐사 때 샬럿워터스에서 수집된 표본들을 연구하려고 멜버른박물관과 남호주박물관을 방문했었는데, 실제로 수집자는 번, 기증자는 스펜서라고 명시된 라벨이 붙은 표본들이 있었다.

그런데 혼 탐사 이후 수십 년 동안 번이 스펜서에게 보낸 편지를 읽어보면, 그가 보낸 표본들을 수집한 사람들은 따로 있다는 사실이 드러난다. 그 획기적인 표본들 대부분은 오랫동안 그 땅에서 살아오며 어디에 어떤 동물이 살고 어떻게 잡아야 하는지 꿰뚫고 있던 남호주 토착부족인 아렌테Arrente족 여성들이 수집했다. 이 원주민들은 식민지정부의 배급품과 담배, 자신들의 모습이 담긴 사진을 받고 야생에서 동물을 잡아달라는 제안을 받은 것으로 보인다(배급은 이런 대가 없이 받을 수 있는 것이었고, 배급 담당자는 중계소장인 번이었다). 스펜서의 과학적 '발견'은 이들 없이 불가능한 일이었다. 그럼에도 논문에는 이 원주민들에 관한 언급이 거의 없다.

번이 스펜서에게 쓴 편지에는 각각의 표본을 누가 수집했는지 명확하게 밝힌 내용이 전혀 없고, 그런 정보는 전부 함축적으로 나와 있다. 그러나 두 사람 모두 아렌테족 여성들이 표본을 수집했다는 사실을 숨기려 하지 않았다. 스펜서는 논문에서 번의 공로는 인정하면서도 원주민들의 공도 인정해야 한다는 생각 자체를 하지 않은 것이다. 예를 들어 1895년 9월 6일에 번이 쓴 편지에는 이런 내용이 있다.

이번에는 동물들이 담긴 통 다섯 개를 보냅니다. 우르필라Ur-peela도 포함되어 있어요. 제 생각에 [빌비의] 새로운 종인 듯합니다. 얼마 전 [아렌테 사람들한테서] 몸이 하얗고 꼬리는 휘어진 형태에 귀는 우가르타Oogarta(P. lagotis[큰빌비])*처럼 길쭉하고 몸집은 우

---

* 현재 큰빌비의 학명은 *Macrotis lagotis*이지만 이 시기에는 *Peragalea lagotis*였다.

  2부 사라진 이야기

1896년 동물학자 월터 볼드윈 스펜서는 코와리를 새로운 종으로 과학계에 처음 보고했다. 남호주 토착부족인 아렌테족이 수집한 표본 덕분에 가능한 성취였지만, 스펜서는 이를 보내준 패디 번에게 감사하며 코와리의 학명을 '대슈로이데스 버나이'라고 지었다.

가르타의 절반도 안 되는 동물을 우르필라라고 부른다는 이야기를 들었습니다.

어쨌든 [아렌테 사람들의] 열성적인 노력 덕분에, 동물들은 모두 상태가 좋습니다. 냄새가 강하므로 살펴볼 때 오포파낙스 Opopanax[15]를 조금 활용하시면 편리할 겁니다. 이런 동물에게 관심이 있다고 하시면 제가 [아렌테 사람들에게] 튼튼한 통에 더 열심히 채워오라고 하겠습니다.

여기서 분명히 알 수 있는 사실은, 아렌테족 여성들이 표본을

수집했을 뿐만 아니라 그 지역에 어떤 동물들이 살고 어떤 이름
으로 불리는지, 종류마다 어떤 차이가 있는지도 알려주었다는
것이다. 번은 동물 표본을 현장에서 수집하는 고생을 하지 않은
것은 물론이고 동물에 관한 지식도, 수집할 동물을 정하는 능력
도 없었다. 그렇다고 그가 스펜서에게 감사 인사를 받을 만큼 연
구를 돕진 않았다고 할 수야 없겠지만, 아렌테 사람들이 흘린 땀
과 그들이 제공한 지식에 견주면 번이 한 것이라곤 남들이 잡아
서 자기한테 가져온 동물을 멀리 보낼 수 있게 포장하고, 자기가
전해 들은 말을 글로 써서 전달한 게 전부다.

포유동물의 사체가 부패하기 시작하면 제일 먼저 피부의 '벗겨
짐', 즉 털이 떨어져나가는 변화가 일어난다. 스펜서는 번이 보낸
이러한 편지와 동물들을 받은 뒤, 표본에 그런 문제가 생겼다는
답장을 보냈다. "이게 [빌비의] 새로운 종이 맞는지는 아직 알 수
없습니다. 털이 온전하게 남아 있는 괜찮은 표본을 운 좋게 구하
신다면 제게 보내주십시오."[16] 내가 멜버른의 박물관에서 본 표
본들은 케임브리지 동물학박물관이 소장한 표본들처럼 털이 크
게 빠진 부분이 있었다. 이 표본들이 번과 스펜서의 편지에 언급
된 그 동물들이 맞다는 또 다른 증거다.

멜버른의 박물관에서 내가 주목한 또 한 가지는, 그곳 표본들
에 붙은 라벨과 케임브리지대 동물학박물관이 소장한 표본에 붙
은 라벨의 제조사명과 손글씨 필체까지 **정확히 일치한다**는 것이
다. 호주에서 수집되어 스펜서에게 전달된 표본들이 어떻게 케

임브리지로 오게 되었을까?

나는 영국 왕립인류학회가 소장한 엘리엇 스미스의 편지를 찾아냈다. 그가 친구들에게 보낸 그 편지들에는 1896년 멜버른에 하루 머물다가 스펜서를 만났으며, 그때 스펜서가 준 흥미진진하고 다양한 표본들이 영국에서 학자로 경력을 쌓고 최종적으로 케임브리지에서 자리를 잡는 데 도움이 되었다는 내용이 있다.

스미스가 케임브리지로 왔을 때 우리 박물관에 직접 기증한 표본은 돼지발반디쿠트 한 점이었는데, 실제로 그 표본의 라벨에는 샬럿워터스에서 수집되었다고 적혀 있다. 돼지발반디쿠트도 작은빌비처럼 이제는 멸종한 동물이다(더욱 안타까운 사실은 돼지발반디쿠트가 2019년에야 새로운 종으로 과학계에 알려졌으며, 멸종 전까지 개별 종으로 인정조차 받지 못했다는 것이다).[17] 스미스는 자신이 보유한 다른 표본들을 전부 연구실에 두었고, 그렇게 남아 있던 표본들이 상자에 담겨 1989년에 우리 박물관으로 옮겨졌다.

그 상자 속 표본들은 이런 조사를 통해 혼 탐사와 그 이후에 수집되었다는 사실이 밝혀졌다. 그중에는 이전까지 유럽인들이 전혀 본 적 없는 사막에 서식하는 동물들도 있고, 일부는 이제 멸종했다. 우리 수장고에 보존된 이 포유동물 표본들은 호주 중앙지역에서 벌어진 식민지화의 상징이자 부산물이다. 또한 자연사 연구가 토착민들의 노동력과 전문지식에 얼마나 크게 의존했는지 보여주는 증거이기도 하다.

'수집자: 기록에 없는 부족민'

　나는 식민지화의 영향이 최고조에 이르기 전에 이루어진 자연 탐사 이야기를 접할 때마다 큰 상실감을 느낀다. 호주의 여러 외딴 지역을 찾아가 현장연구를 하면서 직접 경험한 일과 비교되기 때문이다. 번과 스펜서의 편지와 논문 등에 담긴 작은빌비나 돼지발반디쿠트의 목격담과 그들의 서식지에 관한 내용을 읽으면, 이제는 그 동물들이 멸종했거나 개체수가 크게 줄어들었다는 사실이 더 선명하게 느껴진다.

　호주에서 현장연구를 할 때면 인상적인 장소를 누비며 지금까지 살아 있는 동물들을 연구할 수 있다는 게 큰 특권으로 느껴지지만(비록 벌레에 잔뜩 물리고, 비에 쫄딱 젖고, 섭씨 45도에 습도 100퍼센트의 푹푹 찌는 날씨를 견뎌야 하고, 진균에 감염되기도 하고, 하루에 14시간씩 삽질을 하더라도), 지금의 자연이 예전보다 얼마나 불완전한지 알게 되면 씁쓸한 기분이 든다. 반대로 생물이 성공적으로 잘 보존되어서 옛 기록을 토대로 환경과 동물이 과거에는 어떠했고 지금은 어떻게 달라졌는지, 즉 시간 흐름에 따른 변화를 연구할 수 있는 경우도 가끔 있다. 자연을 과거와 현재, 두 버전으로 모두 볼 수 있는 것이다.

　현장연구를 한 적이 있는 서호주 샤크만Shark Bay의 어느 무인도가 그런 곳이었다. 그 섬에서는 외래종 동식물을 전부 없애고, 부디boodie 또는 '굴 파는 베통burrowing bettong'으로 불리는 동물을 비롯해 수많은 토착동물을 다시 들여오는 사업이 펼쳐졌다. 캥거루의 친척뻘인 부디는 몸집이 고양이와 비슷하게 작은 편이라, 이 섬의 옛 정착민들은 '쥐캥거루'라고 불렀다. 영국이 호주를 침략했을 때만 해도 부디는 깡충깡충 뛰어다니는 유대류 동물 중 가장 흔히 볼 수 있는 동물이었으리라 추정되는데, 1960년대에 호주 본토에서는 멸종하고 몇몇 섬에서만 살아남았다. 샤크만의 무인도에 다시 들여온 부디는 본토에서 겪어야 했던 온갖 위협에서 벗어난 덕분에 개체수가 엄청나게 늘었다.

나를 포함한 현장연구진은 다른 곳에서 유입된 고양이와 여우가 없을 뿐만 아니라 그 섬에 본래 서식하던 포유류 포식자도 없어서 부디가 다시 번성할 수 있었다고 추정했다. 우리가 방문했을 때 그 섬에는 우리 넷과 부디 1만 5000여 마리가 함께 지냈다. 저녁이 되어 우리가 캠프 주변에 둘러앉아 있으면 어디서 나타난 부디가 다리 위로 훌쩍 뛰어 올라오기도 하고 탁자 위에까지 올라왔다. 밤이면 우리가 자는 낡은 헛간 안으로 불쑥불쑥 들어와 입구에 바리케이드를 설치해야 했다.

그런데 우리가 샤크만의 무인도에 간 목적은 부디 연구가 아니었다. 샤크만쥐Shark Bay mouse 또는 주옹가리djoongari라고 불리는 희귀한 토착 설치류의 개체 규모를 확인하고, 다른 자연보호구역에 일부를 옮겨도 될 만큼 많은지 평가하기 위해서였다. 그러나 부디가 수적으로 압도적인 데다 호기심이 워낙 왕성해서, 샤크만쥐를 잡으려고 설치한 덫마다 부디가 잡히기 일쑤였다(모니터링 목적으로 설치하는 덫은 미끼를 넣은 작은 상자 형태여서 동물이 잡혀도 다치지 않는다. 잡힌 동물은 동트기 전에 모두 풀어준다). 밤에 손전등을 켜고 주변을 비추면 잽싸게 달아나는 샤크만쥐가 분명히 보였지만, 부디의 방해로 한 마리도 잡을 수 없었다.

얼마 후에 나는 부디가 호주 본토에서 자취를 감추기 전인 1906년 어느 박물관의 표본 수집 탐사기록을 우연히 보게 되었다. 놀랍게도 우리가 샤크만의 섬에서 겪은 고충이 한 세기 전 호주 본토에서는 일상적인 일이었다.

> 덫을 아무리 조심스럽게 땅에 묻어놓고 와도 번번이 쥐캥거루가 잡힙니다. 수가 얼마나 많은지, 정말 성가셔요. 쥐나 다른 동물들을 잡으려고 놓아둔 작은 덫에 늘 쥐캥거루가 걸립니다.[18]

유명한 포유류 표본 수집가 가이 쇼트리지Guy Shortridge가 쓴 편지에 나오는 내용이다. 쇼트리지가 1904~1907년에 서호주를 탐험하며 수집한 동물 표본은 대부분 런던에 있는 영국 국립자연사박물관으로 보내졌지만, 일부는 옥스퍼드대학교 자연사박물관과 케임브리지대학교 동물학박물관, 카디프국립박물관National Museum Cardiff, 더비박물관Derby Museum으로 전달되었다.

쇼트리지는 전갈에 물리고 (수집 동물의 가죽을 보존하느라 사용한 화학물질 때문에) 비소중독까지 겪는 등 탐험 과정이 길고 험난했지만, 과학계에 길이 남은 소중한 성과를 거두었다. 그때까지 알려지지 않았던 몇몇 새로운 동물을 발견했을 뿐만 아니라(그중 하나인 히스쥐heath mouse에게는 그의 이름을 딴 슈도마이스 쇼트리지아이 *Pseudomys shortridgei*라는 학명이 붙었다) 개체수가 감소세였던 포유류를 지도에 종류별로 기록한 것이다. 그는 이 지도에 포유류가 감소한 주된 원인이 고양이와 들불이라는 설명을 덧붙였다. 또한 열대기후에 서식하는 종류를 제외한 모든 서호주 포유동물의 과거와 현재(그가 조사한 시점) 분포현황까지 지도로 나타냈다. 그야말로 엄청난 성취였다. 쇼트리지의 조사 결과는 지금도 포유동물의 감소 현황을 파악하는 핵심 자료로 활용된다.

오늘날 호주 포유동물을 안내하는 자료를 보면, 더 널찍했던 과거의 서식 면적과 그보다 좁아진 현재의 서식 면적을 각기 다른 색으로 표시한 호주 지도가 꼭 포함되어 있다. 유럽이 호주를 침략한 뒤 이 대륙의 포유류 개체군이 어떤 피해를 입었는지 보여주는 이런 지도는, 대부분 쇼트리지가 기록한 자료를 토대로 만들어진다. 20세기 초에 과거와 현재의 동물 분포면적을 이러한 형태로 가장 먼저 시각화한 사람이 쇼트리지였다.

쇼트리지가 포유동물의 분포현황을 조사·기록했을 때도 개체수가 이미 크게 줄어든 종이 많았다. 그가 표본을 수집하거나 개체수가 많다고 밝힌 종도 그 뒤에 완전히 멸종했거나(막대무늬반디쿠트, 초승달발톱꼬리왈라비, 넓은얼굴포토루 등), 본토에서 멸종했거나(앞서 설명한 부디와 토끼왈라비 등) 서식범위가 크게 축소되었다(큰빌비, 서부쿠올, 주머니개미핥기, 붓꼬리베통 등). 쇼트리지의 기록은 동물들의 최신 분포현황을 시기별로 비교·분석할 수 있는 유용한 기준이다. 쇼트리지의 서호주 탐사는 그 지역에 여우가 나타나기 약 20년 전에 이루어졌는데, 그의 기록을 보면 서호주에 토끼 개체수가 점차 늘어나면서 생태계에 어떤 영향이 발생했는지 알 수 있다.[19]

혼 탐사에서 번이 표본 수집자로 알려져 있듯이, 쇼트리지가 직접 작성한 기록[20][21]이나 그에게 표본 수집을 요청한 런던의 올드필드 토머스Oldfield Thomas가 쓴 공식 탐사보고서,[22][23] 그 탐사에서 수집된 표본의 라벨 정보를 살펴보면 쇼트리지가 대부분의 표본을 직접 수집한 것처럼 보인다.

쇼트리지가 먼 곳까지 가서 찬사받을 만한 눈부신 성과를 거둔 것은 분명한 사실이다. 포유동물을 덫으로 포획하는 솜씨가 훌륭했으므로, 그의 표본 중 일부는 의심의 여지 없이 그가 직접 수집한 게 맞다. 또한 이 탐사의 결과를 정리한 여러 논문에는 호주 원주민들로부터 동물의 종류별로 포획 가능한 장소와 세세한 행동 특성, 일부 포유동물의 개체군 규모 변화에 관해 귀중한 정보를 얻었다고 분명하게 나와 있다.

그러나 쇼트리지의 미공개 편지들은 더 자세한 상황을 알려준다. 호주 원주민들도 직접 표본을 수집했으며, 그가 곳곳을 이동하며 탐사할 때 원주민들의 도움에 의지했다는 것이다. 그럼에도 공식 자료에는 이런 사실이 언급되지 않고, 분명 아주 많은 시간을 함께 보냈을 원주민들의 이름조차 나오지 않는다. 추정하건대 그를 도운 건 그 지역에 살던 눈가족Noongar이었을 것이다.

쇼트리지가 토머스에게 보낸 표본 중 머리뼈가 부서진 동물이 많은 이유를 설명한 편지에는 그가 직접 잡지 **않은** 동물 표본이 많다는 사실이 고스란히 드러난다.

> 보셔서 아시겠지만, 제게 동물을 가져오는 사람들은 뼈가 깨질 정도로 머리를 세게 쳐서 잡는 방식을 매우 선호합니다. 그래서 [눈가 사람들에게] 그렇게 잡은 건 제외하고 가져오라고 일일이 알려줘야 하는 고충이 있습니다. 그 사람들은 방법이야 어떻든 동물을 죽이기만 하면 된다고 생각하거든요.[24]

예전에 나는 망가진 생물 표본은 온전한 표본보다 가치가 덜하다고 생각했다. 옥스퍼드대학교 자연사박물관에도 쇼트리지의 탐사에서 수집된 동물의 머리뼈들이 보관되어 있는데, 머리뼈 뒤쪽이 전체적으로 깨진 게 대부분이다. 이제는 그 표본들을 보면 쇼트리지의 편지가 자동으로 떠오른다. 그 표본들이 호주 동물학의 역사에 중요한 획을 그은 탐사에서 수집되었다는 점, 또한 그 표본들을 실제로 수집한 사람은 그곳 원주민들이라는 사실은 금이 가고 깨졌다는 이유로 평가절하된 머리뼈의 과학적 가치를 넘어서는 훨씬 귀중한 의미가 있다고 생각한다.

이 깨진 표본들은 쇼트리지가 직접 수집한 게 **아니라는** 점이 분명히 드러났지만, 표본에 달린 라벨에는 수집자가 가이 체스터

쇼트리지를 뜻하는 'GCS'로 버젓이 적혀 있다.

쇼트리지의 탐사를 도운 공로를 제대로 인정받지 못한 것은 호주 원주민들만이 아니다. 역시나 공식 기록에는 없지만 쇼트리지가 사적으로 보낸 편지들에는 표본 수집을 돕거나 수집에 필요한 지식을 제공한 사람들, 이동할 때 짐 옮기는 일을 도와준 사람들이 있었다는 사실이 나온다. 특히 진주조개를 채집하던 사람들과 모피 상인, 벌목꾼, 광부 등 다양한 식민지 정착민들이 그를 도와주었다는 이야기가 수시로 언급된다.

이는 두 가지를 말해준다. 하나는 그를 도운 사람들이 모두 자연에 기대어 돈 버는 일을 했다는 것이다. 식민지에서 이루어진 이러한 경제활동은 자연사 지식의 확대와 맞물려 있었다. 식민지화는 본질적으로 그곳의 경제적 자원을 추출하는 게 핵심이므로, 동식물과 광물 자원에 관한 지식이 식민지 산업의 성공을 좌우했다. 쇼트리지를 도운 그 사람들은 당연히 어떤 동물이 어디에 있는지 정확히 알고 있었을 것이다. 쇼트리지의 편지로 알 수 있는 다른 한 가지 사실은, 그를 도운 사람들이 식민지 정착민 사회의 계층 서열상 하위층에 속했다는 점이다.

쇼트리지를 도와준 식민지 정착민들은 호주 원주민들처럼 대부분 편지에 이름조차 언급되지 않는다. 충분히 예상할 수 있겠지만, 그의 편지에 예외적으로 이름이 등장하는 영광을 누린 건 퍼스박물관·동물원Perth Museum and Zoo 대표와 정치인, 주요 지주 등 노동자계급이 아닌 정착민 사회의 엘리트 집단에 속한 사람

 2부 사라진 이야기

들이었다.

쇼트리지가 자신을 도와준 사람들과 어떤 관계로 지냈는지는 분명하지 않다. 그가 의지한 원주민들에게 비용을 지급했다는 증거도 찾을 수 없다. 그러나 쇼트리지가 샤크만으로 여행을 떠나면서 올드필드 토머스에게 보낸 편지 한 통에는 그 지역 식민지정부 관료들의 지시에 따라 원주민들의 노동력과 전문지식을 활용할 수 있었다는 내용이 나온다.

우리는 진주조개잡이 몇 명과 데넘Denham에서 듀공이 나타나는지 늦게까지 지켜볼 예정입니다. 그리 쉽게 볼 수는 없다고 합니다만 두어 마리 구할 때까지 기다릴 작정입니다. 이곳 치안판사 포스 씨가 저에게 정부 소유의 배 한 척과 원주민들을 마음대로 쓰라고 했습니다. 그리고 듀공을 찾으러 가보고 싶은 데가 있다면 어디든 가도 되고, 뭐든 하고 싶은 대로 하라고 허락했습니다. 그러면서 듀공을 몇 마리쯤 잡을 수 있을 거라고 했습니다.[25]

호주 원주민들이 자신들의 의사와 무관하게 탐사에 동원됐다는 것을 알 수 있는 대목이다. 진주조개잡이들의 도움을 받았다는 점도 주목할 만하다. 대영제국에서 노예제가 폐지된 후에도 서호주의 진주 채취 업계에서는 여전히 원주민을 납치해 강제로 일을 시켰는데, 이런 행태를 '검은 새 사냥blackbirding'이라고 일컬었다.[26] 앞의 편지를 보면, 쇼트리지의 탐사에 그런 노동력이 쓰였을 가능성이 있다.

∞

　이런 사례는 무수히 많다. 자연사박물관의 표본이 수집된 주요 탐사를 자세히 살펴보면, 박물관에 명성을 안겨준 과학적 발견은 탐사 지역 주민들과 토착민들의 도움 없이는 불가능했다. 그들이 없었다면 탐사대는 그 지역을 원만하게 돌아다니지도 못했을 것이고, 심지어 생존할 수조차 없었던 경우가 태반이다. 박물관이 소장품의 숨겨진 역사를 솔직하게 알리려는 의지가 있다면(그런 의지가 **분명히** 있으리라 생각한다), 지금까지 전해지는 옛 기록 속에서 진짜 이야기를 찾아내야 한다. 물론 기록한 사람이 거의 다 서구 과학자나 탐험가이므로 쉬운 일은 아니다. 그러나 중요한 발견에 크게 기여하고도 그 공로를 거의 인정받지 못한 사람들의 목소리를 되찾는 것은 너무나 중요한 일이다.

　그런 노력과 더불어, 자연사박물관은 소장품이 입수된 경로와 과정에 관해 지금까지 부정확하게 알려진 내용을 바로잡을 방법을 고민해야 한다. 자연사박물관은 표본의 진짜 수집가를 어떤 방식으로 정직하게 알릴 수 있을까? 중요한 발견을 해낸 당사자를 더 공정하고 폭넓게 인정하며 그 사실을 알리는 창의적인 방법을 분명 찾을 수 있을 것이다.

　특정 인물을 '영웅'으로 선정해서 높은 단상에 올려놓고 혼자

스포트라이트를 받도록 전시하는 관행을 버리는 것도 한 가지 방법이 될 수 있다. 정확한 사실과 이를 뒷받침하는 사진이 있다면(말레이제도에서 월리스를 도운 알리처럼 이름과 촬영 사진까지 남아 있는 사례는 드물지만), 전시에 그런 자료를 추가해 연구가 실제로 어떻게 이루어졌는지 알릴 수 있다. 박물관은 눈으로 보는 공간이다. 사람들에게 들려줄 이야기뿐 아니라 **보여줄 수 있는 것**도 필요하다.

표본과 그 표본에 관련된 기록을 잘 살펴보면 수집자와 기증자, 그리고 수집물을 한데 모아 다른 곳으로 전달한 중개자가 구분된다. 앞서 설명했듯이 월리스와 번은 표본의 '수집자'로 기록되어 있지만, 이제 우리는 그런 기록이 반드시 정확하지는 않다는 것을 안다. 표본을 찾아내고 수집하는 데 필요한 기술과 전문 지식을 갖춘 사람들이 그 역할을 인정받아야 하며, 번과 같은 사람들이 아닌 그들이 수집자로 올바르게 기록되어야 한다.

표본을 갖고 있다가 다른 사람에게 넘겼다면 표본의 이전 소유주이고, 최종적으로 박물관에 제공한 사람이 기증자다. 표본이 박물관으로 오기까지 거쳐간 모든 사람이 중요하고, 전부 인정받을 만한 역할을 한다. 그 중간 단계에 있었던 사람의 이름을 모른다고 해서 그다음 단계를 맡은 사람이 전부 다 한 것처럼 알려지면 안 된다. 우리 박물관의 샬럿워터스 컬렉션에는 수집자 이름이 '기록에 없는 아렌테 부족민'이라고 적혀 있다.

나는 전문적인 지식과 기술을 발휘해 번과 쇼트리지를 도와준 토착민들의 이름을 알고 싶었다. 그러나 월리스의 탐험을 도운 알리나 바데룬과 달리, 아쉽게도 찾을 수가 없었다. 그래서 그들의 탐사는 불완전하고 만족스럽지 않은 이야기로 남게 되었지만, 그들이 익명으로만 알려졌다는 사실도 중요한 의미가 있다. 최근 그랜트동물학박물관에서는 '권력의 전시'라는 제목으로 식민지 시대의 흔적을 보여주는 전시를 열었다(그런 주제로 열린 첫 전시였다). 이 전시를 기획한 큐레이터들은 표본 수집을 돕고도 기록에서 빠진 사람들이 존재한다는 사실을 강조하기 위해 일부러 진열장 하나를 아무것도 없이 빈 채로 두었다.

과학은 협력으로 이루어진다는 사실을 분명히 밝히고, '협력'이라 불려도 힘의 구도는 불균형하다는 사실을 솔직히 알리는 것이 중요하다. 지금까지 알려진 것보다 훨씬 다양한 사람들이 자연사의 과학적인 발전에 기여했다. 그리고 서구 사회는 그 발전에 힘입어 세상을 더 깊이 이해하게 되었다. 이런 사실이 정확하게 알려져야 한다.

어디서 났느냐는 질문

"이거 다 어디서 난 거예요?" 박물관에서 일하다 보면 관람객들한테 정말 많이 듣는 질문 중 하나다. 이 책에서 함께하고 있는 가상의 자연사박물관 투어에서도 마찬가지일 것으로 예상한다. 불과 몇 년 전까지 사람들은 휘둥그레진 눈에 경이로움과 놀라움이 묻어나는 목소리로 이렇게 물었지만, 이제는 눈을 가늘게 뜨고 의심스러운 톤으로 같은 질문을 던진다.

자연사박물관과 박물관 사람들은 지식의 추구를 목표로 유익하고 영예로운 일을 수없이 해냈다. 그러나 자연사박물관의 소장품에 얽힌 역사(그리고 박물관을 통해 널리 알리고자 하는 과학 발전의 이야기)에는 예전에 알려진 것처럼 영웅적이고 명예로운 일만 있는 게 아니다. 정말로 박물관의 그 많은 소장품은 다 어디서 났을까?

쉽게 답할 수 있는 질문은 아니다. 박물관이 소장품을 얻는 경로가 다양하기 때문이지만, 다른 까다로운 문제와도 얽혀 있기 때문이다. 그 문제를 해결하려고 열심히 노력하는 박물관 사람들이 많아진 만큼, 다 어디서 났느냐는 질문에 자연사박물관은 솔직하고 쓸모 있는 대답을 할 수 있게 될 것이다. 이번 장에서는 표본이 자연사박물관에 들어오는 과정에서 생기는 몇 가지 심각한 문제를 살펴본다. 그 내용을 알고 나면, 과학 표본이라고 해서 반드시 정치와 무관하고 중립적이라고 단정할 수 없다는 사실을 이해하게 될 것이다.[1] 자연사박물관이 능동적이고 타당하며 공정한 기관으로 존재하려면, 또 과학에 대한 대중의 신뢰를 강화하는 역할을 하려면 박물관의 진짜 역사를 제대로 이해하는 것이 필수다.

20세기 초, 주요 자연사박물관 중 일부는 표본 수집을 위한 탐사를 추진했다. 시카고 필드자연사박물관은 1894~1928년에 70회 넘게 탐사를 벌여 척추동물의 표본을 수집했으며, 워싱턴의 스미스소니언박물관(미국 국립자연사박물관)은 비슷한 시기에 90회 가까이 탐사 활동을 했다.[2] 뉴욕의 미국자연사박물관이 1920년대에 벌인 표본 수집 탐사도 100건 이상이다.[3]

유럽의 박물관들은 전시 규모를 키우는 데 그만큼 적극적이지 않았지만(상당수가 미국 박물관들보다 훨씬 오래전에 설립되어 이미 가진 게 많았다), 런던에 있는 영국 국립자연사박물관을 위한 표본 수집이 목적이었던 쇼트리지의 탐사 등 아예 없었던 것은 아니다. 호주의 박물관들도 마찬가지였다. 그러나 이전까지는 다른 목적으로 항해를 떠났다가 자연사박물관이 소장할 만한 동식물 표본을 부수적으로 가져오는 게 일반적이었다.

유럽 국가들이 16세기부터 '새로운 발견을 위한 항해'를 본격화하고 세계 곳곳을 누비기 시작한 후에는 다른 나라에서 착취할 만한 자원, 즉 동물·식물·광물에 관한 지식이 곧 그 나라의 자연사 지식으로 여겨졌다. 유럽이 확립한 식민지 지배체제는 침략한 땅에서 찾아낸 자원을 다른 나라로 반출해 이득을 얻었다. 유럽의 자연사박물관들은 그 결과물을 대놓고 보여주는 곳이었다.

탐험대가 박물관에 전시할 만한 것으로 무엇을 찾아오느냐에 따라, 그 나라를 침략해 식민지로 삼을지 말지가 결정되기도 했다. 예를 들어 네덜란드 동인도회사는 17세기에 호주대륙의 서쪽 해안을 연이어 탐사한 뒤 향신료나 금, 광물, 과일처럼 개발할 만한 자원을 찾지 못하자 그곳을 침략하지 않기로 했다.

그 뒤로 1세기가 지나 호주대륙의 동쪽 해안에 도착한 영국은 정반대 결론을 내렸다. 쿡 선장과 자연학자 조지프 뱅크스Joseph Banks가 자신들이 첫발을 디딘 곳의 지명으로 '보타니만Botany Bay'을 제안한 이유도, 1770년에 그곳에 몇 주 동안 머물며 식물을 수집했기 때문이다(말할 필요조차 없겠지만, 그곳에는 그 지역 호주 원주민들이 붙인 '카마이Kamay'라는 고유한 지명이 있었다). 그때 수집된 식물 표본들은 지금 런던에 있는 영국 국립자연사박물관에 있다. 영국으로 돌아온 쿡과 뱅크스는 자신들이 다녀온 곳을 식민지로 삼는 게 좋겠다는 의견을 의회에 전했다. 이들이 카마이에 내려 대영제국으로 가져갈 식물을 수집하고 자연사를 연구한 일이 호주의 역사를 바꾼 셈이다.

이와 비슷하게 서구 지역의 가장 유서 깊은 일부 자연사박물관들은, 노예상인들이 대서양 건너편으로 사람을 수송하기 위해 서아프리카와 남아메리카, 카리브해, 북미를 오가던 배에 함께 실어온 물건들을 전시하려고 설립된 곳들이다. 지금까지 자연사박물관에 남은 표본 중에는 우리가 상상할 수 없을 만큼 최악의 고난을 겪은 사람들과 한배에 실려 온 것이 있다는 소리다.

18세기에 '아시엔토asiento'라 불리던 노예무역권(스페인의 아메리카대륙 식민지에 필요한 노동력을 흑인 노예들로 독점 공급하는 권한)은 영국의 자연학자들이 스페인의 엄격한 무역제한 때문에 접근할 수 없던 지역에서 표본을 입수하는 일종의 뒷문이었다. 한스 슬론Hans Sloane(식민지에서 의사로 일하며 노예무역에 직접적으로 관여했다)이 대영제국의 식민지였던 자메이카에서 수집한 표본들은 대영박물관부터 넓게는 런던의 영국 국립자연사박물관 설립에 초석이 되었다. 그는 대영제국의 남해회사(1713~1739년에 아시엔토를 획득한 업체)가 고용한 사람들을 통해 당시 스페인 식민지였던 아메리카대륙에서도 식물 표본 수백 점을 확보했다.

현재 옥스퍼드대학교 식물표본실에는 현존하는 가장 오래된 아르헨티나 식물 표본이 보관되어 있다. 이것도 앞서와 비슷하게 1720년대에 부에노스아이레스에서 노예무역을 하던 남해회사 소속 의사들이 영국 식물학자 윌리엄 셰러드William Sherard를 위해 수집한 것이다. 글래스고 헌터리언박물관에는 1770년대에 자연학자 헨리 스미스먼Henry Smeathman이 4년간 시에라리온을 탐험하며 수집한 곤충 표본이 있다. 영국의 수집가들에게 공급할 자연사 표본을 구한다는 한 가지 목적으로 서아프리카에 간 스미스먼은 노예를 나르던 무역선을 얻어 타고 자기가 수집한 표본을 그 배들로 옮기는 등, 영국 노예무역에 쓰이던 기반시설을 전적으로 활용했다(또한 아프리카에 머무르는 동안 노예 거래도 중개했다).

한스 슬론 같은 사람들이 식민지에서 근무하던 의사들이나 선장들을 활용해 표본을 수집했다면, 대영제국의 왕립아프리카회사Royal Africa Company(아메리카대륙에 아프리카 노예를 가장 많이 공급했다고 추정되는 업체)는 슬론을 비롯한 대도시 자연학자들에게 조언을 구했다. 아프리카 자연사에 관한 지식을 어떻게 활용해야 경제적으로 이득을 취할 수 있는지, 자기들이 수집한 표본의 가치는 어떻게 평가해야 하는지를 말이다.[4]

이렇듯 지구 반대편에 있는 수집가나 기관의 지시로 현지에서 각양각색의 수많은 사람이 표본을 수집하다 보니, 표본의 핵심 정보가 '목적지'에 도착하기 전에 소실되는 일이 비일비재했다.

그러자 1600년대 말에 지질학자이자 골동품 수집가였던 존 우드워드John Woodward는 과학적 발견을 도우려는 뱃사람들의 표본 수집 활동을 표준화하기 위한 소책자를 발행했다. 여행지에서 관찰한 자연사를 기록하는 방법은 물론 그보다 중요한 정보, 예컨대 현지에서 발견한 모든 것을 수집하는 방법 등 '새로운 발견을 위한 항해'에서 얻은 지식을 어떻게 체계적으로 정리해야 하는지 알려주는 안내서였다.

예컨대 식물은 앞뒤로 종이를 깔거나 책장에 끼워 압착하고 식물이 완전히 마를 때까지 종이를 정기적으로 교체해야 한다는 당부가 있는가 하면, 식물의 현지 명칭을 기록하고 약용식물이라면 어떤 효능이 있는지, 다른 경제적 용도가 있다면 그것이 무엇인지 기록해야 한다는 설명이 나온다. 우드워드의 안내서는 돌, 광물, 화석을 종이에 싸서(채취한 지역이 어디인지 그 종이에 반드시 기록하고) 완충재가 있는 상자에 담으라고 조언한다. 그에 따르면 애벌레, 벌레, '땅속벌레유충', 메뚜기, 딱정벌레, 거미 등은 브랜디나 럼이 담겼던 빈 병에 둬도 되지만 파리, 벌, 말벌, 나비는 핀으로 고정해 상자에 담아야 한다. 또한 뱀, 도마뱀, 도롱뇽은 바싹 말려 가져오고(내장을 제거한 뒤에 말리는 게 가장 좋고), "그보다 몸집이 큰 포유동물, 어류, 가금류 등의 생물은 모두 조심스럽게 가죽을 잘 벗겨낸 다음 종류별로 한두 점만 가져오면 된다"는 설명도 있다.[5]

우드워드의 노력은 결실을 맺었다. 현재 케임브리지대학교 세지윅지구과학박물관Sedgwick Museum of Earth Sciences 부속기관으로 운영되는 우드워디언박물관Woodwardian Museum(세계에서 가장 오래되고 상태가 우수한 지질학 표본들이 있다)에는 세계 곳곳을 항해한 해적 윌리엄 댐피어William Dampier가 가져온 표본들이 전시되어 있고, 옥스퍼드대학교 식물표본실에도 댐피어가 서호주 해안에서 수집한 식물들이 있다. 그중 수집 날짜가 1699년까지 거슬러 올라가는 일부 표본은 유럽인이 호주에서 수집한 모든 표본을 통틀어 가장 오래된 것이다.

19세기에는 식민지 개척사업의 규모가 확대되면서 대영제국의 공적 도구로 쓰인 식민지 통치기관들의 조직 규모도 함께 커졌다. 영국의 동인도회사는 아시아 전역에 주둔한 수십만의 병력과 행정관들이 식민지 무역과 통치 체계를 장악하면서 세계 최대 규모의 업체가 됐으며, 그만큼 영국 박물관들에 보낼 표본을 확보할 기회가 어느 때보다 커졌다.

이런 흐름에 발맞춰 에든버러대학교에서 자연사를 가르치던 존 워커John Walker 교수는 1793년에 '인도로 떠나는 젊은 신사들'에게 동물 표본을 어떻게 해야 잘 보존할 수 있는지 설명한 〈제안서Memorandum〉를 발행했다. 이 자료에서 워커는 먼 일터로 떠나는 젊은이들에게 항해 도중에 머무르는 지역별로 어떤 생물을 수집하면 좋은지, 값어치 있는 교역품을 구할 수 있는 항구는 어디인지와 같은 정보를 매우 구체적으로 알려주는 한편, 수집하려는 생물이 현지에서 "경제적으로, 또는 예술적으로 어떻게 활

용되는지” 눈여겨봐야 한다고 당부했다. 그러나 워커의 자료에
는 다소 비현실적인 내용도 있다.

> 캘커타에서는 영국 물소English bufalo라 불리는 거대한 네발 동물
> 에 관해 꼭 알아볼 것. (…) 키가 4미터를 넘는 아주 멋진 동물이라
> 고 전해지는데, 이 동물의 역사는 아직 알려지지 않았다.[6]

나는 아시아물소를 야생에서 본 적이 있다. 눈앞에 나타나면
숨이 턱 멎을 만큼 덩치가 크긴 하지만, 키가 4미터를 넘지는 않
고 1.5미터를 조금 넘는 정도다.

∞

자연사박물관이 발전한 시기는 식민지 사업이 성장한 시기와
겹친다. 이는 우연이 아니었다. 박물관은 제국이 거둬들인 전리
품의 보관소이자, 식민지에서 추출·착취할 천연자원이 있는지
판단할 만한 표본들을 보유하다가 필요할 때 언제든 연구할 수
있는 곳이었다. 그리고 이런 표본들을 사람들이 볼 수 있게 전시
했다. 식민지배를 일삼던 나라들에 설립된 박물관은 식민주의의
경제적 이점을 사람들에게 알리는 곳이었다.

그런 기능을 박물관만 도맡은 것은 아니었다. 19세기 중반부
터 서구 전역에서는 수백만 명의 인파가 몰리는 세계적인 대형

행사였던 '엑스포' 또는 만국박람회가 대대적으로 개최되었다. 1851년 하이드파크에서 열린 대박람회와 1886년의 '식민지와 인도 전시회'(둘 다 런던 중심부에서 열렸다), 파리에서 여러 차례 개최된 만국박람회, 1880년 호주 멜버른국제박람회 등 엄청난 규모로 열린 이런 행사에 전시된 유물과 표본은 행사가 끝나면 박물관 소장품이 되었다. 필드자연사박물관도 3000만 명에 육박하는 방문객이 찾아온 1893년 시카고의 세계 컬럼비아 박람회World's Columbian Exposition*를 계기로 설립되었다. 모두 개최국의 성취를 보여주고, 더 넓은 의미에서는 식민지에서 무엇을 뽑아냈는지 자랑하는 행사였다.

이 모든 내용이 "이거 다 어디서 난 거예요?"라는 관람객들의 질문에 대한 답이다. 자연사박물관의 표본은 제국주의 시대의 사업들과 단순히 **연관**된 수준을 넘어, 그런 사업에 의존해 수집되었다. 나아가 박물관은 식민주의와 식민지배를 당하는 나라들을 바라보는 대중의 시각에까지 큰 영향을 주었다.

군대의 수집가들

자연사박물관이 표본 수집 과정에 긍정적 도움을 준 사람들의

---

* 크리스토퍼 콜럼버스의 '신세계 발견' 400주년을 기념하는 행사로 개최되어 '컬럼비아'라는 이름이 붙여졌다.

역할을 정직하게 밝히는 것이 중요하듯, 부적절한 방식으로 이루어진 표본 수집을 인정하는 것 또한 중요하다. 박물관의 표본들이 다 어디서 났느냐고 질문하는 관람객들은 오래전 식민지에서 자연학자, 무역상, 탐험가가 수집했다는 사실에는 별로 놀라지 않아도, 다른 나라를 침략하고 식민지 영역을 넓혀가던 군인들이 표본도 수집했다고 하면 아마 놀라서 멈칫하리라 생각한다. 최근 연구들에 따르면 실제로 자연사 표본의 수집이 군대의 폭력적 행위와 밀접하게 연관된 경우가 많았다.

케임브리지와 케이프타운, 런던에 있는 자연사박물관에는 각각 남아프리카 지역에서 수집된 표본들이 제법 큰 규모로 보관되어 있다. 나는 그 표본들이 수집된 장소를 조사한 적이 있는데, 그 결과 세 박물관이 소장한 남아프리카 표본들은 수집된 곳이 제2차 보어전쟁 시기 강제수용소가 설치된 곳과 거의 겹친다는 사실을 알게 되었다. 수집된 날짜도 1901년경으로 그 전쟁이 일어난 시기와 일치했다. 우리 박물관에는 그때 강제수용소 운영을 담당했던 영국군 한 명이 '여가 시간'에 표본을 수집해서 여러 박물관에 보냈다고 쓴 편지들이 있다.[7]

제2차 보어전쟁은 유럽의 식민지 개척으로 큰 고통을 겪던 남아프리카에서 식민지 지배권을 놓고 두 백인 집단이 벌인 힘겨루기였다. 한쪽은 17세기에 먼저 남아프리카를 침략한 보어인, 네덜란드인, 프랑스 위그노 교도, 독일인 자손으로 구성되었고, 다른 한쪽은 1886년 트란스발에서 금광이 발견되자 뒤늦게 일부 지역을 침략한 영국이었다.

영국은 보어인들의 저항을 막기 위해 동맹국 병력과 함께 초토화 작전을 벌였다. 게릴라전을 벌이던 적군을 전부 몰아내려고 그 일대의 집과 작물을 모조리 파괴해서 텅 빈 땅으로 만든 것이다. 온 가족이 모여 살던 농가들을 다 사라지게 해서 적군이 휴식을 취하거나 배를 채울 곳을 잃고 굶주림에 시달리게 만들려는 작전이었지만, 이 일로 아프리카 흑인 수천 명이 삶의 터전을 잃었다. 민간인에 대해 전국적인 규모로 이루어진 이 극악무도한 공격으로 난민 인구가 폭증했다. 먹을 것을 구할 수 없게 된 여성들과 아이들, 참전하지 않은 보어인 남성들과 흑인들은 어쩔 수 없이 집과 농장을 떠나 영국이 관리하는 강제수용소로 가야 했다.

그러나 수용소에는 식량이 턱없이 부족하고 제대로 쉴 곳조차 없었다. 일부는 깨끗한 식수까지 부족한 탓에, 수용소 곳곳에서 민간인 4만 2081명이 영양실조와 체온저하로 목숨을 잃었다. 사망자의 절반 이상은 16세 미만의 아이들이었다. 그런데 이런 상황에서, 수용소 운영을 돕던 한 군인이 박물관 표본을 1000점 넘게 수집했다. 나중에 유명한 포유동물학자가 된 제럴드 에드윈 해밀턴 배럿해밀턴 소령Major Gerald Edwin Hamilton Barrett-Hamilton이었다.

복무 중인 군인이 표본을 수집하는 것 자체는 이례적이지 않는다. 제2차 세계대전에 참전한 스미스소니언박물관의 큐레이

보어전쟁 시기 영국이 운영한 강제수용소에서 수집된 이 날쥐 표본은 케임브리지대학교 동물학박물관에 전시되어 있다. 전쟁으로 수천 명의 아프리카인들이 삶의 터전을 잃고 강제수용소에 머무는 동안, 원정 군인들은 여가 시간에 표본을 수집해 박물관에 보내기도 했다.

터들도 복무 중에 표본을 수집했고,[8] 해외에 파병된 군인들이 남는 시간에 표본을 수집하며 긴장을 푸는 게 그리 놀랄 일만은 아니다. 해외 원정군은 소장품 규모를 늘리는 보장된 기회이므로 박물관들도 원정군이 기증하는 표본을 당연히 반겼을 것이다. 그렇다고 해도 자연사박물관의 표본들이 다 어디에서 왔는지 의구심을 품는 관람객들은 아마 이런 가능성까지 떠올리진 못할

 2부 사라진 이야기

것이다.

1969년에는 언론과 대중을 큰 충격에 빠뜨리고 스미스소니언박물관에까지 엄청난 타격을 준 사건이 일어났다. 베트남, 소련과의 전쟁에 대비해 미군이 개발한 생물무기와 화학무기 실험에 스미스소니언박물관의 '태평양 생물 연구 프로그램'이 이용됐을 가능성이 있다는 의혹이 언론을 통해 제기된 것이다.[9] 스미스소니언박물관이 태평양 지역에서 진행한 환경 연구, 구체적으로는 조류 연구에 국방부가 6년간 연구비 270만 달러를 제공한 것은 사실이며, 이 일에는 미국 중앙정보부CIA가 관여했을 가능성이 있다. 군이 어떤 목적으로 이런 지원을 했는지는 지금껏 밝혀지지 않았지만, 분명 이유가 있었을 것이다.

스미스소니언박물관의 이 태평양 생태 연구는 과학적으로 전례를 찾기 힘들 정도로 귀중한 성과를 거두었다. 군의 연구비와 물류 지원 덕분에 과학자들은 100만 마리가 넘는 새의 몸에 추적 밴드를 달 수 있었으며, 그 결과 인간이 접근하기 힘든 지역까지 포함된 새들의 이동 패턴을 파악할 수 있었다. 연구에서 수집된 표본 수백 점은 워싱턴에 있는 스미스소니언박물관으로 보내졌고, 결과를 정리한 논문 수십 편이 나왔다.

언론은 군이 이 연구를 악의적 목적으로 비밀리에 활용했을 가능성이 있다는 의혹을 제기했다. 군의 진짜 목적은 철새가 생물무기를 나르는 수단으로 활용될 수 있는지 확인하고, 그게 가능하다면 어떤 방식으로 얼마나 멀리까지 나를 수 있는지 파악하는 것이었으며, 과학자들은 그런 사실을 모른 채 데이터를 제공했다는 것이다. 철새의 혈액과 위장 내용물을 분석함으로써 적국의 생물무기와 화학무기 실험 여부를 알아낼 수 있는지, 그런 실험이 벌어진 정확한 위치를 찾아낼 수 있는지도 미군이 연구를 지원한 진짜 목적일 수 있다는 가능성까지 제기되었다.

진상조사는 시작되었지만, 여태껏 정확한 결론은 나오지 않았다. 무엇보다 군사기록에 접근하기가 쉽지 않다는 점이 큰 걸림돌이다. 그러나 스미스소니언박물관에서 과학 관련 업무를 맡은 직원이 연구에서 채취한 동물의 혈액 검체를 화학전과 생물전을 전담한 군 시설에 수없이 제공했다는 사실이 드러났다. 왜 그랬을까?

스미스소니언박물관이 생물무기 연구에 관련됐다는 증거는 없다. 또한 박물관 쪽은 자기들이 제공한 표본과 보고서를 군이 어디에 썼는지 몰랐던 것으로 보인다. 그러나 박물관이 군의 목적을 추측조차 하지 않았다는 것은 설득력이 없다. 스미스소니언박물관 과학자들의 연구 가운데 상당 부분은 접근이 제한된 군 선박에서 이루어졌으며, 과학자들이 연구 도중에 포트데트릭의 군 화학연구소로 불려가 특수한 백신을 접종받은 일도 있었다. 군에서는 그들에게 연구 지역에서 걸릴 수 있는 질병에 대비하는 것이라고만 했을 뿐 구체적으로 어떤 병을 막는 백신인지 알려주지 않았다. 그러니 과학자들도 당연히 의아했을 것이다. 게다가 군 대변인들이 스미스소니언박물관과의 협력 내용을 설명한 일부 성명의 내용이 거짓으로 판명된 점은 의구심을 더한다. 이 사태가 보도된 후, 스미스소니언박물관은 군과의 협력을 중단했다.

1960년대 스미스소니언박물관의 태평양 연구 프로그램에서 무슨 일이 있었는지는 알 수 없지만, 박물관들이 얻은 표본의 중요한 출처가 군사작전이었던 것은 분명하다. 배럿해밀턴이 전쟁 중에 남아프리카에서 표본을 수집했듯, 다른 나라를 침략하거나 식민지화하는 과정에서 박물관에 둘 표본을 수집한 것은 식민지 시대에 벌어진 폭력적인 표본 수집의 극단처럼 느껴진다. 그러나 곧 알게 되겠지만, 토착민들의 주권과 인간의 존엄성을 폭력으로 짓밟고 빼앗은 땅에서 벌인 표본 수집은 또 다른 폭력성을 드러낸다.

태즈메이니아의 비극

모턴 올포트Morton Allport는 호바트의 저명한 변호사였다. 그는 영국이 호주를 식민지로 삼고 태즈메이니아 원주민을 대상으로 집단 학살을 자행한 후반부에 접어들 무렵 활동했다. 현재 케임브리지대학교 동물학박물관이 소장한 태즈메이니아주머니늑대의 가죽은 보존 상태가 세계 최고 수준인데, 올포트는 이를 포함해 이 동물의 표본을 유럽 여러 박물관에 누구보다 많이 공급한 장본인이다. 현대에 발생한 생물 멸종의 상징과도 같은 태즈메이니아주머니늑대와 서구 사회를 이어준 핵심 열쇠라 할 만한 사람이었다.

태즈메이니아주머니늑대는 최근에 등장한 육식 유대류 중 몸집이 가장 컸고, 옅은 황갈색 등에 까만 줄무늬가 선명했다. 전체적 외양이 개나 늑대와 놀랄 만큼 닮았지만, 그 두 동물과 무려 1억 6000만 년 전에 다른 갈래로 진화했다. 태즈메이니아가 식민 통치를 받게 되자, 그곳으로 이주해 양을 키우기 시작한 사람들은 태즈메이니아주머니늑대가 양을 해친다는 허위 주장을 펼쳤다. 마침내 이 동물을 없애기 위한 계획적 사냥이 시작되었다. 올포트는 태즈메이니아주머니늑대를 잡아오면 포상금을 주는 정책이 처음 시행된 1830년에 태어났다. 앞서 설명했듯, 그 뒤로 한 세기가 조금 지난 1936년에 호바트의 한 동물원에서 생존이 마지막으로 알려진 개체가 죽었다.

주머니늑대에게 포상금을 내건 1830년, 태즈메이니아 정부는 호주 원주민을 잡아오거나 죽이면 포상금을 주는 끔찍한 정책도 함께 시행했다. 태즈메이니아를 침략한 자들은 그 땅에서 오랫동안 살아온 사람들을 주머니늑대와 같은 존재, 반드시 없애야 하는 해충처럼 여겼다. 이 정책을 비롯해 온갖 잔혹행위가 자행되면서, 부적절한 표현이지만 '순혈'로 분류할 수 있는 태즈메이니아 원주민이 1860년대에는 사실상 거의 사라졌다. 남아 있던 극소수마저 사라진 후에는 원주민 멸종이 선언되었다. 식민지 지배가 시작되고 겨우 75년 만에 벌어진 일이었다.

모턴 올포트가 1869년과 1871년에 케임브리지대학교 동물학박물관에 보낸 태즈메이니아주머니늑대 세 마리의 표본에는 식민지 시대에 사람과 생태계가 겪은 비극이 고스란히 응축되어 있다. 올포트는 유럽 여러 박물관에 누구보다 많은 동물 표본을 기증한 장본인이다.

역사가 사디아 쿠레시Sadiah Qureshi는 조르주 퀴비에Georges Cuvier의 포유동물 화석 연구 결과가 나온 19세기가 되어서야 멸종이 생물학적 과정으로 인정받은 점을 지적했다. 그전까지는 생물이 자연적으로 멸종할 수도 있다고 하면 신의 창조에 의문을 제기하고 나아가 기독교 자체에 의구심을 품는 것으로 간주되었으나, 퀴비에의 연구 결과가 나온 뒤에는 생물의 자연적 멸종이 가능하다는 인식이 금세 자리를 잡았다. 쿠레시는 식민지 개척자들이 원주민들에게 '멸종'이라는 표현을 사용한 것은, 그 사태가 그들의 땅을 빼앗은 식민지정부의 폭력적 정책 때문이 아니라 자연적으로 발생한 불가피한 현상으로 본다는 의미를 내포한다고 보았다.[10]

그런데 19세기 태즈메이니아의 식민지정부는 한 가지 중요한 사실을 다분히 의도적으로 외면하고 원주민 멸종을 선언한 듯하다. 당시 그 지역에서 물개와 고래를 사냥하던 유럽인들은 태즈메이니아에서 수많은 원주민 여성을 납치해 배스해협의 여러 섬과 캥거루섬으로 데려갔으며, 이들의 자손이 오늘날 수천 명에 이른다. 원주민은 멸종하지 않았다는 뜻이다. 물론 멸종이 사실인지와 별개로, 태즈메이니아에 새로 정착한 사람들이 그곳 원주민들을 고의로 학살한 것은 이루 말할 수 없이 끔찍한 일이다.

식민지 개척자들이 태즈메이니아주머니늑대와 원주민을 완전히 없애려 한 배경에는 겹치는 측면이 많다. 둘 다 식민지 개발에 방해가 된다고 보았으며, 새롭게 발전시킨 태즈메이니아와는 어울리지 않게 너무 원시적이며 열등하다고 치부했다. 따라서 멸종도 그들이 열등한 탓이라고 평가했다. 태즈메이니아주머니늑대와 원주민이 사라진 진짜 이유가 그 섬에 정착한 유럽인들 손에 죽임을 당하거나 식민지정부의 혹독한 정책으로 힘든 생활을 이어가다가 죽음에 내몰렸기 때문이라는 진실을 가리려는 주장일 뿐이다. 태즈메이니아주머니늑대와 그곳 원주민들이 공통적

으로 겪은 또 한 가지 일은, 이들의 수가 급감하자 유럽의 박물관
들과 유럽이 식민지배한 나라에 세운 박물관들이 유해를 확보하
려고 적극적으로 나섰다는 것이다.

문화연구자 웨인 머데스트Wayne Modest와 클라우디아 아우구
스타트Claudia Augustat는 전 세계가 보유한 민족지학적 소장품에
관해 다음과 같이 설명했다.

> 멸종은 19세기에 식민지에서 대규모로 획득한 소장품을 보유한
> 박물관의 수많은 과학자와 큐레이터가 그런 행위를 정당화하려고
> 갖다 붙인 중요한 표현이었다. 그들이 제시한 멸종 서사는 식민지
> 배가 원주민을 구원 또는 문명화하는 일이라고 정당화했을 뿐만
> 아니라, 미개하고 원시적인 집단이 문명화한 유럽인이 되는 것을
> 발전이라고 정의했다. 그리고 그 과정을 기록하려면 그들의 것을
> 빼앗아야 하고, 필요하면 폭력을 동원해야 한다고 했다. 그런 식으
> 로 원주민의 물건과 그들의 오랜 소유물을 빼앗은 행위는 그들의
> 땅, 언어, 풍습, 지식을 빼앗은 행위와 같은 선상에 있다.[11]

태즈메이니아의 원주민과 주머니늑대를 비롯해 식민주의에
희생된 사람들과 동물들의 유해를 무슨 생각으로 수집하려 했는
지 알 수 있는 설명이다. 올포트는 태즈메이니아에서 잡은 주머
니늑대를 해외로 보낼 때 원주민들의 유해도 함께 실어 보냈다.
원주민의 유해를 도굴하려고 엄청난 수고도 아끼지 않았다. 심지

어 박물관이나 개인 수집가에게 보낼 유골을 구하기 위해 사망한 지 얼마 안 된 시신을 훼손하는 끔찍한 일까지 저질렀다. 유럽에 있는 태즈메이니아인의 유골은 전부 자기가 보낸 것이라고 으스대는 올포트의 편지도 남아 있다. 그는 이런 기증을 하면서 돈을 거의 한 푼도 받지 않았는데, 유럽인들과 주고받은 편지들을 보면 그의 목적은 명성을 얻는 것임을 알 수 있다. 그는 여러 저명한 학회에 연락해, 태즈메이니아에서 수집한 동물 표본과 사람의 유해를 보내줄 테니 자신을 회원으로 받아달라고 요구했다.[12]

나는 박물관에서 태즈메이니아주머니늑대를 볼 때마다 이 동물 하나조차 지키지 못하는 형편없는 세상에 살고 있다는 생각에 감정이 동요되곤 했다. 그런데 올포트가 케임브리지에도 보낸 이 동물의 가죽이, 태즈메이니아에서 이 동물들과 함께 살았던 사람들에 대한 집단학살과 너무나 밀접하게 엮여 있다는 사실을 알고부터는 혐오감이 앞선다. 이런 표본에는 식민지 시대에 사람과 생태계가 겪은 비극이 고스란히 응축되어 있다.

자연사박물관이 사람들에게 들려주는 이야기는 필연적으로 자연사에 관한 내용이 대부분이며, 전시를 통해 사람들이 지구 생물과 관련된 생물학적·지질학적 메커니즘에 흥미를 느끼게 만든다. 표본은 각 생물을 대표하는 일종의 아바타로 활용되므로, 전시실에 걸린 설명판에는 주로 해당 생물에 관한 일반적인 정보를 담는다. 그러나 자연사박물관의 표본이 획득된 과정이 사회사의 측면에서 부적절한 사건과 엮여 있다면, 그 이야기까지 관람객들에게 들려줄 필요가 있다. 이는 박물관이 사회를 더 정확하게 반영하는 중요한 첫걸음이다. 자연사박물관은 과학의 산물인 동시에 문화의 산물인데도, 지금까지 박물관이 들려주는 사람들의 이야기에는 그런 내용이 지나치게 생략되었다.

그런 역사를 인정하는 데는 그리 엄청난 도약이 필요하지도 않다. 사람들이 자연사박물관에 기대하는 이야기와 크게 동떨어진 느낌을 주지 않으면서 그러한 역사를 전하는 방법은 여러 가지다. 환경오염, 기후변화, 농업과 광물채굴로 인한 자연 서식지 소실, 외래종 유입, 과도한 사냥 등 생태계를 위협하는 각종 문제는 자연사박물관이 다루어야 하는 핵심 주제로 여겨지는데, 사실 이 문제들은 식민주의의 직접적 결과인 경우가 많다.

이 점을 연결고리로 잘 활용해서 식민지 시대의 착취가 어떤 영향을 남겼는지 설명하면, 관람객들은 자연스레 하나의 이야기로 받아들일 수 있다. 서로 한데 얽힌 역사의 관계를 명확히 밝혀내는 이런 연구는 대부분의 자연사박물관에 주어진 새로운 과제다. 그리고 그 연구에서 나온 결과를 관람객들과 공유할 방법을 찾는 일은 더욱 새로운 과제가 될 것이다. 이런 이야기는 벌써 자연사박물관 전시실에 조금씩이나마 등장하고 있지만, 아직 갈 길이 멀다.

공룡 외교

이 책의 머리말에서 나는 브뤼셀 인근의 벨기에 왕립중앙아프리카박물관에 설치된 레오폴드 2세의 흉상은 콩고에서 가져온 코끼리 상아로 제작되었다고 언급했다. 그런 역사 때문에 이 흉상은 모든 자연사박물관이 성찰해야 할 '부담스러운 유산'(이 박물관 웹사이트에 나오는 표현이다[13])의 확실한 사례가 되었다. 그런데 우리가 주목해야 할 또 한 가지 중요한 사실은, 폭력적인 행위와 직접적 연관이 없는 소장품도 그런 행위를 자행한 자들을 미화하는 용도로 쓰일 수 있다는 것이다. 레오폴드 2세는 콩고에서 착취한 것들로만 채워진 거대한 박물관으로는 성에 차지 않았는지, 전 세계 다른 지역의 박물관 관람객들에게까지 영향력을 행사하고 인정받을 방법을 모색했다.

이미 보았듯이, 1878년에 광산에서 이구아노돈의 뼈가 대규모로 발견된 사건은 유럽에서 공룡의 흔적이 나온 가장 놀라운 사례로 꼽힌다. 바로 레오폴드 2세가 통치하던 시기에 일어난 일이었으며, 공룡 뼈가 발견된 광산은 브뤼셀에서 남서쪽으로 100킬로미터 정도 떨어진 곳에 있었다.

이때 발굴된 수많은 이구아노돈의 골격표본 중 하나는 케임브리지대학교 세지윅지구과학박물관에 복제품으로 전시되어 관람객들의 눈길을 가장 먼저 사로잡는다. 1896년에 레오폴드 2세가 직접 기증한 이 표본은 박물관의 최신 로고에까지 모습이 담길 만큼 가장 유명한 소장품이 되었다. 그가 이 표본과 함께 기증한 다른 공룡의 머리뼈 복제모형은 세지윅박물관 맞은편의 케임브리지대학교 동물학박물관에 있다. 이구아노돈의 골격표본도 처음에는 동물학박물관에 있다가 세지윅으로 옮겨졌는데, 아마 동물학박물관에는 놓아둘 만한 공간이 부족했기 때문으로 추정된다(동물학박물관은 처음에 이 골격표본을 강의실 중 한 곳에 두었는데, 분명 수업에 방해가 되었을 것이다).

우리 박물관에는 박물관 관리자들과 외교관들 사이에 오간 편지가 여러 통 남아 있는데, 그 편지들을 보면 벨기에에서 발견된 이구아노돈의 뼈가 어떻게 케임브리지로 오게 되었는지 알 수 있다. 벨기에 자연사박물관의 관장이 작성한 한 편지에는 공룡 표본을 전시할 때 어떤 내용을 명시해야 하는지 분명하게 나온다.

공룡 복제 표본이 있는 다른 전시실들에 붙은 설명문 사본을 첨부해 보내드립니다. 전시 설명에 우리 박물관 이름과 벨기에 국왕 폐하의 너그러운 배려로 얻은 표본이라는 문구가 들어가야 한다는 점만 잘 지켜주시면 됩니다.[14]

세지윅박물관에는 그 요구대로 만든 명판이 아직 그대로 걸려 있다. 이 박물관은 현재 이 공룡 표본에 얽힌 이러한 역사를 전시에서 전부 함께 소개하는 방안을 논의하고 있다.

공룡 화석은 벨기에의 시골 지역에서 발견됐으며, 레오폴드 2세가 중앙아프리카에서 벌인 일들처럼 폭력의 직접적인 산물은 아니다. 하지만 그가 자신의 관대함을 널리 알리는 수단으로 활용된 것은 사실이므로, 그와 명확히 관련이 있는 표본이 되었다.

레오폴드 2세도, 그에게 조언한 사람들도 케임브리지대학교가 공룡 표본을 제공받고 공개적으로 감사함을 표현한다면, 그의 이미지를 개선하고 콩고에서 저지른 잔혹행위 때문에 생긴 사람들의 거부감을 누그러뜨릴 수 있으리라고 분명히 예상했을 것이다. 실제로 당시 케임브리지대학교 부총장은 공룡 표본을 얻게 되어 레오폴드 2세에게 큰 빚을 졌음을 유려한 문장으로 표현한 공식 성명을 발표했다.[15] 다른 보고서에는 "벨기에 국왕 폐하께서 보여주신 더없이 후한 친절에 영국 상원이 감사 인사를 전했다"는 내용이 남아 있다.[16]

∞

소장품의 역사에 담긴 이러한 측면에 자연사박물관이 어떻게 대처할지는 이제 막 논의가 시작되었다. 2장에서 소개한 앨프리드 뉴턴과 에드워드 뉴턴의 이야기도 그에 포함된다. 앨프리드는 케임브리지대학교에서 동물학과 비교해부학 분야의 초대 교수였으며, 모리셔스섬의 영국 식민지 관리자였던 에드워드는 지금은 멸종되고 없는 앵무와 도도새 표본을 앨프리드에게 보냈다.

앨프리드와 에드워드의 가계도를 자세히 살펴보면, 흥미로우면서 난감한 사실이 드러난다. 이 형제의 아버지인 윌리엄 뉴턴 가문의 풍족한 재산은 카리브해 세인트크로이섬과 세인트키츠섬에서 획득한 부동산과 사탕수수 농사로 벌어들인 것이다. 즉 이들의 부친과 친조부는 노예를 부린 사람들이었다(그러나 형제의 외조부인 국회의원 리처드 슬레이터 밀네스Richard Slater Milnes는 노예제 폐지운동을 벌였다. 가족이란 참 복잡한 법이다).

뉴턴 형제가 케임브리지대 동물학박물관에 보낸 1만 점 넘는 표본은 전부 이런 역사와 군데군데 직접적으로 연결되어 있다. 예를 들어 1813년 윌리엄 뉴턴은 세인트크로이섬의 사탕수수 농장을 그대로 소유한 상태로 영국에 돌아와, 온 가족이 살 저택으로 서퍽의 엘베덴홀을 장만했다. 이 저택 주변에서 수집한 새와 작은 포유동물 표본,[17] 앨프리드와 에드워드가 엘베덴홀로 돌아오는 길에 세인트크로이섬에서 수집한 알 표본 여러 개도 우리 박물관에 있다.

2019년에 케임브리지대학교가 교내 모든 기관을 대상으로 노예제의 흔적을 조사한다고 발표했을 때, 나는 뉴턴 가문도 살펴볼 필요가 있다고 제안했다. 그리하여 역사가 제이크 수브라이언 리처즈Jake Subryan Richards가 세인트크로이섬에서 수집된 알 표본을 중심으로 조사에 나섰는데, 1859년 뉴턴 형제가 세인트크로이섬에 서식하는 새들에 관해서 쓴 논문에 두 사람이 알을 직접

'확보했다'고 주장한 것을 발견했다. 그러나 에드워드 뉴턴의 미발표 기록을 파헤친 결과, 그중 일부는 해방노예 앤드루Andrew, 토머스Thomas, 로버트Robert 세 흑인이 수집했다는 사실이 밝혀졌다.[18] 유명한 백인 과학자의 업적인 줄 알았던 일이 실제로는 아무 공로도 인정받지 못한 유색인종의 성과였다는 사실이 이렇게 또 한 번 드러났다.

그러나 이 이야기는 훨씬 광범위하고 복잡하다. 앨프리드와 에드워드는 노예제가 폐지된 후에도 계속 연구자로 활동했다. 노예제에 힘입어 축적했던 풍족한 재산을 물려받은 덕분에 두 사람 다 사회에서 특권층으로 살았고, 지금 우리 박물관이 소장한 표본 수집에 필요한 자원을 제공할 수 있었다. 인간이 다른 인간에게 상상할 수 없을 만큼 끔찍한 고통을 가하며 벌어들인 돈이 우리 박물관의 소장품 수집에 쓰인 셈이다.

나는 노예제가 이런 흔적을 남겼다는 사실을 인정하는 것이 중요하다고 생각한다. 이 표본들이 다 어디에서 났느냐는 질문을 계속 던져야만 한다. 그래야 수 세기에 걸쳐 수많은 사람이 자연사박물관에 기증한 표본들에 숨어 있을 비슷한 이야기들이 세상으로 나올 수 있을 것이다.

중립의 의미

세계 최대 규모의 자연사박물관으로 꼽히는 샌프란시스코 캘리포니아과학아카데미의 연구자들도 이 박물관의 역사를 빛낸 저명한 인물의 흔적과 씨름하고 있다. 동물학자 데이비드 스타 조던David Starr Jordan은 엄청난 수의 새로운 어류를 찾아서 세상에 알린 업적으로 과학에 크게 이바지했다. 캘리포니아과학아카데미는 조던이 최초로 발견한 어류의 기준표본(생물종을 과학적으로 처음 기술할 때 쓰인 표본)을 2000점 가까이 보유하고 있다.

스탠퍼드대학교의 초대 총장이었던 조던은 교육계에도 영향을 남겼다. 동시에 그는 인종차별적 유사과학인 우생학이 미국에서 발전하는 데 가장 크게 기여한 장본인이기도 하다. 조던은 자신이 보기에 적합한 사람들은 자녀를 낳도록 장려하고, '부적합'한 사람들은 아이를 낳지 못하게 해야 한다고 생각했다. 조던의 이런 견해는 그의 제자들과 그를 조언자로 여긴 사람들에게 영향을 주었을 뿐만 아니라 그가 발표한 논문과 강연을 통해서도 널리 알려졌다. 조던은 1912년에 처음 열린 국제우생학회 회의에서 부회장을 맡았으며, 미국동물사육자협회 산하 우생학위원회 회장직을 역임했다. 1909년 캘리포니아주가 주정부 평가에서 '부적합' 판정을 받은 사람에게 불임시술을 강제하는 조치를 합법화한 것은 이런 분위기 속에서였다.[19]

우생학의 터무니없는 발상은 오늘날 인종차별적인 주장에 그대로 남아 세상을 시끄럽게 만든다. 이 모든 일이 벌어지는 동안 1896~1912년에 조던을 여러 차례 관장으로 선출한 캘리포니아과학아카데미는 이제 그런 주장이 상승세를 타는 데 조던이 일조한 역사를 어떻게 다루어야 할지 방법을 찾고 있다. 이 아카데미의 도서관에서 시작한 '알려지지 않은 이야기들'이라는 프로젝트도 그런 노력의 하나다. 캘리포니아과학아카데미 웹사이트에 지난 역사를 있는 그대로 밝힌 글과 영상을 게시해 조던이 한 일과 식민주의, 인종차별주의의 유산을 알리는 동시에, 주류 과학계의 역사에서 전통적으로 배제된 사람들이 과학에 긍정적으로 기여한 바를 재조명한다. 이 주제는 이 책의 마지막 장에서도 다룬다.

그러나 캘리포니아과학아카데미는 여기서 한 걸음 더 나아가고 있다. 2023년 여름에 그곳을 방문했을 때, '즐거운 밤: 누가 말하고 있나요?'라는 저녁 행사가 다양하게 구성된 프로그램으로 진행되고 있었다. 언제나 이야기할 기회가 주어지는 사람들과 그렇지 않은 사람들이 존재한다는 사실에 초점을 맞춘 행사였다.

그중에는 드래그drag, 즉 생물학적 성별과 다른 성별의 모습으로 꾸민 사람이 관객들에게 이야기를 들려주는 프로그램이 있었다. 남성 차림을 한 드래그킹 또는 여성의 모습으로 꾸민 드래그퀸이 무대에 올라, 아이들에게 동화책을 읽어주는 듯한 말투로 (하지만 어른들 눈높이에 더 맞게) 캘리포니아과학아카데미의 소장품에 담긴 진솔한 역사를 전했다. 여기에서는 인정받아 마땅할 숨겨진 사람들, 조던처럼 캘리포니아과학아카데미를 대표하는 유명한 인물들의 부적절한 견해와 행위에 관한 이야기와 더불어, 현대 박물관들도 과거 박물관들이 저지른 잘못을 답습해 특정 목소리를 배제하는 덫에 빠질 수 있다는 지적이 나왔다. 그리고 다음과 같은 말로 마무리되었다.

이제 이야기를 마칠 때가 되었습니다. 여기로 모여주세요. 오늘 우리는 영광스러운 일에 관한 이야기, 실패에 관한 이야기를 몇 가지 나누었습니다.

많은 사실이 담겨 있었고, 읽기 힘든 내용도 있었어요. 그렇지만 하나하나가 우리의 오랜 역사에 중요한 부분입니다.

좋은 일은 축하하되, 좋지 않은 일을 기억해야 합니다. 공평한 미래를 만드는 게 우리의 의무니까요.[20]

드래그 공연자가 빛나는 유머감각을 발휘해 이야기를 들려주자 다들 친근감을 느끼며 귀 기울였다. 유머는 까다로운 주제를 다루는 좋은 수단으로 오랫동안 활용되었다. 이 프로그램에서 그 방법을 활용한 시도는 칭찬할 만하다. 이야기에 코믹함이 더해지자 박물관이 난감한 주제를 진지하게 고민한다고 느끼게 되는 역설적인 효과가 생겼다.

나는 캘리포니아과학아카데미의 이 '알려지지 않은 이야기들' 프로젝트를 진두지휘한 도서관장 리베카 킴Rebekah Kim과 이야기를 나누었다. 킴은 박물관의 역사를 더 투명한 방향으로 바로잡고 싶어 이 프로젝트를 기획했다고 설명했다. '즐거운 밤: 누가 말하고 있나요?' 행사 책임자인 린 쿵Lin Kung은 내게 이렇게 말했다.

　'즐거운 밤: 누가 말하고 있나요?'는 이야기를 들려주는 사람이 얻게 되는 힘과 특권에 주목합니다. 누가 그 이야기를 할 것인가? 우리 사회에서 주로 이야기를 구술하는 사람은 누구인가? 이야기를 들려주는 사람이 없다면 그건 어떤 의미인가? 이런 주제로요. 박물관이 이야기 전달자가 되는 익숙한 형식, 늘 들려주는 이야기 내용에서 벗어나 박물관의 강연, 전시실에 걸린 설명판, 박물관의 다른 활동에서 목소리를 낼 기회가 주어지지 않는 사람들에게 그 역할을 넘겼습니다. (…) 이야기를 들려주는 시간에는 드래그 공연자들이 참여하게 했고요. 그저 사람들에게 웃음을 주고 더 친근하게 전달하려고 이 공연자들을 선택한 게 아닙니다. 그들의 공동체, 그들이 추구하는 예술의 형태를 [우리 박물관이] 지지한다는 의미이기도 합니다. 그들이 거센 공격을 받는 지금 같은 정치적 분위기 속에서는 더더욱 그럴 필요가 있다고 봅니다.

　박물관의 역사를 철저히 조사하는 일은 박물관이 직접 나서는 경우보다 박물관에서 일하는 직원이 먼저 그럴 필요성을 느껴 계획을 세우고 실행에 옮기는 경우가 많은 듯하다. 그렇게 스스로 조사를 시작해 대부분은 드러나지 않게 조용히 진행하다가, 적절한 기회가 생기면 알게 된 이야기를 전한다. 직원 중에 그 방면의 전문가가 있다는 사실을 박물관이 깨닫고 그 연구의 가치를 인정하면, 올바른 역사를 밝히는 그 일이 비로소 기관의 공식적인 사업으로 채택된다.

이와 같이 새로 밝혀진 역사를 포용하는 박물관도 있지만, 정반대 경우도 있다. 2023년 하버드피보디고고학·민속학박물관Harvard Peabody Museum of Archaeology and Ethnology은 '모든 세상이 여기에'라는 제목으로 1890년대의 인체측정학(사람의 몸을 측정하고 분류하는 학문으로, 인종차별적인 분류 기준도 포함된다)을 소개하는 특별 전시를 열었다. 그런데 인체측정학이 우생학에 얼마나 중대한 영향을 주었는지는 다루지 않았을 뿐만 아니라, 그런 '연구'에 내포된 심각성을 거의 내비치지 않았다.

머리뼈와 두상을 측정하는 도구들, 인종별 차이점을 체계화하려는 부적절한 목적에서 만들어진 머리카락과 눈 색깔의 분류표도 전시되었다. 우생학자들은 이런 분석을 토대로 개개인의 범죄성과 퇴화 수준 등을 성격특성으로 평가해야 한다고 주장했는데, 박물관은 소장품의 그러한 역사적 의미를 밝히지 않은 채 시종일관 무덤덤한 톤을 유지했다. 전시에서 역사를 배제한다는 의도적 결정이 내려진 것이다(큐레이터가 그 역사를 몰랐다거나 잊었을 가능성은 없다).

이런 전시는 과학이 한 사회에서 어떤 역사를 거쳐왔는지와 같은 귀중한 정보를 관람객에게 제공하지 못한다는 점에서도 큰 문제였지만, 그 전시의 문제점을 알아채고 나니 다른 전시도 신뢰할 수가 없었다. 전시실에 내걸린 전시물들에 관한 박물관의 해석을 보면서, 혹시 다른 중요한 맥락이 있는데 박물관이 고의로 제외한 건 아닐까 하는 의심을 지울 수가 없었다. 관람객이 믿고 볼 수 없는 박물관 전시가 대체 무슨 의미가 있단 말인가?

박물관의 역사를 솔직하게 알리려고 애쓰는 박물관 사람들은 약 10년 전부터 "박물관은 중립적인 곳이 아니다"라는 말을 달고 산다. 이 말에는 박물관이 사회의 역사와 원칙, 박물관의 기반이 된 특정 시대를 반영하며, 예나 지금이나 정치와 무관했던 적이 없다는 의미가 담겨 있다. 동시에 이제는 중립성이 반드시 좋은 것만은 아니라는 인식도 내포한다. 박물관이 특정 당파의 견해에 동조하는 듯한 인상을 주면 안 된다는 이유로 해마다 열리는 성소수자 축제를 모른 척하고 긴급한 기후 문제나 사회정의 문제에 어떠한 입장도 취하지 않는 게 과연 올바른 일일까?

마찬가지로, 논란이 되는 이야기를 아예 언급하지 않기로 선택하는 것 또한 중립적인 태도가 아니다. 앞서 소개한 피보디박물관의 전시는 박물관이 전시 주제의 난감한 의미에 거리를 두면 어떤 결과가 초래되는지 여실히 보여주었다. 그런 태도는 전시 내용에 대한 신뢰를 떨어뜨림으로써 관람객인 나와 그 박물관 전시의 관계에 매우 부정적인 영향을 주었다. 반대로, 박물관이 한쪽으로 너무 치우친다는 인상을 주는 것 또한 관람객의 신뢰를 잃는 길이다. 예를 들어 전시물 해설에 좌편향적인 해석을 덧칠해서 관람객들에게 억지로 떠먹이려 한다면, 그 또한 박물관 본연의 기능을 충실히 수행한다고 보기 힘들다.

나는 진실을 이야기하는 것이 논란거리가 되어서는 안 된다고 생각한다. 우리 박물관의 표본이 강제수용소 관리자들 손에 수집된 것임을 알게 되었다면, 그런 사실을 정직하게 알리지 않아도 될 만한 정당한 사유를 나는 도저히 떠올릴 수가 없다. 캘리포니아과학아카데미의 행사에서 드래그 공연자가 했던 말, 좋은 일은 축하하되 좋지 않은 일을 기억해야 한다는 그 말이 우리에게 강한 울림을 주는 이유도 마찬가지일 것이다. 그 말을 반박하기는 힘들다. 다만 식민지 시대의 흔적에 대처하려는 노력에 아직 공감하지 못하는 관람객들도 있을 것이므로, 박물관이 이들의 불신을 자극하지 않으면서 진솔한 역사를 전달할 최선의 방안을 신중하게 고민할 수는 있다.

국가의 정체성에 부정적 영향을 줄 수 있는 특정 역사를 국민이 대체로 잘 모른다면, 그 원인은 학교 교육과정을 포함한 국가 제도에 있는 경우가 많다. 예컨대 영국 공립학교의 현행 교육과정을 보면[21] 초등학교 교과과정에 '인류의 어리석음'[영어로 인류는 'mankind'인데, 'man(남성)' 아닌 다른 모든 성별의 어리석음을 왜 각각 다루지 않는지 알 수 없다]을 다루는 내용이 나온다. 그러나 로마제국에 관한 설명이 전부이고, 대영제국의 어리석은 실수는 언급되지 않는다. 이 내용은 중학교에 가서야 배운다(물론 다른 내용을 가르치면서 이 내용을 함께 다루는 초등학교 교사들도 많으리라 확신한다). 내 학창 시절에는 영국의 식민지 개척 역사가 아예 빠져 있었으니 그나마 많이 개선된 것이다.

각국의 자연사박물관이 표본의 자연사와 함께 사회의 역사까지 다룬다면, 과거에 저지른 부적절한 일에 관한 대중의 지식수준이 전반적으로 향상할 수 있다. 또한 그런 사실을 알리려는 노력이 왜 필요한지에 더욱 공감하게 된다. 식민지 통치 역사를 인정하지 않으려는 저항감이 어디에서 비롯되는지 생각해보면, 그 원인 중 하나는 지금까지 알려진 역사가 공정하지 않다는 사실조차 모르기 때문이라는 것이 합리적 추정인 듯하다. 영국에서는 박물관 큐레이터가 사람들이 가장 신뢰하는 전문가에 포함된다는 조사 결과가 나온 적이 있다.[22] 식민지 시대의 폭력과 침략, 억압과의 관련성을 자연사박물관이 먼저 솔직하게 전한다면, 사람들에게는 자기가 속한 나라의 진정한 역사를 더 정확하게 알 기회가 생긴다.[23]

∞

프랑스인으로 태어나 미국에서 활동한 자연학자 존 제임스 오듀본John James Audubon은 동물학의 역사에서, 특히 북미 지역을 중심으로 가장 크게 존경받는 인물로 꼽힌다. 1785년에 태어난 오듀본은 미국 조류학의 시초로 여겨진다. 전 세계에 설립된 자연사 분야의 모든 단체를 통틀어 규모가 가장 큰 미국 국립조류학단체(영국의 왕립조류보호협회 같은)의 명칭이 '오듀본협회Audubon Society'라는 사실에서도 그가 얼마나 저명한 인물인지 알 수 있다. 오듀본의 가장 유명한 업적은 1827~1838년에 여러 권으로 출간된《북미의 새Birds of America》다. 오늘날 세계 최고의 출판물, 자연사를 예술로 승화한 획기적 성취로 여겨지는 책이다.

오듀본은 미국 땅에 사는 모든 새를 연구하고, 총으로 사냥하며, 그림으로 남긴다는 목표로 미국 전역을 여행했다. 그는 죽은 표본을 자세히 관찰한 뒤에 그리는 방식을 선호했는데, 생생한 자연 풍경을 배경으로 시선을 잡아끄는 새 행동까지 세세히 정교하게 묘사한 뒤 매력적인 색을 입혀 그림을 완성했다. 오듀본의 모든 그림에서 새들은 '더블 엘리펀트 폴리오' 규격의 종이에 실물 크기로 담겨 있다. 종이 높이가 약 1미터나 되는 이런 대형 용지는 오듀본의 책이 출간될 무렵에 구할 수 있는 가장 큰 종이였다(홍학이나 왜가리처럼 종이보다 더 큰 새들은 종이 크기에 어떻게든 맞추려고 몸이 뒤틀린 어색한 자세로 그려졌다).

《북미의 새》는 애쿼틴트에 사용된 판만 435장에 이르는 정교한 그림들로 채워졌다.* 한 권 가격이 지금 돈으로 3만 달러에 달했으며,[24] 겨우 200부가 인쇄된 것으로 추정된다. 지금은 그 돈으로 원본 삽화를 한 장만 구해도 큰 행운으로 여겨질 만큼 가치가 훌쩍 뛰었다. 그만큼 많은 사람이 우러르는 책이 된《북미의 새》는 세계에서 가장 비싼 책으로 자주 언급된다. 지금까지 남아 있

---

* 오듀본은 동판에 그림을 새겨서 종이로 찍어낸 다음 수작업으로 채색해 완성했다. 애쿼틴트는 금속판을 부식시켜 오목판화를 제작하는 기법이다.

아메리카제비꼬리솔개가 가터뱀을 잡아 날아가는 모습. 존 제임스 오듀본이 그린 이 그림은 세계에서 가장 비싼 책으로 꼽히는《북미의 새》에 실려 있다.

다고 알려진 120권 가운데 경매에 나온 8권은 모두 100만 달러가 넘는 가격에 팔렸다. 그중 2010년 경매에 나온 한 권은 (2023년 화폐가치로 환산하면) 낙찰가가 무려 1600만 달러를 넘었다.

이토록 명성이 대단한 만큼《북미의 새》사본을 소장한 박물관들이 책을 얼마나 소중한 보물로 여길지 쉽게 짐작할 수 있다. 실제로 박물관에서 이 책을 볼 수 있는 전시회가 열리면 어마어마한 인파가 몰린다. 전시에서는 대개 오듀본이 자연사의 역사에 지대한 공헌을 했으며, 그 경이로운 성취는 지난 수 세기 동안 자연계를 향한 관심과 자연보호의 중요성을 일깨웠다고 설명한다. 그러나 내가 보기에 이제는 오듀본이라는 사람을 더 넓은 관

   2부 사라진 이야기

점에서 제대로 이야기하지 않는 한 그런 설명을 마냥 수용할 수
만은 없다.

오듀본은 백인우월주의자였으며 노예를 부린 사람이었다. 《북
미의 새》에 그림과 함께 담긴 오듀본의 글은 위대한 자연 속에서
자신이 얼마나 용감무쌍하게 모험을 즐기며 영웅적인 일들을 해
냈는지가 주된 내용이다. 그중에는 농장에서 탈출해 달아나던
노예 가족을 자기가 우연히 발견했고, 그들을 붙잡아 도망쳐 나
온 곳으로 돌려보낸 일을 자랑스레 이야기하는 대목도 있다. 그
자신도 사람을 노예로 사고팔았고, 아프리카계 미국인들과 원주
민들의 도움을 받아 표본을 수집한 적이 있으며, 그의 기념비적
성취로 알려진 일들이 조력자들의 정보 덕분에 가능했다는 사실
이 이제는 다 밝혀졌다.[25]

조력자들이 한 일들은 당연히 제대로 인정받지 못했다. 케임
브리지대 동물학박물관에도 오듀본이 그 역사적 탐사에서 사냥
한 새 표본들이 있는데, 수집자 이름이 전부 '오듀본'으로 명시되
어 있다. 그 표본들을 수집하고 표본으로 제작하는 과정에 참여
한 흑인들이나 원주민들이 있었는지, 그들의 이름은 무엇인지
우리는 아마 영영 모를 것이다.

과학계의 이름난 거장들은 자연을 일상적으로 관찰하기도 했
지만, 자기가 수집한 표본을 바탕으로 이론을 수립해 세상을 변
화시키거나 책을 써서 큰 부를 얻었다. 이들의 업적은 우리가 지
구에 존재하는 생물과 그 속에서 인간의 위치를 이해하는 기본

틀이 되었다. 그렇게 활용된 과학자들의 표본은 계속 남아 오늘날 새로운 과학 탐구에 활용된다. 따라서 표본의 역사적 의미를 앞으로도 꾸준히 이야기하려면, 그 표본과 관련된 모든 사실을 아는 것이 매우 중요하다.

오듀본이 조류를 연구할 수 있었던 것은 뉴턴과 마찬가지로 가족이 쌓은 부 덕분이었다. 모두 생도맹그(지금의 아이티)에 있는 사탕수수 농장과 펜실베이니아의 납 광산에서 벌어들인 재산인데, 그 두 곳의 사업은 모두 노예노동에 의존했다. 오듀본은 이를 바탕으로 과학적 탐구를 담은 획기적인 책을 펴냈고 세계적인 명성을 얻었다. 그 업적을 인정받아 영국 왕립학회Royal Society의 회원 자격까지 부여받았는데, 미국인이 회원이 된 것은 벤저민 프랭클린Benjamin Franklin 이후로 그가 두 번째였다. 그의 가족이 다른 사람의 노동력을 폭력적으로 착취한 사업으로 부를 쌓지 못했다면 오듀본은 과연 그런 업적을 이룰 수 있었을까? 오듀본의 그 대단한 책 사본이나 그 책에 등장하는 표본을 소장하며 수익을 내는 박물관들은 이런 모든 진실을 제대로 전할 책임이 있다.

변화는 시작되었다. 미국의 국립오듀본협회National Audubon Society는 2020년에 이름이 단체명이 된 오듀본과 그가 저지른 해악을 밝힌 논문을 잇달아 발표하고 명칭 변경을 고심하기 시작했는데, 결국 그대로 유지한다는 결정이 내려졌다. 이 문제로 시민운동을 벌여온 많은 활동가에게 실망을 안겨준 결정이었다.

오듀본협회가 다른 이름으로 불리면 일부 후원자의 두둑한 지원이 끊길 수 있다는 우려가 작용한 듯하다. 단체명을 그대로 쓰는 것을 일부 회원이 못마땅해하더라도 지원금을 보존하는 게 더 중요하다고 판단한 것이다. 조류학자이자 환경보호론자인 국립오듀본협회 전 이사 J. 드루 랜햄J. Drew Lanham은 이와 관련해 다음과 같은 글을 남겼다. "환경을 보호하고 보전하는 일은 두말할 필요조차 없이 중요하다. 그러나 인간이 겪는 불의를 고려하지 않는다면 그런 노력도 균형을 크게 잃을 수밖에 없다."[26]

2022년에 런던의 영국 국립자연사박물관은 오듀본의 유산을 그에 관한 모든 이야기와 함께 들려주는 전시로 더 적극적인 변화에 앞장섰다. 한 설명판에는 이런 내용이 적혀 있었다.

최근 들어 오듀본이 용납할 수 없는 관점을 지닌 사람이었다는 사실이 주목받는다. 그는 노예를 소유했고, 흑인을 다른 사람들과 동등하다고 생각하지 않았으며, 노예제 폐지운동을 일축했다.

우리도 2023년 케임브리지대학교 박물관에서 노예제가 남긴 흔적을 주제로 전시회를 열었을 때, 이 대학의 피츠윌리엄박물관이 처음 설립된 때부터 소장한《북미의 새》사본 한 부를 전시하며 그에 관한 이야기를 소개했다.[27]

자연사박물관들은 이번 장에서 예시로 든 것과 같은 역사를 새로운 연구 주제로 더 많이 탐구해야 한다. 불편한 진실을 밝혀내야 하지만, 이제는 꼭 필요한 일이자 유익한 노력으로 여겨지는 추세다. 이는 자연사박물관의 타당성을 강화하는 일이며, 사회적 측면에서는 박물관이 공동체를 어떻게 대하고 어떤 관계를 맺으려 하는지를 보여주는 일이기 때문이다. 또한 자연사박물관이 전통적으로 다룬 과학 탐구의 주제에서 벗어나 더 많은 분야로 시야를 넓혀 더욱 다양한 연구를 수행하는 길이 될 수 있어서기도 하다. 자연사박물관은 식민지 시대에 벌어진 사업들로 인간과 환경이 어떤 복잡한 대가를 치러야 했는지 파헤칠 수 있는 독특한 위치에 있다. 환경보호와 사회정의가 지켜지지 못한 역사를 빠짐없이 알게 될수록 사회는 그 두 가지를 더 수월하게 바로 세울 수 있다.

뒤엉킨 이곳에서

때로는 자연사박물관의 표본이 세상을 바꾼다. 심지어 보잘것 없어 보이는 뼛조각 몇 개가 그럴 수도 있다. 1891년과 1892년에 자바섬 트리닐Trinil에서 무려 4만여 점의 포유동물 화석이 발견 됐는데, 그 속에는 나머지와 비교할 수 없을 만큼 중요한 뼈 세 개가 포함되어 있었다. 머리덮개뼈와 어금니, 대퇴골로 밝혀진 이 뼈는 '자바원인Java Man'으로두 불리며, 사상 최초로 발견된 호 모에렉투스Homo erectus의 흔적으로 여겨진다. 인류의 진화에 관한 우리의 지식에 중대한 영향을 준 발견이었다.

이런 획기적인 표본은 당연히 멋지게 전시해야 마땅한 만큼, 네덜란드 국립자연사박물관(나투랄리스)은 아주 영리한 방법을 택했다. 전 세계 수많은 박물관이 최첨단 기술로 전시와 관람객 의 상호작용을 확장하는 추세에 발맞춰, 이 박물관은 빅토리아 시대 연극무대에 등장했을 법한 착시효과를 활용해 호모에렉투스 화석에 생명을 불어넣었다.

대규모 재정비 공사를 끝내고 2019년에 재개장한 네덜란드 국립자연사박물관에는 이 세 개의 뼈를 위한 단독 전시실이 마련되었다. 서로 인접한 각각의 유리 진열장에 관람객이 360도로 살펴볼 수 있게 전시했는데, 어디에 올려둔 게 아니라 실제로 서 있는 사람의 머리와 입, 다리 높이쯤에 둥둥 떠 있는 것처럼 배치했다. 그리고 다른 진열장에는 호모에렉투스의 모습을 보여주는 마네킹을 설치했다.

여기까지는 자연사박물관에서 많이 볼 수 있는 전시 방식인데, 이 전시실은 몹시 어둡다. 입구에 들어서면 몇 가지 전시물을 비추는 조명 외에는 온통 캄캄하고, 빛이 보이는 쪽으로 걸어가면 뼈가 전시된 유리 진열장에 마네킹의 모습이 반사된다. 이것이 환한 조명이 닿는 세 개의 뼈 위에 겹치면서 마치 마네킹 몸의 뼈처럼 보인다. '페퍼의 유령'이라고 알려진 영리한 무대효과를 전시실에 재현한 것이다.[*]

(내가 2020년에 방문했을 때) 전시 설명판에는 호모에렉투스 화석을 발견하는 과정에서 중요한 역할을 한 네덜란드의 고인류학자 외젠 뒤부아Eugène Dubois의 이야기가 적혀 있었다. 뒤부아는 당시 네덜란드령 동인도(지금의 인도네시아)의 군의관 자격으로 자바

---

[*] 영국의 과학자이자 발명가 존 헨리 페퍼John Henry Pepper가 객석과 무대 사이에 유리판을 설치한 뒤, 유령으로 꾸민 배우가 무대에 직접 오르지 않고 유리판에 반사된 모습이 무대에 비치게 만들어 관객에게 마치 유령이 나타난 듯한 착시를 일으키는 기술을 말한다.

에 머물렀다. 네덜란드 국립자연사박물관 웹사이트에서 이 호모 에렉투스 전시실을 소개한 페이지를 보면, 뒤부아가 "이 화석들을 발견했다"고 나와 있다.[1]

이제 충분히 짐작하겠지만, 그 화석을 실제로 찾아낸 건 강제 노동에 동원되어 인도네시아인 감독관의 지휘를 받으며 땅을 파던 사람들이었고, 이들이 뒤부아의 집에 화석을 가져갔다.[2] 일부는 이 일을 하다가 목숨을 잃기까지 했다. 뒤부아가 그 장소를 콕 찍어 조사를 지시할 수 있었던 것도 자바 출신 학자인 라덴 살레 Raden Saleh가 이전에 그곳에서 포유동물 화석을 발견한 적이 있기 때문이다. 자바에서는 이미 오래전부터 그런 유물이 문화의 일부로 자리 잡았고, 고생물학자들은 지역민들의 지식에 의존해 화석 뼈가 나올 만한 곳을 찾았다.

여기까지는 크게 특별할 것 없는 전형적인 이야기다. 그런데 2022년 10월, 인도네시아 정부가 네덜란드에 자바원인을 돌려달라고 정식으로 요청하면서 이 일은 새로운 국면을 맞이했다. 가치가 높은 유물을 소량 돌려달라고 하는 일은 있었어도, 식민지 시대에 발굴된 자연사 표본에 대해 이렇듯 대규모 반환을 공식적으로 요구한 것은 세계적으로 처음 있는 일이었다.

인도네시아는 1949년에 '네덜란드령 동인도'가 아닌 독립국가가 되었을 때 이미 한 차례 자바원인을 돌려달라고 한 적이 있다. 그러나 2022년의 요청은 이전과 차원이 달랐다(영국, 네덜란드, 독일의 박물관들도 먼 옛날 인류 조상의 흔적이 남은 화석을 돌려달라는 요청을 몇 번 받았지만 그런 사례들과도 달랐다). 인도네시아 정부는 뒤부아가 자바원인과 함께 발견해 가져간 4만 점의 다른 포유동물 표본들까지 전부 돌려달라고 한 것이다.

세계 곳곳에서 수집된 표본과 그 표본에 담긴 이야기를 한자리에 모아두는 것은 자연사박물관의 가치와 직결된 매우 중요한 기능 중 하나다. 서로 다른 시간과 공간에 존재한 생물을 비교하는 것은 자연사의 거의 모든 세부 분야에서 필수적인 연구 방식이다. 또한 그것은 박물관이 공적 기관으로서의 책임을 다하는 데도 꼭 필요한 기능이다. 사람들이 자신의 지역환경에 더 주목하게 하는 것은 자연사박물관의 핵심 역할이지만, 그렇다고 주변의 협소한 범위에 서식하는 생물만 전시한다면 교육기관이자 새로운 영감을 줄 수 있는 기관으로서의 가치가 크게 떨어진다.

그렇지만 다양한 표본이 한곳에 모여 있을 때 생기는 이러한 가치를 인정하는 것과, 세계 각지에서 나온 표본들이 전 세계 자연사박물관에 어떻게 분포되어 있는지 따져보는 것은 별개의 일이다. 우리는 앞의 두 장에서 자연사박물관들이 표본을 입수한 방식을 비롯해 여러 문제를 살펴보았다. 그런 문제에는 논리적으로 당연히 뒤따르는 의문이 있는데, 그것이 이번 장의 주제다. 이런 의문을 제기한다고 해서 이제 서구 지역의 자연사박물관 전시실이 텅텅 비는 게 아니냐는 걱정을 할 필요는 없다.

지금까지 박물관 소장품을 발견된 곳으로 반환해야 하는지 논의된 대상은 주로 문화유산이나 고대인류 화석, 또는 식민주의 국가의 이상을 실현하는 도구로 끌려간 사람의 유해 등 정서적으로 민감한 유물이었고, 자연사 표본은 거의 거론조차 되지 않았다. 그동안은 과학을 정치보다 우선시하는 보편적 정서와, 자연사 표본은 과학 데이터의 개별적인 한 지점이라는 인식이 있었다. 그러나 사람들이 그 정당성에 의문을 제기하자마자 이런 분위기는 금세 허물어졌다. 앞으로는 자연사박물관이 소장한 표본들에 대해서도 반환 문제가 훨씬 빈번히 논의되고, 다른 나라의 자연에서 가져온 유산과 그에 딸린 지적 자산을 발견된 곳에 돌려주는 사례가 많아질 것으로 전망된다.

인도네시아가 포유동물 화석의 반환을 네덜란드에 요청한 것처럼 정부가 나서서 다른 나라 정부에 그곳 자연사박물관의 생물 표본을(사람이나 원시인류 관련 유물을 제외하고) 돌려달라고 공식으로 요구하는 사례는 매우 드물다. 2018년에 칠레가 지금은 멸종된 거대땅나무늘보 표본을 돌려달라고 런던의 영국 국립자연사박물관에 요청한 일이나(거절당했다), 탄자니아의 단체가 독일에 아프리카 동부에서 출토된 거대한 공룡 브라키오사우루스 브란카이*Brachiosaurus brancai*(기라파티탄Giraffatitan으로도 불린다)의 표본을 돌려달라고 요청한 정도가 전부다.[3] 이 공룡 표본은 출토 당시 식민지 시대에 시행된 법을 근거로 독일이 가져가서 베를린자연사박물관이 소장하고 있다. 반환 요청이 제기된 후 탄자니아 외무부는 독일의 박물관이 화석을 잘 보존하고 있으므로 요청을 철회한다고 하면서, 이 공룡 화석은 독일의 것도 탄자니아의 것도 아닌 세계의 유산으로 봐야 한다는 견해를 밝혔다.[4] 그러나 이일을 계기로 독일 전역의 박물관에서는 식민지 시대에 획득한 유물에 관한 대대적인 조사가 벌어졌다.

이러한 소수의 사례는 인류학박물관과 고고학박물관의 소장품에 대한 반환 요구가 오래전부터 제기된 것과 대조된다. 자연사 표본을 돌려받으려는 주된 이유가 자국의 문화유산이어서가 아니라 **과학적** 유산이기 때문이라는 점도 차이가 있다. 인도네시아는 자기 나라 땅에서 발굴된 표본을 조사·관리할 권한은 유럽 학자들이 아닌 자기 나라 연구자들에게 있다고 이야기한다. 자바원인과 포유동물 화석의 반환 요청을 소개한 한 언론은 이 사태의 핵심을 관통하는 질문을 던졌다. 바로 "선사시대의 유물은 누구의 소유인가?"다. 《뉴욕타임스》는 이렇게 설명했다.

뒤부아가 수집한 유물은 인류의 문명이 형성되기 전, 지구에 개별 국가가 생기기 전의 것이다. 따라서 어느 나라 소유라고 할 수가 없다. 그 유물은 특정한 문화적 전통이나 특정 사회의 예술과 관련이 있지도 않으며, 누구의 조상이라고 특정할 수도 없다.[5]

이 문제는 법과 윤리적 측면을 모두 따져볼 수 있다. 뒤부아가 인도네시아에서 수집한 것을 국외로 반출한 것은 법적 근거가 있는 행위였을까? 그는 (네덜란드 정부가 아니라) 식민지 지방정부인 네덜란드 동인도 정부의 직원이었다. 그렇다면 인도네시아가 독립해서 다른 나라들과 동등한 지위를 갖추고 통치권을 이양받았을 때, 식민지정부가 보유했던 역사적 자산까지 이양했나? 그에 앞서, 뒤부아가 유물을 자바에서 반출한 것부터가 이미 식민지정부의 소유물을 훔친 것으로 봐야 하지 않을까? 윤리적 측면에서는, 권력의 균형이 한쪽으로 쏠린 상태에서 식민지정부가 강제노역으로(그때는 불법이 아니었다 해도) 수집한 유물이라는 사실도 소유자를 따질 때 고려해야 하지 않을까? 그런데 과거의 사건을 현대의 윤리적 기준으로 평가할 수 있을까? 모두 간단히 답할 수 없는 문제다.

내가 이 글을 쓰고 있는 시점에도 네덜란드 국립자연사박물관은 인도네시아의 요청을 숙고 중이며, 자바에서 수집된 표본들은 네덜란드에 있다.* 지금까지는 자연사 표본을 반환하라는 요구가 드물었지만, 앞으로는 그렇지 않을 것이다. 자연사박물관들은 스스로 이 문제를 해결하는 데 나서기 시작했다.

자기 나라 자연과 문화의 유산을 소유하려는 것은 새삼스러운 일이 아니다. 또한 불균형한 권력에 힘입어 경제적 이익을 얻은

---

* 이 책이 출간된 후인 2025년 9월, 네덜란드는 인도네시아와 협정을 체결하고 인도네시아에서 가져간 2만 8000여 점의 화석을 반환한다고 발표했다. 자바원인의 화석을 포함한 외젠 뒤부아의 소장품 수천 점도 포함되어 있다.

식민지 시대의 일에 대해서만 그런 소유권 다툼이 벌어지는 것도 아니다. 4장에서 언급한 스웨덴의 식물학자 칼 린네는 자연에 이름을 붙이는 명명체계를 고안함으로써 현대의 분류학을 확립했다. 린네는 1750년대까지 유럽에 알려진 거의 모든 동식물에 속명genus과 종명species을 조합한 고유 학명을 붙였다(예를 들어 보통 '영국'참나무라고 불리는 로부르참나무의 학명은 '케스쿠스 로부르*Quercus robur*'이고, 유럽울새로 알려진 꼬까울새의 학명은 '에리타쿠스 루베쿨라*Erithacus rubecula*', 흔히 볼 수 있는 서양민들레의 학명은 '타라사쿰 오피시날레*Taraxacum officinale*'다).

이렇게 학명이 정해지면, 같은 생물이 언어마다 다른 이름으로 불리거나 심지어 같은 언어를 쓰는 지역에서조차 저마다 다르게 부르는(예컨대 인도, 미국, 영국, 호주에서는 각기 다른 새들을 영어로 똑같이 '울새'라고 부른다) 문제가 대부분 해결된다. 린네의 명명체계에서는 한 생물에 부여된 여러 이름을 하나로 정리하므로, 영어로 똑같이 울새라고 불리던 새들도 저마다 고유한 학명을 얻게 된다.

린네가 수집한 식물 표본에는 이와 같이 처음 학명을 정하고 과학적으로 기술할 때 참고한 식물이 많이 포함되어 있어서, 그의 표본집은 매우 귀중한 자산으로 여겨졌다. 린네는 스웨덴 사람이고 연구도 거의 다 스웨덴에서 했지만, 그가 수집한 표본들은 런던에 있다. 뜻밖의 행운이 연이어 따라준 결과였다.

1778년에 린네가 세상을 떠나고 가족 사이에 심한 불화를 겪

곤충과 닮은 꽃이 피는 파리난초*Ophrys insectifera*는 칼 린네의 식물 표본 중 하나다. 린네가 수집한 식물 표본은 그가 처음 학명을 정하고 과학적으로 기술할 때 참고한 식물이 많이 포함되어 있어서 매우 귀중한 자산으로 여겨진다.

은 뒤, 린네의 아내 사라 엘리자베트 모레아Sara Elisabeth Moræa는 1783년에 아들이 사망하자 남편의 수집품을 팔기로 결심했다. 당시 스웨덴의 왕 아돌푸스Adolfus가 다른 나라에 머무는 사이, 사라 엘리자베트는 구매자를 두루 물색하다가 영국의 전설적인 자연사 연구자 조지프 뱅크스에게 편지를 썼다(뱅크스는 제임스 쿡 James Cook이 인데버호에 올라 호주대륙으로 떠날 때 식물 탐사에 필요한 연구비를 후원한 인물이다. 영국은 이 탐사에서 나온 결과를 토대로 호주를 식민지로 삼았다). 뱅크스는 사라 엘리자베트의 편지를 받았을 때 마침 제임스 에드워드 스미스James Edward Smith라는 부유한 집안의 학생과 아침식사를 하고 있었다. 뱅크스는 사라 엘리자베트의 제안을 거절했지만, 대신 스미스에게 린네의 표본을 사라고 조언했으며 스미스는 부친을 설득해 돈을 마련하는 데 성공했다. 그리하여 린네가 수집한 표본들은 런던행 배에 실렸다.

그때 상황은 스미스가 전한 상세한 이야기로 지금까지 전해진다. 스웨덴은 린네의 표본이 배에 실린 뒤에야 귀중한 국가 재산을 잃었다는 사실을 뒤늦게 알았고, 군함까지 보내 영국으로 향하던 배를 쫓아갔지만 따라잡지 못했다.[6] 이 극적인 추격은 저명한 화가 존 러셀John Russell의 그림으로도 전해지는데, 실제로 그런 일이 있었다는 증거는 없다. 린네의 수집품이 스웨덴을 떠났다는 사실이 알려지자 온 국민이 크게 슬퍼했으며, 다들 왕이 자리를 비우지만 않았어도 그런 일은 없었으리라 이야기했다고 한다.[7]

이 일은 스미스와, 넓게는 영국이 가한 대단한 일격으로 평가되었다. 당시 영국 칼라일의 주교가 스미스에게 쓴 편지에도 그런 인상이 고스란히 드러난다. "린네의 수집품을 구매하기로 한 고귀한 결정 덕분에 영국은 전 세계 어느 나라보다 막강한 식물 제국이 되었습니다."[8] 스미스가 획득한 이 귀중한 보물은 런던린네학회라는 저명한 단체의 설립 기반이 되었다.

린네는 자신의 수집품이 최고가로 팔리길 바랐으므로 스미스는 잘못한 게 없다. 스웨덴은 뒤늦게 후회했을지 모르지만 되돌릴 수는 없었다. 그러나 이제는 그런 거래가 완전히 자유롭지 않다. 예를 들어 영국에는 '국보'로 지정된 것이 해외 구매자에게 판매되면 그 거래를 잠정 차단할 수 있는 장치가 있다. 거래를 일단 정지하고, '국보가 나라를 벗어나지 않게' 해외 구매자가 지불한 금액에 상응하는 기금을 마련하는 등의 조치를 취할 시간을 버는 것이다. 내가 조사한 결과 지금까지 이 법률이 자연사 표본(즉 예술품이나 인공물이 아닌 것)에 적용된 사례는 한 건도 없었다. 입법기관도 예술품을 염두에 두고 제정된 법률을 자연사 표본에 적용하기는 어렵다는 사실을 인지하는 듯하다.[9]

린네의 수집품에는 유럽, 아시아, 아메리카대륙 등 광범위한 지역의 표본들이 포함되어 있다. 자연사박물관의 일부 연구자들은 특정 생물의 표본이 세계 곳곳에 어떻게 분포되어 있는지 조사하고 있다. 예를 들면 고릴라는 전 세계 여러 박물관에 표본이 있지만, 놀랍게도 고릴라가 실제 서식하는 나라들의 박물관에는 단 한 점도 없다. 자연의 유산은 모두의 것이라지만, 자연사박물관의 표본으로 범위를 한정하면 분포양상은 균일하지도 않고 공정하지도 않다. 이는 식민지 시대의 또 다른 흔적이다. 과거의 불균형한 권력구도가 지역별로 학계와 대중이 접하는 표본의 차이로 지금껏 지속되는 것이다. 이 격차는 중앙아프리카 국가와 북반구 선진국 사이에서 특히 두드러진다.[10]

표본이 지리적으로 균일하게 분포하지 않으면 자연히 그 표본에서 얻는 전문지식 또한 골고루 분포할 수 없다. 예컨대 분류학 전문가를 양성하는 교육에는 표본이 필수 자료인데, 식민지 시대에 자국의 자연에서 나온 유산이 해외로 반출되어 여전히 타국에 있다면, 정작 그 표본들이 수집된 나라는 자기 나라 생물에 관한 전문지식이 다른 나라보다도 뒤처진다. 그렇게 악순환이 이어진다.

자연사 표본의 소유권을 둘러싼 논란은 고릴라처럼 카리스마 넘치고 덩치가 큰 동물, 또는 세계적으로 유명한 생물만의 문제가 아니다. 마이크 러더퍼드Mike Rutherford는 서인도제도대학교 동물학박물관의 큐레이터로 일하던 시절, 암스테르담대학교의 동료들에게서 오래전 서인도제도의 트리니다드 토바고에서 수집된 연체동물의 단단한 껍질 표본 일부를 이양하겠다는 연락을 받았다. 당시 암스테르담대학교는 소장품을 레이던에 있는 네덜란드 국립자연사박물관으로 옮기는 중이었는데, 큐레이터들이 그 표본을 카리브해에 있는 박물관에 돌려주는 게 적절하다고 판단한 것이다. 마이크 러더퍼드는 그 제안을 받아들였다.

지금 마이크 러더퍼드는 대서양 건너 글래스고대학교 헌터리언박물관으로 자리를 옮겨 동물학 소장품을 관리하는 큐레이터

  2부 사라진 이야기

로 일하는데, 네덜란드의 박물관으로부터 연체동물 표본을 돌려받은 경험을 계기로 자기가 스코틀랜드에서 관리하는 표본들도 비슷한 시각으로 보게 되었다. 그가 처음 글래스고로 왔을 때 카리브해의 야생동식물에 해박한 그의 시선을 사로잡은 표본이 하나 있었다. 바로 자메이카 자이언트 갈리와스프Jamaican giant galliwasp였다. 갈리와스프는 다리가 아주 짧은 도마뱀과 비슷하게 생긴 동물로, 몸집이 두툼하고 생물학적으로 뱀도마뱀과 가까우며 몸길이가 30센티미터 이상으로 긴 편이다.

안타깝게도 1851년 이후로는 살아 있는 개체가 발견된 적이 없어서 현재 '멸종위기종(멸종 가능성이 있는 종)'으로 지정되었다. 갈리와스프가 사라진 원인은 벌목과 대형 농장의 등장으로 농업 방식이 달라지면서 서식지가 크게 소실되고, 쥐와 몽구스가 유입되었기 때문으로 추정된다. 환경운동가들은 과거 갈리와스프의 서식지로 알려진 자메이카 일부 지역에 현재 대마 농장이 광범위하게 들어서서 생태 연구를 제대로 할 수 없는 형편이지만, 그곳 어디에 갈리와스프가 살아 있을 가능성을 완전히 배제할 수는 없다고 주장한다.[11]

갈리와스프의 표본은 겨우 27점이 남아 있다. 스코틀랜드에 있는 5점을 비롯해 모두 유럽과 미국의 박물관에 있으며, 자메이카에는 단 한 점도 없다(자메이카의 한 박물관에 액침표본이 몇 점 있었지만, 1907년에 일어난 지진으로 박물관 지붕이 무너져 파손되었다). 중요한 토착 생물이 파괴당하고 그나마 남아 있던 그 생물들의 물리적 흔적마저 전부 다른 나라에 있으니, 식민지 역사는 자메이카에 이중고를 안긴 셈이다. 한편으로는 유럽과 미국의 수집가들이 갈리와스프 표본을 보존하지 않았다면 한 점도 남지 않았을 가능성이 꽤 높다.

마이크 러더퍼드는 글래스고에 갈리와스프 표본이 있다는 사실을 알게 된 후 이 안타까운 불균형을 해소할 방안을 찾기 시작했다. 갈리와스프 표본이 고향 땅에 돌아가 자메이카의 자연사박물관에 전시될 수 있게끔 먼저 서인도제도대학교의 동료들을 글래스고로 초청해 교류의 문을 열었다. 헌터리언박물관과 글래스고대학교는 이 일을 단순히 파충류 표본 하나를 반환하는 절차로 보지 않고, 같은 일에 종사하는 자메이카 동료들과 더 뜻깊은 관계를 맺는 계기로 삼았다. 또한 갈리와스프 표본이 헌터리언박물관의 수장고에 남아 있는 것보다 자메이카에서 전시되는게 훨씬 의미 있다고 판단했다.

2024년 4월에 갈리와스프가 '고향'으로 돌아갔을 때, 서인도제도대학교는 이런 글을 남겼다.

우리 지역의 과학 연구와 문화유산 보존에 중요한 이정표가 된 상징적인 일이다. (…) 이번 반환은 자메이카의 귀중한 유산 한 점이 돌아온 일일 뿐만 아니라 과거의 부당한 행위를 바로잡고 카리브해의 과학적·문화적 보물이 제자리를 찾게 하려는 글래스고대학교의 헌신적인 노력을 보여준 일이었다.[12]

　문화적으로 특별한 의미가 있는 것이 자연사박물관의 생물 ‘표본’으로 전시된다고 해서 그 의미가 퇴색하지는 않는다. 맨체스터박물관Manchester Museum 자연사 전시실에는 호주대륙 북쪽의 그루트아일런드섬에서 수집된 조개껍데기들이 있었는데, 이 박물관 직원이 그루트아일런드섬을 방문했다가 그곳 토착민인 아닌딜리아콰Anindilyakwa 공동체에 조개껍데기가 얼마나 중요한 의미가 있는지 알게 되었다. 다디콰콰콰Dadikwakwa-kwa라고 불리는 이 조개껍데기는 황토로 색을 입혀 만드는 일종의 인형인데, 전통적으로 아닌딜리아콰 사람들이 딸에게 주는 선물로 만드는 것이었다.

　맨체스터박물관은 이 토착민 공동체와 한동안 교류하며 관계를 쌓은 뒤, 2023년 9월에 박물관이 소장해온 인형들을 돌려주었다. 이 일은 아닌딜리아콰의 고유한 문화가 되살아나는 중요한 계기가 되었으며, 아닌딜리아콰 예술 센터에서는 여성 예술가들이 주도하는 현대 예술 프로그램인 ‘다디콰콰콰 프로젝트’가 시작되었다. 아닌딜리아콰의 새로운 지도자 아메티아 마마리카Amethea Mamarika는 조개껍데기 인형이 반환될 때 이렇게 말했다. “원래 있어야 할 곳으로, 고향으로 돌아와 우리 젊은이들이 조상의 발자취를 따라갈 수 있게 되어 기쁩니다.”[13]

인간 표본

앞에 언급했듯이 박물관 소장품의 반환 문제에서 대체로 자연사박물관의 소장품은 거론되지 않는 경향이 있지만, 중요한 예외가 있다. 바로 사람의 유해다. 백인우월주의에 기반한 유사과학의 기준에 따라 인종에 서열을 매기는 인종차별이 횡행하던 시절, 세계 곳곳에서 사람의 몸이 표본처럼 취급당하며 서구 지역 박물관들의 소장품에 추가되었다.

누군가의 조상인 사람의 유해를 박물관 소장품으로 취급하는 것은 당연히 그런 일을 당한 공동체에 엄청난 분노를 일으킨다. 7장에서 태즈메이니아 원주민의 유해가 유럽에 보내진 일을 이야기한 바와 같이 남의 무덤을 파헤쳐 시신을 훔치고, 최악의 경우 죽은 지 얼마 안 된 사람의 유해를 훼손하는 일이 전 세계에서 벌어졌다(독일 출신으로 활발한 연구 활동을 한 자연학자 아말리에 디트리히Amalie Dietrich는 호주 퀸즐랜드에 정착한 사람들에게 원주민 남성의 표본 하나가 필요하니 사냥해서 보내달라고 요청했다).[14]

사람의 유해는 식민지로 삼은 국가들에서 얻는 것으로는 다 충족하지 못할 만큼 수요가 많았으며, 결국 그 영향은 고스란히 빈곤층에게 미쳤다. 빅토리아시대 영국에서는 1832년에 제정된 '해부법'에 따라 사망자가 죽기 전 자기 시신을 '과학을 위해 써달라'는 뜻을 밝힌 경우 또는 사망자 가족이나 친인척이 시신을 곧바로 가져가지 않는 경우, 박물관이 매장 비용을 부담하는 조건으로 시신을 소유할 수 있었다. 그리하여 사람의 골격과 머리뼈, 보존 처리된 신체 일부를 획득한 박물관들은, 신원과 출신지를 추적하지 못하게끔 전시물 목록과 설명문에 간단히 '호모사피엔스'라고만 기재해 전시했다. 박물관이 사람의 유해를 어떤 경로로 입수했는지 상세히 기록하지 않는 경우가 빈번했던 것도 시신이 비인도적으로 다루어지는 원인으로 작용했다.

그런 식으로 다루어진 유해가 모두 실제 사람이었다는 점을 기억해야 한다. 몇십 년 전부터는 어느 정도 상세한 추적이 가능해져서 많은 유해가 자손들에게 반환되었다. 자연사박물관이 반환한 소장품 대부분이 사람의 유해일 정도인데, 이 절차는 아직도 계속 진행되고 있다(예를 들어 이제 영국에는 과거 모턴 올포트가 태즈메이니아에서 유럽으로 보낸 사람의 골격이 한 점도 남아 있지 않다. 벨기에에는 아직 한 점이 남아 있다).

조상의 유해를 돌려받는 사람들은 자세한 내용을 공개하지 말라고 요청하는 경우가 많으므로, 이 책에서도 구체적인 정보는 밝힐 수 없음을 양해해주기 바란다. 아마도 반환 소식이 알려졌을 때 쏟아질 세간의 관심을 피하고 싶어서일 것이다. 사람의 유해가 얼마나 반환되었는지는 호주에서 발행되는 《전국 원주민 신문National Indigenous Times》에 실린 내용으로 대강 짐작할 수 있다. 이 신문에 따르면 2023년 10월까지 영국의 여러 박물관이 호주로 반환한 원주민 조상들의 유해만 최소 1209구였다.[15]

박물관이 소장한 유해는 나라마다 각기 다른 법적 절차를 거처 반환되므로 진행 속도가 제각각이다. 영국을 포함한 일부 국가는 국립박물관 소장품은 소유권을 포기할 수 없게끔 법으로 정하고 있지만, 사람의 유해는 예외로 두어서 본국으로 반환할 수 있다. 이보다 더 적극적인 나라들도 있다. 박물관이 유해를 반환할 수 있게 **허용**하는 수준을 넘어, 반드시 돌려주도록 법으로 의무화한 것이다. 예를 들어 미국은 1990년부터 '원주민 묘지 보호 및 반환법'에 따라 연방기관이 소장한 사람 유해, 유해와 관련된 문화적 물품은 자손 또는 해당 인디언 부족, 하와이 원주민 단체에 반드시 반환해야 한다.

물론 미국의 박물관에 있는 사람의 유해가 전부 법적 반환 대상에 속하지는 않는다. 뉴욕의 미국자연사박물관은 2023년, 일반 전시실에서 사람의 유해를 전부 없애고 수장고에 있는 유해 1만 2000구도 모두 철저히 조사하겠다고 발표했다. 발표가 나오기 전에 이 박물관은 원주민 유해 1000구를 반환했지만 비난은 이어졌고, 2200구를 추가로 반환하는 절차가 현재 진행 중이다. 6장에서 언급한 대로 최근에는 박물관의 반환이 더 신속히 이행되도록 '원주민 묘지 보호 및 반환법'의 하위 규정도 마련되었다. 미국자연사박물관은 1903년에 노예의 묘지를 파헤쳐 수집한 흑인 성인들의 뼈, 그리고 영국에서 '해부법' 제정 이후 수집된 것과 비슷하게 '의학 표본'으로 수집된 수백 명의 유해(대부분 뉴욕의 빈곤층이었다) 등 박물관에 있는 사람의 유해를 전부 살펴보겠다고 밝혔다.

이런 결정을 내린 것은 미국자연사박물관만이 아니다. 우리의 가상 투어가 10~15년 전에 이루어졌다면 자연사 전시실에서 사람의 유해를 봤을 확률이 매우 높지만, 이제는 그럴 가능성이 희박해졌다. 2024년 런던 호니먼박물관이 재정비를 위해 한동안 문을 닫기 전 방문했을 때, 본래 자연사 전시실에 있던 인체 골격 모형이 어느새 사진으로 대체되어 있었다. 같은 해에 유니버시티 칼리지 런던의 그랜트동물학박물관도 잠시 문을 닫고 전시실에서 사람의 유해를 모두 없애는 재정비를 마친 뒤에 재개장했다.

관람객들이 인간도 자연의 일부라고 느끼려면 자연사박물관 전시실에 다른 동물 표본들과 나란히 사람의 표본도 전시되어야 한다고 주장하는 사람들이 있다. 그러나 몇몇 박물관은 사람들이 동의한 것도 아닌데 사람의 유해를 비치할 이유는 없다는 결론을 내렸다. 미국자연사박물관의 숀 디케이터 관장이 사람의 유해를 모두 정리한다는 결정을 내린 후 직원들에게 보낸 글에는 이런 내용이 있다.

우리 전시물 중에 사람의 유해와 나란히 동격으로 전시해야만 전시 목표가 충족되고 전시로 전달하려는 이야기가 제대로 전해지는 것은 하나도 없습니다. 또한 그런 전시가 유해를 전시할 때 따르는 윤리적 딜레마를 상쇄할 만큼 꼭 필요한 것도 아닙니다. 박물관에 있는 유해는 모두 누군가의 조상이며, 일부는 비극적인 폭력의 희생자이거나 학대받고 착취당한 집단을 대표합니다. 그런

이들의 유해를 공개적으로 전시하는 것은 과거의 착취를 연장하는 행위입니다.[16]

재회를 위한 이별

전시물에 의미를 부여할 수 있는 건 박물관의 힘이다. 박물관이 전시물에 관해 어떤 이야기를 전하느냐에 따라, 일반적인 물건이 특정한 '대상'으로 탈바꿈한다. 박물관이 선택·부여하는 정체성에 따라 단일하고 개별적인 것이 무언가를 대표하거나, 문화적 인공물이 과학적 표본이 될 수 있다. 그러나 사람의 유해는 다르다. 박물관이 소장하고 그곳에 머무르는 동안 어떤 식으로 다루어졌든 상관없이, 사람의 유해는 사람의 몸으로 인식된다. 의미가 절대 바뀌지 않는다는 것이 독보적인 특징이다.

자연사 표본의 가장 중요한 특징은 유연하다는 것, 또는 최소한 논쟁의 여지가 더 많다는 것이다. 나는 최근에 어느 박물관의 역사가와 큐레이터가 진행하는 워크숍에 참석한 적이 있다. 두 사람은 표본의 '생애' 중 어느 시점에 그 표본의 주된 문화적 의미가 생기는지 토론을 벌였는데, 스코틀랜드국립박물관에 전시된 코끼리 박제 모형이 예시로 언급되었다.

역사가는 그 박제 모형의 문화적 의미는 박제사의 손에서 빚어졌다고 주장했다. 즉 코끼리가 표본이 되었을 때 의미가 생겼다는 것이다. 이 역사가는 스코틀랜드의 그 코끼리가 지금의 남수단과 우간다 인근에 살았지만, 퍼시 파월코튼(1장에서 소개한 식민지 시대 사냥꾼이자 박물관 설립자)의 총에 맞은 뒤 런던에서 제임스 롤런드 워드가 박제표본으로 제작했으므로, 코끼리 표본은 **잉글랜드의** 것이라고 설명했다. 반면에 큐레이터의 생각은 달랐다. 이 박제 코끼리는 그 박물관에 온 지 120여 년이 되었고 박물관의 명물이 된 데다 에든버러 문화사의 한 부분을 차지하므로, **스코틀랜드의** 것으로 보는 게 더 정확하다고 반박했다. 코끼리가 불멸의 존재로 전환된 일과 사후의 삶 중에 무엇을 더 중요하게 보느냐에 따라 의견이 그렇게 나뉠 수 있다.

하지만 코끼리가 살아 있을 때의 삶은? 아마 많은 사람이 지금도 그렇고 앞으로도 영원히 이 코끼리의 본질은 아프리카 동물이라고 생각할 것이다. 에든버러의 박물관에서 박제된 코끼리를 본 사람들과의 관계는, 그 본질 위에 덧씌워진 새로운 의미라고 할 수 있다.

내가 보기에 고고학, 예술, 자연사, 그 밖의 어떤 분야든 소속을 둘러싼 논의는 결국 한 줄기로 모이는 듯하다. 바로 그것이 **어디에 있을 때 가장 큰 의미가 있는가다.** 사람마다 무엇에 얼마나 가치를 부여하는지는 제각각이므로 답이 쉽게 나올 문제는 아니다. 그러나 의미를 부여하는 일은 박물관의 주된 기능 중 하나이므로, 박물관은 표본의 운명을 정할 때 반드시 이 질문을 던져야 한다. 예를 들어 예전에는 고릴라가 서식했지만 이제는 멸종하고 없는 나라의 박물관에 유일무이한 고릴라 표본이 생긴다면,

유럽의 여러 박물관이 소장한 수백 마리의 고릴라 표본 중 (어떤 기준으로든) 하나를 추린다 한들 본토에 있는 단 하나의 고릴라 표본보다 특별할 수는 없다.

박물관은(그리고 그 박물관이 속한 나라의 정부는) 이런 논의를 할 만한 막강한 힘이 있다. 불법적으로 획득한 표본을 제외하면(심지어 불법적으로 획득한 것도 대부분은), 계속 소장품으로 남겨둘지 아니면 수집된 곳에 돌려줄지를 결국 박물관이 최종적으로 결정한다. 박물관이 알아서 객관적으로 판단하기를 기대할 수밖에 없다는 말인데, 이는 까다로운 문제다. 박물관의 최종 결정은 판단을 내려야 하는 시점에 우연히 그 자리에 있게 된 사람들이 중시하는 가치 그리고 복잡한 윤리적·법적·제도적 상황을 해석하는 그들의 방식에 좌우된다. 따라서 간단히 결론이 나오는 경우는 드물 수밖에 없다.

∞

아직은 사람의 유해를 제외한 자연사박물관 소장품이 수집된 곳으로 반환되는 경우가 드물지만, 앞으로는 점점 많아지리라 확신한다. 2024년 4월에 나는 다른 분야의 박물관이 소장품을 반환하는 기념식에 참석해서 그런 사례를 직접 지켜보는 소중한 기회를 얻었다. 소장품을 제자리로 돌려주려는 노력이 얼마나 가치 있고 품위 있으며 정직한 일인지 느낀 경험이었다. 물건을 돌려받은 사람들에게서 내가 생생히 느낀 기쁨, 깊은 역사의식, 치유의 감정이 이 모든 노력의 가장 중요한 부분이라는 생각도 들었다. 그날 케임브리지가 반환한 네 개의 창은 어떤 영국인보다 그것을 돌려받은 사람들에게 의미가 큰 물건임을 분명히 알 수 있었다.

1770년 4월 29일 제임스 쿡 선장이 카마이보타니만에 상륙해 호주대륙에 첫발을 디딜 때, 쿡 일행은 해변에서 그곳 원주민들의 저항과 맞닥뜨렸다. 케임브리지에서 열린 반환식에서는 오랜 세월 그날의 '공식' 기록으로 전해진 쿡의 일기(250년 넘게 꾸준히 출간되고 있다) 중 그가 원주민들의 창을 가져온 과정에 대해 상세히 기록한 대목이 소개되었다.

창을 돌려받기 위해 반환식에 참석한 라페루즈La Perouse 원주민 공동체 대표단에는 당시 쿡 선장에게 처음 저항한 원주민의 직계 후손인 데이비드 존슨David Johnson이 있었다. 해변에서 쿡 일행에게 저항한 원주민 중에는 다라왈족Dharawal의 여러 소부족 가운데 하나인 그웨아갈족Gweagal의 부족민 두 명도 있었는데, 쿡이 가져온 창은 그중 한 명이 만든 것이었다.

존슨은 기념식에서 쿡의 관점이 아닌 '육지에 있던 사람들의 관점'으로 쿡 일행이 도착한 날 벌어진 일을 전했다. 해변에 있던 원주민들은 쿡 선장과 선원들을 보고 망자들의 나라에 있어야 할 영혼이 이승으로 돌아왔다고 생각했다. 그들 사회에서는 영혼과의 접촉을 금기시했으므로 어서 돌아가라며 소리치고 그런 의미를 담은 몸짓도 했다. 하지만 간청을 무시하고 낯선 이들이 자꾸만 다가오자, 원주민들은 경고의 뜻으로 창을 일부러 빗나가게 던졌다. 그러자 쿡은 총을 꺼내 들어 반격했다. 저항하던 원주민 남성들은 덤불 쪽으로 후퇴했으며, 쿡은 그들을 쫓아가다가 원주민들의 집을 발견하고는 40여 개의 창을 훔쳤다.

쿡 일행이 영국에 돌아온 직후, 이 훔쳐온 창 가운데 4개가 케임브리지대학교 트리니티 칼리지에 기증됐으며, 20세기 초부터는 내가 일하는 동물학박물관과 길 하나를 사이에 둔 고고학·인류학박물관에서 관리했다. 그리고 몇 년에 걸친 논의와 원주민 공동체와의 교류 끝에 창들은 본래 주인에게 돌아갔다. 드디어 집으로 돌아가게 된 것이다.

그 창을 케임브리지 박물관에 계속 두어야 한다고 주장할 만한 명분은 없다. 호주대륙 동쪽 카마니보타니만에서 원주민과 영국인이 처음 만났다는 사실을 뒷받침하는 증거 중 지금까지 남아 있는 유일한 자료라는 점에서나, 영국인들의 배가 그 만에 상륙한 일이 호주가 영국의 식민지가 된 계기가 되었다는 점에서나 그 네 개의 창에는 매우 많은 의미가 담겨 있다.

창의 반환을 놓고 양국의 대화가 시작된 초반부터 라페루즈 원주민 공동체의 나이 지긋한 구성원들은, 그때 영국인들이 창을 가져가서 보관하지 않았다면 지금까지 남아 있는 게 하나도 없었을 것이라고 너그럽게 인정했다. 이 반환은 라페루즈 공동체의 조상들과 호주 국민 모두에게 큰 의미가 있는 역사적 사건이 주목받는 좋은 계기가 되었다. 반환된 창은 시드니대학교의 차우착윙박물관Chau Chak Wing Museum에 먼저 전시되었다가, 영국인들과 원주민들이 처음 마주친 장소에서 가까운 곳에 들어설 예정인 방문자센터가 완공되면 그곳으로 옮겨질 계획이다.

몇백 년 동안 관리하던 소장품을 반환하면 이별하는 기분이 들 것 같지만, 내가 느낀 그날 기념식의 분위기는 통합 또는 재회와 훨씬 비슷했다. 심지어 결혼식과 비슷한 느낌마저 들었다. 기념식이 열린 곳이 트리니티 칼리지의 렌도서관Wren Library이어서 더 그랬는지도 모른다. 그 도서관의 아치형 지붕과 창문의 스테인드글라스가 성당 같은 분위기를 자아내는 가운데 호주에서 온 대표단이 긴 복도를 따라 사진기자들이 모인 쪽으로 천천히 입장하고, 그들을 초청한 영국인들은 반환할 창이 놓여 있는 '제단' 주변에 서 있는 풍경이었으니 말이다.

양쪽의 서약이 오간 뒤, 반환에 법적으로 동의하는 문서에 각각 서명했다. 그것은 헤어짐이 아니라 하나가 되는 시간이었다. 박물관과 대학 관계자들, 호주 원주민 공동체 사람들이 서로를 대하는 다정하고 친근한 분위기에서 그들의 협력관계를 느낄 수 있었다. 개인적으로는 지금까지 박물관에서 일하면서 가장 의미 있는 시간으로 기억될 만한 경험이었다.

자연사박물관들과 각국은 식민지 시대의 흔적이 남아 있는 소장품에 어떻게 대처할지 앞으로 더 많이 고민할 것이다. 소장품으로 영속되는 권력의 불균형, 그리고 그것을 본래 자리로 돌려줌으로써 얻을 수 있는 두터운 협력관계와 여러 유익한 결과에 관해서도 계속 고민할 것이며 그만큼 자연사 표본이 반환되는 사례도 늘어날 것이다. 표본을 반환한다고 해서 박물관이 크게 손해 볼 위험은 거의 없다. 그러나 이런 타당성과 별개로, 물리적 반환만이 유일한 선택지는 아니다.

미래의 박물관

만약 표본이 동시에 여러 곳에 있을 수 있다면 반환 문제는 더 간단히 해결된다. 물건 하나가 동시에 여러 곳에 존재하는 것은 당연히 불가능하다. 그러나 정보화 시대에는 원본을 디지털화해 물리적 형체가 없는 대체물을 활용하는 '디지털 반환'의 기회가 열렸다. 소장품을 지금 있는 곳에 그대로 두는 대신 그 소장품의 사진과 스캔, 데이터 등을 그것이 수집된 지역의 박물관과 공유하는 것이다(물론 반대로 할 수도 있다).

싱가포르국립대학교의 리콩치안자연사박물관Lee Kong Chian Natural History Museum 연구진은 현재 그와 같은 디지털 자료를 대규모로 모으고 있다. 이들은 싱가포르에서 수집되어 세계 곳곳의 박물관에 흩어져 보관 중인 동물 표본 가운데 모든 기준표본, 앨프리드 러셀 월리스가 수집한 것처럼 역사적 의미가 있는 표본 등 약 1만 점을 선정하고, 이 표본들을 디지털 자료로 돌려받는다는 목표를 세웠다. 연구진은 이를 위해 싱가포르에서 수집된 동물 표본을 다량 소장한 전 세계 주요 박물관(케임브리지대학교 박물관도 그중 하나다)을 직접 찾아가서 고품질의 사진으로 촬영하고 각 표본에 관한 데이터를 최대한 많이 수집한 뒤, 이렇게 모은 자료를 모두 온라인 디지털 기록보관소에 저장한다.

싱가포르세계자연사박물관정보기구Singapore in Global Natural History Museums Information Facility, SIGNIFY는 싱가포르의 생물다양성 역사를 누구나 한눈에 볼 수 있게 마련된 기록보관소로, 운영 방식이 일반 자연사박물관과는 근본적으로 다르다. 그러나 표본 수집의 역사와 싱가포르의 자연사에 관한 지식을 넓히고, 궁극적으로는 사람들이 싱가포르 야생동물에게 더 큰 관심을 기울이게 한다는 목표는 여느 박물관과 다르지 않다.

이런 디지털 자료를 만들기보다는 전 세계에 흩어진 표본의 원본을 전부 돌려받을 방안을 모색하는 편이 더 낫지 않느냐는 의문을 품을 수 있다. 이 일을 추진하는 리콩치안자연사박물관의 연구자 시바람 라수Shivaram Rasu는 최근 열린 국제 박물관 콘퍼런스에서 그러한 의문에 답이 될 만한 이야기를 했다. 우선 표본을 모두 싱가포르로 옮겨올 때 발생하는 물류 문제가 있으며, 현재 표본의 '주인 역할을 맡고 있는'(시바람의 표현을 그대로 쓴 것이다) 유럽 전역의 수많은 박물관에 반환을 요청할 때 거쳐야 하는 엄청난 행정 절차가 만만치 않다는 것이다.

그러나 리콩치안자연사박물관이 표본의 디지털 반환을 선택한 것은 이런 문제보다 철학적인 이유가 크다. 시바람은 표본이 여러 곳에 분산되어 있으면 더 많은 연구자가 볼 수 있다는 장점이 생긴다고 말했다. "싱가포르세계자연사박물관정보기구는 과학을 세계적인 것이라고 봅니다. 우리 나라의 표본을 돌려받고 싶은 게 아닙니다. 지금 있는 곳에 그대로 있어도 괜찮습니다. 다만 어디에 있는지 알고 싶을 뿐입니다."

시바람은 싱가포르 동물의 표본을 전부 한 박물관에 모아두는 것은 "달걀을 전부 한 바구니에 담아두는" 것과 같은 일이며 별로 바람직하지 않다고 설명했다. 박물관 한 곳이 특정 분류의 표본을 전부 소장하면, 그 박물관에 문제가 생겼을 때 엄청난 손실이 발생한다. 세상 어느 박물관도, 아무리 지원금이 두둑해도, 화재나 홍수, 지진, 절도의 위험을 완전히 피할 수는 없다. 실제로 유명한 박물관치고 그런 사태를 한 번도 겪지 않은 곳이 없을 정도다(반환을 요청받는 박물관 중에는 돌려준다 해도 자신들보다 표본을 안전하게 관리하지 못할 것이라는 이유로 거절하는 곳도 있다). 온라인으로 누구나 사진과 데이터를 무료로 이용하게 되면 연구자가 표본이 있는 곳까지 직접 찾아가는 수고를 하지 않아도 된다. 또한 연구에 드는 비용과 과학이 발생시키는 탄소발자국을 모두 줄일 수 있다는 큰 이점이 있다.

콧수염물총새의 죽음

사람의 유해와 비윤리적으로 획득한 소장품의 '소유권'을 재고하는 건 두말할 필요 없이 필수적이고 시급한 일이다. 그러나 소장품이 어디에 있어야 하는지 고민할 때 자연사박물관이 고려해야 할 중요한 윤리적 문제는 그게 전부가 아니다. 박물관은 능동적인 기관이며 지금도 꾸준히 성장하고 있다. 박물관이 소장품을 새로 획득할 때 과거의 부적절한 수집 방식을 되풀이하지 않을 방안을 고민하는 것 또한 과거의 잘못으로 인한 불균형을 바로잡는 일만큼 중요하다. 오래전 수집된 표본을 본국에 반환하거나 식민지 시대의 흔적을 해석하는 관점을 재고하면서 새로 들이는 표본의 수집 방식을 바로잡지 않는다면, 그런 노력의 의미가 퇴색할 수밖에 없다.

다행히 오늘날 박물관에서 일하는 연구자들은 과거의 불균형한 방식이 아니라 훨씬 공정하고 윤리적인 방식으로 표본을 수집한다. 표본 수집을 위한 대부분의 현장 탐사는, 탐사하려는 나라의 관련 기관 과학자들과 박물관 과학자들이 공동으로 운영한다. 탐사에서 수집한 표본은 양국이 공유하거나, 탐사한 그 나라의 재산이 된다. 또한 과거와 같은 착취 행위의 재발을 방지하기 위한 국제법이 광범위하게 마련되어 있다. 타국에서 수집한 표본을 국외로 반출할 때는 그 나라의 허가를 받아야 한다. 표본을 소장할 박물관은 표본이 발견된 국가와 계약을 맺는데, 여기에는 표본으로 무엇을 어디까지 할 수 있는지 허용 범위가 명시되어 있다.

유엔의 '생물다양성협약'은 생태계에서 이루어지는 표본 수집

활동의 환경 영향을 감시하는 한편 각국이 생물의 수집과 해외 반출을 통제하도록 관리한다. '멸종위기 야생 동·식물종의 국제 거래에 관한 협약'은 국제무역이 생물의 생존을 위협하지 않도록 통제한다. 그리고 '나고야 의정서'는 유전학적 자원과 원주민의 지식으로 누가 이득을 얻을지 결정할 주체는 그 자원과 지식을 보유한 국가이며, 특히 개인이나 기업이 경제적 이득을 얻는 경우 그와 같이 관리한다고 명시하고 있다.

법적 문제와 더불어, 살아 있는 생물을 '수집'하는 것의 의미를 제대로 정하는 일도 중요하다. 동물을 죽이는 것은 결코 가볍게 여길 일이 아니다. 과학자는 연구에 필요하다는 이유로 동물을 반드시 죽여야만 하는지 신중하게 고민해야 한다. 동물이 목숨을 잃음으로써 얻는 지식이 그 죽음을 정당화할 수 있는지 자문하는 것은 합당한 절차가 아닌 필수 절차다.

그래도 나는 박물관에서 일하는 연구자 중에 굳이 그런 사실을 상기시켜야 하는 사람을 전혀 본 적이 없다. 박물관 직원들은 죽은 동물들에게 매일 둘러싸여 살지만, 내 경험상 죽음에 무감각해지지는 않는다. 무엇보다 생물을 보존하는 일은 자연사박물관의 핵심 기능 중 하나이며, 동물학자만큼 동물을 걱정하고 신경 쓰는 사람은 별로 없다. 따라서 박물관의 표본 수집이 윤리적으로 이루어지기 위해 고민할 것은, 표본을 그 생물의 서식지에서 머나먼 다른 나라의 박물관으로 옮길 필요가 있는지 여부만이 아니다. 애초에 그 생물을 꼭 수집해야만 하는지부터 고민해야 한다.

이 책의 나머지 장에서는 기후변화와 생물다양성의 소실에 관한 연구에 자연사박물관의 표본이 얼마나 중요한 역할을 하는지 살펴본다. 최근 수십 년간 많은 큐레이터가 박물관의 표본 수집이 중단되거나 수집 규모가 줄면, 자연사박물관이 부여받은 본연의 기능을 다하지 못하게 된다고 지적해왔다. 오늘날의 과학 연구가 오랜 세월 꾸준히 수집된 표본에 의존하듯이, 미래의 과학자들도 지금 수집되는 표본에 기대어 미래의 과학을 발전시킬 것이다.

중남미 지역에 서식하는 포유동물을 연구해온 시카고 필드자연사박물관의 큐레이터 브루스 패터슨Bruce Patterson은 현대의 표본 수집이 우리가 세상을 이해하고 보호하는 능력에 얼마나 중요한지 설명했다. 전 세계 자연사박물관이 소장한 표본의 규모가 수십억 점에 이른다는 사실을 알고 나면, 사람들은 도대체 왜 표본이 더 필요하고 특히 생물을 죽여서까지 계속 수집해야 하는지 의문일 생길 수 있다.

생물 표본을 수집하면 서식지의 특성과 그곳에 사는 생물의 종류, 각 생물이 그곳 생태계에서 맡는 기능에 관한 지식이 반드시 늘어난다. 패터슨은 지구의 동물상動物相 또는 동물 서식지를 통틀어 지금까지 아무리 잘 알려진 곳이라도 그런 추가적 지식이 불필요할 만큼 속속들이 다 밝혀진 곳은 없다고 주장했다. 현재 가장 위태로운 생태계일수록 해결 방안이 시급한데, 과학적

인 표본 수집을 통해 이를 찾을 수 있다.[17]

패터슨은 또한 표본 반환만이 전 세계 박물관의 소장품 분포에서 나타나는 불균형을 해소하는 길은 아니라고 지적했다. 그가 일하는 필드자연사박물관은 칠레에 서식하는 포유동물의 표본을 칠레 국립자연사박물관Museo Nacional de Historia Natural보다 더 많이 소장하고 있다. 그러므로 칠레에서 새로 수집되는 포유동물 표본은 예전처럼 미국의 박물관에 있어야 할 이유가 없다.

자연사박물관의 표본이 수집되는 방식과 목적을 철저히 감시하는 언론과 대중의 역할도 필요하다. 대중이 가장 신뢰하는 공공기관으로 늘 꼽히는 박물관이 스스로 그 기준을 까다롭게 설정하는 것 또한 중요하다.

패터슨은 자연사박물관이 생물을 고의로 죽여서 얻는 표본은 전체 소장품 중 극히 일부에 불과하며, 생물다양성 소실로 잃는 생물의 규모에 견주면 더욱 적은 비율이라고 강조했다. 패터슨은 호주 퀸즐랜드의 토지 개간 사업으로 단 2년간(1997~ 1999년) 파충류 1억 7000만 마리가 폐사한 일을 예로 들면서, 표본 수집보다 동물의 서식지가 사라질 때 발생하는 영향이 훨씬 막대하다고 설명했다. 열대 지역의 산림 파괴로 해마다 최소 8800만 마리, 최대 2억 2700만 마리에 이르는 포유동물이 목숨을 잃는다는 연구 결과도 인용했다.

몸집이 작은 생물은 주로 이런 문제에 큰 타격을 입고(생태계에서는 몸집이 작을수록 개체수가 더 많으므로), 몸집이 큰 포유동물은 인간의 여가 활동이나 상업적인 목적의 사냥 때문에 수없이 죽임을 당한다. 미국 위스콘신주 한 지역에서 한 해 동안 사냥으로 죽는 흰꼬리사슴 수는 스미스소니언박물관이 소장한 (세계 최대 규모의) 포유동물 표본을 **전부** 합친 것보다 많다. 이와 같은 비교는 현실을 자명하게 보여준다. 멸종위기에 놓인 동물이 **한 해 동안** 사냥꾼들의 손에 죽어나가는 수는 전 세계 모든 박물관이 소장한 그 동물의 표본을 전부 합친 것보다 많다.

패터슨은 "이 엄청난 격차를 보면 알겠지만, 과학적인 목적의 표본 수집으로 죽는 동물과 사냥이나 상업적인 목적으로 죽는 동물을 하나로 합쳐서 분석하는 건 잘못된 정보가 나올 수 있는 유감스러운 일"이라고 썼다.[18] 그리고 과학에 필요한 표본 수집 때문에 포유동물이 멸종하거나 멸종위기에 빠진 사례는 단 한 건도 찾지 못했다고 전했다.

생물 표본을 수집할 때 생태학적·사회적 영향을 더 신중히 고려한다고 해서 논란을 완전히 피할 수는 없다. 꼭 필요한 경우 동물을 죽여서라도 표본을 확보해야 한다는 보전과학의 원칙은 예나 지금이나 대중의(환경보호 운동가들까지 포함해서) 보편적인 공감을 얻지 못한다. 솔로몬제도의 과달카날섬에서만 발견되는 음바리쿠쿠Mbarikuku, 즉 콧수염물총새가 좋은 예다. 2015년까지만 해도 이 새는 서구 지역에서 박물관 표본 세 점으로만 알려졌다. 1927년에 수집된 한 점은 뉴욕의 미국자연사박물관에 있고, 1953년에 수집된 나머지 두 점은 옥스퍼드대학교 자연사박물관에 있다. 모두 암컷 표본이며, 콧수염물총새의 자연사에 관해서는 거의 알려진 바가 없었다.

그런데 2015년 뉴욕의 미국자연사박물관이 솔로몬 정부와 협력해, 이 콧수염물총새들과 같은 곳에 사는 과달카날섬의 울루나수타후리족Uluna-Sutahuri과 공동으로 진행한 탐사에서 몇몇 콧수염물총새 무리가 발견되었다. 새들이 서로를 부르고 기분을 표현하는 행동이 목격되었고, 탐사대가 사상 처음으로 살아 있는 콧수염물총새를 사진으로 남기며 새들이 지저귀는 소리도 녹음했다는 보도가 전해지자 다들 반기는 분위기였다.[19]

그러나 탐사대가 그중 한 마리를 잡아서 안락사시킴으로써 전 세계 어느 박물관에도 없는 최초이자 유일무이한 수컷 음바리쿠쿠의 표본이 생겼다는 소식에 세간의 반응은 차갑게 식었다.《데일리 메일》은 이런 헤드라인을 걸었다. "미국 과학자들, '연구'를 위해 세계에서 가장 희귀한 새를 추적해 **죽이다**"[20](따옴표나 굵은 글자는 모두 기사 제목에 쓰인 그대로다.)

언론이 이런 독설을 퍼붓자, 이를 직접 수행한 미국자연사박물관의 크리스토퍼 필라디Christopher Filardi는 콧수염물총새 개체를 수집한 이유를 설명하고, 탐사를 함께 진행한 과달카날섬 주민들과 합의하여 내린 결정이라고 알렸다. 평생 환경보호 운동가로 살았고 콧수염물총새의 서식지 보호를 위해 20년 넘게 힘써온 필라디는 이 한 점의 표본으로 전 세계가 이 새에 관해 더 많이 알게 될 것이며, 그러한 지식은 이 새를 더 확실하게 보호하는 바탕이 된다고 설명했다. 또한 박물관에 영구 보존할 수 있는 물리적 표본이 생기면 앞으로 어떤 연구가 가능한지 열거하면서, 시간이 지나면 표본을 수집한 시점에는 떠올리지도 못했던 의문이 훨씬 더 많이 떠오를 수 있으므로, 생물 표본을 활용한 연구의 잠재성은 시간이 갈수록 반드시 확장된다고 강조했다.

이 일을 부정적 시각으로 보도한 기사들은 콧수염물총새가 극히 희귀한 종이라는 점을 강조했다. 그러나 필라디는 '서구인들이 잘 모르는 동물'이라고 해서 무조건 '희귀종'은 아니라고 지적했다. 과달카날섬 탐사대는 콧수염물총새 개체군의 서식 면적이 좁고 개체수가 한정적이지만, 개체군이 전반적으로 건강하게 유지되고 있으며 그 지역 주민들에게 아주 친숙한 새라는 사실을 확인했다. 따라서 그중 한 마리를 표본으로 수집해도 종 전체의 생존에 영향을 주지는 않는다고 판단한 것이다. 이 새들을 위협하는 진짜 요인은 기후변화와 벌목·채굴로 인한 서식지 소실이다. 필라디는 그 점도 설명했다.

이러한 위협요소가 발생한 것은 석유와 석유화학 제품을 사용하고, 나무로 만든 제품을 소비하고, 추출 산업에 투자하고, 음바리쿠쿠의 서식지처럼 땅속에 광물이 많은 지역을 개발해 금속을 얻고, 그 금속이 재료로 잔뜩 쓰이는 컴퓨터를 사용한 우리 모두의 책임이다.[21]

필라디는 그 새의 표본을 수집한 일 때문에 개인적인 공격에 시달렸다. 그는 그 일에 관해 설명할 기회가 생겼을 때, 그런 기사를 읽는 사람들이 스스로 돌아볼 필요가 있다고 강조했다. 나는 그런 악의적인 기사 내용에 동의한 사람들(기사를 작성한 기자는 물론이고) 중에 크리스토퍼 필라디보다 콧수염물총새에 더 마음을 쓰는 사람은 아무도 없으리라고 생각한다.

그 일에서 얻을 수 있는 교훈이 있다면, 뉴욕 미국자연사박물관이 새로운 생물 표본을 획득했다고 자랑스레 알릴 때 사람들이 보일 정서적 반응을 제대로 예상하지 못했다는 점이다. 어쩌면 이 사례는 그동안 자연사박물관이 과학 연구를 위한 표본을 수집·보관하는 일의 중요성, 박물관에는 전시실에 있는 것보다 훨씬 더 많은 표본이 있다는 것, 그리고 보이지 않는 곳에서 많은 과학자가 그 표본들을 토대로 세상을 더 깊이 이해하려고 활발히 연구하고 있다는 것을 제대로 알리지 못했다는 사실을 말해 준다.

표본이라는 기적

표본의 국외 반출이 윤리적인지를 둘러싼 가장 격렬한 논쟁의 중심에는 뜻밖에도 화석이 있다. 사회관계망 서비스가 결코 유쾌한 토론 공간이 아니라는 사실은 대다수가 알지만, 고생물학자들이 거기서 가장 맹렬히 독설을 퍼붓는 부류라는 사실을 아는 사람은 별로 없을 것이다. 온라인에서는 화석이 수집된 방식, 발굴된 국가에서 다른 나라로 옮겨진 과정, 과학자가 자신이 연구하는 화석의 입수 경로를 책임감 있게 충분히 검토했는지를 놓고 지금까지 많은 논쟁이 벌어졌다.

과학계에는 그런 일에서 합법적 절차를 따지거나 사려 깊고 윤리적인 협력 절차를 일일이 신경 쓸 여력이 없다고 주장하는 사람들이 (소수이지만) 분명히 있다. 이들은 오늘날 우리가 아는 국경이 생기기도 전인 수억 년 전에 죽은 동물의 화석을 놓고 정치적 국경을 따지는 것은 웃기는 일이라고 말한다.

그들의 정반대 편에는 타국에서 출토된 화석을 소장한 박물관들과 다른 나라의 화석을 연구하는 과학자들을 격렬히 비난하는 사람들이 있다. 그 외 대다수의 견해는 이 양극단 사이에 머문다. 나는 하버드대학교 비교동물학박물관의 무척추동물 고생물학 큐레이터 하비에르 오르테가 에르난데스Javier Ortega Hernández와 이 주제로 이야기를 나누었다. 하비에르는 화석에 남은 기록으로 볼 때 지구 전체의 생물다양성이 급격히 늘어났다고 추정되는 약 5억 년 전 '캄브리아기 대폭발'에 초점을 맞춰 연구해왔다.

현재 우리가 아는 주요 동물은 거의 다 이때 생겨났다고 여겨질 만큼 지구 생물의 역사에서 가장 중대한 사건이다. 이 사건을 제대로 이해하려면 몸이 연조직으로 된 동물을 연구해야 하는데, 그런 동물은 아주 이례적인 조건이 맞아떨어져야만 오랫동안 보존된다. 조개껍데기나 뼈 같은 단단한 구조가 없는 동물이 화석으로 남을 확률은 극히 희박하다.

"여기에 있는 이 작은 표본은 하나하나가 기적입니다." 하비에르는 버지스셰일Burgess Shale(이판암) 화석이 담긴 서랍을 열어 보이며 내게 이렇게 말했다. 5억 800만 년 전에 형성된 것으로 추정되는 캐나다 브리티시컬럼비아주 버지스산의 셰일은 캄브리아기 화석이 놀랍도록 잘 보존된 곳으로 유명하다. 이곳에서 발견된 동물 화석은 셰일 특유의 광택 없는 회색과 구분되는 더 진한 색에 광택이 나며, 동물의 형태와 질감, 몸의 부속기관, 먹이, 심지어 장까지 고스란히 남아 있는 경우가 많다. 그야말로 기적 같은 일이다. 오늘날 지구에서는 매일 수십억 마리의 동물이 죽는데, 평소 우리는 동물이 죽어 있는 모습을 보는 일이 거의 없다. 지구 생태계는 죽은 생물이 적절히 부패해야 유지된다.

너무 빠르지 않은 적당한 속도로 부패하는 생물학적 조건이 갖추어진 곳에서 생물이 죽을 확률에다, 그 장소의 지질학적 특성이 죽은 동물의 광물화(또는 화석이 형성되는 다른 과정)에 적합할 확률까지 겹칠 가능성은 극히 낮다. 심지어 그 드문 조건이 다 갖추어진다 해도, 화석을 품은 암석이 억겁의 시간을 지나 오늘날까지 남아 있을 확률은 상상할 수 없을 만큼 희박하다. 더욱이 그렇게 남은 바위가 물속이 아닌 육지 표면 근처에 있고, 지표면의 풍화로 다 깎여 사라지기 전에 어느 고생물학자에게 발견되어 그 안의 화석이 발굴될 확률까지 생각하면 기적이라는 표현으로는 부족할지 모른다.

그런데 그런 일이 실제로 일어난다. 캄브리아기 대폭발 시기의 화석은 캐나다, 미국, 중국 남부 등 몇 안 되는 특수한 장소에서 나왔는데, 하비에르는 멕시코 출신이므로 멕시코에서 출토된 화석만 연구할 수 있다고 한다면 캄브리아기는 그에게 영원히 접근할 수 없는 시대로만 남는다. 어떤 지질 시대를 연구하든 그 시대를 올바르게 이해하려면, 지구 곳곳에서 나온 물질을 비교 분석하고 광범위한 관점에서 접근해야 한다.

하비에르는 해외에서 윤리적인 표본 수집이 이루어지려면 낙하산식 과학을 피하는 게 핵심이라고 말했다. 식민지 시대의 방식, 즉 서구 지역에서 온 집단이 특정 지역을 콕 찍어 낙하산을 타고 내려오듯 찾아가서 필요한 데이터와 표본을 얻는 과학 연구 방식을 빗댄 표현이다. 그런 식으로 표본을 수집한 사람들은 그 지역 사람들과 의미 있는 교류를 거의 또는 아예 하지 않고, 거래에 필요한 접촉만 했다. 연구 장소까지 안내한 가이드나 이동을 도와준 사람들이 사례를 받을 뿐, 현지 공동체나 과학산업에는 거의 아무런 도움이 안 되는 방식이다. 오늘날에는 북반구 선진국 사람들이 다른 나라에서 연구할 때 윤리적 연구 방식을 채택하는 경우가 훨씬 일반적이다. 즉 양쪽이 서로 동등한 협력 관계를 맺고, 모두에게 이득이 되는 방향을 찾는다.

이제는 세계 여러 지역에서 이러한 윤리적 연구를 당연시한다(또는 연구 계획 승인과 연구비 지급 요건에 아예 필수 항목으로 명시된다). 그러나 화석이 발견된 국가에 그와 관련된 연구를 전문적으로

하는 단체나 연구자가 없어서 외부 연구진이 협력할 대상이 없는 경우, 서구의 과학자들은 식민지 시대와 같은 착취나 만행이 반복되지 않을 방안을 창의적으로 찾아내야 한다. 하비에르가 화석을 집중적으로 연구하고 있는 북아프리카 지역도 그런 경우로, 예전과는 다른 방식으로 지역민들과 협력할 기회를 찾아야 하는 숙제를 안고 있다.

그가 찾아낸 방안 중 하나는 화석 수집을 전문으로 하는 현지인들과 협력하는 것이다. 이들은 정부의 허가를 받아 상품성 있는 특별한 화석을 찾고 다듬어 시장에 판매하는 일을 생업으로 삼는다. 주 고객은 개인적으로 소장할 만한 장식품을 찾는 사람들이며, 화석을 예술품과 비슷한 방식으로 거래한다. 이들의 관점에서는 하비에르 같은 과학자가 흥미를 느낄 만한 화석, 즉 예술적인 매력은 덜해도 과학적으로 큰 가치가 있는 화석까지 함께 찾으려면 본업에 방해가 되므로, 그런 수고를 자처할 만한 충분한 동기가 있어야 한다. 하비에르는 이 화석 수집가들에게 비용을 지불하는 한편 그들이 연구에 공헌한 점을 인정하고, 더 나아가 지역 공동체에 혜택이 갈 수 있는 방안을 찾고 있다.

논문에 화석 수집가들의 이름을 명시해서, 수집가 개개인이 전문가로 명성을 얻어 사업에 보탬이 되게 하는 것도 한 가지 방법일 수 있다. 이와 함께 하비에르 팀은 화석 수집 지역의 청년들이 바로 가까이에 있는 놀라운 화석 유산에 더 관심을 기울일 수 있게끔 아랍어로 된 교육 자료도 만들고 있다. 실제로 현지인들은 자기가 사는 곳 주변에서 귀중한 표본이 발견되어도 정보가 부족한 탓에 지구 반대편의 과학자들보다 그 가치를 알아보지 못하는 경우가 있다. 하비에르가 떠올린 여러 방안과 그 밖의 다른 기회를 통해 화석이 출토되는 나라에서 새로운 과학자가 배출되고, 미래에는 지역 전문가들이 그 지역의 표본을 직접 탐구하게 된다면 좋을 것이다.

전통적으로 박물관이 익숙한 배움터인 문화권에서 태어나는 사람들도 있지만, 그런 곳에서 태어나지 않았다는 이유로 혜택을 누리지 못하는 사람들을 위한 자원과 기관을 마련하고 역량 강화를 지원하는 일은 더할 나위 없이 중요하다. 나를 포함한 서구의 과학자들 대부분은 과학에 처음 흥미를 느끼게 된 계기로 어린 시절 박물관에 갔던 경험을 꼽는다.

2017년, 요르단강 서안지구의 베들레헴에 팔레스타인자연사박물관Palestine Museum of Natural History이 문을 열었다. 자연 서식지가 다른 용도로 전환되고 사람들이 자연과 만날 기회를 제한하는 요소가 많은 현대의 상황에서 지역민과 지역환경, 문화유산을 하나로 잇고, 식민지 시대에 훼손된 지역 생물의 다양성을 기록한다는 목표로 세워진 박물관이다. 그 지역에서 수집되는 생물 표본은 나날이 늘어나고 있으며, 이 박물관의 과학자들은 표본을 토대로 동물학·식물학·생태학·지질학 등 광범위한 분야에서 연구 성과를 내고 있다. 지역에서 나온 자료로부터 얻은 정보와 영감이 그 지역에 고스란히 다시 돌아간다는 것은 이러한 박물관과 문화유산 관리기관의 강점이다.

∞

나는 하버드대학교에 있는 동안 브라질에서 화석 발굴을 마치고 돌아온 하비에르의 동료들과도 만났다. 어떤 화석을 가져왔는지 물었더니, 브라질 연구진과 함께 수집한 화석이라 전부 브라질에 있다고 했다.

1942년에 발효된 브라질 법률에 따라 그곳에서 발견된 화석은 자동으로 브라질 소유로 간주되며, 해외로 반출하려면 브라질 정부의 허가를 받아야 한다. 1990년부터는 외국 연구자가 브라질의 화석을 연구하려면 반드시 브라질 연구자와 협력해야 하며, 정기준표본holotype(새로운 종을 과학계에 최초 보고할 때 기준이 된 표본)*의 경우 해외 반출을 금지하는 규정이 추가로 마련되기도 했다.[22] 이 법률에 따라 실제로 2020년, 영국·독일·멕시코의 고생물학자들로 구성된 한 연구팀은 브라질 연구자와의 협력 없이 그곳에서 공룡 화석을 발견한 일로 브라질 당국의 조사를 받았다.

굉장한 발견이었다. 그것은 털과 비슷한 갈기를 비롯해 몸에

---

* 정기준표본은 학명의 기준이 되는 기준표본의 하나로, 학명을 정한 사람이 선정한 유일한 표본을 가리킨다.

깃털 같은 것이 있는, 남아메리카에서 최초로 발견된 비조류 공룡의 흔적이었다. 연구팀은 이 공룡에 '우비라야라*Ubirajara*'라는 이름을 붙였고, 화석의 출처에 관한 문제가 제기되자 처음에는 독일 카를스루에주립자연사박물관State Museum of Natural History Karlsruhe이 1990년대 또는 2000년대에 획득한 화석이라고 주장했다.[23] 그러나 카를스루에박물관은 브라질에서 불법 반출된 화석으로 보인다는 브라질 고생물학자들의 의혹 제기에 만족스러운 해명을 내놓지 못했다.

그러자 사회관계망 서비스에서 연구팀의 행태에 거세게 반발하는 해시태그 운동이 일어났다(#UbirajaraBelongsToBr*). 부유한 나라의 학자들이 그들과 같은 특권을 누리지 못하는 학자들이 있는 다른 나라에서 귀중한 표본을 가져가고 그 표본으로 과학적인 영광까지 누릴 때, 정작 표본이 발굴된 나라는 거의 또는 아무것도 얻지 못하는 식민지 시대의 관행이 고생물학계에 여전히 남아 있다는 사실에 대중의 관심이 쏠렸다. 그 뒤 수년간 이어진 열띤 논쟁 끝에 카를스루에박물관은 그 공룡 화석이 자신들의 합법적 소유물임을 증명할 수 없다는 결론을 내리고 브라질에 돌려주기로 했다. 그 화석의 발견을 처음 보고한 논문도 학술지 게재가 철회되었다.[24]

이런 일은 결코 일어나서는 안 된다. 모든 자연사박물관은 표

---

* '우비라야라는 브라질의 것'이라는 의미다.

본을 획득한 절차가 표준에 부합하는지 엄격히 확인할 책임이 있다. 박물관은 모든 소장품이 합법적·윤리적으로 수집·반출되도록 관리해야 하며, 자연사박물관에 표본을 제공하는 사람들도 그러한 요건을 지켜야 한다. 이 요건에 어긋나면 자연사박물관의 표본이 될 수 없다.

박물관에서 일하는 사람들 대부분은 자기가 관리하는 표본에 담긴 역사의 무게를 잘 알고, 표본에 붙어 다니는 이야기가 얼마나 강력한지도 잘 이해하리라 믿는다. 제아무리 멋진 공룡을 발견한들 과거의 부적절한 행위가 반복된다면, 발견의 가치보다 그런 행위로 인해 실추되는 과학계 전체의 명성이 훨씬 클 것이다.

그보다 더 중요한 사실은 생물다양성의 의미를 부여하고 그에 관한 지구 전체의 지식을 강화하는 차원에서, 다양한 지역의 과학적 역량을 키우고 지역민과의 협력을 늘리며 관점과 경험의 범위를 확장하려는 노력이 엄청난 기회를 만든다는 것이다. 박물관이 사회에 미치는 긍정적 영향은 실로 엄청나다. 앞서 여러 장에 걸쳐 제기한 박물관의 문제들은 오랫동안 지속된 사회적 불평등을 줄이고 현대의 자연사박물관이 사람들의 삶에 더 깊숙이 파고들 수 있기를 바라는 마음으로 쓴 것이다. 여기서 말하는 사람들에는 전 세계 과학자들까지 포함된다.

계속 살펴보겠지만, 모든 생물이 뒤엉켜 살아가는 이 지구에서 모두 함께 더불어 사는 방법을 일러주는 것이야말로 자연사박물관이 사람들의 삶에 가장 효과적으로 파고드는 길이다. 자연사박물관에는 자연계가 지난 몇 세기에 걸쳐 어떻게 변화했는지 알 수 있는 가장 훌륭한 증거들이 있으며, 우리는 이런 증거를 밑거름 삼아 자연의 더 큰 훼손을 줄일 수 있다. 오늘날 자연사박물관의 표본은 그 어느 때보다 중요하게 쓰이고 있다.

How can natural history museums save the world?

세상은
박물관에서
태어난다

3

아무도 모르는 생물은
이미 그곳에 있다

세상이 우리가 아는 모습으로 계속 존재하려면 반드시 해결해야 하는 가장 중요한 과제가 있다. 바로 동물과 식물, 균류의 급속한 감소를 막는 일이다. 생태학 연구자 아무나 붙들고 지금 지구의 상황이 얼마나 심각한지 물어보면, 십중팔구 매우 끔찍하다는 답이 돌아올 것이다. 지구가 기능할 수 있는 범위는 생물의 다양성에 좌우되는데, 그 다양성이 빠르게 줄어들고 있다.

보전생물학적 관점에서 인간은 수많은 생물 중 하나일 뿐이다. 그러니 인간의 건상과 생존에만 중점을 두어서는 안 되지만, 솔직히 인간이 가장 큰 의욕을 느끼는 것은 인간에 관한 일이다. 자연이 인간에게 제공하는 모든 것을 '생태계 서비스ecosystem services'라고 하는데, 다소 학구적으로(그리고 자본주의적으로) 느껴지는 용어이지만 의미는 전혀 그렇지 않다. 인간은 자연에 거의 전적으로 의존해서 식량과 깨끗한 공기·물을 얻는다. 자연의 힘을 빌려

홍수를 피하고, 필요한 원료도 자연에서 얻는다. 또한 자연은 인간의 건강과 행복에 막대한 영향을 준다. 따라서 지구에 얼마나 다양한 생물이 살고 있는지는 인류의 미래와 직결된다.

그러나 우리는 지구에 얼마나 다양한 생물이 살고 있는지 얼추 짐작조차 하지 못한다. 인간이 이름을 붙인 생물 중 현재 지구에 살고 있는 것은 대략 150만 종이다. 해마다 수천 종의 생물이 새로 밝혀지지만, 모두 몇 종이나 되는지는 추정치마다 엄청난 차이가 있다. 1000만 종으로 추정하는 사람들도 있고, 1억 종이라고 하는 사람들도 있다. 지난 250년간 인류가 찾아낸 생물이 많게는 전체의 15퍼센트, 작게는 1.5퍼센트에 그친다는 의미다.

지구에 사는 생물의 종류를 밝혀내는 이 과정에서 자연사박물관의 표본과 과학자는 모두 중요한 역할을 한다. 2장에서 설명했듯이 새로운 종이 발견되어 과학계에 보고될 때는 하나 또는 그 이상의 '기준'표본이 지정되며, 이 기준표본은 누구나 볼 수 있게끔 박물관에 영구 보존된다. 박물관 없이는 분류체계가 나올 수 없다. 그리고 지구에 어떤 생물이 사는지 모르고서는 자연계를 제대로 이해할 수 없다.

박물관 **과학자들**이 생물다양성을 파악하는 데 얼마나 큰 몫을 하는지는 런던에 있는 영국 국립자연사박물관이 내놓은 통계에서도 나타난다. 이 박물관이 2022년 한 해 동안 과학계에 보고한 새로운 종은 351종이었으며[1] 2023년에는 무려 815종이었다.[2] 박물관 한 곳에서 이 정도 성과가 나오는 것은 매우 인상적인 일이고, 이보다 더 신속하게 더 많은 종을 밝혀내는 건 상상하기 힘들다. 그러나 지구의 모든 생물을 파악하려면 아직 갈 길이 멀어도 너무 멀다.

이번 장에서 우리의 가상 투어는 관람객의 접근을 막는 벨벳 로프(출입카드를 찍어야 문이 열리고 무단출입하면 경보가 울리는 보안구역)를 넘어 현대의 어떤 장소보다 놀랍고 경이로운(동시에 어지러울 정도로 혼잡하고 흥미진진한 혼돈으로 가득한) 곳으로 가볼 작정이다. 바로 자연사박물관의 비공개 공간이다. 누구에게나 열려 있는 전시실과 분리된 그 공간에 들어서면 모든 것이 달라진다. 우선 주변이 확 조용해지는데, 소음이 갑자기 줄어서 처음에는 귀가 약간 울리는 기분마저 든다. 조명도 그리 반갑지 않은 방향으로 달라진다. 세심하게 신경 써서 설치한 공용 공간의 조명은 사라지고, 쨍한 형광등 불빛이 쏟아진다. 변화가 하도 극명해서 순간이동을 한 것처럼 느껴질 정도다.

내 경험상 이런 비공개 공간의 풍경은 크게 두 종류다. 운이 좋으면 거대한 바로크풍 통로부터 보게 된다(유럽의 전형적인 박물관들은 옛날에 지어진 구획에 아직 이런 구조가 남아 있는 곳이 많다). 바닥에 격자무늬로 깔린 대리석은 19세기 건축가들이 박물관 건물을 지을 때 공공구역에서 비공개구역으로 바뀌는 공간까지 얼마나 세심히 신경 썼는지 가장 확실하게 알 수 있는 흔적이다. 오크 또는 마호가니로 된 짙은 색 문틀의 멋진 조각들도 그대로 남아 있다.

그러나 이 모든 양식과 품격을 무너뜨리는 가구들이 그곳에 함께 있다. 수십 년간 다양한 시대에 쓰이다가 복도에 늘어서 있는 그 가구들은 제각각 따로 노는 디자인에 대부분은 비어 있다. 1990년대의 희한한 전시 포스터와 몇 년 전까지 전시실에 걸려 있던 전시물 설명판까지 알록달록한 색채를 더하며 복도 전체를 한층 더 어수선한 광경으로 만든다. 비공개구역이 시작되는 공간이 이렇지 않다면, 여러모로 정반대의 풍경이 나타난다. 회색 리놀륨이 깔린 바닥과 새하얀 석고보드 벽면, 훤히 드러난 에어컨 배관과 데이터 케이블로 채워진 현대식 복도는 대부분의 공공기관 건물이 그렇듯 디자인이 영 꽝이다.

비공개구역으로 넘어왔을 때 나타나는 복도의 풍경이 어느 쪽이든, 그곳에 들어온 모든 방문자는 복도 끝을 향해 발걸음을 재촉한다. 나는 지금까지 수백 명의 연구자·초청자·동료를 이 비공개구역으로 안내했는데, 복도 끝에 이르면 모두 눈이 휘둥그레지고 기쁨으로 반짝인다. 여러 박물관에 두루 가본 사람들도 마찬가지다. 복도가 끝나면 우선 굳게 닫힌 문을 몇 개 지난다. 저 문 뒤에는 무엇이 있을지, 혹시 과학자들이 있다면 무엇을 하고 있을지 자연히 호기심이 발동한다.

그 닫힌 사무실 안에서는 영화 제작 과정과도 비슷한 아주 다양한 일이 이루어진다. 소장품 관리, 분류 목록 정리, 연구, 강의, 행정업무, 현장연구, 전시회, 공공 행사, 사진 촬영, 보존 작업, 기금 마련, 홍보, 학생들과 자원봉사자들 지도, 언론 대응, 기록

보존 등과 같은 일이 매주 그때그때 필요에 따라 진행되고 할 일이 늘 잔뜩 쌓여 있다. 업무에 따라 사용하는 도구와 장비가 다르고 깔끔하게 정리할 여유는 없어서, 박물관 직원들은 사무실 정리 기술보다 소장품 관리 솜씨가 훨씬 뛰어나다는 사실이 사무실 풍경에서 여실히 드러난다.

연구실은 더 미스터리하다. 골격표본을 만들고, 액침표본을 제작하거나 보존하며, 곤충에 핀을 꽂아 고정하는 작업이 한창인 곳도 있고, 최신식 CT 장비와 사진관을 연상케 하는 장비, 벽면에 늘어선 냉동고가 갖춰진 곳도 있다.

그렇지만 가장 경이로운 곳은 단연 수장고다. 가장 최근에 개발된 혁신적인 기술로 모든 소장품이 빼곡히 보관된 곳부터 빅토리아시대풍 목제 캐비닛으로 꽉 채워진 곳까지 내부 풍경은 수장고마다 각양각색이다. 어찌 됐든 생물 수백만 점이 있는 공간에 머무르는 것 자체가 정말 특별한 경험이다. 자연사박물관의 수장고에서는 세상을 바꿔놓은 표본이나, 표본이 발견되기 전까지 존재조차 몰랐던 생물을 보게 될 가능성이 항상 열려 있다. 수장고에는 생물의 다양성을 물리적으로 입증하는 표본들과 더불어 무수한 희망과 가능성이 함께 보관되어 있다.

아홉 번째 천산갑을 찾아서

새로운 생물은 어디서나 나타날 수 있다. 꼭 열대우림이나 해구에 가야만 찾을 수 있는 게 아니다. 영국 케임브리지는 지구상에서 새로운 생물을 찾는 연구가 가장 많이 진행되었을 법한 곳인데, 몇 년 전 내 동료인 헨리 디즈니Henry Disney는 케임브리지 한복판에서 새로운 파리를 발견했다.[3] 케임브리지대학교 동물학 박물관이 캠퍼스 내 정원에서 진행하는 바이오블리츠Bioblitz 행사의 성과였다. 시민들이 참여하는 바이오블리츠는 참가자들이 정해진 짧은 시간 동안(보통 하루) 정해진 구역에서 최대한 많은 종류의 동식물을 찾는 과학 행사로, 다양한 분야의 전문가들이 확인해 그 생물의 종을 알려준다. 주변 환경의 생물다양성을 신속히 평가하면서 사람들에게 생태학 탐구를 경험할 기회를 제공하는 행사다.

헨리가 새로운 종을 찾아낸 바탕에는 두 가지 배경이 있다. 첫째는 그가 벼룩파리 연구 분야의 세계적인 전문가라는 점이고, 둘째는 언제든 새로운 종의 후보가 발견되면 비교할 수 있도록 벼룩파리 표본을 그동안 엄청나게 모아두었다는 점이다.

나는 런던 북부 경계와 가까운 우리 집 근처의 숲을 거닐다가 동물의 머리뼈 하나를 발견한 적이 있다. 큼직하고 둥그스름한 형태에 부리가 있어서 보자마자 새의 머리뼈인 줄은 알았지만 종은 알 수 없었다. 여러분의 이해를 돕기 위해, 실제로 그럴 가능성은 희박하지만 내가 찾아낸 이 뼈가 헨리가 발견한 파리처럼 지금까지 알려지지 않은 새로운 종이라고 가정하자.

나는 그 뼈를 집으로 가져와서 우리 집 선반에 놓여 있던 가마우지의 머리뼈와 비교했다. 그 둘은 형태가 확연히 달라서 일단 가마우지가 아니라는 점은 분명히 알 수 있었다. 그러나 표본 하나와 비교하는 것만으로는 새로운 종이라고 단언할 수 없다. 종을 기술·분류하는 분류학의 기준에서는 아주 특별한 예외가 아닌 이상 표본 하나만 있을 때는 가치가 크지 않다. 근본적으로, 세상에 존재하는 **모든** 생물과 비교해 어떤 차이가 있는지가 밝혀져야만 그 표본의 고유한 가치가 생긴다.

실제로 모든 종과 비교하는 건 불가능한 일이지만,[4] 분류학자들은 어떤 표본이 지금까지 세상에 알려진 적 없는 종인지를 밝혀내기 위해 상상도 못 할 고된 과정을 거친다. 내가 찾아낸 머리뼈를 다시 예로 들면, 주변에 서식하는 몇몇 새를 추려서 머리뼈를 비교하면 완벽하게 일치하는 것을 찾아낼 가능성이 크다. 예컨대 이 지역에서 가장 흔히 볼 수 있는 새인 까치로 밝혀질 수도 있다. 주변 새들 가운데 일치하는 새가 없다면, 머리뼈 형태가 같은 새를 찾을 때까지 더 많은 표본과 비교해야 한다. 전 세계 박물관이 소장한 표본 중에 같은 게 있는지 계속 비교하고, 이만하면 충분히 확인했다는 판단이 서야만 내가 찾은 머리뼈가 새로운 종이라고 확신할 수 있다. 그러고 나서 지금까지 알려진 모든 새와 어떤 차이가 있는지 설명해야 한다.

전 세계에 흩어진 방대한 표본, 이미 알려진 종에는 동일한 게 없다고 판단할 수 있는 전문가, 이 두 가지가 **모두** 있어야 새로운 종이 맞다는 결론을 내릴 수 있다. 파리류에 관해서라면 헨리 디즈니는 바로 그런 전문가이고, 현미경용 유리 슬라이드로 제작한 파리 표본을 엄청나게 보유하고 있었으며, 그에게 없는 중요한 표본은 빌려올 수 있었다. 그리하여 바이오블리츠 행사 때 케임브리지대학교 정원에서 발견된 벼룩파리는 그동안 알려진 어떤 벼룩파리와도 같지 않았다는 사실이 밝혀졌다. 헨리는 이 새로운 기준표본을 우리 박물관에 기증했고, 이 표본은 앞으로 영원히 보존될 것이다. 이로써 인간이 밝혀낸 생물도 하나 더 늘어났다.

새로운 종으로 밝혀지는 생물 중에는 수십 년 전에 수집·보관되어 있다가 누군가의 눈에 띄는 경우가 엄청나게 많다. 자연에서 수집되어 박물관에 기증된 후에 줄곧 수장고에 있다가 그 생물을 알아보는 전문가의 눈에 띄거나, 나중에야 보관되어 있던 상자 밖으로 나오는 것이다. 이처럼 표본이 수집된 후 새로운 종으로 밝혀질 때까지 소요되는 '지체 시간'은 평균 21년이며, 한 세기를 넘는 경우도 적지 않다.[5] 아무도 알지 못하는 새로운 생물이 지구의 어느 자연 서식지에만 있는 게 아니라, 내가 일하는 곳을 비롯한 전 세계 자연사박물관의 서랍과 병 속에도 있을 수 있다고 생각하면 정말 재미있다.

박물관이 소장품을 봐줄 연구자를 적극적으로 초청하는 것은 바로 이런 이유에서다. 표본은 연구에 쓰여야 하며, 표본에 관한 새로운 사실이 밝혀질수록 그 과학적 가치가 커지기 때문이다. 최근 발견된 새로운 포유류 종의 4분의 3은 자연 서식지가 아니라 박물관 수장고에서 표본으로 발견되었다는 분석 결과가 있다.[6] 또한 개화식물은 아직 종이 밝혀지지 않은 것이 약 7만 종으로 추정되는데, 그중 절반은 이미 수집되어 어딘가에 보관되어 있으리라고 여겨진다.[7]

∞

한 가지 슬픈 사실은, 새로운 종인지 여부가 밝혀지지 않은 채로 박물관 수장고에 보관된 생물 중에는 자연 서식지에서 더 이상 볼 수 없게 된 것이 있다는 점이다. 수집된 후 새로운 종으로 밝혀지기 전에 멸종되는 비극이 실제로 간간이 일어나며, 지체 시간이 그리 길지 않아도 그렇게 될 수 있다.

2000년, 인도 북서부 구자라트주의 나무가 우거진 어느 고원 지대에서 현장연구를 하던 과학자들이 자그마한 뱀눈도마뱀 한 마리를 표본으로 수집했다. 이 도마뱀은 보존 처리 후 봄베이자연사학회Bombay Natural History Society의 방대한 소장품 중 하나가 되었고, 20년 뒤에 새로운 종으로 밝혀져 '오피숍스 아가왈리 *Ophisops agarwali*'라는 학명이 붙여졌다. 여기까지는 특별할 게 없다.

그런데 새로운 종으로 밝혀진 뒤에 연구자들이 처음 수집된 고원을 여러 차례 방문했지만 같은 동물을 한 마리도 발견할 수 없었다. 결국 연구진은 이 도마뱀이 멸종되었다고 결론 내렸다.

그 지역에서는 전통적으로 임산물을 수확하기 전에 임상林床을 태워 지표를 정리하는데 이것이 멸종 원인으로 추정된다.[8] 마침 알맞은 시점에 간 덕분에 멸종 전 마지막까지 남아 있던 개체 중 하나를 수집했지만, 그 뱀눈도마뱀과 도마뱀이 사는 서식지는 제때 보호하지 못했다. 박물관과 분류학자가 소장품을 연구할 수 있게끔 자원을 제공하는 일이 얼마나 시급한지 알 수 있는 사례다.

지구의 생물들은 본격적인 연구가 진행되기도 전에 훨씬 빠른 속도로 사라지고 있다. 뱀눈도마뱀이 아직 남아 있던 2000년에 그곳에 찾아간 과학자들이 표본을 수집하지 않았다면 우리는 그런 생물이 존재했다는 사실도, 지구에서 살다가 이제는 사라졌다는 사실도 몰랐을 것이다. 지구에 사는 생물에 관한 우리의 지식은 이렇듯 풍성하면서도 빈약하다.

내가 이 글을 쓰고 있을 무렵, 새로운 천산갑이 발견되었다는 소식이 전해졌다. 중국에서 밀수품으로 압수된 동물의 비늘과 가죽을 유전학적으로 분석한 결과, 이전에 알려진 종과는 다른 종으로 밝혀진 것이다. 몸에 비늘이 있고 곤충을 먹고 사는 천산갑은 아시아와 아프리카에 서식하는데, 그 비늘이 의학적 효능이 있다는 잘못된 믿음 때문에 전 세계적으로 불법거래가 가장 많은 동물로 유명하다. 밀렵꾼들이 잡은 천산갑은 중국 한약시장에 엄청나게 공급되고 있다.

지금까지 밝혀진 천산갑은 총 8종이며, 모두 멸종위기에 놓여

　　　　　　　　　　　3부 세상은 박물관에서 태어난다

있다. 아시아에 서식하는 4종 가운데 3종은 '멸종위급종'이다. 천산갑의 유해는 세관에서 적발되어 압류되는 일이 빈번하고, 이렇게 발견된 천산갑은 유전자 분석을 거쳐 어떤 종인지 밝혀진다. 이번에 발견된 새로운 종도 천산갑 비늘이 통탄스러울 만큼 다량으로 적발되어 그런 분석을 하다가 발견됐는데, 아시아에 서식하는 종인 것까지는 좁힐 수 있었지만 지금까지 알려진 어떤 종과도 정확히 일치하지는 않았다.

추가적인 유전자 분석 결과, 이 천산갑은 이미 밝혀진 8종과 다른, 아홉 번째 새로운 종으로 드러났다. 그러나 동물의 생김새를 알 수 있는 온전한 표본이 나올 때까지는 새로운 종으로 인정받을 수 없다. 학자들은 이 아홉 번째 천산갑에 임시로 '미지의 아시아천산갑'이라는 뜻의 학명 '마니스 미스테리아*Manis mysteria*'를 붙였다. 현재 천산갑은 보존 대상으로 지정되어 야생에서의 분포 현황이 공개되지 않는데도, 밀렵꾼들에게 잡혀 암시장에 계속 공급된다는 게 영 불안하다.[9]

물론 이 수수께끼 같은 아홉 번째 새로운 천산갑이 어딘가에 있는 자연사박물관에 표본으로 이미 수집되어 있을지도 모른다. 지금까지 알려진 8종 중 하나로 이름표가 잘못 붙은 채로 보관되어 있을 가능성도 있다. 모든 박물관에 있는 천산갑 표본에서 유전자 분석 검체를 확보하고 이전에 알려진 8종과 비교 분석하면 알아낼 수 있을 것이다. 그 과정에서 아홉 번째와도 다른, 새로운 종의 천산갑이 추가로 발견될 수도 있다.

앞서 언급했듯이, 호주는 포유동물이 가장 많이 멸종한 나라다. 1788년(영국이 호주를 공격한 해) 이후 지금까지 호주에서 사라진 포유류는 다른 어떤 나라보다 많다. 게다가 지금도 계속 사라지고 있다. 실제로 멸종하는 동물이 끊임없이 나오기 때문이기도 하지만, 이미 멸종한 동물이 호주에 서식했던 동물이라는 사실이 서구 과학계의 연구로 꾸준히 밝혀지고 있기 때문이다.

예를 들어 2023년에 한 연구진은 호주 전역의 여러 박물관이 소장한 물가라mulgara 표본을 모조리 찾아서 분석했다. 물가라는 지금까지 내가 연구한 모든 생물을 통틀어 가장 사랑스러운 동물이다. 육식 유대류에 속하며 분류상으로는 태즈메이니아주머니너구리, 쿠올과 가깝지만 몸집이 훨씬 작다. 잔뜩 웅크린 듯한 땅딸막한 몸집과 체형, 털의 색깔이 꼭 작은 고구마처럼 보인다. 주둥이가 툭 튀어나온 얼굴은 늘 성난 표정을 짓고 있으며, 목은 없고 당근 같은 꼬리는 두툼하다.

물가라는 호주의 건조기후 지역에 총 2종이 서식한다고 알려져 있었다. 그러나 2023년의 연구 결과, 여러 박물관이 소장한 물가라 표본은 그보다 훨씬 다양한 6종이라는 사실이 밝혀졌다. 그중 4종은 한 세기 전에 수집된 표본이므로 이제는 멸종했을 가능성이 크다.[10] 이미 긴 호주의 멸종 포유류 목록에 이 네 건이 추가됐다고 해서 크게 달라지지는 않겠지만, 호주의 생태계가 최근까지도 생각보다 훨씬 더 풍성했음을 알 수 있다.

생물다양성 연구는 지구에 얼마나 많은 생물이 사는지, 각각

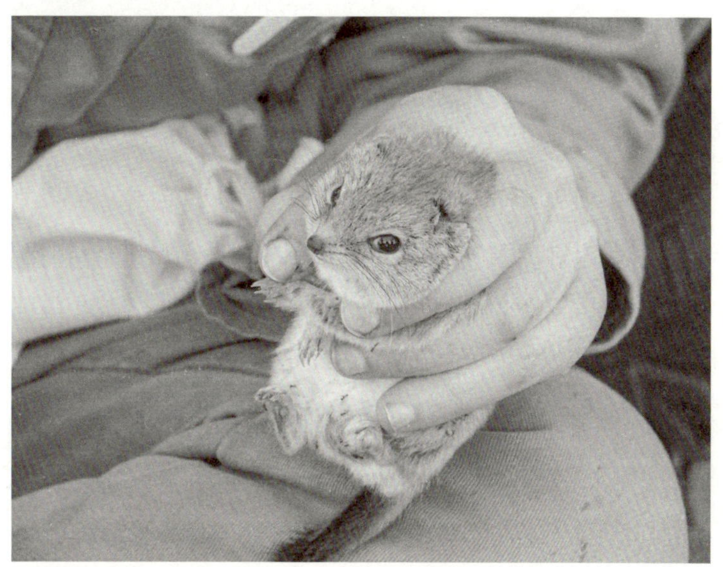

현장연구 중에 붙잡혔다가 다시 풀어주기 직전의 모습이 아주 언짢아 보이는 물가라. 호주 건조기후 지역에 2종이 서식한다고 알려져 있는데, 불과 한 세기 전에는 4종이 더 있었던 것으로 밝혀졌다.

생태계에서 어떤 역할을 하는지, 다른 종과 서로 어떻게 의존하며 살아가는지를 탐구해서 생물을 어떻게 보호해야 하는지 알려준다. 주목해야 할 점은, 이런 모든 연구는 박물관이 소장한 표본들, 힘들게 갈고닦아야 생기는 생물 분류 전문가들의 식별 능력 없이는 불가능하다는 사실이다.

∞

과학자들은 이미 알려진 어떤 종과도 일치하지 않는 새로운 종을 발견하면 그 사실을 과학계에 보고한다. 그중 중요한 단계가 고유한 학명을 붙이는 것이다. 생물에 이름을 붙이는 규칙이 마련되어 있긴 하지만, 보통은 그 생물이 발견된 장소[11]와 생물의 중요한 특징, 또는 그 생물을 발견한 과학자가 기리려는 사람의 이름이 학명에 반영되는 경우가 많다(발견한 당사자의 이름은 붙일 수 없다).

그런데 이런 분류학적 명명체계는 서구 과학계가 정한 것이고, 각 생물이 서식하는 지역에서 본래 불리던 이름을 인정하지 않는다는 점은 식민지화의 연장선이 될 수 있다. 그렇지만 학명을 지을 때 라틴어 문법을 따라야 한다는 규칙은 있어도 반드시 라틴어 단어만 써야 하는 건 아니라는 점을 활용하면 그런 우려를 피할 수 있다. 생물이 서식하는 지역의 토착어로도 그 생물의 학명을 지을 수 있다는 뜻이다(실제로 몇 세기 동안 새로운 종의 학명이 그렇게 정해졌다. 예를 들어 웜뱃wombat은 1803년에 학명이 정해졌는데, 라틴어에는 알파벳 'w'가 없어서 호주 시드니 토착어인 다룩어Dharug 이름 '봄바투스Vombatus가 학명이 되었다).

2022년, 인도양의 몰디브 해안에서는 빛깔이 아주 화려한 어류가 발견되었다. 이미 1000종 넘는 어류가 발견된 이 열대기후 지역에서 몰디브 출신 생물학자 아흐마드 나지브Ahmed Najeeb의

　　　　　　　3부 세상은 박물관에서 태어난다

연구진이 최초로 찾아낸 이 새로운 종의 학명에는 처음으로 몰디브어 이름이 포함되었다.

몸의 앞쪽 절반은 포근하고 진한 분홍색에 뒤쪽 절반은 노을빛이 도는 황색이며 금빛의 지느러미, 보라색과 선명한 청색이 섞인 꼬리를 지닌 이 장미베일실용치rose-veiled fairy wrasse의 학명은 '시릴라브루스 피니펜마Cirrhilabrus finifenmaa'로, '피니펜마'는 몰디브어인 디베히어로 '장미'라는 뜻이다.[12] 학명의 이런 유래와 다소 어울리지 않는 한 가지 사실은, 학명이 늦게 붙여졌을 뿐 이 물고기는 이미 각 가정에서 어항에 기르는 반려물고기로 널리 판매되고 있었다는 점이다.[13] 장미베일실용치의 정기준표본은 하와이 버니스파우아히비숍박물관Bernice Pauahi Bishop Museum에 있다.

생물의 학명을 정할 때 서식 지역의 토착어를 반영하는 것은, 종의 발견에서 서구 과학계의 지분보다 그 생물과 함께 살아가는 사람들과의 관계에 더 무게를 두는 일이다. 나는 개인적으로 동물의 학명에 사람 이름을 넣는 것이 그리 적절하지 않다고 생각한다. 자연에 인간의 '소유권'을 표시하는 것처럼 느껴지고, 생물의 고유한 특성보다 특정인을 우선시하는 것 같아서다. 모든 생물에게는 고유한 정체성이 있으며, 그것이 인간의 이름에 가려져서는 안 된다.

∞

　자연사박물관에 아직 알려지지 않은 수많은 생물이 표본으로 수집되어 있고 누가 알아봐주기를 기다리고 있다고 해서 박물관의 표본 수집이 중단되어야 하는 것은 아니다. 오히려 정반대다. 인도에서 표본이 수집된 후에 멸종한 뱀눈도마뱀의 사례를 보면 그 이유를 알 수 있지만, 다른 이유도 있다. 바로 자연사 이외의 많은 과학 분야가 박물관의 표본 수집에 의존하고 있다는 점이다.

　이 책의 마지막 장에서 자세히 다루겠지만, 표본 수집은 생물다양성 탐구만을 위한 게 아니다(다양성 탐구도 중요하지만). 박물관에는 서로 다른 시점에 서로 다른 장소에서 수집된 같은 종의 생물이 표본으로 보관되어 있는데, 이런 표본들은 수많은 과학 분야의 연구에 꼭 필요하다. 같은 생물을 이처럼 연속으로 수집하는 활동이 계속 확대되어야 하는 이유는 아주 많지만, 자연이 너무나 빠른 속도로 변화한다는 것을 가장 큰 이유로 꼽을 수 있다. 앞으로 100년 동안 과학자들이 내리는 결정이 그 후의 100년을 만들 것이고, 지금 수집되는 표본들은 그러한 결정의 바탕이 될 것이다. 자연사박물관의 표본은 나날이 더욱 중요한 역할을 하게 될 것이다.

　박물관들은 살아 있는 동물을 죽이지 않고 표본을 수집하는 방안을 꾸준히 찾고 있다(동물을 죽여서 표본으로 만드는 것이 중요한 수집 방식의 하나로 남아 있지만, 이전보다 더 세심히 관리된다). 예컨대 스코틀랜드국립박물관은 영국 전역의 동물원, 동물 관련 단체와 협력관계를 맺고 그곳에서 지내던 동물이 죽으면 사체를 기증받는다. 그럼으로써 박물관은 마구잡이로 사냥하던 식민지 시대를 포함한 이전의 어느 때보다도 동일한 종의 포유동물 표본을 막대한 규모로 수집할 수 있게 되었다. 수달만 하더라도 차에 부딪혀 죽는 등 비의도적으로 죽은 개체를 지금까지 1000마리 넘게 확보했다.

시카고 필드자연사박물관에는 해마다 보통 4000~5000마리의 새로운 조류 표본이 추가된다. 철새 이동 시기인 봄과 가을에 박물관 직원들과 자원봉사자들은 전면이 유리로 된 건물이 즐비한 거리를 돌아다니며 창문에 부딪혀 죽은 새들을 수거하는데, 이렇게 얻는 표본이 그 정도다. 이 박물관의 조류 분과가 지난 20여 년 동안 확보한 총 9만 마리의 조류 표본 중 상당수가 이런 작업을 통해 확보되었다.[14] 창문에 부딪혀 죽는 새가 그렇게나 많다는 사실도 놀랍지만, 죽은 새 한 마리를 표본으로 제작해 안정적으로 보관하려면 엄청나게 수고스러운 과정을 거쳐야 한다는 점에서도 놀라운 규모다.

2023년 10월 6일에는 그러한 조류 표본이 갑자기 어마어마하게 늘어난 비극적인 사건이 일어났다. 단 하룻밤 사이에 건물 한 곳에서 새 1000마리가 창문에 부딪혀 죽은 것이다. 이 비극은 필드자연사박물관에서 불과 몇 분 거리에 있는, 미시간호 수변의 통유리 건물 매코믹 플레이스 컨벤션센터에서 일어났다. 척추동물을 통틀어 사체가 한꺼번에 이만큼 수거된 것은 전례 없는 일이었다. 그날 코넬대학교 조류학연구소는 밤사이에 철새 6억 6100마리가 이동할 것이며, 그중 상당수가 미국 동부 지역을 가로질러 갈 것이라 예측하면서, 새들이 창문에 부딪히지 않도록 밤에는 가급적 전등을 꺼달라고 간청했다.

미국 박물관의 어류 연구자들은 대규모 시민들이 자발적으로 참여하는 기회를 활용해, 이미 죽은 어류 중에서 흥미로운 표본을 얻는 아주 기발한 방법을 찾았다. 이 아이디어는 미국자연사박물관의 영리한 큐레이터들이 처음 떠올렸으며, 나중에는 필드자연사박물관에 전해졌다. 세계 최대 규모의 낚시대회 '앨라배마 심해 낚시대회' 행사장에 부스를 설치하고, '가장 독특한 물고기'를 잡아오는 사람에게 상금 200달러를 준다고 광고한 것이다. 그리고 심사를 받으려면 잡아온 물고기를 과학 연구용으로 기증해야 한다는 조건을 붙였다. 낚시대회에 참가하는 1000여 척의 배가 잡아오는 별별 희한한 어류를 얻고, 그중 가장 특별한 한 마리를 골라 상금을 주면 되는 것이다.

이와 별도로 큐레이터들은 거대한 월척을 낚아오는 사람들을 부두에서 기다렸다. 낚시꾼들이 어마어마하게 큰 물고기를 이들에게 가져오면, 우선 무게를 측정한 다음 전문가의 솜씨로 깔끔하게 살을 발라주고 뼈만 얻었다. 참가자는 전문적인 기술로 깔끔하게 분리된 수십 킬로그램의 생선 살을 얻고, 큐레이터들은

   3부 세상은 박물관에서 태어난다

놀랍도록 거대한 어류의 골격을 얻는다. 이렇게 모은 흥미로운 표본은 수천 점에 달한다.[15]

자연사박물관은 이렇듯 전략적인 방법으로 소장품을 계속해서 늘리고 있다. 공간의 한계 그리고 박물관 운영 지원금의 한계상 획득한 모든 표본을 소장할 수는 없다. 그래도 자연계를 대표하는 기관으로서의 입지를 더 단단히 굳히려면, 또한 자연을 이해하고 보호하는 연구에 박물관의 역할이 필수임을 증명하려면 표본 수집은 꾸준히 이어져야 한다.

10

영원한 소장, 영원한 발견

지구의 여러 대륙과 해양을 여행하는 사람들은 인간의 비상한 창의력과 노력을 상징적으로 보여주는 건축물들을 만나게 된다. 그렇지만 나는 인도의 타지마할과 중국의 만리장성처럼 인간에게 한계는 없음을 입증하며 모든 이들이 넋을 잃고 바라보게 만드는 그런 곳 말고 다른 건물에 세계에서 가장 놀라운 건축물이라는 타이틀을 붙이고 싶다. 건물 외관만으로는 특별한 매력이 없지만, 지구에서 가장 많은 표본이 있는 미국 스미스소니언박물관의 박물관 지원센터가 바로 그곳이다.

지원센터에는 모두 합쳐 **1억 4800만 점**의 소장품이 있다. 나는 케임브리지 동물학박물관이 보유한 200만 점의 표본도 너무 방대해서 제대로 파악했다고 느낀 적이 한 번도 없는데, 스미스소니언박물관 지원센터에는 그보다 70배 이상 많은 표본이 있는 것이다. 이게 얼마나 엄청난 규모인지 상상하기는 힘들지만, 그 표본들은 모두 이 지구가 돌아가는 방식과 지구에서 우리와 함께 살아가는 생물을 더 깊이 이해하려 했던 수천 명의 성실한 노력이 빚은 결실이다. 이제 우리의 투어 장소를 가상의 박물관이 아닌 진짜 박물관의 이면으로 옮길 때가 되었다.

스미스소니언박물관 지원센터를 구성하는 창고 여러 동 중에서 격납고처럼 생긴 한 시설에는 고래의 골격표본 8000점이 보관되어 있다. 내 키보다 몇 배나 큰 고래 머리뼈가 줄지어 있으며, 고래의 몸 전체 골격표본은 20미터짜리 선반을 꽉 채울 만큼 거대하다. 드높은 천장까지 우뚝 솟은 선반들에는 범고래 같은 '소형' 고래의 표본들이 있다. 회반죽을 입힌 고래 화석을 따로 모아둔 선반들도 있다.

가까운 다른 창고에도 수백 개의 선반에 돌고래 뼈가 보관되어 있다. 바닥에 깔린 널찍한 평판 위에는 전 세계 모든 박물관의 소장품을 통틀어 가장 거대한 뼈 두 개가 놓여 있다. 1900년대 초에 포경선의 작살에 죽은 대왕고래의 아래턱뼈 두 개인데, 세척·건조하기 전에 무게를 측정했을 때 각각의 무게가 1톤에 이르렀다(고래 턱뼈는 동물의 모든 뼈 중에서 가장 길다).

나는 입을 쩍 벌린 채 휘둥그레진 눈으로 둘러보았다. 규모가 너무 어마어마해서 직접 보면서도 도무지 실감이 나지 않았다. 게다가 그곳은 지원센터의 여러 건물 중 하나일 뿐이었다. 알코올 수백만 리터가 채워진 거대한 탱크에 대형 표본을 보존한 시설도 있고, 극저온 설비를 갖춘 또 다른 창고에는 뚜껑을 위로 여

닫는 대형 냉동고 60대와 커다란 액체질소 탱크들이 있다. 어디를 가든 끝이 보이지 않았다.

내가 이와 비슷하게 압도적인 놀라움을 느낀 곳은 런던에 있는 영국 국립자연사박물관의 수장고가 유일하다. 미국 메릴랜드주 외곽에 자리한 스미스소니언박물관 지원센터와 달리 런던 남부 원즈워스 도심에 있는 그 수장고는 겉으로 보기에는 별다른 특징 없이 1만 3000제곱미터 면적을 차지한 못생긴 산업용 건물이지만, 그 안에는 무한한 경이로움이 숨어 있다.

국가 소유의 코끼리 표본들(그리고 고래, 영양, 거북이 등의 표본들)

이 보관된 거대한 선반 사이를 지날 때는 애써 정신을 가다듬어야 할 만큼 비현실적인 기분이 든다. 몇 세기에 걸쳐 지구촌 곳곳에서 런던으로 온 코끼리 표본들이 바로 그곳에, 초대형 공공창고 안에 가지런히 정리되어 있다. 가장 최근에 방문했을 때는 코끼리의 진화를 연구하려고 머리뼈를 측정하러 왔다는 연구자와 만났다. 아마 다 보려면 며칠은 걸렸을 것이다.

코로나19 대유행기에 이동제한 조치가 엄격히 시행되어 대부분의 일터가 폐쇄되고 재택근무가 의무화했을 때도, 박물관 직원들은 정부의 허가를 받아 소장품의 안전과 보안 상태를 점검했다. 내 좋은 친구인 미란다 로Miranda Lowe도 그 시기에 집과 가까운 이 워즈워스 수장고의 표본을 점검했다.

영국 국립자연사박물관의 무척추동물 표본 중 일부를 관리하는 총괄 큐레이터 미란다는 박물관에서 일한 경력을 다 합하면 30년이 넘는다. 그래서 박물관 소장품에 큰 감흥이 없으리라 생각할 수도 있지만, 미란다는 수장고의 거대한 공간에 들어서서 엄청난 규모의 표본들 사이를 거닐 때 도무지 현실 같지가 않았다고 말했다. 게다가 워즈워스의 시설에는 예전에 전시용으로 제작됐지만 더 이상 전시실에 두지 않는 박제표본들을 포함한 대형 포유동물 표본이 많다. 하나같이 인상적인 맹수들이 각각의 포즈가 허락하는 선에서 드넓은 공간에 최대한 다닥다닥 붙어 있는 모습은, 어느 누구도 익숙해지기 힘든 광경이다. 움직이지 않는 동물들에 둘러싸여 박물관에서 수십 년을 일한 우리 같은 사람도 그 사이에 혼자 있으면 상상력이 질주한다.

스미스소니언박물관과 영국 국립자연사박물관이 보유한 소장품들은 이처럼 세계 최대 규모라 할 만하지만, 두 박물관은 자연사 표본 총 수십억 점이 보관된 전 세계 수천 개의 시설 중 두 개일 뿐이다. 이러한 모든 표본의 가치는 이제야 제대로 인정받기 시작했다. 모든 자연사 표본을 전 지구에 흩어진 하나의 컬렉션으로 보기 시작한 것은 더더욱 얼마 되지 않았다.

자연사 **전시실**의 일차적인 목표가 사람들이 자연에 더 관심을 기울이게 만드는 것이라면, 수장고에 보관된 이 표본들은 자연을 살리는 중요한 해법이 될 수 있다. 자연사박물관은 생물다양성 감소, 기후변화와의 싸움, 그 외 지구에 사는 모든 이에게 영향을 주는 무수한 문제를 타개하려는 노력에서 소장품의 규모만큼 막대한 역할을 한다. 과학자들은 자연사박물관이 자연의 기억 보관소라는 사실을 토대로 박물관의 표본과 그 표본에 관한 데이터를 활용하면, 생물을 지키는 중요한 문제의 해답을 찾는 새로운 길이 나타날 수 있음을 끊임없이 깨닫고 있다.

필드자연사박물관의 큐레이터 브루스 패터슨은 생물의 규모에 견주어 생물학자가 턱없이 부족하기 때문에, 지금까지 존재가 알려진 생물 중 연구가 활발한 종은 전체의 1퍼센트도 채 안 된다고 지적했다. 당장 연구가 이루어지지 않는 나머지 99퍼센트에 관한 지식은 '이전 연구들과 생물 표본 및 자료로 구성되는 연구 관련 주요 기록'에서 얻는다는 뜻이다.[1] 자연계에 관한 우리

　　　　　3부 세상은 박물관에서 태어난다

의 지식 가운데 오래전 수집된 표본에서 뽑아낸 지식의 비중은
그만큼 크다. 또한 우리가 미래에 어떤 지식을 얻게 될지는 과거
의 표본들을 바탕으로 정해진다.

∞

　시간이 흘러 무언가 바뀌었다고 우리가 인식할 때, 그 판단은
'기준점 이동 증후군'의 영향을 받는다. 변화의 기준점이 되는
'일반적인 것'의 정의가 개인의 경험에 따라 달라진다는 뜻이다.
예를 들어 지금 마흔두 살인 나는 1980년대와 1990년대 초의 경
험을 기준점으로 삼아 오늘날의 세상과 비교해서 일반성을 평가
한다. 정원에서 날아다니는 새들이 내가 어렸을 때보다 훨씬 줄
었고, 호랑이와 고래의 개체수는 30년 전과 거의 비슷하므로 꽤
잘 유지되고 있다는 식으로 평가하는 것이다. 내 조부모 세대는
나와 완전히 다른 기준으로 오늘날의 세상을 인식한다.
　그런데 과거와 현재를 비교하는 기준점은 시간이 갈수록 현재
와 점점 가까워진다. 이것이 기준점 이동 증후군이다. 그래서 실
제로는 상황이 점점 나빠져도, 먼 과거가 아니라 현재와 더 가까
워진 새로운 주관적 기준점에 따라 평가하므로 변화의 크기를
정확하게 인식하지 못한다. 현재 상황이 스스로 느끼는 것보다
훨씬 더 심각할 수 있다는 뜻이다. 그런 사실을 뒤늦게 깨닫는 것
은 결코 달가운 일이 아니다.

많은 환경보호론자들이 인식의 이러한 문제를 고려해 현재의 지구 환경을 평가할 때는 산업혁명 직전의 환경이 가장 합리적인 기준점이라는 데 동의한다. 여기서 산업혁명은 지구 전체 자연계에 전례 없는 변화가 일어난 최근 사건이다. 지금까지 살아있는 사람 중에 산업혁명 직전이라는 머나먼 과거의 기억을 간직한 사람은 없지만, 박물관의 표본은 그 역할을 할 수 있다.

내가 일하는 케임브리지대학교 동물학박물관에는 19세기 초에 레너드 제닌스Leonard Jenyns라는 지역 성직자가 수집한 곤충 표본 수천 점이 있다. 그가 하지 않기로 결심한 어떤 일은 진화생물학의 역사를 바꾸었다. 그래서 제닌스는 이 분야의 연대기에서 그 부차적인 역할로 가장 많이 언급된다. 1831년 비글호가 항해에 나설 때, 자연학자로 함께 가자는 제안을 처음 받은 사람은 제닌스였다. 그는 이 제안을 거절하고, 케임브리지에서 막 공부를 마친 젊은 찰스 다윈을 추천했다. 만약 제닌스가 그 제안을 받아들였다면 다윈은 비글호 탐사에 참여하지 못했을 것이고, 나중에 진화론의 바탕이 된 수많은 착상과 탐험에서 수집한 수많은 표본도 없었을 것이다. 그랬다면 세상은 지금 우리가 아는 것과 아주 다른 모습이 되었을지도 모른다.

그렇지만 제닌스는 다른 방면에서도 과학계에 공헌했다. 우리 박물관의 맷 헤이스Matt Hayes와 에드 터너는 제닌스가 모은 생물 표본 수천 점과 표본에 동봉된 라벨 그리고 일기를 정밀하게 분석해 산업혁명 전인 200년 전에 제닌스가 살았던 지역의 생태계

환경을 조사하고 있다. '펜스Fens'라 불린 영국 동부의 저층습원
이 아직 농지로 전환되지 않고 방대하게 남아 있던 시기였다. 제
닝스는 수집한 나비와 딱정벌레 하나하나에 수집 장소와 날짜,
주변에서 흔히 볼 수 있는 종인지 희귀한 종인지를 기록해두
었다.

토지 용도가 바뀐 뒤 그 지역의 풍경은 제닝스가 살던 시절과
완전히 달라졌다. 내 동료들이 그곳에서 조사한 현대의 곤충 생
태에도 대대적인 변화가 고스란히 드러났다. 아예 멸종한 것도
있고, 훨씬 보기 힘들어진 종도 있으며, 반대로 더 흔해진 종도
있다. 세계화를 틈타 그 지역에 새로 유입된 새로운 종도 두어 가
지 발견되었다.

우리 박물관은 그곳 생물서식지가 예전의 영광을 되찾을 수
있도록 야생동물 보호단체인 와일드라이프 트러스트Wildlife Trusts
지부와 협력하기로 했는데, 바로 이 사업에서 제닝스가 남긴 자
료가 빛을 발하고 있다. 에드와 맷은 우리 박물관이 보유한 제닝
스의 표본과 표본 기록에 담긴 정보를 와일드라이프 트러스트와
공유하고, 이를 토대로 어떤 종을 재도입해야 하는지, 생태계가
다시 건강해지려면 야생동물 보호구역을 어떻게 조성하고 관리
해야 하는지와 같은 세부 사항을 논의한다.

하버드대학교에서는 150년 전 뉴잉글랜드 지역의 식물군이
어떻게 변화했는지 파악하는 연구를 진행했다. 이 연구에는 미
국의 가장 유명한 작가이자 철학자인 헨리 데이비드 소로가 남

긴 식물 표본집이 활용되었다. 소로도 제닝스처럼 압착한 식물 표본 800점 하나하나에 각 식물의 개화 시기를 비롯한 식물학적 관찰 결과를 꼼꼼히 기록했다. 이 연구에서 밝혀진 바에 따르면, 소로가 1854년에 발표한 대표작《월든》을 집필했던 매사추세츠주 콩코드 지역에서 그의 기록에 나온 식물 30퍼센트가 멸종했다.[2]

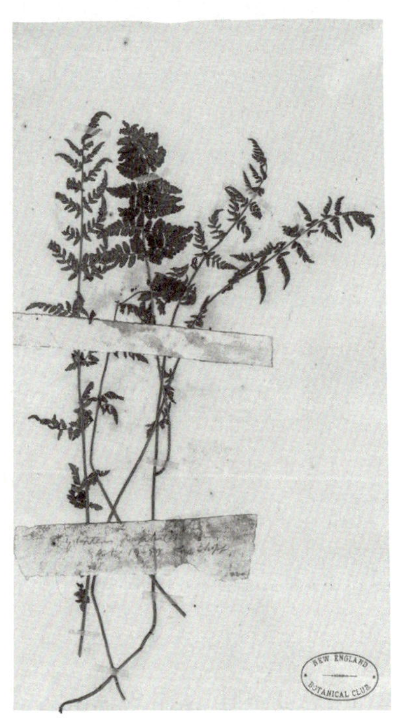

데이비드 헨리 소로가 1859년에 직접 수집한 우드풀속 양치식물 Woodsia obtusa의 표본. 이 표본이 수집된 미국 매사추세츠주 콩코드는 소로가 대표작《월든》을 집필한 곳으로, 그의 기록에 나온 식물 30퍼센트는 현재 멸종했다.

3부 세상은 박물관에서 태어난다

이 두 연구는 이례적인 사례가 아니다. 현재 전 세계 자연사박물관들은 자연보전을 위해 현장에서 뛰는 기관들과 협력하거나 박물관 과학자들의 연구를 통해 과학적인 자연 보전 방안을 찾으려 애쓰고 있다. 2019~2020년의 대형 산불로 호주 남동부 전역에서 800만 헥타르에 달하는 식물이 소실됐는데, 여기에는 지구 전체 환경에 중요한 기능을 하던 우림과 유칼립투스 숲의 대부분이 포함되었다. 이때도 그동안 축적된 식물 표본 데이터 덕분에 어떤 식물이 불타서 사라졌는지 정확히 파악해서(전체 식물의 절반에 달하는 800종 이상의 관속식물이 소실되었다) 복원 계획을 세울 수 있었다.[3]

멸종을 되돌리기

자연사박물관에 남아 있는 오래전 기록은 이처럼 지역의 멸종 생물을 복원하는 데 활용된다. 여기에 방대한 최신 기술이 더해진다면 오래된 표본의 잠재성은 어디까지 확장될까? 특히 유전학 연구는 자연사박물관의 표본이 무수한 방법으로 더욱 중요하게 활용될 수 있는 길을 열었다.

과학 분야에서도 가장 주류에 속하는 유전학은 표본의 종을 알아내거나, 겉보기에는 아주 비슷하지만 유전학적으로 다른 종을 구분하는 단순한 용도로도 활용된다(최근 몇 년간 수많은 생물이 오로지 유전학적 분석만으로 새로운 종이라는 사실이 밝혀졌다). 또한 유전학은 종 또는 개체군 간의 관계를 알려주고, 진화 과정에서 강력한 진화적 압력이 발생해 적응이 일어난 시점도 알려준다. 심지어 시간의 흐름에 따라 특정 종의 규모가 어떻게 바뀌었는지도 유전학 연구로 알 수 있다. 모두 표본을 기반으로 한 연구에서 중점적으로 다루는 주제인데, 유전학은 최근에 생겨난 과학이라는 사실이 믿기지 않을 만큼 빠르게 발전하며 이러한 연구의 중심축이 되었다.

오래전 수집된 표본에서 유전학적 정보를 얻으려 할 때 가장 핵심적인 문제는, 유전정보를 전달하는 주요 분자인 DNA가 남아 있는지 여부다. DNA는 생물이 죽으면 금세 분해되기 때문에, 박물관이 소장한 표본에는 검출 가능한 최소 농도만큼도 남아 있지 않을 수 있다.

자연사 표본에서 DNA를 검출할 수 있는지는 오랫동안 과학자들의 큰 관심사였으며, 오래전에 죽은 생물 표본에서 유전정보가 나오더라도 그것이 정말 그 생물의 유전정보가 맞는지 증명해야 했다. 땅속에 수천 년쯤 묻혀 있는 동안, 또는 박물관에 수백 년쯤 머무르는 동안, 심지어(그리고 특히) 그 표본을 한창 연구 중인 실험실에서 오염될 수도 있기 때문이다. 표본에 양질의 DNA가 남아 있을 확률은 극히 낮지만, 표본이나 분석 장비, 검체를 다루는 사람은 물론이고 연구실에 한 번이라도 머문 적이 있는 다른 모든 생물의 DNA로 인해 표본은 아주 쉽게 오염될 수 있다.

쾌가Quagga는 얼룩말의 일종이지만 얼룩얼룩한 줄무늬가 그리 많지 않은 동물로, 아프리카 남부에 서식하다가 1880년대에 멸종했다. 그런데 1984년, 독일 마인츠의 자연사박물관은 수집한 지 140년이 지난 쾌가 가죽에 붙어 있던 메마른 근육에서 이 동물의 DNA를 검출했다. 멸종된 동물의 표본에서 DNA를 성공적으로 획득한 첫 사례였다. 전체 DNA 중 극히 작은 일부에 불과했지만, 박물관에 오랫동안 보존된 표본에서도 유전정보를 얻을 가능성이 있다는 것을 입증한 결과였다. 또한 이 DNA 분석으로

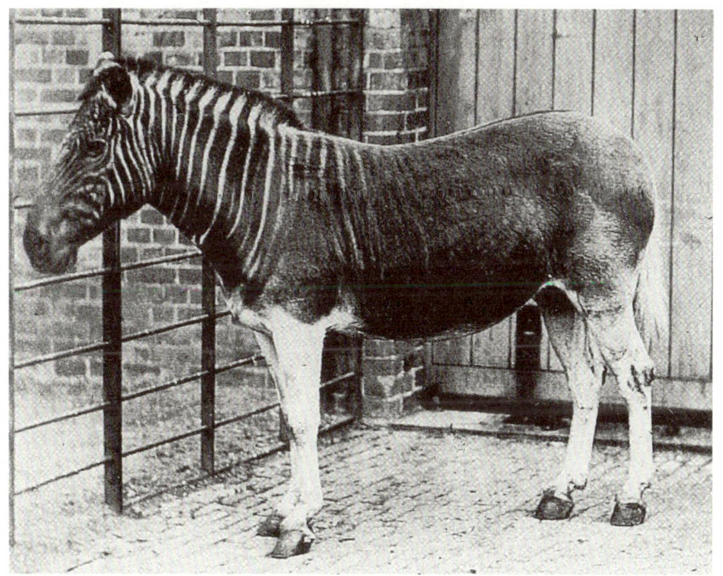

얼룩말의 일종이지만 줄무늬가 그리 많지 않은 쾌가는 아프리카 남부에 서식하다가 1880년대에 멸종했다. 1870년 런던동물원에서 촬영된 이 사진은 살아 있는 쾌가의 모습이 담긴 유일한 사진이다.

콰가는 별개의 종이 아니라 사바나얼룩말의 아종일 수 있다는 점 등 자세한 정보도 밝혀졌다.

5년 뒤에는 고고학 연구로 발굴된 300~5500년 전의 사람 **뼈**에서 DNA 조각이 검출되었다. 수십 년 또는 수백 년 전에 수집된 생물 표본 가죽에 남은 생체 연조직을 넘어, 땅속에 오랫동안 묻혀 있던 동물의 뼈나 동식물 화석으로까지 유전학 연구의 범위가 확장된 것이다.

고대 생물의 DNA 연구가 시작된 초창기에는 **얼마나 오래전에** 살았던 생물인지를 밝히는 데 주력했다. 1990년에 출간된 마이클 크라이튼Michael Crichton의 대표작《쥬라기 공원》은 6600만 년도 더 전에 어쩌다 호박琥珀 속에 갇힌 모기의 소화기관에 보존된 공룡 DNA를 추출해 공룡을 부활시킨다는 내용이다. 3년 뒤 영화로도 제작된 이 책은 대중이 고생물학을 보는 관점에 대대적인 변화를 일으켰으며, 그 영향은 여러 세대에 걸쳐 이어졌다.

과학역사가 엘리자베스 존스Elizabeth Jones가 그의 책《고대의 DNA: 유명한 과학》에서 지적한 대로, 고생물학은 처음 생길 때부터 멸종된 생물(특히 공룡)을 되살린다는 구상과 연결되어 있었다. 그런 가능성을 생각하는 것 자체가 신선하고 자극적이어서, 고대 생물의 DNA와 관련 있는 모든 과학산업이 언론에서 유명 인사와 비슷한 대접을 받게 되었다.

고생물학 연구가 시작된 초창기에는 수백만 년 전의 화석에서 DNA를 검출했다는 놀라운 주장이 몇 건 나왔는데, 사실인지 의심하지 않을 수 없을 만큼 분석 결과가 너무 훌륭했다. 그리고 예상대로 전부 허위로 드러났다(고생물 DNA 연구의 가장 큰 걸림돌인 다른 DNA의 오염이 원인이었다). 현재 세상에서 가장 오래된 DNA(또는 가장 오래된 유전체)라는 타이틀이 붙은 것은 비조류 공룡이 아니라 그보다 무려 6500만 년 뒤인 100만 년 전에 시베리아를 거닐던 매머드의 이빨에서 추출한 DNA다.[4]

《쥬라기 공원》의 기상천외하고 환상적인 이야기와, 박물관의 멸종 생물 표본에서 DNA를 성공적으로 **추출한** 몇몇 사례에 힘입어, 이제는 고대 생물의 DNA 연구에 관한 이야기만 나오면 이미 멸종한 생물도 부활시킬 수 있느냐는 질문이 반드시 따라붙는다. 그리고 대부분의 관심은 매머드, 도도새, 태즈메이니아주머니늑대, 나그네비둘기 등 전 세계 대부분의 자연사박물관에서 표본으로 볼 수 있는 대표적인 생물들에게로 쏠린다(사실 '고대 생물의 DNA 연구'는 정말로 고대에 살았던 생물의 DNA 연구만을 가리키지 않는다. 얼마나 오래된 생물인지와 상관없이 분해된 DNA를 복원하는 연구를 통칭하므로, 겨우 몇 년 전에 표본으로 제작된 생물의 DNA도 포함될 수 있다). 그게 정말 가능한 일인지 함께 짚어보자.

1984년에 콰가의 DNA 추출이라는 획기적 성과가 나온 이후, 고생물학은 엄청난 속도로 발전하고 있다. 불과 30년 전까지도 유전정보가 담긴 아주 작은 DNA 조각을 찾아내는 게 최선이었다. 하지만 이제는 유전체 전체를 복원하는 기술과 더불어 다른 생물의 DNA가 오염될 가능성을 제거할 수 있는 기술도 등장했다. 그러므로 이론적으로는 멸종된 생물을 되살리는 데 필요한 여러 단계 중 유전학적인 조립 설명서까지는 만들 수 있게 되었다. 그렇지만 그 설명서만 있으면 과연 사라진 동물을 다시 만들 수 있을까? 멸종한 생물을 재창조하는 게 가능할까?

지난 30년간의 발전을 되짚어보면, 1980년대에는 상상할 수조차 없던 일들이 이제는 일상적인 일이 되었다. 그래서 멸종 동물의 복원de-extinction을 불가능한 일로 단정하는 것은 무모한 판단일 수도 있지만, 그럼에도 나는 불가능하다고 생각한다. 어쩌면 이 말을 후회할지도 모르지만, 죽은 생물의 흔적과 유전공학 기술로 그 생물을 되살리는 것은 지금은 물론이고 앞으로도 불가능하다. 이론적으로 제시되는 멸종 동물의 복원 과정은 중간 단계 하나하나가 엄청나게 넘기 힘든 산이다. 그런 모든 단계 중에는 이론에서 벗어나 거의 현실에 가까워진 것도 있고, 한계를 겨우 넘어선 것도 있다. 그러나 내 소박한 견해로는 기술적으로 해결할 수 없고 되돌릴 수 없는 단계들도 있다.

태즈메이니아주머니늑대는 멸종한 지 몇십 년밖에 되지 않았고, 표본이 제작된 지도 겨우 100년쯤 되었다. 유전체 염기서열이 거의 밝혀져서 멸종 동물 복원의 가능성이 점쳐지는 대표적인 후보다. 현재 엄청나게 많은 연구자가 두둑한 연구비를 지원받으며 이 동물을 되살리는 연구에 매진하고 있다. 나는 그 노력이 결실로 이어지기를 진심으로 바라지만, 태즈메이니아주머니늑대가 다시 살아 숨 쉬는 세상이 오리라고는 생각하지 않는다.

이번 장의 주제는 인류가 맞닥뜨린 유례없는 심각한 문제들을 해결할 잠재력이 자연사박물관의 표본에 있다는 반가운 사실을 설명하는 것이지만, 표본의 한계를 정확하게 인정하는 것도 중요하다. 한계부터 거론하는 것은 너무 성급하다고 할 수도 있다. 그렇지만 안타깝게도, 나는 앞으로 얼마나 많은 연구비를 쏟아붓든 그 한계를 넘어 이미 발생한 멸종을 없던 일로 만드는 것은 불가능하다고 확신한다.

노벨상의 영광을 안은 크리스퍼카스나인CRISPR-cas9은 멸종한 동물을 되살리는 방법과 관련해 가장 열띤 관심이(그리고 연구비가) 쏠리는 유전자 편집 기술이다. 효소를 이용해 유전체의 특정 부분을 잘라내고 다른 염기서열로 대체하는 이 기술은 의학, 농업, 식량 생산에 엄청난 영향을 줄 것으로 전망된다. 그래서 멸종 동물 복원에도 활용될 수 있다고 여겨진다.

DNA는 뉴클레오티드라는 기초단위가 연결된 긴 가닥 형태이며, 이 뉴클레오티드가 특정한 순서에 따라 연결된 DNA 가닥 전체를 유전체라고 한다. 사람의 유전체는 약 30억 쌍의 뉴클레오티드로 구성된다. 현재 살아 있는 생물 중에서 멸종된 생물과 가까운 종을 찾고, 두 동물의 유전체 염기서열을 모두 분석해(염기서열 분석은 DNA를 수백만 개의 작은 조각으로 잘라서 증폭한 다음, 다시 본래 순서대로 이어 붙이는 방식으로 이루어지므로 결코 간단한 일은 아니다) 비교하면 두 동물의 유전체에서 차이점을 찾을 수 있다. 생물이 종마다 가진 고유한 특성은 바로 이 차이에서 비롯된다.

크리스퍼카스나인 기술은 그다음 단계에 적용된다. 현재 살아 있는 생물의 유전체 중 멸종한 생물의 유전체와 다른 부분만 골라서 잘라낸 다음, 그 부분을 멸종한 생물의 염기서열로 대체하는 것이다. 사라진 생물의 유전학적 조립 설명서를 간편하게 작성할 수 있는 기술인 셈이다.

이론적으로는 그럴싸하다. 그러나 매머드를 예로 들면, 아주 가까운 종인 코끼리와 비교해도 유전체에 서로 다른 부분이 40만 곳 이상이다.[5] 태즈메이니아주머니늑대는 생물 분류상 같은 과에 속한 여러 종 가운데 비교적 최근에 살았던 동물이다. 따라서 매머드와 반대로 먼저 등장한 같은 과의 동물 중 현재 살아 있는 동물을 되짚어 찾아야 한다.

주머니개미핥기와 태즈메이니아주머니너구리, 쿠올, 안테키누스antechinus 등 지금도 지구에 살고 있는 육식성 유대류는 모두 태즈메이니아주머니늑대와 비슷비슷하게 가까운데, 말이 가깝다는 것이지 이들이 공통 조상으로부터 각각의 종으로 나뉜 시점은 3000만 년 전이다. 종이 분리된 시점이 이 정도로 멀면 유전체에서 차이가 있는 부분, 즉 편집해야 할 부분이 매머드보다 훨씬 많다. 유전체가 다른 부분이 수백만 개에 이를 수도 있다. 그러나 현재 이 유전자 편집 기술의 수준은 태즈메이니아주머니늑대와 같은 사례는 고사하고, 유전체의 여러 부분을 편집해 가까운 종끼리 유전체 염기서열을 똑같이 만드는 정도도 아직은 갈 길이 아주 멀다.

언젠가는 그런 방대한 편집이 가능해진다고 치자. 그다음 단계는 무엇일까? 세포를 재프로그래밍해서 배아처럼 기능하게 만들고, 거기에 새로 편집한 유전체를 집어넣어야 한다. 분화가 다 끝난 세포를 줄기세포, 즉 어떤 조직이든 만들 수 있는 다능성 세포로 전환하는 기술은 이미 개발되었으므로, 기술적으로 이 단계는 가능하다.

새로운 유전체를 가진 배아가 생겼다면, 이제 살아 있는 동물로 태어나게끔 임신 과정을 거쳐야 한다. 예를 들어 매머드의 경우, 아시아코끼리 암컷의 자궁에 그 배아를 착상시켜야 한다. 보전생물학의 기준에서 볼 때 극히 비윤리적이라고 평가될 만한 일이다. 코끼리의 임신 기간은 22개월이다. 프랑켄슈타인이 절로 떠오를 만큼 기괴하고 성공 가능성이 희박한 이런 실험에, 버젓이 살아 있고 지각 있는 동물을 그 긴 시간 동안 세포배양 접시처럼 이용하는 것은 있을 수 없는 일이다. 더구나 원하는 결과를 얻으려면 착상을 수백 또는 수천 번 반복해서 시도해야 할 수도 있다. 아시아코끼리가 멸종위기 동물이라는 사실도 간과하면 안 된다. 새끼를 얻는 데 이 동물의 자궁이 '사용'되어야 한다면, 아시아코끼리의 새끼를 낳는 데 사용되어야 한다.

매머드가 아시아코끼리보다 크다는 점도 이 동물을 대리모로 활용하는 데 문제가 될 수 있다. 태즈메이니아주머니늑대의 복원 계획도 이 단계가 특히 터무니없다. 크리스퍼 기술로 유전체 편집에 성공한다고 가정하면, 배아를 착상시켜 이 늑대를 낳을 만한 대리모로는 곤충을 먹고 사는 두나트dunnart라는 자그마한 유대류 동물이 거론된다. 두나트가 실험동물로 널리 쓰인다는 것이 주된 이유인데, 두나트의 체중은 20그램도 채 안 되고 태즈메이니아주머니늑대는 약 20**킬로그램**이다.

멸종 동물 복원을 지지하는 과학자들은 둘 다 같은 유대류 동물이고, 임신 기간이 매우 짧으며, 태어날 때는 몸집이 작으니 아무 문제가 없다고 주장한다. 갓 태어난 태즈메이니아주머니늑대의 새끼는 두나트 새끼보다 몸집이 어마어마하게 큰 게 자명한데도 이런 거짓말을 한다는 게 너무 충격적이다. 그것은 물리적으로 불가능한 일이다.

그런데 멸종 동물의 복원을 열망하는 사람들은 이런 문제들을 개의치 않기로 작정한 듯하다. 다 부차적인 문제로 여기고, 언젠가 인공 자궁이 발명될 것이라고도 전망한다. 새끼 낳는 단계가 다른 단계들보다 간단하다고 생각하는 모양이다. 멸종 동물을 되살리려면 이전 단계들이 반드시 성공해야 하는데, 그 단계들은 성공할 가능성이 없으니 그렇게 생각할 만도 하다.

멸종 동물을 복원하는 과정에서 가장 까다로운 부분은, 멸종한 동물과 현존하는 가까운 동물의 유전체를 비교해 크리스퍼 기술로 편집할 부분을 찾는 단계다. 젠칭 린Jianqing Lin은 유전공학 기술로 되살리기에 가장 적합한 멸종 동물로 꼽히는 동물과 가까우면서도 현존하는 동물의 유전자를 분석한 결과, 이 단계에 근본적인 오류가 있다고 지적했다. 린이 연구한 동물은 20세기 초에 멸종한 크리스마스섬쥐(매클리어쥐)였다. 이 쥐와 유전적으로 매우 가깝고 현재 아주 잘 살고 있는 동물은 지구상에서 과학적으로 가장 많이 연구된 동물 중 하나인 시궁쥐brown rat다.

이 두 동물은 200~300만 년 전에 공통 조상에서 종이 분화했으므로 이 정도 기간이면 유전체가 크게 달라지지는 않았을 것으로 추정된다. 린의 연구진은 박물관에 있던 크리스마스섬쥐의 표본에서 양질의 유전체 염기서열을 확보했는데, 전체 염기서열 중 5퍼센트는 복원할 수 없어서 그 부분은 시궁쥐의 유전체와 비교할 수 없었다. 문제는 염기서열을 알 수 없는 이 5퍼센트가 크리스마스섬쥐의 면역력과 후각 등 이 동물의 환경적응에 큰 영향을 주는 기능과 관련된 영역이라는 것이다. 이런 기능은 종의 분화에 결정적인 영향을 준다.[6]

이것은 기술이 더 발달한다고 해서 해결되는 문제가 아니다. 이는 멸종 동물의 복원 논리에서 기술적 결함에 해당한다. 즉 시궁쥐의 유전체를 편집해 크리스마스섬쥐의 유전체로 만들겠다면서, 편집이 필요한 부분을 다 찾아내지 못하는 것이다. 5퍼센트는 작은 비율이 아니며, (태즈메이니아주머니늑대의 경우처럼) 멸종한 동물과 현존하는 동물이 유전적으로 더 멀면 이 비율은 더 커진다. 크리스마스섬쥐나 매머드, 태즈메이니아주머니늑대가 아예 없는 것보다는 그 동물들과 유전자가 95퍼센트라도 일치하는 동물이 있는 편이 낫지 않느냐고 주장할 수도 있다. 그게 무슨 의미가 있든지 간에 나는 동의할 수 없다.

꿈을 현실로 바꾸려는 이런 노력에서 과학적으로 귀중한 발견이 나온다면 공정하게 인정해야 할 것이다. 즉 이미 사라진 동물을 되살리지는 못하더라도 그 과정에서 현재 멸종위기에 놓인 유대류 동물의 멸종을 막는 데 도움이 되는 유전학적·생식학적 기술이 발전할 수 있다. 하지만 그것이 멸종을 막는 전통적인 생태학적 노력보다 더 나은 방법이 될 것 같지는 않다. 만약 내게 호주 포유동물의 보전 사업에 쓸 수 있는 돈이 1000만 달러쯤 생기고 시도할 만한 보전 방법이 1000만 가지쯤 된다면, 태즈메이니아주머니늑대를 복제하는 연구처럼 위험 부담이 크고 성공 확률은 도박과 다름없을 만큼 낮은 방법보다는, 서식지 소실을 막고 침입종을 퇴치하는 등 멸종을 막는 효과가 검증된 방법을 더 중점적으로 추진할 것이다.

또한 멸종 동물 복원은 시도 자체가 엄청난 윤리적 논란을 피할 수 없다. 나는 멸종한 동물을 되살리려는 발상 자체가 위험하다고 생각한다. 멸종이 영원하다는 것은 자연사에서 가장 준엄한 사실이다. 이미 사라진 동물을 되살리자는 주장이 나올 때마다 아직 우리 곁에 있는 생물을 보호하는 데 써야 할 힘은 계속 줄어든다.

박물관은 크게 두 가지 중요한 방식으로 미래의 멸종을 막는 역할을 한다. 첫째, 박물관이 보유한 멸종 생물의 표본을 통해 사람들에게 사라진 생물을 더 가까이에서 느끼는 강렬한 기회를 제공한다. 이런 경험을 통해 사회는 생물의 멸종을 정치적으로

용인할 수 없는 일로 인식하게 된다. 불과 얼마 전에 사라진 태즈메이니아주머니늑대의 유해를 박물관에서 직접 보고 나면, 그런 비극적인 일이 다시는 반복돼서는 안 된다는 생각이 가장 강하게 솟구친다. 둘째, 박물관은 보전생물학 연구에 매우 중요하게 활용되는 표본을 제공하는 것으로도 미래의 멸종을 막는다. 이 잠재력은 갈수록 커지고 있다.

수집할 때는 모르는 것

박물관 표본에는 가장 기본적인 정보로 생물의 종류, 수집 장소, 수집 날짜가 기록된다. 생물이 구체적으로 언제 어디에 존재했는지 알려주는, 단순하지만 중요한 정보다. 더 오랜 시간 더 넓은 지역에서 축적된 이 정보를 비교하면, 특정 생물의 분포가 역사적으로 어떻게 변화했는지 알 수 있다. 앞에서 설명했듯 제닌스와 소로가 수집한 표본들은 바로 이런 방식으로 연구에 활용된다.

이는 자연에서 각 생물의 서식범위를 상세히 알 수 있다는 점만으로도 매우 큰 가치가 있지만, 더 유용하게 쓰일 수도 있다. (박물관 표본의 서식지 기록으로) 과거에 어떤 장소가 특정 생물의 생존에 적합했는지 알면 그 정보를 길잡이 삼아 그 생물이 생존 가능한 이상적인 환경조건을 찾을 수 있다. 오늘날 생물이 발견되는 장소는 그들이 선호하는 서식환경이 아닌 경우가 많다. 즉 생존하는 데 더 좋은 환경이 따로 있지만, 인간의 활동으로 인해 그 곳에서 쫓겨나 생존에 별로 유리하지 않은 환경에서 간신히 연명하고 있을 수도 있다.[7]

생물 표본이(화석도 마찬가지) 처음 수집된 장소와 그 생물이 서식한 장소들의 환경조건을 알 수 있는 데이터를, 기후와 서식지가 앞으로 어떻게 변화할지 과학적으로 예측한 결과와 종합하면, 그 생물이 앞으로 어디에서 계속 생존할 수 있는지 알아낼 수 있다. 자연사박물관의 표본을 토대로 어떤 생물의 경우든 적합한 서식환경을 찾아 지도화할 수 있으며, 그 정보는 생물보전 사업에까지 활용될 수 있다. 생물의 생존 조건에 관한 폭넓은 정보가 생기면 처음 발견된 곳이 재도입하기에 여전히 적합한 조건인지 평가할 수 있을 뿐 아니라, 평가에서 부적합하다는 결론이 나오면 더 적합한 재도입 장소를 찾을 수도 있다.

미국 센트럴미시간대학교 식물 표본관의 애나 몬필스Anna Monfils 관장은 '파우셰크 스키펄링Poweshiek skipperling'이라는 나비의 보존에 이 같은 방식을 적용한다. 이 나비는 마지막 조사에서 야생에 겨우 여섯 마리만 발견됐지만, 여러 동물원에 있는 개체들을 자연에 방사할 수 있다. 애나의 연구팀은 박물관 표본으로 보관된 이 나비의 데이터를 서식환경에 관한 기록과 함께 분석하면서 종 전체의 생존이 달린 문제와 씨름한다. 현재 야생에서 이 나비가 발견되는 장소에 동물원의 개체들을 방사한다면 무사히 살아남을 수 있을까? 그곳의 환경 조건이 나빠져서 방사한 나비들이 살아남지 못할 위험은 크지 않은가? 만약 그렇다면 어디에 방사해야 할까?

생물 표본은 그저 물체가 아니다. 1923년에 뉴욕의 미국자연사박물관 관장이던 헨리 페어필드 오즈번Henry Fairfield Osborn은 "모든 표본은 영원한 사실"[8]이라는 글을 남겼는데, 표본이 수집된 지 수십 년 또는 수백 년이 지나서야 비로소 밝혀지는 사실도 있으니 무한한 사실이라는 표현이 더 적합한 듯하다. 또한 생물 표본에서 얻는 서식지 정보는 과학 연구를 위한 무한한 잠재력이 있으므로 '확장된 표본'[9]이라고도 할 수 있다.

곤충 표본에서 떼어낸 화분은 그 곤충이 어떤 식물과 접촉했는지 알려준다. 동물 표본의 위 내용물과 이빨·털·뼈의 동위원소를 분석하면 그 동물이 어떤 동물들을 먹이로 삼았고 어떤 동물들의 먹이였는지 알 수 있으므로 먹이사슬에서 어디쯤 자리했는지 확인할 수 있다. 동물 표본에 남아 있는 상처와 흉터를 분석하면 포식자나 경쟁관계였던 동물에게 얼마나 자주 공격받았는지 추정할 수 있다. 표본에서 나타나는 대칭성은 그 동물이 성장할 때 환경에서 얼마나 많은 스트레스를 받았는지 알려준다. 표본에서 발견된 기생충, 질병 그리고 장 미생물처럼 서로 공생관계였던 생물도 그 표본에 관한 데이터로 기록된다.[10]

표본의 화학적인 조성을 분석하면 그 동물이 어떤 기후와 환경 조건에서 살았는지 비밀이 드러난다. 그러한 화학 조성이 동물의 전 생애에 걸쳐 어떻게 달라졌는지 추적하면 서식지 이동

패턴을 파악할 수 있고, 서식지를 옮기는 과정에서 어떤 생물과 접촉했는지도 알아낼 수 있다. 동물 표본의 나이별 호르몬 변화에는 언제 새끼를 낳았고 언제 동면에 들어갔는지, 언제 스스로 방어해야 했으며 어떻게 방어했는지와 같은 생활사가 담겨 있다.

또한 표본은 개체군의 구조와 사회적 구성을 알려준다. 동물의 유전학적 특성과 단백질 구성, 각 부분의 해부학적 크기, 경제적 중요성, 의학적 효용성까지 표본의 기록이 될 수 있다. 이론적으로는 생물 표본으로 그 생물에 관한 모든 것을 알 수 있고, 지구상의 모든 박물관이 보유한 표본의 사실 정보를 디지털 정보 관리 시스템에 모을 수 있다. 박물관 하나가 보유한 표본을 전부 디지털화하는 것은 엄청나게 힘든 일이며, 스미스소니언박물관처럼 소장품의 규모가 방대한 곳은 더 말할 나위조차 없다. 전 세계 모든 박물관의 소장품을 디지털화하는 것은 그야말로 거대한 목표다. 그렇지만 조금씩 실현되고 있다.

생물 표본에 담긴 정보가 이처럼 쓰이면 표본은 더욱 유용한 자료가 되고, 여러 표본 간의 관련성이 커진다. 한 가지 정보를 정하고 수천 점의 표본에서 그 한 가지를 비교·종합하면, 그 정보와 관련된 생물의 요소가 어떻게 변화했는지 알 수 있다. 실제로 표본 연구를 통해 기후변화 때문에 생물의 서식지뿐 아니라 몸집과 식생활이 크게 달라졌고, 식물의 개화 시기, 곤충이 번데기가 되는 시점, 동물이 동면에 들어가는 시기도 바뀌었다는 사실이 확인되었다.

     3부 세상은 박물관에서 태어난다

특정 동물에게 이런 변화가 일어나면, 그 동물을 먹이로 삼는 다른 동물과 그 동물에게 수분을 의존하는 식물에까지 엄청난 영향을 미친다. 개화 시기나 새가 둥지를 트는 시기가 평년보다 앞당겨졌는데, 그 식물의 수분을 돕거나 갓 태어난 새끼 새들의 먹이가 되는 곤충이 일찍 나타나지 않는다면 어떻게 될까? 서식지가 사라졌을 때 받는 영향이 생물의 몸 형태에 따라 다르게 나타난다는 것도 표본 연구로 밝혀진 사실이다. 예를 들어 새는 날개가 길수록 더 멀리까지 새로운 서식지를 찾아다니고 개체군이 더 넓게 분산되므로 날개가 짧은 새들보다 생존력이 더 뛰어나다. 이런 동향은 생물을 보전하려는 노력이 어떤 방향을 택해야 하는지 정할 때 요긴하게 활용할 수 있다.

오래전 수집된 생물 표본에서 유전체를 추출해 분석하는 기술이 빠르게 발달하면서, 전 세계적인 대유행병 사태에도 표본의 유전체 정보가 활용되고 있다. 엄청난 재난을 불러온 코로나19 바이러스의 유전자 염기서열이 박쥐 유전체의 일부와 놀라울 만큼 비슷하다는 사실이 밝혀지자, 학계는 유럽의 9개 박물관이 소장한 박쥐 표본 중 최근 약 100년간 수집된 2만 점을 분석했다. 박쥐 표본의 염기서열을 분석하면, 바이러스 염기서열이 박쥐 유전체의 일부가 될 만큼 오래전부터 존재했던 바이러스와 최근에 새로 등장한 바이러스를 구분할 수 있으므로, 그 정보를 백신 개발에 활용할 수 있다.[11]

∞

표본의 이러한 활용 가능성은 그저 '알아두면 재미있고' 아는 사람만 아는 난해한 일이 아니라 현재 우리가 맞닥뜨린 심각한 환경 파괴와 시급히 해결해야 할 인류의 건강 문제에 해법이 될 수 있다. 예를 들어 기후변화를 예측할 수 있는 모형을 설계하고 검증할 때, 과거의 기후 정보를 얻는 미가공 데이터로서 자연사 박물관의 표본을 활용할 수 있다.

생물 표본은 수천 년을 아우르는 자연의 기록이자 지난날의 환경을 보여주는 창과 같으며, 박물관 표본에 접근할 수 있는 분류학자들은 표본에서 그런 정보를 해독할 수 있다. 예를 들어, 각기 다른 시대에 쌓인 층으로 이루어진 고대 호수 퇴적물에는 곤충의 유해가 남아 있다. (비흡혈) 깔따구의 작은 머리는 이러한 침전물에 특히 잘 보존되어 수백만 개씩 발견되기도 한다. 기후가 달라지면 종마다 그 변화에 반응하는 민감도가 다르기 때문에, 이 작은 곤충의 흔적은 과거의 기후변화를 추적하는 단서로 활용될 수 있다.[12]

오래전 수집된 생물 표본에서 DNA를 추출하는 기술은 꾸준히 개선되고 있으며, 멸종 생물의 복원을 추진하는 연구만이 아니라 보전생물학에도 직접적인 영향을 준다. 예를 들어 스코틀랜드국립박물관이 여러 세기에 걸쳐 수집한 들고양이 표본에서 얻은 유전학적 데이터는, 인간이 키우던 들고양이를 야생에 방사할 때 고려해야 하는 유전적 다양성 정보로 활용된다. 스코틀랜드의 야생 들고양이들은 집고양이와의 교배로 집고양이 유전자를 지니고 있다. 따라서 이 들고양이들로는 야생에서만 살았던 들고양이의 유전적 특성, 즉 사람 손에 길러진 들고양이가 다시 야생에서 생활할 때 어떤 유전자가 있어야 적응에 도움이 되는지 알아낼 수 없는데, 박물관에 보관된 야생 들고양이들의 표본이 그 정보를 제공할 수 있다.

서식지 소실과 무분별한 사냥으로 이제 영국 거의 모든 지역에서 자취를 감춘 소나무담비pine martens 또한 비슷한 예다. 노리치캐슬박물관Norwich Castle Museum에는 소나무담비가 부쩍 줄어든 20세기 초 이전에 영국 동부 노퍽에서 마지막으로 수집된 표본 몇 점이 보관되어 있다. 과학자들은 이 표본에서 DNA를 추출하고, 거기에서 얻은 유전정보를 토대로 유럽 다른 지역에 서식하는 개체군 중 영국에 서식했던 개체들과 유전적으로 가장 비슷한 동물을 찾고 있다. 이 작고 매력적인 육식동물 중에서도 노퍽에 서식했던 종을 영국 곳곳에 재도입할 경우, 이 분석을 토대로 재도입할 개체를 찾아낼 수 있을 것이다.

앞에서 설명했듯이 자연사박물관의 표본은, 인간의 영향으로 인해 특정 지역에서 멸종한 생물이 자연의 어떤 환경 조건에서 살았는지 알려준다. 박물관 표본이 알려주는 생물의 옛 서식지 정보는 그 동물을 환경에 재도입하려 할 때 지침으로 활용할 수 있을 뿐만 아니라, 과거에 개체수가 감소한 원인을 찾는 단서가 되기도 한다. 따라서 아직 그 동물이 멸종하지 않았다면 그 정보를 토대로 어떤 보호 조치가 필요한지 판단할 수 있다.

서호주 남서부 지역에서 포유류 상당수가 멸종하기 전에 이루어진 가이 쇼트리지의 탐사와 그가 수집한 박물관 표본을 6장에서 소개했는데, 그때 수집된 주머니개미핥기 표본 한 점이 지금 내가 일하는 케임브리지대학교 동물학박물관에 있다. 그 탐사 이후로 환경이 변했음에도 불구하고, 호주 남서부 지역은 현재 지구에서 유일하게 야생 주머니개미핥기가 발견되는 곳이다. 만약 최근의 관찰 결과만을 토대로 주머니개미핥기에 관한 지식을 업데이트한다면, 개미를 먹고 사는 이 다람쥐만 한 유대류가 호주의 아주 좁은 지역에만 서식하는 토착동물이라는 결론을 내릴 수 있다. 그러나 과거에 수집된 표본들은 다른 이야기를 들려준다.

우리 박물관은 서호주에서 수집된 주머니개미핥기 표본 외에 1891년 호주 머리강 북서쪽 굽이에서 수집된 표본, 1904년 남호주 우드나다타에서 수집된 또 다른 표본을 각각 하나씩 소장하고 있다. 두 군데 모두 현재 주머니개미핥기가 서식하는 서호주 남서부 지역에서 동쪽으로 약 2000킬로미터 떨어진 호주 남부에 있다. 그 두 곳에 서식했던 주머니개미핥기는 안타깝게도 다른 여러 소형 포유동물과 마찬가지로 1930년대에 사라졌다. 여우와 야생 고양이가 유입되면서 서식지에서 쫓겨난 것이다. 오늘날 서호주 남서부 지역에서는 이런 사실을 참고해, 주된 위협요소인 여우와 야생 고양이로부터 주머니개미핥기를 보호할 방법을 꾸준히 모색하고 있다.

이처럼 표본은 생물 보존에 유용한 정보를 제공하는 수준을 넘어 구체적인 보존 방식을 알려주기도 한다. 스페인과 프랑스의 일부 강에 겨우 남아 있는 거대담수진주조개giant freshwater pearl mussel도 비슷한 사례다. 이 조개는 담수 수계가 고도로 산업화한 지역에 몰려 있는 바람에 생존을 위협하는 수많은 요소에 노출되어 심각한 멸종위기에 놓였다(예를 들어 거대담수진주조개는 생애주기 중 일정 기간을 특정 어류에 기생하는데, 댐이 건설되면 그 어류는 조개가 있는 강으로 넘어오지 못하므로 조개도 생존하지 못한다).

과학자들은 이 조개가 멸종한 옛 서식지 가운데 재도입할 만한 곳을 찾기 위해 프랑스의 모든 박물관에 거대담수진주조개 표본을 수소문했다. 그 과정에서, 그간 거대담수진주조개에 관한 어떤 기록에도 언급되지 않은 어느 강에서 수집된 표본이 나왔다. 연구진이 그 강에 잠수부들을 보내 확인한 결과 살아 있는 거대담수진주조개 개체군이 발견됐으며, 현재 이 개체군은 보호받고 있다.[13]

생물 표본은 맨눈으로는 볼 수 없지만 생물보전에 꼭 필요한 귀중한 정보인 생물의 유전적·화학적 특성을 알려줄 뿐 아니라, 인간이 일으킨 피해도 고스란히 보여준다. 새, 어류, 돌고래 그리고 현대에 수집된 박물관의 모든 해양생물 표본은 소화기관에 플라스틱이 가득하다. 스미스소니언박물관을 방문했을 때, 고래 표본을 모아둔 거대한 수장고에서 본 큰돌고래의 머리뼈는 내가 지금까지 박물관에서 본 것 중에서 가장 끔찍한 표본으로 남아 있다.

그 머리뼈에는 돌고래가 살아 있을 때 머리에 감겨 있던 그물의 흔적이 '유령처럼' 남아 있었다. 턱 아래쪽 절반을 칭칭 감은 그물이 돌고래가 죽기 직전에는 주둥이 전체를 거의 잘라낼 만큼 깊이 파고든 흔적이 그대로 보였다. 그물은 위턱뼈에도 몇 센티미터를 파고들어 머리뼈가 푹 파여 있었다. 병처럼 생겼다고 해서 '병 코'라고도 불리는 돌고래의 툭 튀어나온 주둥이와 맞붙은 입천장은 주둥이 구조가 간신히 유지될 정도로 얇아졌다.

이렇게 그물에 휘감겨 엄청난 고통에 시달리던 돌고래는 먹이를 먹지 못해서, 또는 감염으로 목숨을 잃었을 것이다. 그 돌고래는 그물에 감긴 그대로 파도에 떠밀려 해변에서 발견되었다. 스미스소니언박물관에서는 모든 전시 설명 프로그램에 이 큰돌고래의 표본을 빠짐없이 소개하면서, 인간이 내다 버린 쓰레기가 야생동물에게 어떤 영향을 주는지 관람객들에게 상기시킨다.

자연사박물관의 표본은 지구의 최근 역사에서 인류가 끼친 영향을 뜻밖의 방식으로 드러내기도 한다. 2017년에 어느 연구진은 대기오염의 역사를 추적하면서 미국의 주요 박물관 세 곳이 소장한 조류 표본을 조사했다. 이들이 주목한 것은 이 새들의 타고난 특성이 아니라, 살아 있을 때 깃털에 붙어서 남은 오염물질이었다.

  3부 세상은 박물관에서 태어난다

분석 결과, 새들의 몸에 남은 오염물질은 미국의 산업이 한창 발전하던 시기에 석탄 연소로 발생한 시커먼 탄소 물질이 대기에 얼마나 흘러들었는지 파악할 수 있는 가장 확실한 근거로 밝혀졌다. 대기에 유입된 탄소 물질의 양은 인간이 연료 사용으로 배출한 물질과 기후변화의 연관성을 밝히는 중요한 데이터다. 그 기간에 한 세기를 넘는 세월 동안 열심히 조류 표본을 수집한 사람들은 자기가 잡은 새들이 이런 용도로 쓰이리라고는 상상조차 못했을 것이다.[14]

∞

자연사박물관은 앞에서 논의된 사례를 포함한 여러 방법으로 표본을 활용하기 위해 계속 창의성을 발휘한다. 표본은 수집된 시점에는 전혀 예상하지 못한 다양한 방식으로 쓰인다. 과학적으로 생태계를 보전하고 기후변화에 대처하는 최상의 수단이 되기도 하며, 자연계의 미스터리를 푸는 열쇠가 되어 지구 생물에 관한 우리의 지식을 강화하기도 한다. 박물관 표본을 활용한 혁신적인 연구는 자연의 비밀을 꾸준히 밝혀내고 있다.

죽은 동물을 표본으로 제작할 때, 동물의 뼈를 포함해 단단하고 안정적인 부분은 간단한 보존 처리만 하면 된다. 그런데 이런 특성이 있는 구조에는 동물의 뿔, 발톱, 연골, 특정 고래에게서 발견되는 고래수염도 포함된다. 여러 종의 고래에서 입에 길게 늘어뜨려진 형태로 형성되는 고래수염은 거대한 체처럼 바닷물에 섞인 크릴, 물고기, 오징어 같은 작은 먹이를 걸러낸다. 인체의 머리카락과 손톱처럼 케라틴으로 구성되며, 고래가 살아가는 동안 계속 자란다.

2019년에 이 고래수염의 화학물질을 분석하면 고래가 이동했던 환경의 정보를 알 수 있다는 연구 결과가 나왔다. 연구진은 런던에 있는 영국 국립자연사박물관 입구에서 관람객들을 맞이하는 대왕고래의 수염 여러 겹을 분석한 결과, 죽은 지 127년이 지난 이 암컷 고래가 마지막 5~6년 동안 어디를 돌아다니고 어떻게 지냈는지 알 수 있었다고 밝혔다.

우리 몸은 우리가 먹는 대로 만들어진다는 말처럼, 생물이 무언가를 먹으면 그것의 화학적 '성분'이 몸에 흔적을 남긴다. 먹이를 발견한 장소의 특정한 화학적 특성도 그런 흔적에 포함된다. 연구진이 이 원리에 따라 대왕고래의 수염을 채취해 동위원소를 분석한 결과, 아프리카 카보베르데 주변으로 추정되는 대서양 아열대 지역에 1년간 머물렀다는 사실을 알아냈다. 그 뒤로 3년간은 해마다 이 따뜻한 해역과, 그곳보다 해수 온도가 낮은 북극 인근 해역을 오간 것으로 밝혀졌다.

연구진은 고래수염의 동위원소 분석 결과로 볼 때 이 고래가 그 이후에 새끼를 뱄으며, 1889년에서 1890년으로 넘어가는 겨울에 아열대기후 지역에서 새끼를 낳았다는 결론을 내렸다. 새끼를 낳은 뒤에는 다시 북쪽으로 이동했으며, 열다섯 살쯤 되던

1891년 3월에 아일랜드 해안에서 붙잡혔다. 철마다 서식지를 옮기는 희귀동물은 연구하기가 쉽지 않은데, 이러한 연구 결과는 동물 보호에 꼭 필요한 생전 삶의 정보를 새로운 방법으로 얻을 수 있음을 보여준다.[15]

다른 연구에서도 사냥 실력을 자랑하기 위한 트로피로 수집된 파월코튼박물관의 대형 동물 표본에서 검체를 채취하여 동위원소를 분석함으로써 비슷한 결과를 얻었다. 이 연구는 사냥과 서식지 소실로 개체수가 급감하기 전 여러 코끼리 개체군의 서식지와 이동경로를 밝혀냈다.[16]

조류 연구에서는 식생활에 나타나는 세부적 특징이 광범위한 환경 변화를 알아내는 단서가 될 수 있다. 쏙독새는 야행성 조류인 칼새의 친척뻘로, 칼새와 마찬가지로 곤충을 먹고 산다. 한 연구진은 여러 박물관이 소장한 쏙독새 표본의 깃털을 채취해 동위원소를 분석한 결과, 현대에 잡힌 개체보다 한 세기 전에 살았던 쏙독새가 큰 곤충을 더 많이 먹고 살았다는 사실을 밝혀냈다. 전 세계적으로 곤충이 감소하면서 쏙독새의 개체수도 감소하는 연쇄적 영향을 알 수 있는 결과다.[17]

동물의 몸에서 수염, 눈의 수정체, 이빨, 척추, 긴뼈, 귓속의 아주 작은 돌 같은 구조처럼 시간이 가면 점점 자라는 부위는 전부 이러한 분석이 가능하다. 나무의 나이테처럼 일정한 시간 간격으로 층이 늘어나는 구조도 오래전부터 생물의 나이를 파악하는 근거로 활용됐지만, 이제는 각 층을 이루는 화학물질의 조성에 어떤 차이가 있는지 분석하는 새로운 방식으로 훨씬 더 많은 정보를 얻을 수 있다.

예를 들어 케라틴으로 이루어진 거북의 등딱지(갑)에 남은 우라늄을 분석하면 서식지 주변에서 핵실험이 있었는지 확인할 수 있다. 실제로 1946~1958년에 67차례에 걸쳐 핵무기 실험이 실시된 태평양의 마셜제도는 바다거북이 먹이를 찾고 둥지를 지으며 살아가는 서식지이기도 하다. 1978년에는 핵무기 실험의 근거를 확보할 목적으로, 이 섬에 사는 거북 한 마리가 수집되어 등딱지 성장층에 남은 방사성 물질이 분석되었다.[18]

이러한 연구의 기본 원리는 동물이 살아 있을 때 몸에 흡수된 화학물질의 특징을 통해 그 동물이 살았던 환경을 찾을 수 있다는 것인데, 이 원리는 반대로 활용할 수도 있다. 1970~1980년대에 영국에서 어린 시절을 보낸 사람이라면, 사람 옷을 입은 침팬지 '가족'이 등장해서 성우 목소리로 사람처럼 말하는 '피지 팁스 PG Tips' 차 광고를 기억할 것이다. 이 광고에 나와 유명해진 침팬지 중 초퍼스Choppers로 불리던 암컷은, 1969년 시에라리온의 야생에서 태어나 살다가 밀렵꾼에게 붙잡혔다. 그 뒤 영국 레스터셔의 트와이크로스동물원Twycross Zoo에서 지내던 초퍼스는 마흔여덟 살에 죽었고, 표본으로 제작되어 스코틀랜드국립박물관에 남아 있다.

이 박물관 소속 연구자 데이비드 쿠퍼David Cooper와 리딩대학교의 블레싱 치디무로Blessing Chidimuro, 스튜어트 블랙Stuart Black

은 초퍼스의 삶이 상세히 알려졌다는 사실에 착안해, 침팬지 표본들을 분석하는 기준으로 초퍼스를 활용하고 있다. 그들은 먼저 초퍼스 이빨의 동위원소 분석 결과를 토대로 동물원에서 지내던 시절의 식생활 기록과 비교해 야생에서 살았던 어린 시절의 식생활을 파악했다. 그리고 정확히 어디에 살았는지를 알아내기 위해 산소 동위원소 신호가 초퍼스에게서 나온 것과 일치하는 시에라리온의 수원을 찾고 있다. 영국에 살았던 기간은 초퍼스가 유명했던 덕분에 어디에서 어떻게 지냈는지 자세히 알려져 있으므로, 초퍼스에게서 알아낸 정보는 어떤 생을 살았는지 모르는 다른 침팬지들의 삶을 추적하는 기준이 될 수 있다.

이런 연구가 필요한 핵심 이유 가운데 하나는, 박물관들이 소장한 침팬지 표본에 서식지에 관한 상세 기록이 **없는** 경우가 정말 많기 때문이다(놀랍게도, 동물학적 관점에서 매우 중요한 표본마저 서식시가 '아프리카' 정도로만 기재되는 등 부정확한 기록만 있어 연구에 별 도움이 안 되는 경우가 정말 많다). 치디무로와 쿠퍼, 블랙이 이끄는 연구진은 침팬지 표본의 뼈를 구성하는 화학물질을 분석하여 살아 있을 때 노출된 광물도 찾고 있다. 이를 전 세계 지질지도와 비교하면 침팬지가 어느 지역에 살았는지 알아낼 수 있으며, 서식지가 밝혀진 동물 표본은 과학 연구 자료로서의 가치가 훨씬 커진다.

∞

동물 표본의 뼈 물질은 현대의 표본을 고대 화석과 비교할 수 있다는 장점 덕분에 척추동물의 해부학적 연구에 가장 널리 활용된다. 그러나 이제는 기술 발달에 힘입어 액체에 보존된 표본 또한 해부학 연구에 활용할 수 있게 되었다. '습식표본' 또는 '알코올표본'으로도 불리는 액침표본은, 윌리엄 크룬William Croone이 강아지 두 마리를 '와인 증류주'(알코올 도수를 높이려고 증류한 와인)에 넣고 밀봉하자 일주일 넘게 보존되었다고 영국 왕립학회에 보고한 1662년경부터 제작되었다.

액침표본은 역사가 이렇게 깊다는 사실이 믿기지 않을 정도로 오늘날 표본 연구에 흥미진진한 새 가능성을 열고 있다. 표본의 특성상 (박제표본과 달리) 인위적 조작이 가장 적고, 동물의 실제 형태와 크기가 고스란히 보존될 뿐만 아니라 동물의 장기, 위 내용물, 몸에 감염된 병원체, 화학물질의 흔적, 경우에 따라서는 유전적 특성까지 포함해 동물이 죽은 시점의 몸 안팎 모든 상태가 보존되는 것이 이 표본의 장점이다.

최근 몇 년 새 발전한 CT 스캔 같은 영상 기술은 액침표본에서 얻을 수 있는 정보를 완전히 바꿔놓았다. CT 스캔으로 표본 하나당 해상도가 매우 우수한 X선 사진을 수백 또는 수천 장씩 얻을 수 있으며, 밀도가 다른 부분(여러 종류의 뼈, 연골, 장기, 피부, 근육 등)을 구분할 수 있다. 이러한 CT 스캔 결과를 디지털 방식

으로 재조합하면, 표본이 손상될 위험이 따르는 까다로운 해부
절차를 거치지 않고도 생물 표본의 내부를 각종 조작이 가능한
3차원 이미지로 볼 수 있을 뿐만 아니라, 각 뼈와 연조직의 정확
한 배치와 구조까지 알 수 있다.

　동물의 해부학적 구조를 그만큼 세세한 부분까지 이미지로 볼
수 있게 되면서, 동물의 진화 과정과 생전의 삶을 연구하는 방식
에 큰 변화가 왔다. 어류에서 척추가 진화한 과정을 추적하던 케
임브리지대학교의 한 연구진은 찰스 다윈이 비글호에서 수집한
어류 표본을 스캔 분석해 해부학적 구조를 밝혀냈다(다윈이 수집
한 표본을 그야말로 완벽하게 활용한 사례다). 아무리 데이터를 얻고
싶어도 이렇게 역사적으로 중요한 의미가 있는 표본은 마음대로
해부할 수 없는데, CT 스캔을 활용하면 칼을 댈 필요가 없다.

　암석에 묻혀 있는 화석도 마찬가지다. 화석을 암석에서 분리
하려민 아주 까다로운 과정을 거쳐야 할 뿐만 아니라, 그 과정에
서 동물의 중요한 부분이 소실될 위험이 있다. 그렇지만 CT 스
캔을 이용하면 그런 염려 없이 동물의 구조를 확인할 수 있다. 버
밍엄의 랩워스지질학박물관Lapworth Museum of Geology 전시실에
는 화석을 품은 작은 돌 하나가 전시되어 있다. 작은 돌에 파묻힌
절지동물의 둥그런 몸 윤곽 정도만 보이는데, 그 옆에는 화석을
둘러싼 암석에 가려진 세부 구조가 훤히 나온 CT 스캔 사진이
걸려 있다. 전체적으로 거미 같은 모습에 긴 실처럼 가느다란 다
리들, 입 부분까지 다 볼 수 있는 놀랍도록 세밀한 사진이다. 이

와 함께 3D 프린터로 제작한 초대형 확대 모형도 전시되어 있다. 새로운 스캔 기술이 없었다면, 화석으로 남은 동물을 이 정도로 시각화하기가 거의 불가능했을 것이다.

∞

연구자들이 박물관 표본에서 정보를 추출하는 창의적 방안을 끊임없이 모색하는 동안, 표본 제작 단계에서도 표본이 앞으로 더 유용하게 쓰일 수 있는 혁신적인 보존 방식이 생겨나고 있다. 박물관이 표본을 수집한 역사는 수 세기에 이르지만, 먼 옛날에 등장한 생물 보존 기법은 현대의 새로운 활용 방식과 맞지 않다(다윈이 표본을 수집하면서 장차 CT 스캔으로 분석하거나 표본에서 DNA 를 추출하게 되리라는 것을 어떻게 예상할 수 있었겠는가).

예컨대, 유전학 연구에 쓰이는 아주 작은 크기의 생체조직 검체는 이제 화학적으로 보존하지 않고 극저온 시설에 보관한다. 생체조직의 DNA는 액침표본의 보존액에 포함된 화학물질과 닿으면 대부분 손상되기 때문이다(조직을 포르말린 같은 고정액에 담가두면 부패하지 않는 이유도 유전정보가 저장된 부분을 포함한 세포의 내부 전체가 한 덩어리로 뭉쳐지기 때문이다). 또한 화학물질을 쓰지 않더라도 DNA는 본래 불안정한 분자이기 때문에 시간이 지남에 따라 자연히 분해된다.

현대의 동물 표본 수집은 우선 사후에 최대한 빨리 아주 작은 조직 검체부터 떼어내 냉동한 다음 골격표본을 제작하거나, 가죽으로 박제표본을 만들거나, 액침표본을 제작한다. 유전학 연구에 쓸 수 있는 연조직 검체를 이렇게 미리 확보해두면, 나중에 동물의 유전정보가 필요할 때 골격표본을 파괴할 필요가 없다(게다가 죽은 직후에 수집하므로 더 양질의 유전학적 데이터를 얻을 수 있다).

크라이오아크Cryoarks라고 알려진 전 세계 자연사박물관 네트워크는 지구상에 존재하는 모든 생물의 유전정보를 수집하는 일종의 자료보관소다. 크라이오아크에서는 모든 생물의 검체를 확보해 섭씨 영하 80도 이하의 냉동고나 액체질소 탱크(무려 섭씨 영하 196도)에 보관하고 유전정보를 수집한다. 동물 표본에서 얻는 이런 유전정보는 생명의 나무(계통수)를 재구축하고 종의 다양성을 파악하는 강력한 토대가 된다.

하이에나의 일종으로 털이 길고 흰개미를 먹이로 삼는 땅늑대는 오래전부터 아프리카 동부에 서식하는 개체군과 아프리카 남부에 서식하는 개체군이 모두 같은 종이라고 여겨졌다. 2015년, 탄자니아에서 붙잡혀 케임브리지셔의 해머튼동물원Hamerton Zoo에서 지내던 야생 땅늑대 한 쌍의 새끼가 안타깝게도 사산되자, 죽은 새끼는 스코틀랜드국립박물관으로 보내졌다. 이 박물관에서는 새끼 땅늑대를 표본으로 제작하기 전에 생체조직을 채취해 크라이오아크에 제공했다. 6년 뒤, 아프리카 동부에서 야생 땅늑대가 차에 치여 죽는 사고가 발생하자, 스코틀랜드국립박물관 연구진은 죽은 직후에 채취된 이 땅늑대 생체조직 검체의 유전정보를 해머튼동물원에서 사산된 새끼 땅늑대의 유전정보와 비교했다. 그 결과, 아프리카 동부와 남부에 서식하는 땅늑대 개체군은 종이 다르다는 사실이 밝혀졌다.[19]

박물관은 새로운 표본을 들이기 전에 여러 사항을 고려하지만, 무엇보다 표본을 보관하는 데 드는 총비용을 꼭 따져봐야 한다. 그 비용에는 표본이 차지할 공간, 보관할 때 지켜져야 하는 환경과 조명의 조건, 보존 처리에 드는 비용, 보안 관리와 관람객 공개에 드는 비용을 전부 합친 금액에 시간이 흐르면서 발생하는 비용 등이 포함된다. 박물관이 예상하는 보관 기간은 아주 길다. 어떤 표본을 소장품으로 들일 때는 보통 수 세기를 내다본다. 그게 **무엇이든**, 영원한 소장을 염두에 두고 비용을 감수하는 것의 의미를 쉽게 이해하기는 아마 힘들 것이다. 그러나 크라이오아크처럼 생체조직을 **액체질소**에 영구 보존하는 것은 엄청난 일이다. 과학은 그러한 책임을 함께 짊어진 박물관들에 큰 빚을 지고 있다.

"컴퓨터는 쓸모없어요. 답만 줄 뿐이니까요"*

초현대식 스캔 기술이나 공상과학 영화에서 바로 튀어나온 듯한 극저온 설비가 그다지 흥미롭지 않다면, 자연사박물관이 세

---

* 피카소가 1968년에 한 말로 전해진다.

 3부 세상은 박물관에서 태어난다

상을 구하는 데 가장 큰 영향을 주리라 예상되는 또 다른 기술을 살펴보자. 바로 표본의 데이터를 관리하고 공유하는 기술이다.

박물관 표본에 담긴 방대한 정보는 앞서 설명한 모든 방식으로 세계 전체가 영향받는 문제를 과학적으로 연구하고, 그 영향을 줄일 방안을 찾는 가장 효과적인 도구로 활용된다. 자연사박물관의 어떤 것도 표본이 제공하는 정보만큼 강력하고 값지지는 않다. 박물관의 모든 표본은 하나하나가 특정 생물이 특정 시점에 특정한 장소에 존재했음을 말해주는 증거다. 각각의 표본은 수 세기에 걸친 시간 중 한 점을 차지하며, 그 점들을 따라가면 시간 흐름에 따른 변화를 알 수 있다.

이러한 데이터의 총체적 가치는 사실상 무한하다. 과거의 변화뿐만 아니라, 환경 변화의 영향이 생태계에 앞으로 어떤 변화를 일으킬지도 예측할 수 있다. 그러나 표본이 제공하는 정보를 활용하려면 먼저 표본에 붙은 라벨과 19세기에 손글씨로 기록된 카탈로그의 정보를 모아 전 세계 과학자들이 이용할 수 있도록 만들어야 한다.

자연사박물관이 디지털 시대와 만나면, 지구 생물의 다양성 정보는 불과 수십 년 전까지 어떤 과학자도 상상하지 못한 방식으로 집대성된 자료집으로서 큰 가치를 발휘할 수 있다. 전 세계 박물관에 분산된 표본들을 비교하는 탐구 방식 자체는 벌써 몇 세기 전부터 훌륭한 과학 연구의 필수 과정으로 여겨졌다. 과거에는 여러 박물관과 서신을 주고받거나 직접 찾아가서 표본을 보고 탐구하려면 몇 달씩 걸렸지만, 이제는 인터넷으로 단 몇 초만에 끝낼 수 있다.

자연사박물관이 소장한 모든 표본의 정보를 누구나 무료로 이용할 수 있는 디지털 카탈로그에 담는 일이야말로 가장 중요한 과제라는 점에는, 박물관에서 일하는 수많은 전문가가 동의한다. 전 세계 모든 박물관의 표본 데이터가 모인 데이터베이스를 만들어 그 정보를 관리하는 것이 가장 이상적인데, 실제로 엄청난 규모의 표본에서 나온 정보가 한데 모여 '빅데이터'가 구축된다면 박물관은 세상을 변화시키는 과학에 더 큰 힘을 보탤 수 있을 것이다.

그러나 박물관에서 일하는 사람치고 이번 생이 끝나기 전에 모든 표본 데이터가 정리된 디지털 카탈로그가 완성되리라고 예상하는 사람은 거의 없다. 나도 그렇다. 그런데 이 글을 쓰고 있을 때(2024년 4월) 영국 정부가 전국 자연사박물관이 보유한 표본 대부분을 디지털 자료로 만들 것이며, 이를 위해 앞으로 10년간 1억 5500만 파운드*를 투자하기로 했다는 아주 반가운 소식이 전해졌다. 영국의 자연사박물관들이 소장한 표본의 규모는 전 세계 모든 소장품의 약 10퍼센트로 추정된다(작은 섬나라에서 어떻게 이토록 많은 표본을 보유하게 되었는지 의아하다면, 2부의 내용을 떠올려보라), 다른 몇몇 나라들도 이를 자국의 박물관들이 완수해야 할 중

---

*   우리 돈으로 약 3070억 원.

   3부 세상은 박물관에서 태어난다

요한 과제로 인식하는 추세다.

자연사박물관 표본에 담긴 정보를 디지털 카탈로그로 제작하는 데 필요한 자원을 제공하는 것만큼 값진 투자는 없다. 그렇게 완성된 박물관의 디지털 카탈로그는 과학과 사회에 가늠할 수 없을 만큼 막대한 자원이 된다. 2023년에 어느 연구진이 발 빠르게 진행한 조사에 따르면, 전 세계 28개국에 있는 세계 최대 규모의 자연사박물관 73곳이 소장한 **11억 점의 표본** 중에 관련 기록이 디지털 자료로도 존재하는 비율은 16퍼센트에 불과하다(유전체 기록이 있는 표본은 겨우 0.2퍼센트다).

세계 곳곳에는 1000개가 넘는 자연사박물관이 있으며, 식물 표본관은 3500개 이상이다. 이 규모만으로도 얼마나 엄청난 잠재력이 있는지 짐작할 수 있다. 그 조사를 벌인 연구진은 자연사 표본의 디지털화에 필요한 자원을 확보해야 하며, 표본의 기초적인 데이터뿐만 아니라 유전학적 데이터와 스캔 이미지, 동위원소 분석 데이터, 기생충·병원체 관련 데이터 등 훨씬 많은 정보를 하나의 데이터베이스에 모을 수 있는 세계적인 기반시설이 마련되게끔 전 지구적인 노력이 필요하다고 촉구했다.[20]

현재 그러한 데이터베이스와 가장 비슷한 것은 '세계생물다양성정보기구Global Biodiversity Information Facility, GBIF'라는 거대한 디지털 플랫폼이다. 개별 생물체가 발견된 시기와 장소에 관한 기록이 모여 있고, 누구나 무료로 검색할 수 있다. 지금까지 축적된 기록은 30억 건에 이르며, 그중 약 2억 5000건은 박물관에 실물 표본이 있는 생물의 기록이다(나머지는 대부분 생물을 목격한 기록이다). 이런 플랫폼을 통해 박물관은 표본 데이터를 세상에 공개할 수 있고, 원하는 사람은 누구나 필요할 때 원하는 방식으로 그 데이터를 활용할 수 있다.

자연사박물관의 표본에서 얻는 정보가 정말 그렇게까지 중요한지 의구심이 들 수 있다. 자연사 표본에서 나오는 정보는 생물다양성을 보존하고, 생태계 침입종에 대처할 방안을 찾으며, 신약 개발과 농업의 연구·발전에 지대한 영향을 준다.[21] 또한 지구에 사는 모든 사람이 영향을 받는 국제 정책에도 활용된다. 기후변화에 관한 정부 간 협의체Intergovernmental Panel on Climate Change, IPCC가 2018년에 발표한 〈1.5℃ 지구온난화 특별 보고서〉에는 기후위기로 생물의 서식범위에 어떤 변화가 생겼는지 설명하는 내용이 나오는데, 이 내용은 세계생물다양성정보기구에 저장된 기록 3억 8500건 이상을 분석한 것이다. 그 기록은 대부분 자연사박물관에서 나왔다.[22]

자연사박물관은 늘 자금 부족과 인력 부족에 시달린다. 때로는 큐레이터 한 명이 수백만 점의 표본을 관리한다. 이런 상황은 표본이 연구에 얼마나 활용될 수 있는지와 직결된다. 박물관이 오래전에 수집된 소장품에서 더 많은 데이터를 확보하고 그것을 방대한 온라인 데이터 포털에 제공한다면, 더 많은 연구에 보탬이 되고 연구의 질도 향상할 수 있다.

앞서 언급했듯이 자연사박물관은 되도록 많은 연구자가 표본을 연구해주길 바란다. 그래야 표본에 관해 더 많은 것이 밝혀질 수 있고, 동시에 소장한 표본이 세상에 관한 지식을 넓히는 데 쓰이는 일이야말로 수 세기 전부터 박물관을 세우고 표본을 관리해온 근본적인 이유이기 때문이다. 하지만 표본을 연구하려는 학자가 요청한 표본의 위치를 찾고 그가 볼 수 있게 준비하는 데는 놀라울 정도로 많은 자원이 든다.

연구자가 소장품을 연구하고 싶다고 자연사박물관에 요청하면, 큐레이터는 연구 내용을 자세히 파악하고 어떤 표본이 도움이 될 수 있는지 살펴본다. 그리고 도움이 될 만한 표본에서 현재까지 밝혀진 정보를 찾는다. 그것만으로 하루가 넘게 소요되며, 이 단계를 마치면 이제 연구자와 이메일을 주고받으며 방문 일정을 정하고, 미리 줄 수 있는 정보가 있으면 사전에 제공한다. 방문일이 다가오면 일정에 맞춰 연구할 표본을 찾고 준비하는 일도 큐레이터의 몫이다. 여기까지는 연구자가 박물관에 오기 전에 하는 일이고, 박물관에 온 다음부터는 큐레이터가 계속 함께 있어야 한다.

자연사박물관은 연구자의 방문을 환영하지만, 연구자가 방문 목적을 이루게 도우려면 꽤 많은 시간이 소요된다는 게 요지다. 연구자도 마찬가지다. 연구 주제에 따라 여러 박물관에 흩어진 표본을 전부 봐야 하는 경우, 방문 일정을 그 모든 박물관과 일일이 정해야 하고 이동비와 숙박비를 감수해야 하며(탄소발자국도 남긴다) 가족과 떨어져 지내야 한다.

실물 표본을 봐야만 답을 찾을 수 있는 일은 앞으로도 늘 있을 것이다. 그러나 표본 정보를 디지털화해 연구자가 그 정보를 스스로 이용할 수 있는 선택지가 생기면, 자연사박물관이 지원할 수 있는 연구 규모와 연구자가 이용할 수 있는 데이터의 양이 크게 바뀔 것이다.

2023년에 런던의 영국 국립자연사박물관이 주도한 조사에 따르면 세계생물다양성정보기구에 데이터를 제공한 영국의 박물관은 11곳에 불과했다(우리 박물관도 그중 하나다). 제공된 데이터가 어떻게 쓰이는지 확인한 결과, 개별 표본 기록의 다운로드 횟수가 2015년부터 7년간 무려 390억 회나 됐으며, 학술지의 논문에 표본 기록이 인용된 횟수는 2700회가 넘었다.

영국 국립자연사박물관이 제공한 데이터로만 범위를 좁히면, 이 박물관이 소장한 표본 기록을 참고한 논문이 **매일** 평균 2.2편씩 발표된 것으로 확인되었다. 또한 이 박물관이 등록한 표본 데이터는 2022년 한 해 동안 평균 3분 24초마다 한 번씩 다운로드되었다. 이는 영국의 박물관 11곳이 세계생물다양성정보기구에 제공한 표본의 디지털 기록만 조사한 결과로, 영국에 있는 모든 자연사 표본의 6퍼센트가 채 되지 않는다.[23]

디지털화하는 기록이 늘어날수록 그 가치는 더욱 커질 것이 분명하다. 영국 전역의 박물관에 있는 국가 소유의 소장품 기록을 전부 디지털화하면, 앞으로 30년 동안 생물다양성 보존과 침입종의 통제, 광물 탐사, 신약 개발, 농업 혁신의 형태로 영국 경제에 20억 파운드*의 이익을 가져다줄 것이라는 연구 결과도 있다. 이 정도면 투자 대비 수익이 7~10배에 이른다.[24]

자연사박물관이 '현대화'한 지 몇 세기가 흘렀다. 예나 지금이나 박물관 표본 관리에 헌신해온 사람들은 자기가 얼마나 중요한 일을 하는지 잘 안다. 박물관 일은 여러 직업 중 하나이지만, 이 직업에는 소명 의식이 필요하다. 지구에 사는 생물의 다양성을 기록하는 것은 자연사박물관이 처음 생겨났을 때부터 줄곧 핵심 과제다. 수 세기 전에 일했던 큐레이터들과 수십 년 전부터 지금까지 일하는 큐레이터들 모두 그 중요성을 안다.

그러나 박물관에 표본을 기증한 수백만 명의 사람들과 과거에 박물관에서 일했던 사람들도 이 일이 얼마나 시급한지는 미처 몰랐을 것이다. 자연사박물관이 책임지고 관리하는 동물·식물·균류 표본과 그 데이터가 어떻게 쓰일 수 있고 어떤 의문을 풀 수 있는지, 환경 파괴를 막으려는 치열한 노력에 얼마나 큰 변화를 일으킬 수 있는지 상상도 못했을 것이다. 자연사박물관에는 방대한 표본이 있지만, 표본의 잠재력은 그 규모보다 훨씬 방대하다.

* 우리 돈으로 약 3조 9700억 원.

에필로그

나가시는 길은 이쪽입니다

이제 우리의 가상 투어를 마무리할 때가 되었다. 자연사박물관에서 볼 수 있는 전시물들을 빠짐없이 둘러보았고, 박물관이 폐장할 시간도 얼마 남지 않았다. 기념품 판매점 앞에서 헤어지기 전에, 마지막으로 전시물을 딱 하나만 더 본다면 어떤 게 좋을까? 전통적으로 자연사박물관을 대표한다고 여겨지며, 보는 순간 경탄이 절로 나오는 웅장하고 놀라운 전시물? 아니면 대체로 주목받지 못하지만 실은 생물다양성의 숨은 영웅과도 같은 생물 표본을 찾아, 자연사박물관이 자연을 보여주는 일반적인 방식으로는 다 얻을 수 없는 지식을 채우는 게 좋을까?

표본에 담긴 사람들 이야기에 귀 기울여보는 것도 좋을 것이다. 과학의 역사에 단골로 등장하는 유명 인사들은 우리의 가상 투어에서 이미 언급했으니 제외하고, 덜 알려진 이야기가 좋을 듯하다. 자연사박물관의 표본이 뒷받침한 놀라운 과학 발전은 다양한 사람들의 기술과 전문성 덕분에 가능한 일이었음을 소개하는 그런 이야기 말이다.

보이지 않는 곳에서 과학의 중심축으로 쓰이는 표본들을 찾아보는 것도 좋은 마무리가 될 것이다. 그럼으로써 자연사박물관은 전시실에 있는 것 외에도 훨씬 많은 것을 소장하고 있으며, 실물 표본의 관리 말고도 정말 많은 기능을 한다는 것, 수많은 연구자가 자연사박물관의 표본을 활용해 우리 사회가 직면한 가장 심각한 문제를 해결하려 애쓴다는 사실을 다시금 분명히 할 수 있을 것이다.

여러분은 어느 쪽이 끌리는가?

자연사박물관은 전시실을 어떻게 구성할지 정할 때 바로 그와 같은 고민을 한다. 전시실에 놓을 표본 하나를 결정하면 수백만 점의 다른 표본은 제외해야 한다. 박물관의 전시 설명 프로그램에 반드시 들어가야 하는 표본, 전시실 한 군데에 배치할 표본의 수, 관람객이 박물관에 머무르는 짧은 시간 동안 전달할 이야기는 모두 한정되어 있다. 사람들이 자연을 내다보는 창과도 같은 자연사박물관이 편향된 관점을 제시하거나, 전통적으로 박물관이 들려주는 이야기가 편향적인 이유는 바로 그러한 제약과 맞물려 있다. 자연사박물관에 공룡과 찰스 다윈에 관한 전시물이 넘쳐나고, 그런 전시가 관람객의 만족감을 보장한다고 여겨지는 것도 그 때문이다.

그럼에도 나는 이 책을 통해 여러분이 자연과 과학·사회를 대표한다며 자연사박물관에 전시되는 것들에 새로운 균형이 필요하다는 사실을 알았기를 바란다. 물론 티라노사우루스 렉스 표본을 마주하고 입이 떡 벌어질 만큼 경이로움을 느끼는 그런 경험이 필요 없다는 소리가 아니다. 지구의 땅을 한 번이라도 밟은 적 있는 모든 생물을 통틀어 가장 거대한 이 포식동물을 누가 마다할 수 있을까?

그렇지만 과학적인 정보를 사람들에게 전달하는 사람들, 특히 박물관 큐레이터처럼 대중의 신뢰를 받는 특권을 누리는 사람들은, 곤충과 식물이 인류와 생태계 전반에 얼마나 중요한지 알리는 데에도 그 특권을 적극 활용해야 한다. 앨프리드 러셀 월리스 같은 과학계 거물이 수집한 표본들을 사람들에게 보여주고, 그런 발견 덕분에 우리가 세상을 더 깊이 이해하게 되었다는 사실을 이야기하는 게 잘못되었다는 뜻이 아니다. 박물관 소장품에 얽힌 사람들의 이야기와 역사도 더 많은 관람객이 공감할 수 있는 방식으로 더 많이 이야기하자는 뜻이다.

∞

약 10년 전에 나는 영국의 자연사 표본과 그 표본을 다루는 사람들을 대표하는 전문 기구인 자연과학소장품협회Natural Sciences Collections Association의 이사로 활동했다. 당시 영국예술위원회Arts Council England의 지원을 받아 대중이 여러 분야의 박물관을 어떻게 생각하는지 설문조사를 의뢰한 적이 있다. 다양한 분야의 전시가 섞여 있는 박물관을 찾아온 관람객들에게 가장 마음에 드는 전시와 가장 별로인 전시를 물었는데, 우리로서는 아주 반가운 결과가 나왔다. 자연사 전시가 응답자의 41퍼센트에게서 가장 마음에 들었다고 평가받을 만큼 단연 큰 호응을 얻은 것이다(혹시 궁금해하는 분들을 위해 다른 결과도 알려주자면, 43퍼센트의 응답자가 가장 마음에 들지 않는 전시로 예술 분야의 전시를 꼽았다).

25퍼센트의 응답자는 자연사 전시가 가장 별로라고 했는데, 그 이유가 주목할 만하다. 이 25퍼센트의 응답자 가운데 상당수가 다른 분야의 전시에 비해 자연사 전시에 더 많은 투자가 필요해 보인다고 지적했다. 자연사 전시물들이 낡고 해진 상태로 방치된 듯한 인상을 받은 것이다.[1] 이러한 조사 결과는 지난 수십 년 동안 정부와 관련 기관들이 자연사의 가치를 과소평가했음을 고스란히 드러낸다.

이 설문조사를 할 때만 해도 자연사 전시는 '애들이나 보는 것'이며 '시대에 뒤떨어진다'는 인식이 강했다. 박물관 사람들은 당연히 가족 단위 관람객을 소중히 여기며, 그들을 통해 자연사가 사람들에게 얼마나 친숙한 주제가 될 수 있고 얼마나 많이 사랑받을 수 있는지 체감한다. 그렇지만 자연사 전시의 효용성을 그것으로만 한정하면 박물관 표본의 엄청난 잠재성을 크게 놓치고 만다. 이 책을 읽은 여러분은 이제 이 말에 공감했기를 바란다.

그 설문조사 이후로 많은 변화가 일어났다. 세계 여러 지역에서 자연사박물관을 사람들에게 영감을 선사하는 현대적 시설로 탈바꿈하는 큰 진전도 이루어졌다. 영국 국립자연사박물관은 15년 전에 약 8000만 파운드*의 지원금을 받아 다윈센터Darwin Centre를 설립했다. 다윈센터는 방대한 액침표본과 함께 식물과 곤충 표본 약 2000만 점을 보관하는 시설로 지어졌지만, 관람객들은 이곳의 일부 소장품과 함께 박물관 직원들이 일하는 연구실과 작업실 몇 곳도 볼 수 있다. 전시실에 없는 소장품의 규모와 중요성을 강조하고, 박물관은 연구가 활발히 이루어지는 곳이기도 하다는 사실을 알리기 위한 변화다.

그 뒤로 시설 정비에 들어간 여러 박물관이 이와 같은 '보이는 수장고'를 채택했다. 그중에서도 시각적으로 가장 멋진 곳은 단연 베를린자연사박물관이다. 이곳을 찾은 관람객들은 정육면체 구조에 전면이 유리로 된 3층 높이의 거대한 수장고 외부를 따라 걸어가면서 100만여 개의 병에 담긴 액침표본을 볼 수 있다(길이를 모두 합하면 거의 13킬로미터에 이르는 선반에 진열되어 있다). 내부가 훤히 보이는 공간에 진열된 무수한 표본과 수장고 안쪽에서 흘러나오는 분위기 있는 조명이 어우러져, 소장품의 방대한 규모를 체감할 수 있는 인상적 경험을 관람객에게 선사한다.

모든 박물관이 이처럼 수장고 전체를 밖에서 훤히 볼 수 있는 구조로 만들 수 있을 만큼 공간이 여유롭지는 않다. 따라서 개별 표본의 이야기를 들려주는 전통적 전시에서 벗어나, 박물관 수

---

*   우리 돈으로 약 1580억 원.

베를린자연사박물관의 '액침표본 컬렉션'. 관람객들은 정육면체 구조에 전면이 유리로 된 거대한 수장고를 바깥쪽에서 쭉 걸어가며 볼 수 있다. 이러한 '보이는 수장고'는 소장품의 방대한 규모를 인상적으로 체감하게 해준다.

장고가 일반적인 전시실 풍경과 얼마나 다른지 보여줄 수 있는 새로운 전시 방식이 속속 등장하고 있다. 예를 들어 미국 샌프란시스코의 캘리포니아과학아카데미는 벽면 하나를 바다사자의 머리뼈 420점으로 가득 채웠는데(이것도 아카데미가 소장한 전체 바다사자 표본 중 일부에 불과하다), 이 전시는 동일한 종의 수많은 표본이 과학 연구에 얼마나 중요하게 쓰이는지 보여준다. 뉴욕 미국자연사박물관은 거대한 신관의 1층부터 건물 천장까지 닿는 구조의 전시 공간에 수천 점의 표본과 그 표본들로 밝혀진 사실을 함께 전시하는 한편, 연구실에 설치한 창문을 통해 관람객들은 박물관 수장고가 어떤 공간인지 어느 정도 느낄 수 있다.

이러한 발전은 자연사박물관이 소장한 표본의 중요성과 과학이 그 표본에 의존한다는 사실이 더욱 인정받고 있음을 보여준다. 박물관이 추진하는 이런 변화로 과학에 대한 사회의 관심이 향상되면 경제적 가치로도 이어진다는 사실을 더 많은 투자자가 알게 되기를 바란다. 자연사박물관이 시대에 뒤떨어지는 시설이라는 부당하고 아무 도움이 안 되는 오해를 벗으려면 자원이 필요하다. 박물관 건물과 전시의 질, 미적 수준은 소장품을 대하는 관람객의 인식에 지대한 영향을 준다.

이 모든 점에서 자연사박물관의 미래는 기대해볼 만하다. 공공시설의 하나로 맞이할 미래만이 아니라, 세상을 바꿀 과학에 일조할 새로운 수장고가 속속 생겨난다는 점도 기대감을 키운다. 영국 국립자연사박물관은 런던에서도 땅값이 가장 비싼 도심인 사우스켄싱턴의 런던 북쪽 트링에 조류 컬렉션을 보관하는 분관이 있고 런던 남부에 수장고가 따로 마련되어 있다. 그러나 스미스소니언박물관과 달리 지금까지 대부분의 소장품을 도심에 있는 본관 건물에 보관했는데, 이제 변화가 일어나고 있다.

영국 국립자연박물관은 65킬로미터 정도 떨어진 레딩 인근에 '과학 캠퍼스'를 새로 지어서 약 2800만 점의 표본을 그곳으로 옮기기 위한 준비가 한창이다. 박물관이 1881년에 설립된 이래로 가장 많은 소장품이 자리를 옮기게 될 이 변화의 목표는 연구자들이 표본을 더 쉽게 연구하도록 하는 것, 동시에 영국의 가장 중요한 국가 자산이라고 할 만한 이 박물관 소장품의 보관 환경을 개선하는 것이다.

비단 영국만의 이야기가 아니다. 세계 여러 지역의 제도적 변화, 정부의 반응, 자선활동을 보면 자연사박물관 투자가 중요하다는 사실에 많은 나라가 공감한다는 점을 확인할 수 있다. 불과 지난 2년 사이에 뉴욕의 미국자연사박물관이 으리으리한 신관을 개관했고, 예일피보디자연사박물관Yale Peabody Museum은 1억 6000만 달러의 기부금으로 21세기에 걸맞게 시설을 재정비했다. 앞으로 1~2년 안에는 시설 전체가 재정비에 들어간 코펜하겐의 덴마크자연사박물관이 다시 문을 열고, 아부다비에는 새로운 자연사박물관이 개관할 예정이다.

이러한 사업과 자연사박물관의 표본 데이터를 전 세계 과학자들이 이용할 수 있게 디지털화하는 최근의 투자는, 사람들이 자연사박물관을 통해 자연을 경험하고 자연의 중요성을 깨달을 기회를 크게 넓힐 것이다. 자연사박물관의 표본이 과학 발전을 뒷받침한다는 사실을 알림으로써 사람들이 표본들의 타당성에 의구심을 품지 않게 하는 것이 중요하지만, 타당성 측면에서는 2부에서 살펴본 문제도 중요하다. 자연사박물관은 과거에 박물관을 설립한 사람들과 현재 박물관에 찾아오는 사람들을 어떻게 나타내는 것이 바람직할까? 이 책에서 함께 살펴보았듯이 자연사박물관들의 태도는 불과 몇 년 전과도 달라져, 이제는 역사를 제대로 이해하려고 먼저 앞장서고 있다. 그다음 과제는 전시실에서 그런 이야기를 효과적으로 전달할 방법을 찾는 것이다. 아직 갈길이 멀지만, 변화는 시작되었다.

자연사박물관의 역할이 지금처럼 중요했던 때는 없었다. 인류의 미래를 지키는 든든한 보루가 되는 것이 자연사박물관의 역할이라는 사실은 이제 막 인정받기 시작했다. 지난 2세기 동안 자연사박물관은 어떤 과학자도 본 적 없는 어류를 남태평양에서 수집해온 찰스 다윈의 시대, 죽은 동물이 되살아났다고 착각할 만큼 정교한 표본을 제작하려 애쓰던 박제사들의 시대, 그리고 머나먼 옛날에 멸종한 동물의 표본에서 유전체를 뽑아내고 그 동물을 되살리려는 유전학자들의 시대를 지나왔다.

기념하고 감탄할 일도 많지만, 반드시 기억해야 할 일이 훨씬 많다. 자연사 표본이 수집된 방식, 자신의 역할을 제대로 인정받지 못한 사람들, 현대의 박물관이 세워지는 과정에서 자행된 폭력과 착취와 피해를 우리는 잊지 말아야 한다. 잘한 일, 잘못한 일, 아직 일어나지 않은 일을 전부 올바르게 인정할 때 비로소 자연사박물관은 우리 모두가 이 세상의 일부임을 더 폭넓은 사람들에게 일깨우고, 그럼으로써 사람들이 세상 속에서 자기 자리를 찾고 자연과 더 깊은 유대를 느낄 수 있게 돕는 역할을 다할 수 있다.

　자연사박물관의 지난 200년 역사는 감춰진 이야기가 남아 있어 불완전하고 복잡하다. 이제는 박물관이 앞장서서 그 역사의 진실을 파헤치기 시작했으며, 그에 따라 앞으로 나아갈 방향과 박물관이 어떤 역할을 할 수 있는지 찾아가고 있다. 그래서 지금만큼 박물관에서 일하기 좋은 때가 없고, 박물관을 방문해 응원하기에도 더없이 좋은 때다. 우리가 사는 세상은 지금 도움이 절실하다. 이 세상을 구하려면 한 가지가 아닌 여러 방법이 필요하다. 전 세계 자연사박물관의 서랍, 캐비닛, 전시실 그리고 자연사박물관의 활동에서 그 절실한 해답을 몇 가지 찾을 수 있다는 것은 정말 다행스러운 일이다.

감사의 말

자연사박물관에서 무엇을 배우게 될지는 직접 가서 보기 전까지 결코 알 수 없다. 사람들에게 호기심을 자아내고, 영감을 주고, 놀라움과 때로는 반발심을 일으키며 세상을 배우게 하는 그런 터전에서 20년 동안 일할 수 있었던 것은 내게 더없는 행운이다. 그동안 만난 모든 사람이 내가 자연사박물관을 바라보는 시각을 정리하는 바탕이 되었다. 그 모든 분께 매우 감사하다.

특히 이 일에 첫걸음을 내디뎠을 때, 한 팀이자 가족과도 같은 그랜트동물학박물관의 동료들에게 정말 많은 것을 배웠다. 박물관을 어떻게 운영해야 할지 머리를 맞대고 고민하던 그 시간을 함께한 린들 바이퍼드Lyndal Byford, 마크 카널, 헬렌 채터지, 해나 코니시Hannah Cornish, 태니스 데이비드슨Tannis Davidson, 제인 피어스Jayne Pierce, 질리 뉴먼Gillie Newman, 딘 빌Dean Veall, 파올로 비스카디Paolo Viscardi와 유니버시티 칼리지 런던 박물관의 모든 분에게 무한한 감사 인사를 전한다.

케임브리지대학교 동물학박물관에서도 환상적인 분들에게서 풍성한 지식과 경험을 얻었다. 박물관의 다양한 분야에서 헌신적으로 일하는 동료들, 무엇보다 끊임없이 영감과 지원을 주신 자연과학소장품협회 이사진과 자연사역사협회 회원들에게 감사드린다. 유니버시티 칼리지 런던, 케임브리지, 자연과학소장품협회에서 지난 수년 동안 나눈 대화, 명실공히 나의 '박물관 아내'인 멋진 사람 에리카 매캘리스터와 함께한 모험들도 이 책에 큰 영향을 주었다.

유니버시티 칼리지 런던 과학기술학과의 조 케인Joe Cain은 나를 과학의 역사로 처음 안내한 사람이다. 앞으로도 영원히 그의 든든한 지원을 고마워하면서 살 것이다. 몇 년 전부터 나는 연구 범위를 넓혀 박물관 소장품에 숨어 있는 식민지 시대 흔적에 주목했는데, 이 시급한 연구를 이어가고 발전시킬 수 있게 도와준 훌륭한 친구들과 동료들에게서 큰 힘과 회복력을 얻었다. 모두에게 진심으로 감사드린다. 특히 자연사를 다루는 모든 분야가 그 문제와 관련해 필요한 조치를 마련하게끔 시동을 건 미란다 로, 수바드라 다스의 연구에서 큰 영감과 동기를 얻었다. 아다니아 플레밍Adania Fleming, 데이비드 겔소프David Gelsthorpe, 리베카 킴, 리베카 머신, 다니카 파리크Danika Parikh에게도 감사드린다. 이 책에서 소개한 내 연구의 대부분은 헤들리 장학금Headley Fellowship과 영국예술지원단체 예술기금Art Fund의 도움을 받았다. 이 두 단체, 그리고 내가 이 주제로 꾸준히 연구할 수 있게 아낌

없이 지원해준 우리 박물관의 리베카 킬너Rebecca Kilner 부서장에게도 진심으로 감사드린다.

일일이 다 인사를 전할 수 없을 만큼 세계 곳곳의 수많은 박물관 동료들이 내 연구에 관심을 보이고 크게 환영하면서 힘을 보태주었다. 기꺼이 시간을 내어 열정적이고 너그럽게 도와준 분들에게 감사 인사를 전한다. 스미스소니언박물관의 캐럴 버틀러Carol Butler와 존 오소스키John Ososky, 케임브리지대학교 동물학박물관의 대니얼 필드Daniel Field와 맷 헤이스, 제이슨 헤드Jason Head, 내털리 존스Natalie Jones, 맷 로Matt Lowe, 리처드 프리스Richard Preece, 러셀 스테빙스Russell Stebbings, 에드 터너, 호주박물관의 크리스 헬겐Kris Helgen, 세지윅박물관의 리즈 하이드Liz Hide와 댐 펨버튼Dam Pemberton, 롭 시어도어Rob Theodore, 미국자연사박물관의 엘리너 호거Eleanor Hoeger와 멜라니 홉킨스Melanie Hopkins, 하버드 비교동물학박물관의 스콧 존슨Scott Johnson과 하비에르 오르테가 에르난데스, 태즈메이니아박물관·미술관의 캐서린 메드록Katherine Medlock, 빅토리아박물관의 캐런 로버츠Karen Roberts와 케빈 로Kevin Rowe, 남호주박물관의 데이비드 스테머David Stemmer, 그 밖의 많은 분이 도움을 주었다.

이 책을 집필하는 과정에서 세세한 궁금증을 해소해준 분들도 빼놓을 수 없다. 영국 국립자연사박물관의 폴 배럿Paul Barrett과 내털리 쿠퍼, 로베르토 포르텔라 미게스Roberto Portela Miguez, 리즈시립박물관의 클레어 브라운Clare Brown, 린네학회의 이자벨 샤

르망티에Isabelle Charmantier, 웨일스국립박물관(카디프국립박물관)의 젤 갈리칸Jen Gallichan, 영국 왕립원예협회의 이베트 하비Yvette Harvey, 파비엔 골레어Fabienne Gallaire, 미국 캘리포니아과학아카데미의 린 쿵, 헌터리언박물관의 마이크 러더퍼드, 런던 정치경제대학교의 제이크 수브라이언 리처즈, 맨체스터박물관의 에스메 워드Esme Ward, 스캇폴라연구소 산하 폴라박물관의 데이비드 워터하우스David Waterhouse, 그 밖에 내가 꼼꼼히 기록해두지 않아 놓쳤을지 모르는 많은 분에게 깊은 감사를 전한다.

이 책의 첫 제안서를 총 열여섯 번에 걸쳐 어떤 방향으로 다듬어야 하는지 가르쳐준 PEW 문학에이전시PEW Literary의 내 담당 에이전트 더그 영Doug Young, 지금 여러분이 들고 있는 이 책에 내가 하고 싶은 이야기를 잘 담아낼 수 있도록 큰 도움을 준 펭귄랜덤하우스 출판사Penguin Random House의 편집자 로라 스틱니Laura Stickney와 파하드 알아무디Fahad Al-Amoudi에게는 어떤 말로도 내 고마운 마음을 다 전할 수 없을 듯하다. 로지 브라운Rosie Brown, 애너벨 헉슬리Annabel Huxley, 루스 피에트로니Ruth Pietroni, 킴 워커Kim Walker 등 출판사의 다른 분들, 빈틈없이 교열해준 리처드 메이슨Richard Mason에게도 감사드린다.

정신없이 바쁜 직장 생활 틈틈이 책 쓸 시간을 짜내던 시기에 내가 제정신으로 버틸 수 있게 도와준 친구들 캐서린 올포트Catherine Alport, 세라 델러Sarah Dellar, 루스 데스포지스Ruth Desforges, 앤드루 포스터Andrew Foster, 피트 힌스트리지Pete Hinstridge, 마크

존스Marc Jones, 클렘 리벤버그Clem Liebenberg, 토비 놀런Toby Nowlan, 세바스티안 페니골트Sebastien Penigault, 로나 스트로브리지Rona Strawbridge, 안 반 캄프An Van Camp, 스티브 웨스트레이크Steve Westlake, 숀 웰런Shaun Whelan 그리고 앞서 언급한 모든 분에게 다시 한번 정말 고마웠다고 말하고 싶다.

마지막으로 엄마, 아빠, 샐리, 개빈, 알피, 새디, 조용할 날 없는 우리 대가족 모두가 내게 준 사랑과 응원, 즐거운 웃음에 깊이 감사드린다.

프롤로그

1 Carnall, M. (2013.10.15). "Natural history museum bingo!" *UCL Museums Blog* (검색일: 2020.12.4).

2 지금도 런던에 있는 영국 국립자연사박물관 중앙 홀에 공룡 뼈가 전시되어 있지만, 벽감 중 한 곳에 들어가 있다.

3 Witton, M. P., & Michel, E. (2022). *The Art and Science of the Crystal Palace Dinosaurs*. Marlborough: The Crowood Press Ltd.

4 2024년 영국 국립자연사박물관 정원에는 황동으로 만든 골격표본이 설치되었다. '펀(Fern)'이라고 불린 이 표본은 디피의 골격을 3D 스캔한 복제품이다. 지지대 없이 단독으로 세울 수 있는 점이 펀의 놀라운 특징인데, 이 표본을 제작한 공학자들은 과거에 실제 공룡이 몸을 일으켜 세운 방식에서 영감을 얻었다고 한다.

5 Tschopp, E., Mateus, O., & Benson, R.B. (2015). "A specimen-level phylogenetic analysis and taxonomic revision of Diplodocidae (Dinosauria, Sauropoda)" *PeerJ*, no.3, e857.

6 뉴욕의 미국자연사박물관에는 전 세계 모든 박물관을 통틀어 가장 거대한 운석이 전시되어 있다. 아니히토(Ahnighito)라는 이름의 이 운석은 무게가 34톤이나 되어, 건물 바닥을 뚫고 아래로 떨어지지 않게끔, 지하부터 운석이 전시된 층까지 이어지는 여섯 개의 금속 기둥이 받치고 있다. 공룡의 골격은 수많은 뼈에 무게가 분산되기 때문에 이런 방식을 적용하기 힘들다.

7 반대로, 대왕고래로서는 하필 우리와 같은 시대를 사는 게 매우 불행한 일이다. 고래가 숨을 쉬려고 해수면에 올라올 때를 노려 작살로 사냥하던 포경산

업이 최근 몇 세기 동안 고래에게 끼친 악영향 탓에, 21세기 들어 몇몇 고래 종은 이제 볼 수 없게 되었다. 그렇게 잡힌 고래의 기름은 런던 거리의 가로등을 밝히는 연료로 쓰였으며, 미국에서는 포경산업이 초기 경제성장에 엄청난 몫을 차지했다. 필립 호어(Philip Hoare)는 책 《리바이어던 또는 고래》에서 고래잡이가 횡행하던 시대를 이렇게 묘사했다. "공기를 인간과 공유해야 하는 운명인 고래는, 목숨을 부지하려면 그 목숨을 걸고 위험을 감수해야 한다." 흥미롭게도, 고래 사냥에 관한 인식이 대대적으로 변화하자 관람객들이 박물관에 전시된 고래를 바라보는 태도 또한 크게 달라졌다. 상업적 고래 사냥이 최고조에 이른 1930년대 사람들은 박물관에 전시된 고래를 보면서 값이 얼마나 나갈지 궁금해했지만, 이제는 자연사와 상업적 가치를 연결 짓는 일이 매우 드물다. 금과 다이아몬드 같은 몇몇 광물을 제외하면, 자연사박물관의 전시물 중에 관람객이 상업적 값어치부터 떠올릴 만한 것은 별로 없다. Hoare, P. (2008). *Leviathan or, the Whale*. London: Fourth Estate; Henning, M. (2011). "Neurath's whale". In S. Alberti (ed.), *The Afterlives of Animals: A Museum Menagerie* (pp.151-168). Charlottesville and London: University of Virginia Press.

8   Fortey, R. (2008). *Dry Store Room no. 1*. London: Harper Perennial [《런던 자연사박물관》, 리처드 포티, 박중서 번역(까치, 2009년)].

9   Op de Beeck, J. (2020). *Leopold II: Het hele verhaal*. Antwerp: Horizon.

10   Hochschild, A. (1998). *King Leopold's Ghost*. Boston: Mariner Books [《레오폴드왕의 유령》, 아담 오크쉴드, 이종인 번역(무우수, 2003년)].

11   AfricaMuseum (n.d.). Mission, Ethics and Organisation. Retrieved 2024.5.11. from https://www.africamuseum.be/en/about_us/mission-organisation

1장

12   The National Gallery (2023). *Collections Overview*. https://www.nationalgallery.org.uk/paintings/collection-overview (검색일: 2023.4.9).

13   Johnson, K., Owens, I. and the Global Collection Group (2023). "A global approach for natural history museum collections". *Science*, vol.279, no.6638, 1192-1194.

14   The Metropolitan Museum of Art. (2000, 25 January). "Metrolpolitan Museum launches new and expanded website". *The Met website* https://www.metmuseum.org/press/exhibitions/2000/metropolitan-museum-launches-new-and-expanded-web-site (검색일: 2023.4.9).

15   The State Hermitage Museum (2023). *Hermitage in Facts and Figures*. ttps://www.hermitagemuseum.org/wps/portal/hermitage/about/facts_and_figures (검색일:

2023.4.9).

16   Alberti, S. (2011). *The Afterlives of Animals: A Museum Menagerie*. Charlottesville and London: University of Virginia Press.

17   몇천 년 동안 땅에 묻혀 있던 뼈 화석이 고스란히 발견되는 사례들로 알 수 있듯이 뼈는 보존하기가 꽤 쉬운 편이다. 가장 큰 산은 생물의 부패하기 쉬운 물질을 보존하는 일이다. 옥스퍼드대학교 자연사박물관에는 세계에서 가장 오래된 곤충 표본이 있다. 1702년 5월에 영국 배스에서 수집되어 핀에 꽂혀 있는 흰나비 표본인데, 재미있게도 서로 경쟁관계인 케임브리지대학교가 있는 케임브리지 외곽에서 잡혔다. 옥스퍼드대학교 자연사박물관이 처음 문을 열 때부터 관리한 트레이드스캔트 부자의 수집품 중 하나인, 뱀 한 마리가 통째로 보존액에 담긴 표본도 있다. 트레이드스캔트 부자는 1630년대부터 수집을 시작했다. 식물 표본은 역사가 더 깊다. 지금까지 전해지는 가장 오래된 식물 표본은 1504년에 수집된 것으로, 미국 워싱턴 스미스소니언연구소의 국립식물표본실에 있다. Kemp, C. (2017). *The Lost Species*. Chicago: University of Chicago Press.

18   Andrei, M.A. (2020). *Nature's Mirror: How Taxidermists Shaped America's Natural History*. Chicago: University of Chicago Press. 유명한 화가이기도 했던 찰스 윌슨 필은 미국 독립전쟁 시기에 그린 수많은 병사들과 정치인들의 초상화로도 칭송받았다. 그가 그린 조지 워싱턴의 초상화 수십 점 가운데 하나는 2006년에 2130만 달러에 팔리며 미국에서 가장 비싼 초상화로 기록되었다.

19   Bullock, W. (1812). *A Companion to Mr. Bullock's London Museum and Pantherion* (12th ed.). London: William Buck London Museum.

20   규칙적인 모양으로 형성되는 이런 현무암 기둥은 여러모로 인상적이다. 이 같은 형태의 기둥은 화산에서 분출된 용암이 냉각되면서 형성되는데, 2023년에 한 연구진은 웜뱃이 완벽한 정육면체 모양의 똥을 누는 신기한 현상도 그러한 원리로 설명할 수 있다고 밝혔다. 웜뱃의 장에서 수분이 추출되면서 똥의 부피가 수축하고 규칙적인 형태로 조각조각 나뉘는 과정과, 용암이 식으면서 수축하고 쪼개지는 원리가 동일하다는 것이다. Magondu, B. et al. (2023). "Drying dynamics of pellet feces". *Soft Matter*, no.19, 723-732.

21   Bullock, W. (1812). *A Companion to Mr. Bullock's London Museum and Pantherion* (12th ed.). London: William Buck London Museum.

22   Sleightholme, S. (2023). "William Bullock's thylacine". In B.H. Linnard (ed.), *Thylacine: The History, Ecology and Loss of the Tasmanian Tiger* (pp.61-62). Melbourne: CSIRO Publishing.

23 Ashby, J. (2023a). "How collections and reputation were built out of Tasmanian violence: thylacines and Aboriginal remains from Morton Allport". *Archives of Natural History*, vol.50, no.2, 244-264.

24 에이클리는 세상에서 가장 유명한 코끼리인 점보(Jumbo)도 박제했다. 피니어스 테일러 바넘의 서커스에 출연한 점보는 그 뒤 런던동물원과 파리식물원에서 지내다가 1885년 열차에 부딪혀 죽었다. 점보가 새끼를 구하려다가 사고를 당했다는 이야기도 전해진다.

25 Haraway, D. (1984). "Teddy bear patriarchy: taxidermy in the Garden of Eden, New York City, 1908-1936". *Social Text*, no.11, 20-64.

26 Ashby, J., & Machin, R. (2021). "Legacies of colonial violence in natural history collections". *Journal of Natural Science Collections*, no.8, 44-54.

27 Quinn, S. (2006). *Windows on Nature: The Great Habitat Dioramas of the American Museum of Natural History*. New York: Abrams.

28 같은 책.

29 에이클리가 박제를 배운 곳이기도 한 미국 뉴욕 로체스터의 워드자연과학소 (Ward's Natural Science Establishment) 설립자이자 여러 자연사박물관에 표본을 엄청나게 공급한 미국인 헨리 오거스터스 워드(Henry Augustus Ward)와 영국인 제임스 롤런드 워드는 성이 같아 헷갈리기 쉽지만 다른 사람이다. 제임스 롤런드 워드는 존 제임스 오듀본의 박제사였던 부친 헨리 워드(Henry Ward)와도 혼동하기 쉽다. 헨리 워드의 여자 형제인 제인 캐서린 워드(Jane Catherine Ward)는 조류학자 존 굴드(John Gould)와 함께 연구하다가 호주로 건너가 호주 최초의 여성 박제사가 되어 호주박물관에서 일했다. 제인, 헨리와 같은 형제인 프레더릭 워드(Frederick Ward)도 이 분야에서 일했다. 이처럼 워드 집안에서는 박제사가 여럿 나왔는데, 그 시작은 제인·헨리·프레더릭의 부친 존 워드(John Ward)였다. 존은 자손들만큼 성공하지는 못했다. 박제술의 역사에 관한 자료에서 '워드'가 나오면, 이 여러 워드 중에 누구인지 잘 찾아내야 한다. Jackson, C.E. (2018). "The Ward family of taxidermists". *Archives of Natural History*, vol.45, no.1, 1-13.

30 Grande, L. (2017). *Curators: Behind the Scenes of Natural History Museums*. Chicago: University of Chicago Press[《큐레이터: 자연의 역사를 읽는 사람들》, 랜스 그란데, 김새남 번역(소소의책, 2019)].

31 Ashby, J. (2022). *Platypus Matters*. London: William Collins.

32 Reynolds, J.C., & Tapper, S.C. (1995). "The ecology of the red fox Vulpes vulpes in relation to small game in rural southern England". *Wildlife Biology*, vol.1, no.2, 105-

119.

33 Machin, R. (2008). "Gender representation in the natural history galleries at the Manchester Museum". *Museum and Society*, no.6, 54-67.

34 이 뿔은 1854년 당시에도 논란이 되었다. 크리스털펠리스의 공룡 모형 전시에 수석 자문으로 참여한 고생물학자 리처드 오언은 이구아노돈에게 정말로 그런 뿔이 있는지 "상당한 의문이 든다"고 밝혔다. 호킨스의 이구아노돈 모형은 그 외에도 턱 밑에 축 처진 살이나 눈에 띌 정도로 거대한 고막, 등뼈를 따라 돋아난 뾰족뾰족한 비늘 등 몸의 여러 부분이 이구아나와 비슷했다. 모두 화석으로 발견된 이구아노돈의 이빨과는 매우 동떨어진 느낌이 드는 특징이었다. Owen, R. (1854). *Geology and Inhabitants of the Ancient World*. London: Crystal Palace Library; Witton, M.P., & Michel, E. (2022). *The Art and Science of the Crystal Palace Dinosaurs*. Marlborough: The Crowood Press Ltd.

35 Ross, R.M., Duggan-Haas, D., & Allmon, W.D. (2013). "The posture of Tyrannosaurus rex: why do student views lag behind the science?" *Journal of Geoscience Education*, no.61, 145-160.

36 이 모형은 실제보다 약간 더 마른 체형이긴 하지만 해부학적으로 무척 정확한 편이다. 티라노사우루스 렉스의 몸에 깃털이 있는지는 아직 논란이 많은데, 이 모형에는 깃털이 없다.

37 Rader, K.A., & Cain, V.E. (2014). *Life on Display*. Chicago: University of Chicago Press.

2장

1 Cooper, N., Bond, A., Davis, J., Portela Miguez, R., Tomsett, L., & Helgen, K. (2019). "Sex biases in bird and mammal natural history collections". *Proceedings of the Royal Society B*, no.286, 20192025.

2 Witton, M.P., & Michel, E. (2022). *The Art and Science of the Crystal Palace Dinosaurs*. Marlborough: The Crowood Press Ltd.

3 Barnosky, A.D. (1985). "Taphonomy and herd structure of the extinct Irish elk, *Megaloceros giganteus*". *Science*, no.228, 340-344.

4 같은 글.

5 Gould, S.J. (1974). "The origin and function of 'bizarre' structures: antler size and skull size in the "Irish elk", *Megaloceros giganteus*". *Evolution*, vol.28, no.2, 191-220.

6 어느 동료는 자기가 일하는 박물관에 사슴뿔 돌기(수컷의 가지 진 뿔에 뾰족하게 돋아난 말단 부분) 하나가 표본으로 보관되어 있으며, 세상에서 가장 거대한 뿔

의 일부가 분명하다고 주장한다. 그 돌기가 떨어져나온 뿔의 95퍼센트가 소실된 상태라 아무도 반박할 수가 없다.

7 Cooper, N., Bond, A., Davis, J., Portela Miguez, R., Tomsett, L., & Helgen, K. (2019). "Sex biases in bird and mammal natural history collections". *Proceedings of the Royal Society B*, no.286, 20192025.

8 Legaut, F. (1708). *Voyage et aventures en deux isles desertes des Indes Orientales*, p.226. London: David Mortier.

9 식민지 시대에 표본이 수집된 네트워크를 알 수 있는 예다. 이 주제는 2부에서 자세히 다룬다. 우리 박물관이 도도새의 뼈 표본을 세계에서 가장 많이 소장하게 된 바탕에도 뉴턴 형제가 있다. 모리셔스섬과 가까운 로드리게스섬은 도도새 서식지로 가장 유명한 곳이고, 이 형제는 그 섬에서 표본을 수집할 수 있었기 때문이다. 앨프리드 뉴턴은 멸종 조류 분야의 세계적인 전문가이자 영국 왕립조류보호협회(RSPB)의 초대 회원으로 큰 명성을 얻었다. 영국에서 사냥 금지 기간을 법으로 정해 야생동물을 보호하는 법이 제정될 때, 앨프리드 뉴턴의 연구가 근거로 활용되기도 했다.

뉴욕의 미국자연사박물관이 소장한 조류 표본들을 수집한 프랭크 M. 채프먼(Frank M. Chapman)은 미국의 뉴턴이라 할 만한 인물인데, 흥미로운 사실은 그도 조류를 보호하는 법률 제정에 관여했다는 것이다. 채프먼은 특히 백로를 비롯한 새의 깃털을 여성들의 모자 장식품으로 쓰지 못하게 하는 법에 큰 관심을 쏟았다. 이런 초기 사례들은 자연사박물관이 처음 설립될 때부터 환경보호에 늘 중요한 역할을 해왔음을 보여준다. Applewhite, A. (2013). *American Museum of Natural History: The Ultimate Guide*. New York: Sterling.

10 Newton, A. (1872). "On an undescribed bird from the island of Rodriguez". *Ibis*, vol.14, no.1, 31–34.

11 Newton, A. (1875). "Note on *Palaeornis exsul*". *Ibis*, vol.17, no.3, 343.

12 Newton, A., & Newton, E. (1876). "On the psittaci of the Mascarene Islands". *Ibis*, vol.18, no.3, 281–289.

13 Machin, R. (2017). "Museum collections". In J.S. Parrenas (ed.), *Gender: Animals* (pp.263–279). Macmillan Reference USA.

14 Machin, R. (2008). "Gender representation in the natural history galleries at the Manchester Museum". *Museum and Society*, no.6, 54–67.

15 같은 글.

16 Odom, K., Hall, M., Riebel, K. et al. (2014). "Female song is widespread and ancestral in songbirds". *Nature Communications*, no.5, 3379.

17 Benedict, L., & Wilkins, M.(2022, 1 May). "Female birds sing, too". *Scientific American*, vol.326, no.5, 10.

18 Machin, R.(2008). "Gender representation in the natural history galleries at the Manchester Museum". *Museum and Society*, no.6, 54-67.

19 Reynolds, F., & Mulville, J.(2023, 18 January). "Red Lady of Paviland: the story of a 33,000-year-old-skeleton — and the calls for it to return to Wales". *The Conversation*(검색일: 2023.5.12).

20 버클랜드는 로마인의 뼈라고 추정했지만, 2008년에 실시된 방사성탄소 연대 측정 결과 그보다 훨씬 오래전인 3만 3000년 전에 살았던 남성의 뼈일 가능성이 있는 것으로 확인되었다. 그 시대에는 매장 풍습이 중요하게 여겨졌다는 점을 들어, 옥스퍼드로 옮겨진 뼈를 웨일스로 반환해야 한다는 요구가 꾸준히 제기된다. 이 일을 '웨일스 버전의 엘긴 마블(Elgin Marble)'[*]이라고 일컫는 사람들도 있다.

21 Wilford, J.N.(1995.12.21). "Fossil of nesting dinosaur strengthens link to modern birds". *New York Times*, 22.

22 Yang, T.-R., Wiemann, J., Xu, L., Cheng, Y.-N., Wu, X.-C., & Sander, P.(2019). "Reconstruction of oviraptorid clutches illuminates their unique nesting biology". *Acta Palaeontologica Polonica*, vol.64, no.3, 581-596.

23 Lomax, D.(2021). *Locked in Time*. New York: Columbia University Press[《왓! 화석 동물행동학: 먹고 싸(우)고 기르는 진기한 동물 화석 50》, 딘 R. 로맥스, 김은영 번역(뿌리와이파리, 2022)].

24 Norell, M.A., Clark, J.M., Chiappe, L.M., & Dashzeveg, D.(1995). "A nesting dinosaur". *Nature*, no.378, 774-776.

25 전통적인 생물 분류체계에서는 척추동물을 어류, 양서류, 파충류, 조류, 포유동물로 나누지만, 이는 지나치게 단순화한 분류다. 우선 그 모든 동물이 어류에서 진화했으므로, 엄밀히 따지면 전부 어류에 속한다. 또한 각 분류에는 진화 순서에 따라 나중에 생겨난 자손도 그 분류 안에 전부 포함되어야 한다. 조류는 공룡으로부터 진화했고 공룡은 파충류이므로, 조류는 파충류에 속한다. 따라서 악어는 도마뱀보다 닭과 더 가깝다.

---

* 19세기 초 오스만튀르크에 영국대사로 머무른 엘긴 경이 스코틀랜드에 집을 지으면서, 그리스 건축 양식을 본뜨고 싶은 마음에 아예 아테네 파르테논신전의 유물을 떼어내 반출한 일을 가리킨다. 문화재 약탈 행위를 뜻하는 표현으로 쓰이며, 엘기니즘(Elginism)이라고도 한다.

26 Varricchio, D.J., Moore, J.R., Erickson, G.M., Norell, M.A., Jackson, F.D., & Borkowski, J.J.(2008). "Avian paternal care had dinosaur origin". *Science*, vol.322, no.5909, 1826-8.

27 Brooks, R.(2021). "Darwin's closet: the queer sides of *The Descent of Man*(1891)". *Zoological Journal of the Linnean Society*, no.191, 323-346.

28 Levick, G.M.(1914). *Antarctic Penguins: A Study of Their Social Habits*. London: W. Heinemann.

29 여러 건의 추가 연구에서, 수컷 아델리펭귄은 죽은 펭귄(또는 어린 펭귄이나 다친 펭귄)도 암컷이 교미를 허락할 때 취하는 자세로 누워 있으면 다가가 짝짓기를 시도할 만큼 성욕이 지나치게 강한 것으로 밝혀졌다. Ainley, D.(1978). "Activity patterns and social behavior of non-breeding Adélie penguins". *Condor*, no.80, 138-46.

30 Levick, G.(1915). "The sexual habits of the Adélie penguin". London: British Museum(Natural History).

31 Russell, D.G., Sladen, W.J., & Ainley, D.G.(2012). "Dr. George Murray Levick(1876-1956): unpublished notes on the sexual habits of the Adélie penguin". *Polar Record*, vol.48, no.4, 387-393.

32 Taylor, R.(1962). "The Adélie penguin, *Pygoscelis adeliae*, at Cape Royds". *Ibis*, no.104, 176-204.

33 Driscoll, E.V.(2008, 1 June). "Bisexual species: unorthodox sex in the animal kingdom". *Scientific American*, 68-73.

34 Innis, A.C.(1958). "The behaviour of the giraffe, *Giraffa camelopardalis*, in the Eastern Transvaal". *Proceedings of the Zoological Society of London*, no.131, 245-278.

35 Dagg, A.I.(1983). *Harems and Other Horrors: Sexual Bias in Behavioral Biology*. Waterloo, Ontario: Otter Press.

3장

1 Bullock, W.(1812). *A Companion to Mr. Bullock's London Museum and Pantherion*(12th ed.). London: William Buck London Museum.

2 공정성을 위해 덧붙이면, 런던에 있는 영국 국립자연사박물관의 주 출입구 근처에 마련된 '원더베이(Wonderbays)'라는 전시 공간에는 진짜 곤충들의 표본이 풍성하게 진열되어 있다. 또한 '고치(Cocoon)' 수장고에는 박물관 표본이 과학 연구에 어떻게 활용되는지 설명하는 전시가 곤충과 식물 표본을 중심으로 마련되어 있다. 그러나 이 수장고는 박물관 건물에서 가장 구석진 위치의 카페

뒤쪽 작은 엘리베이터를 타야만 갈 수 있어서 관람객의 발길이 가장 뜸하다.

3   Howlett, K., Lee, H.- Y., Jaffe, A., Lewis, M., & Turner, E.C.(2023). "Wildlife documentaries present a diverse, but biased, portrayal of the natural world". *People and Nature*, no.5, 633-644.

4   Howlett, K., & Turner, E.(2023). "What can drawings tell us about children's perceptions of nature?". *PLoS ONE*, vol.18, no.7, e0287370.

5   Howlett, K.(2023, 13 July). "Children have a skewed view of the natural world- but it doesn't have to be that way". *The Conversation*(검색일: 2023.7.17).

6   McAlister, E.(2017). *The Secret Life of Flies*. London: The Natural History Museum [《위대한 파리》, 에리카 맥앨리스터, 이동훈 번역(마리앤미, 2023)].

7   Milman, O.(2022). *The Insect Crisis*. London: Atlantic Books[《인섹타겟돈: 곤충이 사라진 세계, 지구의 미래는 어디로 향할까》, 올리버 밀먼, 황선영 번역(블랙피쉬, 2022)].

8   Culgan, R.S.(2022, 28 October). "Peek inside the cavernous American Museum of Natural History expansion", *TimeOut*(검색일: 2023.6.20).

9   자연사박물관은 관람객들에게 중요한 건강 정보를 전달하는 주요 경로가 될 수 있다. 뉴욕의 미국자연사박물관의 다른 전시실에는 밀랍으로 만든 거대한 모기 모형이 있는데, 실제 모기보다 75배 크게 제작된 이 모형은 1917~1918년 뉴욕 시민들에게 말라리아 확산을 경고하려고 만든 것이다. Applewhite, A.(2013). *American Museum of Natural History: The Ultimate Guide*. New York: Sterling.

10   FAO(2018). Why Bees Matter. Food and Agriculture Organization of the United Nations.

11   Heywood, J.J.N., Massimino, D., Balmer, D., Kelly, L., Marion, S., Noble, D.G., ⋯ Gillings, S.(2024). *The Breeding Bird Survey 2023*. BTO/JNCC/RSPB.

12   Ball, L., Still, R., Riggs, A., Skilbeck, A., Shardlow, M., Whitehouse, A., & Tinsley-Marshall, P.(2021). *The Bugs Matter Citizen Science Survey: Counting Insect 'Splats' on Vehicle Number Plates Reveals a 58.5% Reduction in the Abundance of Actively Flying Insects in the UK Between 2004 and 2021*. Buglife and Kent Wildlife Trust.

13   Ball, L.(2022). *The Bugs Matter Citizen Science Survey of Insect Abundance*. Buglife and Kent Wildlife Trust.

14   Milman, O. *The Insect Crisis*.

15   Hallmann, C., Sorg, M., Jongejans, E., Siepel, H., Hofland, N., & Schwan, H.(2017). "More than 75 per cent decline over 27 years in total flying insect biomass in protected areas". *PLoS ONE*, vol.12, no.10, e0185809.

16   Lister, B., & Garcia, A.(2018). "Climate-driven declines in arthropod abundance

restructure a rainforest food web". *PNAS*, vol.115, no.44, E10397-E10406.

17 Sanchez-Bayo, F., & Wyckhuys, K.A.(2019). "Worldwide decline of the entomofauna: a review of its drivers". *Biological Conservation*, no.232, 8-27.

18 Milman, O. *The Insect Crisis*.

4장

1 Andrei, M.A.(2020). *Nature's Mirror: How Taxidermists Shaped America's Natural History*. Chicago: University of Chicago Press.

2 리스본에 있는 포르투갈의 국립자연사과학박물관에는 매우 이례적이고 효과적인 방식으로 자국의 토착 야생동물만 전시한 공간이 있다. 관람객과 표본 사이를 유리로 가로막지 않고 전체가 탁 트여 있는 이 전시실은, 관람객이 직접 걸어 들어가 구경하는 거대한 디오라마 형태의 현대적 방식으로 제작되었다. 관람객들은 MDF*를 잘라서 만든 단순한 암석이 놓여 있고 머리 위로는 아크릴로 만든 강물이 흐르는 이 생태환경 디오라마 내부로 들어가 곳곳에 배치된 동물들 사이를 거닌다. '절벽' 틈새로 삐죽 나와 있는 식물은 모형이 아닌 실제 나뭇가지다. 전반적으로 간결하고 현대적인 모형 속에서 이 바싹 마른 가느다란 갈색의 나뭇가지를 보면, 식물도 환경의 일부라는 것을 분명하게 느끼게 된다.

3 Britten, J.(1922). "Short notes: Vicia dennesiana H.C. Watson". *Journal of Botany, British and Foreign*, no.60, 364.

4 Ashby, J.(2017). *Animal Kingdom: A Natural History in 100 Objects*. Gloucester: The History Press.

5장

1 Nweeia, M., Eichmiller, F., Hauschka, P., Donahue, G., Orr, J., Ferguson, S., … Kuo, W.(2014). "Sensory ability in the narwhal tooth organ system". *The Anatomical Record*, no.297, 599-617.

2 Greenspoon, L., Krieger, E., Sender, R., Rosenberg, Y., Bar-On, Y., Moran, U., … Milo, R.(2023). "The global biomass of wild mammals". *PNAS*, vol.120, no.10, e2204892120.

3 Poliquin, R.(2011). "Balto the dog". In S. Alberti(ed.), *The Afterlives of Animals: A*

---

* 목재 섬유소를 분리·추출해 고온·고압에 압축한 합판.

Museum Menagerie (pp.92-109). Charlottesville and London: University of Virginia Press.

4   Galton, F. (1863). *The First Steps Towards the Domestication of Animals*. London: Spottiswoode & Co.

5   Galton, F. (1883). *Inquiries into Human Faculty and its Development*. London: Macmillan.

6   Das, S. (2017, 25 October). "Racism, eugenics and the domestication of humans". *UCL Culture Blog* (검색일: 2023.7.30).

7   Ashby, J. (2017). *Animal Kingdom: A Natural History in 100 Objects*. Gloucester: The History Press.

8   엑스선이 1895년에 처음 발견된 직후, 새로운 연구 기술이 가장 먼저 적용된 대상은 미라로 보존된 따오기와 카멜레온, 열대어 표본 등 몇몇 자연사 표본이었다.

9   Ashby, J. (2022). *Platypus Matters*. London: William Collins.

10 Nicholls, H. (2011). "The afterlife of Chi-Chi". In S. Alberti (ed.), *The Afterlives of Animals: A Museum Menagerie* (pp.169-185). Charlottesville and London: University of Virginia Press.

11 Sabin, R. (2011). "The Thames whale: the difficult birth of a celebrity specimen". In S. Alberti (ed.), *The Afterlives of Animals: A Museum Menagerie* (pp.186-201). Charlottesville and London: University of Virginia Press.

12 뒤에서 살펴보겠지만, 표본 제작에 관한 자신의 견해를 이렇게 강하게 피력한 소로가 방대한 식물 표본을 제작했다는 사실은 참 아이러니하다. 그가 수집한 식물 표본은 매사추세츠의 환경 변화를 추적할 수 있는 귀중한 자료로 여겨진다.

13 Thoreau, H.D. (1837-46 [pub. 1906]). *The Writings of Henry David Thoreau, Volume VII* (of 20). Boston and New York: Houghton, Mifflin & Co.

14 Paddle, R.N., & Medlock, K.M. (2023). "The discovery of the remains of the last Tasmanian tiger (*Thylacinus cynocephalus*)" *Australian Zoologist*, vol.43, no.1, 97-108.

15 Brook, B.W., Sleightholme, S.R., Campbell, C.R., Jarić, I., & Buettel, J.C. (2023). "Resolving when (and where) the thylacine went extinct". *Science of the Total Environment*, no.877, 162878.

16 Linnard, G., & Sleightholme, S.R. (2023). "An exploration of the evidence surrounding the identity of the last captive thylacine". *Australian Zoologist*, vol.43, no.2, 287-338.

6장

1 옥스퍼드대학교 자연사박물관의 도도새 표본이 큰 명성을 얻은 데는 작가 루이스 캐럴(Lewis Carroll)도 큰 몫을 했다. 《이상한 나라의 앨리스》에 등장하는 도도새는 바로 이 옥스퍼드 박물관 표본에서 영감을 얻어 탄생했다. 박물관이 소장한 표본은 문화적으로 광범위한 영향력이 있음을 알려주는 또 다른 예다.

2 Hume, J., Cheke, A., & McOran-Campbell, A.(2009). "How Owen 'stole' the Dodo: academic rivalry and disputed rights to a newly-discovered subfossil deposit in nineteenth century Mauritius". *Historical Biology*, vol.21, nos. 1-2, 33-49.

3 Brown, C.M.(2020). "Harry Pasley Higginson and his role in the re-discovery of the dodo(*Raphus cucullatus*)". *Archives of Natural History*, vol.47, no.2, 381-391.

4 Hume, J., Cheke, A., & McOran-Campbell, A. 같은 글.

5 Das, S., & Lowe, M.(2018). "Nature Read in Black and White: decolonial approaches to interpreting natural history collections". *Journal of Natural Science Collection*, no.6, 4-14.

6 미국의 자연사박물관에서만 그런 게 아니다. 예를 들어 프랑스 국립자연사박물관과 6킬로미터 떨어진 곳에 있는 파리 인류박물관(Musée de l'Homme)도 자연사박물관의 부속기관으로 운영된다.

7 Small, J., & Jacobs, Z.(2024.1.26). "Leading museums remove native displays amid new federal rules". *New York Times*(검색일: 2024.4.25).

8 호니먼박물관은 앞서 언급한 미국의 박물관들처럼 세계의 문화를 자연사의 한 부분으로 전시하지 않는다는 점을 강조하고 싶다. 이 박물관에서는 여러 분야를 아우르는 다양한 전시를 볼 수 있다.

9 Ashby, J.(2020, 22 October). "Telling the truth about who really collected the 'hero collections'". *The Natural Sciences Collections Association Blog*(검색일: 2023.12.18).

10 Van Wyhe, J., & Drawhorn, G.M.(2015). "'I am Ali Wallace': the Malay assistant of Alfred Russel Wallace". *Journal of the Malaysian Branch of the Royal Asiatic Society*, vol.88, no.1(308), 3-31.

11 월리스는 같은 생물 표본을 대부분 여러 점 수집했다. 그중 하나는 자기가 갖고, 나머지는 팔아서 여행 경비에 보탰다.

12 Wallace, A.R.(1869). *The Malay Archipelago*. London: Macmillan and Co[《말레이 제도》, 앨프리드 러셀 월리스, 노승영 번역(지오북, 2017)].

13 Mulvaney, J.(2008). *From the Frontier: Outback Letters to Baldwin Spencer*. Sydney: Allen & Unwin.

14 나중에 다른 과학자가 몇 년 앞서 이 동물을 발견하고 세상에 알린 것으로 밝

혀졌다. 작은빌비가 세상에 거의 알려지지 않은 시기였다.

15 달콤한 향이 나서 향수 원료로 쓰이는 고무수지를 일컫는다. 번은 표본이 부 패하기 시작했음을 스펜서에게 경고한 듯하다.

16 Spencer, W.B.(1896). *Letter from Spencer to Byrne, 6th January 1896*. In Mulvaney, op. cit., 2008.

17 Travouillon, K., Simoes, B., Portela Miguez, R., Brace, S., Brewer, P., Stemmer, D., Price, G., Cramb, J., & Louys, J.(2019). "Hidden in plain sight: reassessment of the pig-footed bandicoot, *Chaeropus ecaudatus*(Peramelemorphia, Chaeropodidae), with a description of a new species from Central Australia, and use of the fossil record to trace its past distribution". *Zootaxa*, no.4566, 1.

18 Shortridge, G.(1906a). *Letter from Shortridge at Beverley to Oldfield Thomas in London, 18th May 1906*. London: Natural History Museum.

19 Short, J.(2004). "Mammal decline in southern Western Australia-perspectives from Shortridge's collections of mammals in 1904-07". *Australian Zoologist*, vol.32, no.4, 605-628.

20 Shortridge, G.(1909). "An account of the geographical distribution of macropods of south-west Australia, having special reference to the specimens collected during the Balston Expedition of 1904-1907". *Proceedings of the Zoological Society of London*, vol.79, no.4, 803-848.

21 Shortridge, G.(1936). "Field notes(hitherto unpublished) on Western Australian mammals south of the Tropic of Capricorn(exclusive of Marsupialia and Monotremata), and records of specimens collected during the Balston Expeditions(November 1904 to June 1907)". *Proceedings of the Zoological Society of London*, no.106, 743-749.

22 Thomas, O.(1906). "On mammals collected in south-west Australia for Mr. W.E. Balston". *Proceedings of the Zoological Society of London*, 468-478.

23 Thomas, O.(1907). "List of further collections of mammals from Western Australia, including a series from Bernier Island, obtained for Mr. W.E. Balston; with field-notes by the collector, Mr. G.C. Shortridge". *Proceedings of the Zoological Society of London*, 763-777.

24 Spencer, W.B.(1896). *Letter from Spencer to Byrne, 6th January 1896*. In Mulvaney, op. cit., 2008.

25 Shortridge, G.(1906b). *Letter from Shortridge in Carnarvon to Oldfield Thomas in London, 4th June 1906*. London: Natural History Museum.

26 Collins, B.(2018.9.9). "Reconciling the dark history of slavery and murder in

Australian pearling, points to a brighter future". *ABC Kimberley*(검색일: 2022.10.28).

7장

1   보편적으로 적용할 수 있는 전제는 아니라는 점을 밝혀둔다. 미국에서는 시민권 문제가 전면에 불거진 1960~1970년대에 자연사박물관 전시에 배어 있는 식민주의와 인종차별주의를 해결해야 한다는 요구가 나왔다. 주로 인류학을 자연사의 일부처럼 전시한 박물관들이 타깃이 되었다. 이런 흐름에 일부 과학자들과 교육자들이 박물관의 일은 정치와 무관하다고 주장하자, 그것은 순진한 생각이며 과학, 그중에서도 생물학의 큰 틀은 사회적·문화적 배경에 부합하는 게 중요하다는 반박이 나왔다. 이런 분위기 속에서 일부 박물관들은 사회적 문제에서 나타나는 과학적 측면을 설명하는 전시를 기획했다.

2   Rader, K.A., & Cain, V.E.(2014). *Life on Display*. Chicago: University of Chicago Press.

3   Haraway, D.(1984). "Teddy bear patriarchy: taxidermy in the Garden of Eden, New York City, 1908–1936". *Social Text*, no.11, 20–64.

4   Murphy, K.S.(2023). *Captivity's Collections: Science, Natural History and the British Transatlantic Slave Trade*. Chapel Hill: University of North Carolina Press.

5   Woodward, J.(1696). *Brief instructions for making observations in all parts of the world as also, for collecting, preserving, and sending over natural things*. London: Richard Wilkin.

6   Walker, J.(1793). "A Memorandum given by Dr. Walker, professor of natural history, Edinburgh, to a young gentleman going to India, with some additions". *The Bee*, no.17, 330–333.

7   Ashby, J., & Machin, R.(2021). "Legacies of colonial violence in natural history collections". *Journal of Natural Science Collections*, no.8, 44–54.

8   자연사박물관은 다른 방식으로도 전쟁에 중요한 도움을 주었다. 여러 지역에서 표본을 수집한 경험이 있는 큐레이터들은 부대원들에게 주둔지의 야외 특성에 알맞은 생존 요령을 가르쳤다. 또한 참전군인들이 주둔지로 떠나기 전에 그 지역 환경을 영상자료로 미리 보여주는 한편, 대중에게 전쟁과 관련된 새로운 과학기술을 알리는 교육용 영상도 제작했다. Rader, K.A., & Cain, V.E.(2014). *Life on Display*. Chicago: University of Chicago Press.

9   MacLeod, R.(2001). "'Strictly for the birds': science, the military and the Smithsonian's Pacific Ocean Biological Survey Program, 1963–1970". *Journal of the History of Biology*, vol.34, no.2, 315–352.

10   Qureshi, S.(2013). "Dying Americans: race, extinction, and conservation in the New

World". In A. Swenson & P. Mandler(eds.), *From Plunder to Preservation: Britain and the Heritage of Empire*(pp.267-286). Oxford: Oxford University Press.

11   Modest, W., & Augustat, C.(2023). "Spaces of care: introduction". In W. Modest & C. Augustat(eds.), *Spaces of Care-Confronting Colonial Afterlives in European Ethnographic Museums*(pp.9-21). Bielefeld: transcript.

12   Ashby, J.(2023a). "How collections and reputation were built out of Tasmanian violence: thylacines and Aboriginal remains from Morton Allport". *Archives of Natural History*, vol.50, no.2, 244-264.

13   AfricaMuseum(n.d.). *History and renovation*. Retrieved 11 May 2024, from https://www.africamuseum.be/en/about_us/history_renovation

14   Dupont, E.F.(1896). *UMZC Archive 3:380. Letter to Sidney Frederic Harmer*, July 17 1896. Cambridge: University Museum of Zoology Archives.

15   Harmer, S.(1896a.10.6). "Presentation to the Museum of Zoology". *Cambridge University Reporter*, 20-21.

16   Harmer, S.(1896b.11.3). "Cambridge Philosophical Society". *Cambridge University Reporter*, 194-195.

17   Evans, D.(2004). "Newton, Alfred(1829-1907), zoologist". *Oxford Dictionary of National Biography*.

18   Ashby, J.(2023b). "Anonymised collectors and collaborators in natural history". In V. Avery(ed.), *Black Atlantic: People Power Resistance*(pp.150-153). London: Bloomsbury.

19   Montana, K.(2022). *The Problematic Legacy of David Starr Jordan* California Academy of Sciences website. https://www.calacademy.org/scientists/library/the-problematic-legacy-of-david-starr-jordan(검색일: 2023.6.25).

20   Drag story hour poem from "NightLife: Says Who?" Astras, King, Larkin, Valdez 2023.

21   Department for Education(2013). *History Programmes of Study: Key Stages 1 and 2*. National Curriculum in England.

22   Kendall Adams, G.(2020.12.4). "Museum curators among the most trusted professions, poll finds". *Museums Journal*(검색일: 2020.12.31).

23   Rader, K.A., & Cain, V.E.(2014). *Life on Display*. Chicago: University of Chicago Press.

24   Lanham, J.D.(2021, Spring). "What do we do about John James Audubon?" *Audubon Magazine*(검색일: 2023.6.30).

25   Nobles, G.(2020.7.31). "The myth of John James Audubon". *Audubon Magazine*(검색일:

2023.6.29).

26 Lanham, J.D. 같은 글.

27 Ashby, J. 같은 글.

8장

1 Naturalis Biodiversity Center(2023). *Early Humans*. Retrieved 24 September 2023 from https://www.naturalis.nl/en/museum/galleries/ early-humans

2 Drieënhuizen, C., & Sysling, F.(2021). "Java Man and the politics of natural history: an object biography". *Bijdragen Tot de Taal-, Land-EnVolkenkunde*, vol.177, no.2/3, 290-311.

3 Heumann, I., Stoecker, H., Tamborini, M., & Vennen, M.(2018). *Dinosaurier Fragmente: zur Geschichte der Tendaguru-Expedition und ihrer Objekte, 1906-2018*. Gottingen: Wallstein Verlag.

4 Oltermann, P.(2018.5.17). "Germany moves slowly on returning museum exhibits to ex-colonies". *Guardian*(검색일: 2024.4.29).

5 Siegal, N.(2022.11.9). "Dispute over Java Man raises a question: who owns prehistory?". *New York Times*(검색일: 2023.9.24).

6 White, P.(1999). "The purchase of knowledge: James Edward Smith and the Linnean collections". *Endeavour*, vol.23, no.3, 126-129.

7 Walker, M.(1988). *Sir James Edward Smith, First President of the Linnean Society*. London: Linnean Society of London.

8 Goodenough, S.(1785). *Letter from Goodenough to J.E. Smith, 31 January 1785*. Linnean Society of London: Smith Papers.

9 Liston, J.(2014). "Fossil protection legislation: Chinese issues, global problems". *Biological Journal of the Linnean Society*, no.113, 694-706.

10 Ashby, J., & Machin, R.(2021). "Legacies of colonial violence in natural history collections". *Journal of Natural Science Collections*, no.8, 44-54.

11 Wilson, B., & Hedges, B.(2020). "Celestus occiduus(amended version of 2017 assessment)". *The IUCN Red List of Threatened Species 2020*, e.T4097A181348221.

12 The University of the West Indies.(2024.4.18). "The UWI and University of Glasgow partner to repatriate 170-year-old Jamaican Giant Galliwasp specimen". *UWI Media Centre*(검색일: 2024.4.30).

13 Brown, M.(2023.9.5). "Manchester Museum hands back 174 objects to Indigenous Australian islanders". *Guardian*(검색일: 2024.4.30).

14   Paton, A.(2022). *Of Marsupials and Men*. Collingwood, Victoria, Australia: Black Inc.

15   Morse, C.(2023.10.5). "Ancestral remains returned from British museums". *National Indigenous Times*(검색일: 2024.5.1).

16   Small, Z.(2023.10.15). "Facing scrutiny, a museum that holds 12,000 human remains changes course". *New York Times*(검색일: 2024.4.30).

17   Patterson, B.D.(2002). "On the continuing need for scientific collecting of mammals". *Mastozoologia Neotropical*, vol.9, no.2, 253–262.

18   같은 글.

19   Silber, E.(2015.11.29). "Moustached kingfisher photographed for first time". *Audubon*(검색일: 2023.2.11).

20   Klausner, A.(2015.10.10). "American scientist tracks down one of world's rarest birds and then KILLS IT for 'research'". *Mail Online*(검색일: 2023.2.11).

21   Filardi, C.E.(2015.10.7). "Why I collected a moustached kingfisher". *Audubon*(검색일: 2023.2.11).

22   Rodrigues, M.(2023.5.12). "Prized dinosaur fossil will finally be returned to Brazil". *Nature*. (검색일: 2023.10.10).

23   Smyth, R.S., Martill, D.M., Frey, E., Rivera Sylva, H.E., & Lenz, N.(2020). "WITHDRAWN: a maned theropod dinosaur from Gondwana with elaborate integumentary structures". *Cretaceous Research*, 104686.

24   Perez Ortega, R.(2022.7.19). "Rare dinosaur heads home as Germany agrees to return Brazilian fossil". *Science*(검색일: 2023.10.10).

9장

1   Horton, H.(2022.12.30). "351 new species named by Natural History Museum — and a quarter are wasps". *Guardian*(검색일: 2023.10.9).

2   Davis, J.(2023.12.28). "Natural History Museum scientists described a record 815 new species in 2023". *Natural History Museum News*(검색일:2023.12.28).

3   Disney, R.H.(2016). "Scuttle flies(Diptera, Phoridae) recorded in Bioblitz 2016 in Cambridge, including a new species of *Megaselia* Rondani". *Dipterists Digest*, vol.23, no.2, 153–158.

4   뉴욕의 미국자연사박물관은 지금까지 알려진 모든 조류의 99퍼센트를 소장하고 있다고 주장한다(매우 대범하고 구체적인 주장이지만, 조류가 모두 몇 종인지는 분류학자들 사이에 의견이 엇갈린다). 그 주장이 사실이라면, 박물관 한 곳이 전체 분류체계에서 주요한 분류군 하나를 대부분 소장한 것이므로 아주 이례적인

일이다. Applewhite, A.(2013). *American Museum of Natural History: The Ultimate Guide.* New York: Sterling.

5   Kemp, C.(2017). *The Lost Species.* Chicago: University of Chicago Press.

6   Patterson, B.D.(2002). "On the continuing need for scientific collecting of mammals". *Mastozoologia Neotropical,* vol.9, no.2, 253-262.

7   Kemp, C.(2017). *The Lost Species.* Chicago: University of Chicago Press.

8   Patel, H., & Vyas, R.(2020). "Lost before being recognized? A new species of the genus *Ophisops*(Squamata: Lacertidae) from Gujarat, India". *Ecologica Montenegrina,* no.35, 31-44.

9   Gu, T.-T., Wu, H., Yang, F., & Yu, L.(2023). "Genomic analysis reveals a cryptic pangolin species". *PNAS,* vol.120, no.40, e2304096120.

10   Newman-Martin, J., Travouillon, K.J., Warburton, N., Barham, M., & Blyth, A.J.(2023). "Taxonomic review of the genus Dasycercus(Dasyuromorphia: Dasyuridae) using modern and subfossil material; and the description of three new species". *Alcheringa: An Australasian Journal of Palaeontology,* vol.47, no.4, 624-661.

11   헨리 디즈니는 이 파리가 트리니티 칼리지에서 발견된 점을 반영해 학명을 '메가셀리아 트리니티엔시스(*Megaselia trinityensis*)'로 지었다.

12   Tea, Y.-K., Najeeb, A., Rowlett, J., & Rocha, L.A.(2022). "*Cirrhilabrus finifenmaa*(Teleostei, Labridae), a new species of fairy wrasse from the Maldives, with comments on the taxonomic identity of *C. rubrisquamis* and *C. wakanda*". *ZooKeys,* no.1088, 65-80. 분류상 실용치와 가까운 것으로 추정되는 또 다른 종이 최근 아프리카 동부 해안에서 발견되었다. 이 새로운 종의 학명은 '시릴라브루스 와칸다(*Cirrhilabrus wakanda*)'인데, 마블(Marvel) 만화와 영화에 등장하는 캐릭터 '블랙 팬서(Black Panther)'의 고향으로 소개되는 가상 국가 '와칸다(Wakanda)'의 이름을 딴 것이다.

13   GrrlScientist(2022.3.11). "Spectacularly colorful fish is first new species ever described by a scientist from the Maldives". *Forbes*(검색일: 2023.10.15).

14   Grande, L.(2017). *Curators: Behind the Scenes of Natural History Museums.*

15   같은 책.

10장

1   Patterson, B.D.(2002). "On the continuing need for scientific collecting of mammals". *Mastozoologia Neotropical,* vol.9, no.2, 253-262.

2   Harvard Museum of Natural History(2023). *In Search of Thoreau's Flowers* [Exhibition].

Cambridge, Massachusetts: The Harvard Museums of Science and Culture.

3   Godfree, R., Knerr, N., & Encinas-Viso, F.(2021). "Implications of the 2019-2020 megafires for the biogeography and conservation of Australian vegetation". *Nature Communications*, no.12, 1023.

4   Jones, E.D.(2022). *Ancient DNA: The Making of a Celebrity Science*. New Haven: Yale University Press.

5   같은 책.

6   Lin, J., Duchene, D., & Carøe, C.(2022). "Probing the genomic limits of de-extinction in the Christmas Island rat". *Current Biology*, vol.32, no.7, 1650-1656.

7   이는 '자연보전구역의 역설'이라고 불리는 문제와 관련이 있다. 자연보전구역을 지정할 때, 정말로 자연보전이 필요한 곳보다는 인간의 각종 개발사업에 활용하기 힘든 장소 위주로 선정하는 것을 일컫는다. 이 문제를 고려하면, 멸종위기에 놓인 생물이 현재 서식하는 곳은 정말로 살기 좋은 환경이라서가 아니라 그 생물을 멸종위기로 내몬 위협요소가 적기 때문이라고 볼 수 있다. 예를 들어 자이언트판다는 고도가 높은 지대에서 주로 대나무를 먹고 산다고 알려져 있으며 이 동물의 자연보전구역도 그런 환경에 마련되어 있는 것과 달리, 이전에는 인간의 개발 활동이 집중되는 온난한 아열대 지역에 서식했다. Kerley, G.I., te Beest, M., Cromsigt, J.P., Pauly, D., & Shultz, S.(2020). "The Protected Area Paradox and refugee species: the giant panda and baselines shifted towards conserving species in marginal habitats", *Conservation Science and Practice*, no.2, e203.

8   Osborn, H.F.(1923). *Report of the President, Fifty-Fourth Annual Report of the Trustees*. New York: American Museum of Natural History.

9   Webster, M.S.(2017). *The Extended Specimen: Emerging Frontiers in Collections-Based Ornithological Research*. Boca Raton, FL: CRC Press.

10   멸종한 동물의 표본에서 기생충을 찾는 연구는 아주 매력적이면서 비극적인 측면이 있다. 생물이 멸종하면, 기생충처럼 그 생물에 생존을 전적으로 의존하던 종도 함께 멸종하는 동반멸종 현상이 나타난다. 예를 들어 뉴질랜드에서는 후이아(huia)라는 아주 멋진 새가 멸종했는데, 이 새는 암컷과 수컷의 부리 형태가 전혀 다르다는 점에서 돋보이는 특성이 있었다. 그 뒤로 거의 한 세기가 지나 박물관에 보관된 후이아 표본 한 점에서 지금까지 한 번도 세상에 알려진 적 없는 이(louse)가 발견되었다. 새가 멸종하면서 이도 함께 사라진 것이다. 여러 연구를 통해 지구상에서 가장 심각한 멸종위기에 놓인 생물은 기생충이며, 생물다양성은 동반멸종의 형태로 가장 많이 소실되는 것으로 밝혀졌

다. Dunn, R.R., Harris, N.C., Colwell, R.K., Koh, L.P., & Sodhi, N.S. (2009). "The sixth mass coextinction: are most endangered species parasites and mutualists?" *Proceedings of the Biological Sciences*, vol.276, no.1670, 3037–45.

11 Johnson, K., Owens, I. and the Global Collection Group (2023). "A global approach for natural history museum collections". *Science*, vol.279, no.6638, 1192–1194.

12 Fortey, R. *Dry Store Room No. 1*.

13 Prie, V., & Audibert, C. (2019). "What can we learn from regional museum collections? A reconstruction of historical distribution of the endangered Giant Freshwater Pearl Mussel *Pseudunio auricularius* (Spengler, 1793) in France". *Colligo*, vol.2, no.1, https://perma.cc/ K3L6-AS3D.

14 DuBay, S.G., & Fuldner, C.C. (2017). "Bird specimens track 135 years of atmospheric black carbon and environmental policy". *PNAS*, vol.114, no.43, 11321–11326.

15 Trueman, C., Jackson, A., Chadwick, K., Coombs, E., Feyrer, L., Magozzi, S., ⋯ Cooper, N. (2019). "Combining simulation modeling and stable isotope analyses to reconstruct the last known movements of one of Nature's giants". *PeerJ*, no.7, e7912.

16 Coutu, A. (2015). "The elephant in the room: mapping the footsteps of historic elephants with big game hunting collections". *World Archaeology*, vol.47, no.3, 486–503.

17 English, P.A., Green, D.J., & Nocera, J.J. (2018). "Stable isotopes from museum specimens may provide evidence of long-term change in the trophic ecology of a migratory aerial insectivore". *Frontiers in Ecology and Evolution*, vol.6, 14.

18 Conrad, C., Inglis, J., & Wende, A. (2023). "Anthropogenic uranium signatures in turtles, tortoises, and sea turtles from nuclear sites". *PNAS Nexus*, vol.2, no.8, pgad241.

19 Allio, R., Tilak, M.-K., Scornavacca, C., Avenant, N.L., Kitchener, A.C., Corre, E., ⋯ Delsuc, F. (2021). "High-quality carnivoran genomes from roadkill samples enable comparative species delineation in aardwolf and bat-eared fox". *eLife*, no.10, e63167.

20 Johnson, K., Owens, I. and the Global Collection Group (2023). "A global approach for natural history museum collections". *Science*, vol.279, no.6638, 1192–4.

21 Popov, D., Roychoudhury, P., Hardy, H., Livermore, L., & Norris, K. (2021). "The value of digitising natural history collections". *Research Ideas and Outcomes*, no.2021,

e78844.

22 Johnson, K., Owens, I. and the Global Collection Group. 같은 글.

23 Hardy, H., Livermore, L., Kersey, P., Norris, K., & Smith, V. (2023). "Understanding the users and uses of UK natural history collections". *Research Ideas and Outcomes*, no.9, e113378.

24 Popov, D., Roychoudhury, P., Hardy, H., Livermore, L., & Norris, K. (2021). 같은 글.

에필로그

1 Jenkins, S., Lisk, J., & Broadle, A. (2013). *The Popularity of Museum Galleries*. The Natural Sciences Collections Association.

<h1 style="text-align: center; color: #8B3A1A;">도판 출처</h1>

31쪽: ⓒ Carnegie Museum of Natural History

33쪽: ⓒ Field Museum and Lucy Hewett

43쪽: The Wellcome Collection

51쪽: ⓒ University of Cambridge/Chris Green

66쪽: Charles Willson Peale, *The Artist in His Museum*, 1822, Courtesy of Pennsylvania Academy of the Fine Arts(1878.1.2).

69쪽: Thomas Shepherd, 'Bullock's Museum(*Egyptian Hall or London Museum*), *Piccadilly*': *the interior*, 1810. The Wellcome Collection.

74쪽: Hiroshi Sugimoto, *Hyena Jackal Vulture*, 1976. Gelatin silver print, 16 1/2×21 3/8 in (41.9×54.3cm), edition of 25; 47×58 3/4 in (119.4×149.2cm), edition of 5. Negative 106. ⓒ Hiroshi Sugimoto

84쪽: ⓒ Getty Images

92쪽: ⓒ President and Fellows of Harvard College

99쪽: ⓒ University of Cambridge/Julieta Sarmiento Photography

103쪽: Matthew Digby Wyatt, *Views of the Crystal Palace and Park, Sydenham*, 1854.

119쪽: Henry Neville Hutchinson, *Extinct Monsters*, 1896.

126쪽: John Gerrard Keulemans, *The Ibis: A Quarterly Journal of Ornithology*, vol 5, series 3, 1875.

137쪽: ⓒ Dinoguy2/Wikimedia Commons (CC BY-SA 1.0)

160쪽: ⓒ University of Cambridge/Chris Green

165쪽: ⓒ University of Cambridge/Julieta Sarmiento Photography

용어

전시

문헌

박물관 등 기관